普通高等教育"十一五"规划教材
普通高等院校化学精品教材

工科化学与实验

主　编　金继红　夏　华
副主编　安黛宗　华　萍
参编者　（按姓氏笔画排列）
　　　　王群英　安黛宗　华　萍　金继红
　　　　洪建和　夏　华　廖桂英　魏昌华

华中科技大学出版社
中国·武汉

内 容 简 介

本书内容包括物质的聚集状态、化学反应进行的方向及限度、化学动力学、溶液中的离子平衡、氧化还原反应与电化学、物质结构基础、单质及无机化合物、化学与社会等理论知识,以及一部分化学实验。

本书适用于高等学校非化工类专业基础化学教学,也可供文、管类学生学习化学参考。

前　　言

化学是一门在原子、分子水平上研究物质的组成、结构、性能、应用及物质相互之间转化规律的科学,是自然科学的基础学科之一。化学研究的对象包括整个物质世界,从星际空间中元素的分布、生命的进化,到地下深处矿物的生成和利用,无不是化学研究的对象。

化学是人们认识世界、改造世界的最重要的科学工具之一。与其他学科相比,化学与工业、农业、国防等的联系更直接,与人类的生活关系更密切。化学科学不断发现和创造新的物质,化学为人类的生活及其他学科的发展提供了必需的物质基础。随着科学技术的发展,化学已愈来愈多地与其他学科相互渗透、相互交叉,大大推动了这些学科的发展,同时也为化学自身的发展开拓了新的领域,找到了新的生长点。当今化学已成为信息、能源、环境、材料、激光、生物工程、空间技术、海洋工程等新技术的重要支柱,未来社会的进步将极大地依赖于化学以及与化学有关的交叉学科的发展,现代化学正在成为一门"满足社会需要的中心科学",化学已成为现代高科技发展和社会进步的基础和先导。

"工科化学与实验"是高等工科院校工程技术专业必修的一门基础课,通过本课程的学习,学生可以比较全面、系统地了解化学的基本理论、基本知识以及一些化学实验基本操作技术,了解化学与环境、化学与材料、化学与能源、化学与生命等相关知识,为今后继续学习和工作打下必要的化学基础。另外,化学科学的发展,从元素论、原子-分子论到元素周期律和物质结构理论,都已成为自然科学在科学发展中运用科学抽象、科学假设的范例,工科大学生学习化学科学不仅仅是其所学专业的需要,而且对培养科学思维、科学方法也是极为重要的。

本书是我校多年来教学实践经验的总结,内容包括物质的聚集状态、化学反应的方向和限度、化学动力学、溶液离子平衡、氧化还原反应和电化学、物质结构基础、单质及无机化合物、化学与社会等理论知识,以及一部分基础化学实验。在编写过程中注意与中学化学的衔接,理论联系实际,概念阐述准确,深入浅出,循序渐进,便于教师教学和学生自学,适用于高等学校非化工类专业基础化学教学。

本书由金继红、夏华任主编,安黛宗、华萍任副主编,参加编写工作的有:金继红(绪论、第1章)、华萍(第2章)、魏昌华(第3、9章)、安黛宗(第4、9章)、廖桂英(第5章)、夏华(第6、9章)、王群英(第7章)、洪建和(第8章)。最后由金继红教授统编定稿。在教材的编写过程中,何明中教授给予了许多有益的帮助和审阅了部分书稿,在此表示感谢。

  本书在编写中参考了国内外出版的一些教材和著作,从中得到许多启发和教益,在此也向这些作者表示感谢。

  本书的编写得到中国地质大学材料科学与化学工程学院和华中科技大学出版社的大力支持,在此一并表示感谢。

  由于水平有限,本书可能存在不足甚至错误,恳请读者不吝指出。

编 者

2008 年 12 月

目 录

上篇 大学化学

绪论 ·· (3)
  0.1 化学是一门中心的、实用的和创造性的科学 ·· (3)
  0.2 化学变化的特点 ·· (4)
  0.3 化学的分支学科 ·· (5)
  0.4 工科大学化学的教学目的 ·· (8)

第1章 物质的聚集状态 ·· (9)
  1.1 气体 ·· (9)
    1.1.1 理想气体的状态方程 ··· (9)
    1.1.2 分压定律和分体积定律 ·· (11)
    1.1.3 实际气体 ·· (13)
  1.2 液体 ·· (14)
    1.2.1 液体的蒸气压 ·· (14)
    1.2.2 液体的沸腾 ·· (15)
  1.3 溶液 ·· (15)
    1.3.1 溶液浓度表示法 ··· (16)
    1.3.2 拉乌尔定律与亨利定律 ·· (18)
    1.3.3 非电解质稀溶液的依数性 ·· (19)
  1.4 胶体 ·· (22)
    1.4.1 胶体的性质 ·· (23)
    1.4.2 胶团的结构 ·· (24)
    1.4.3 溶胶的稳定性 ·· (25)
    1.4.4 溶胶的制备和净化 ··· (26)
  1.5 固体 ·· (28)
    1.5.1 晶体的内部结构 ··· (28)
    1.5.2 晶体的分类 ·· (30)
  本章小结 ·· (31)

思考题 …………………………………………………………………………… (32)
　　习题 ……………………………………………………………………………… (33)
第2章　化学反应进行的方向及限度 ………………………………………… (35)
　2.1　基本概念 …………………………………………………………………… (35)
　　2.1.1　系统与环境 …………………………………………………………… (35)
　　2.1.2　状态与状态函数 ……………………………………………………… (36)
　　2.1.3　过程与途径 …………………………………………………………… (36)
　2.2　热力学第一定律 …………………………………………………………… (36)
　　2.2.1　热和功 ………………………………………………………………… (37)
　　2.2.2　热力学能 ……………………………………………………………… (38)
　　2.2.3　热力学第一定律 ……………………………………………………… (38)
　2.3　焓 …………………………………………………………………………… (39)
　　2.3.1　等容过程热效应 ……………………………………………………… (39)
　　2.3.2　等压过程热效应与焓 ………………………………………………… (39)
　　2.3.3　等容过程热效应与等压过程热效应的关系 ………………………… (40)
　2.4　热化学——化学反应的热效应 …………………………………………… (41)
　　2.4.1　反应进度 ……………………………………………………………… (41)
　　2.4.2　标准状态 ……………………………………………………………… (42)
　　2.4.3　热化学方程式 ………………………………………………………… (43)
　　2.4.4　盖斯定律 ……………………………………………………………… (43)
　　2.4.5　热化学基本数据与反应焓变的计算 ………………………………… (44)
　2.5　熵变与过程(反应)的方向 ………………………………………………… (46)
　　2.5.1　自发过程的方向性 …………………………………………………… (46)
　　2.5.2　反应的熵变 …………………………………………………………… (47)
　2.6　吉布斯函数变与反应的方向 ……………………………………………… (49)
　　2.6.1　吉布斯函数与反应方向的判据 ……………………………………… (49)
　　2.6.2　标准摩尔生成吉布斯函数 …………………………………………… (52)
　　2.6.3　化学反应等温方程 …………………………………………………… (52)
　2.7　化学平衡 …………………………………………………………………… (53)
　　2.7.1　可逆反应和化学平衡 ………………………………………………… (53)
　　2.7.2　标准平衡常数 ………………………………………………………… (54)
　　2.7.3　书写平衡常数式的注意事项 ………………………………………… (54)
　　2.7.4　平衡常数的计算与应用 ……………………………………………… (55)
　2.8　化学平衡的移动 …………………………………………………………… (57)
　　2.8.1　浓度对化学平衡移动的影响 ………………………………………… (57)
　　2.8.2　压力对化学平衡移动的影响 ………………………………………… (58)

  2.8.3 惰性气体对化学平衡移动的影响 …………………………………… (60)
  2.8.4 温度对化学平衡移动的影响 ………………………………………… (61)
  2.8.5 平衡移动原理 ………………………………………………………… (62)
 本章小结 ……………………………………………………………………………… (62)
 思考题 ………………………………………………………………………………… (64)
 习题 …………………………………………………………………………………… (65)

第3章　化学动力学 ……………………………………………………………………… (69)
 3.1 化学反应速率 …………………………………………………………………… (69)
  3.1.1 化学反应速率的定义及其表示方法 ………………………………… (69)
  3.1.2 反应速率的实验测定 ………………………………………………… (70)
 3.2 反应历程和基元反应 …………………………………………………………… (71)
  3.2.1 反应历程和基元反应 ………………………………………………… (71)
  3.2.2 简单反应与复合反应 ………………………………………………… (72)
  3.2.3 反应分子数 …………………………………………………………… (72)
 3.3 化学反应速率与浓度的关系 …………………………………………………… (72)
  3.3.1 质量作用定律和反应速率常数 ……………………………………… (72)
  3.3.2 反应级数 ……………………………………………………………… (73)
 3.4 速率方程的微积分形式及其特征 ……………………………………………… (74)
  3.4.1 简单级数反应的速率方程 …………………………………………… (74)
  3.4.2 简单级数反应速率方程的确定 ……………………………………… (79)
 3.5 温度对反应速率的影响 ………………………………………………………… (80)
  3.5.1 温度与反应速率之间的经验关系式 ………………………………… (81)
  3.5.2 活化能的物理意义 …………………………………………………… (82)
  3.5.3 活化能对反应速率的影响 …………………………………………… (83)
 3.6 化学反应速率理论 ……………………………………………………………… (84)
  3.6.1 简单碰撞理论 ………………………………………………………… (84)
  3.6.2 过渡状态理论 ………………………………………………………… (85)
 3.7 催化反应 ………………………………………………………………………… (86)
  3.7.1 催化剂和催化反应 …………………………………………………… (86)
  3.7.2 催化反应的一般机理 ………………………………………………… (86)
  3.7.3 催化剂的特性 ………………………………………………………… (88)
 本章小结 ……………………………………………………………………………… (88)
 思考题 ………………………………………………………………………………… (89)
 习题 …………………………………………………………………………………… (90)

第4章　溶液中的离子平衡 ……………………………………………………………… (92)
 4.1 酸碱质子理论 …………………………………………………………………… (92)

  4.1.1 质子酸、质子碱的定义 ……………………………………………… (92)
  4.1.2 共轭酸碱概念及其相对强弱 ………………………………………… (93)
  4.1.3 酸碱反应的实质 ……………………………………………………… (93)
  4.1.4 共轭酸碱解离常数及与 $K_w^\ominus$ 的关系 …………………………………… (94)
 4.2 弱酸和弱碱的解离平衡 ……………………………………………………… (96)
  4.2.1 一元弱酸、弱碱的解离平衡 ………………………………………… (96)
  4.2.2 多元弱酸、弱碱的解离平衡 ………………………………………… (97)
 4.3 缓冲溶液 ……………………………………………………………………… (98)
  4.3.1 同离子效应 …………………………………………………………… (98)
  4.3.2 缓冲溶液的概念 ……………………………………………………… (99)
  4.3.3 缓冲溶液的 pH 值计算 ……………………………………………… (99)
  4.3.4 缓冲溶液的配制 ……………………………………………………… (101)
 4.4 沉淀-溶解平衡 ……………………………………………………………… (102)
  4.4.1 标准溶度积 …………………………………………………………… (102)
  4.4.2 溶度积和溶解度之间的换算 ………………………………………… (102)
  4.4.3 溶度积规则 …………………………………………………………… (103)
  4.4.4 溶液的 pH 值对沉淀-溶解平衡的影响 …………………………… (105)
  4.4.5 分步沉淀 ……………………………………………………………… (107)
  4.4.6 难溶电解质的转化 …………………………………………………… (107)
 4.5 配位化合物的解离平衡 …………………………………………………… (109)
  4.5.1 配位化合物的基本概念 ……………………………………………… (109)
  4.5.2 配位化合物的命名 …………………………………………………… (111)
  4.5.3 配位化合物的标准稳定常数和标准不稳定常数 …………………… (112)
  4.5.4 配合平衡对沉淀反应的影响 ………………………………………… (113)
  4.5.5 配位化合物的平衡移动 ……………………………………………… (115)
本章小结 ………………………………………………………………………………… (116)
思考题 …………………………………………………………………………………… (118)
习题 ……………………………………………………………………………………… (118)

第 5 章 氧化还原反应与电化学 ……………………………………………………… (121)
 5.1 氧化还原反应 ……………………………………………………………… (121)
  5.1.1 氧化数 ………………………………………………………………… (121)
  5.1.2 氧化与还原 …………………………………………………………… (122)
  5.1.3 氧化还原反应方程式的配平 ………………………………………… (122)
 5.2 原电池 ………………………………………………………………………… (123)
  5.2.1 原电池的基本概念 …………………………………………………… (123)
  5.2.2 原电池的电动势 ……………………………………………………… (125)

5.3 电极电势 (126)
5.3.1 标准电极电势 (126)
5.3.2 电极电势的能斯特方程 (129)
5.4 电极电势的应用 (133)
5.4.1 判断氧化剂和还原剂的强弱 (134)
5.4.2 判断氧化还原反应进行的方向 (134)
5.4.3 判断氧化还原反应进行的程度 (136)
5.4.4 元素的标准电极电势图及其应用 (136)
5.5 实用电化学 (138)
5.5.1 电解 (138)
5.5.2 金属的电化学腐蚀与防护 (139)
5.5.3 化学电源 (141)

本章小结 (143)

思考题 (144)

习题 (145)

第6章 物质结构基础 (148)
6.1 原子结构 (148)
6.1.1 原子结构的早期模型 (148)
6.1.2 微观粒子的波粒二象性 (150)
6.1.3 现代原子结构模型 (151)
6.1.4 核外电子的排布 (156)
6.2 原子的电子结构和元素周期系 (160)
6.2.1 原子的电子层结构与周期 (160)
6.2.2 原子的电子层结构与族 (161)
6.2.3 原子的电子层结构与元素的分区 (162)
6.3 元素的性质与原子结构的关系 (163)
6.3.1 原子半径 (163)
6.3.2 电离能 I (165)
6.3.3 电子亲和能 E_{ea} (167)
6.3.4 元素的电负性 χ (168)
6.4 离子键 (169)
6.4.1 离子键理论 (169)
6.4.2 离子的极化作用和变形性 (171)
6.4.3 离子极化对物质结构和性质的影响 (172)
6.5 价键理论 (173)
6.5.1 价键理论的基本概念 (174)

6.5.2 共价键的特征 …………………………………… (174)
6.5.3 共价键的类型 …………………………………… (175)
6.6 杂化轨道理论 …………………………………………… (177)
6.6.1 杂化轨道理论的基本要点 ………………………… (177)
6.6.2 s-p 型杂化 ……………………………………… (178)
6.6.3 s-p-d 型杂化 …………………………………… (180)
6.6.4 不等性杂化 ……………………………………… (181)
6.7 分子轨道理论 …………………………………………… (182)
6.7.1 分子轨道理论的要点 ……………………………… (182)
6.7.2 分子轨道的类型及能级次序 ……………………… (183)
6.7.3 双原子分子的结构 ………………………………… (184)
6.8 配位化合物的结构 ……………………………………… (186)
6.8.1 配位化合物的价键理论 …………………………… (186)
6.8.2 配位化合物的晶体场理论 ………………………… (189)
6.9 金属与金属键 …………………………………………… (195)
6.9.1 自由电子理论 ……………………………………… (196)
6.9.2 能带理论 …………………………………………… (196)
6.10 分子间作用力和氢键 …………………………………… (198)
6.10.1 分子间作用力 …………………………………… (198)
6.10.2 氢键 ……………………………………………… (200)
本章小结 ……………………………………………………… (201)
思考题 ………………………………………………………… (203)
习题 …………………………………………………………… (204)

第 7 章 单质及无机化合物 ………………………………………… (208)
7.1 元素的存在状态和分布 ………………………………… (208)
7.2 主族元素单质的性质 …………………………………… (209)
7.2.1 单质的晶体结构与物理性质 ……………………… (210)
7.2.2 单质的化学性质 …………………………………… (212)
7.2.3 稀有气体 …………………………………………… (214)
7.3 过渡元素概论 …………………………………………… (216)
7.3.1 过渡元素的通性 …………………………………… (216)
7.3.2 重要的过渡元素 …………………………………… (218)
7.4 镧系元素与锕系元素 …………………………………… (227)
7.4.1 镧系元素 …………………………………………… (227)
7.4.2 锕系元素 …………………………………………… (227)
7.5 氧化物和氢氧化物 ……………………………………… (228)

  7.5.1 氧化物的物理性质 …………………………………… (228)
  7.5.2 氧化物的酸碱性及其变化规律 ………………………… (229)
  7.5.3 氢氧化物的酸碱性 ……………………………………… (230)
 7.6 卤化物 ……………………………………………………………… (232)
  7.6.1 卤化物的物理性质 ……………………………………… (232)
  7.6.2 卤化物的化学性质 ……………………………………… (234)
 7.7 硫化物 ……………………………………………………………… (235)
  7.7.1 硫化物的溶解性 ………………………………………… (235)
  7.7.2 硫化物的还原性 ………………………………………… (237)
  7.7.3 硫化物的酸性 …………………………………………… (237)
 7.8 含氧酸及其盐 ……………………………………………………… (237)
  7.8.1 含氧酸的酸性 …………………………………………… (238)
  7.8.2 含氧酸及其盐的热稳定性 ……………………………… (238)
  7.8.3 含氧酸及其盐的氧化还原性 …………………………… (240)
  7.8.4 含氧酸盐的溶解性 ……………………………………… (242)
  7.8.5 硅酸盐 …………………………………………………… (243)
本章小结 ………………………………………………………………… (244)
思考题 …………………………………………………………………… (245)
习题 ……………………………………………………………………… (245)

第8章 化学与社会 ……………………………………………………… (248)
 8.1 化学与能源 ………………………………………………………… (248)
  8.1.1 煤 ………………………………………………………… (249)
  8.1.2 石油 ……………………………………………………… (252)
  8.1.3 天然气 …………………………………………………… (254)
  8.1.4 燃料电池 ………………………………………………… (254)
  8.1.5 核能 ……………………………………………………… (255)
  8.1.6 太阳能和氢能 …………………………………………… (256)
  8.1.7 生物质能 ………………………………………………… (258)
 8.2 化学与环境 ………………………………………………………… (258)
  8.2.1 大气化学 ………………………………………………… (259)
  8.2.2 水的环境化学 …………………………………………… (261)
  8.2.3 化学与可持续发展 ……………………………………… (264)
 8.3 化学与新材料 ……………………………………………………… (265)
  8.3.1 信息功能材料 …………………………………………… (266)
  8.3.2 结构新材料 ……………………………………………… (268)
  8.3.3 能源材料 ………………………………………………… (271)

  8.3.4 纳米材料 ··· (272)
 8.4 化学与生命 ··· (274)
  8.4.1 生命中的化学元素 ··· (274)
  8.4.2 氨基酸、蛋白质、酶 ··· (276)
  8.4.3 核酸 ··· (280)
 本章小结 ··· (285)
 思考题 ··· (286)

下　篇　化　学　实　验

第 9 章　化学实验 ·· (289)
 实验一 标准物质的称量、配制与酸碱滴定 ······································ (290)
 实验二 醋酸解离度和解离常数的测定 ·· (293)
 实验三 电解质溶液 ··· (296)
 实验四 氧化还原反应与电化学 ·· (299)
 实验五 反应级数及活化能测定 ·· (303)
 实验六 磺基水杨酸铁(Ⅲ)配离子的组成和稳定常数的测定 ···················· (307)
 实验七 水的净化与软化处理 ··· (311)
 实验八 常见阳离子的分离和检出 ·· (315)
 实验九 铁矿石中铁含量的测定 ·· (319)

附录 ··· (322)
 附录 A 一些基本物理常数 ·· (322)
 附录 B 某些物质的标准摩尔生成焓、标准摩尔生成吉布斯函数和
     标准摩尔熵(298.15K) ·· (323)
 附录 C 某些物质的标准摩尔燃烧焓(298.15K) ··································· (328)
 附录 D 一些弱电解质在水溶液中的解离常数(298.15K) ························ (329)
 附录 E 一些配离子的稳定常数(298.15K) ·· (330)
 附录 F 一些物质的溶度积(298.15K) ··· (331)
 附录 G 一些电极反应的标准电极电势(298.15K) ······························· (332)

参考答案 ··· (334)
主要参考文献 ··· (342)
元素周期表

上篇　大学化学

绪 论

0.1 化学是一门中心的、实用的和创造性的科学

化学是一门在原子、分子水平上研究物质的组成、结构、性能、应用及物质相互之间转化规律的科学,是自然科学的基础学科之一。化学研究的对象包括整个物质世界,从星际空间中元素的分布、生命的进化,到地下深处矿物的生成和利用,无不是化学研究的对象。

化学是人们认识世界、改造世界的最重要的科学工具之一。人们的各种科学研究、生产活动乃至日常生活,都时时刻刻地要和化学打交道。化学为人类的生活及其他学科的发展提供了必需的物质基础,与其他学科相比,化学与工业、农业、国防等的联系更直接,与人类的生活关系更密切,开发资源、研制新材料、征服疾病、保护环境、加强国防、提高人类生活水平等都离不开化学科学。

色泽鲜艳的衣料需要经过化学处理和印染,丰富多彩的合成纤维制品琳琅满目。化肥、农药、植物生长激素和除草剂等化学新产品的不断开发促进了农产品的丰收,满足了人类对食品的需求。现代建筑所用的水泥、油漆、玻璃和塑料等材料也都是化工产品。用以代步的各种现代交通工具,不仅需要汽油、柴油作动力,还需要各种汽油添加剂、防冻剂,以及机械部分的润滑剂,这些无一不是石油化工产品。人们需要的药品、洗涤剂和化妆品等日常生活用品也大都是化学制剂。可见我们的衣、食、住、行无不与化学有关,可以说我们生活在化学世界里。

在能源开发和利用方面,化学工作者为人类使用煤和石油曾作出了重大贡献,现在又在为开发新能源积极努力。化学电源将是 21 世纪的重要能源之一,如锂离子电池、镍-氢电池已被人们广泛使用,燃料电池及利用太阳能和氢能源的研究工作也正是化学科学研究的前沿课题。

全球气温变暖、臭氧层破坏和酸雨是三大环境问题,正在危及着人类的生存和发展。对污染的监测、治理,寻找净化环境的方法,这些都是化学工作者的重要任务。

材料科学是以化学、物理等为基础的科学。一种新材料的问世,如高纯硅半导体材料、纳米材料、高温超导体材料、非线性光学材料和功能性高分子合成材料等等,都会带来科技的突飞猛进的发展,具有划时代的意义。新材料的研究、制备离不开化学,新材料的选用也离不开化学。

生命过程中充满着各种生物化学反应,当今化学家和生物学家正在通力合作,探索生命现象的奥秘。在从原子、分子水平上探索生命活动基本规律的领域内,化学在理论、观点、技术、方法和材料等方面都发挥着重要作用。在已颁发的近百次诺贝尔化学奖中有1/3的奖项与生物化学有关,这足以说明化学对生命科学研究的促进作用。

化学是一门极具创造性的学科,在《美国化学文摘》上登录的天然和人工合成的分子和化合物的数目已从1900年的55万种,增加到1999年12月的2 340万种,在20世纪的100年中,平均每天增加600多种。没有一门其他学科能像化学这样制造出如此众多的新分子、新物质。人类对物质的需求,不论在质量和数量上总是要不断发展的,围绕这个需求的核心基础学科是化学。

没有化学,就没有我们今天多姿多彩的生活,没有化学,也就没有当今的科学技术进步。我国著名化学家、2008年国家最高科学技术奖获得者徐光宪院士曾著文指出:"如果没有发明合成氨、合成尿素和第一、第二、第三代新农药的技术,世界粮食产量至少要减半,60亿人口中的30亿就会饿死。没有发明合成各种抗生素和大量新药物的技术,人类平均寿命要缩短25年。没有发明合成纤维、合成橡胶、合成塑料的技术,人类生活要受到很大影响。没有合成大量新分子和新材料的化学工业技术,20世纪的六大技术(信息、生物、核科学、航天、激光、纳米)根本无法实现。"美国化学会会长、哥伦比亚大学教授布里斯罗(R. Breslow)也明确指出:"化学是一门中心的、实用的和创造性的科学。"这一论点已被人们广泛接受。

21世纪是科学技术全面发展的世纪,也是化学科学全面发展的世纪。化学理论、实验和应用都将获得巨大的发展。化学科学不仅将在更深的层次揭示化学反应、化学结构与性能关系等的本质,而且将在揭示和解决许多自然的、社会的、精神的实际问题中发挥巨大作用。

0.2 化学变化的特点

世界上物质的变化多种多样,但可归结为两类,一类是物理变化,另一类是化学变化。将水加热到100℃,水会变成水蒸气,当温度降到0℃时,水又会凝结成冰。水的三态变化只是状态的变化,没有其他新的物质产生,我们把没有生成其他物质的变化叫做物理变化。在日常生活中,还有另外一类变化,如木柴燃烧、铁生锈、食物腐败等,它们都生成了新的物质,这类变化称为化学变化。化学变化有以下几个特征。

(1) 化学变化是质的变化。

化学变化会产生新的物质,这是化学变化的重要特征。从微观上看,化学变化前后,原子的种类、个数没有变化,但是原子与原子之间的结合方式发生了改变。例如氢气在氯气中燃烧生成氯化氢气体,在燃烧过程中氢分子的H—H键和氯分子的Cl—Cl键断裂,氢原子和氯原子形成新的H—Cl键,重新组合生成氯化氢分子。化学变化是反应物旧化学键破坏和生成物新化学键形成而重新组合的过程。

(2) 化学变化服从质量守恒定律。

在化学变化过程中,只涉及原子核外电子在原子或分子中的重新排布,电子总数不改变,原子核也不发生变化(核化学除外)。因此,在化学反应前后,反应体系中元素的种类不会改变,即不会有元素的消失和新生。反应前后,各种原子的个数也不会改变,在反应前后各物质的量有着确定的计量关系,服从质量守恒定律。这条定律是组成化学反应方程式和进行化学计算的重要依据。氢气在氯气中的燃烧反应可用下列方程式表示

$$H_2 + Cl_2 = 2HCl$$

1 mol H_2(2.016 g)与 1 mol Cl_2(70.91 g)反应就能生成 2 mol HCl(72.926 g),反应物与反应物之间、反应物与产物之间都有着确定的计量关系。

(3) 化学变化伴随着能量变化。

在化学变化中,拆散化学键需要吸收能量,形成化学键则放出能量,由于各种化学键的能量(键能)不同,所以当化学键改组时,必然伴随有能量变化。在化学反应中,如果放出的能量大于吸收的能量,则此反应为放热反应,反之为吸热反应。例如木炭的燃烧就是 C 与 O_2 反应,放出大量的热。

通过本课程的化学热力学、物质结构等内容的学习,我们将更深刻地理解化学变化的这些特征。

0.3 化学的分支学科

化学研究的范围极其广泛,按其研究的对象或研究的目的,可将化学分为无机化学、有机化学、分析化学、物理化学和高分子化学等五大分支学科。

1. 无机化学

无机化学是研究无机化合物的组成、性质、结构和反应的科学,它是化学中最古老的分支学科。无机物包括所有除碳以外的化学元素形成的单质和化合物(除二氧化碳、一氧化碳、二硫化碳、碳酸盐等简单的碳化合物仍属无机物外,其余均属于有机物)。远古时代的制陶、炼铜都是与无机化学有关的实践活动。18 世纪末,由于冶金工业的需要,人们逐步掌握了矿物的分析、分离和提炼等工作,同时也发现了许多新元素。到 1869 年,人们已发现了 63 种元素,并积累了大量的相关资料。俄国科学家门捷列夫通过对已发现的元素性质的内在联系进行研究,于 1871 年提出了元素周期律。元素周期律指出元素的性质随着元素相对原子质量的增加呈周期性变化。元素周期律揭示了化学元素的系统分类,对化学的发展起着重大的推动作用。20 世纪初,由于对原子结构的进一步了解,发现原子序数是比相对原子质量更基本的性质,元素周期律被修正为化学元素的性质随着元素原子序数的增加呈周期性变化。根据元素周期律,门捷列夫预言了一些当时尚未发现的元素的存在及它们的性质。后来

发现的镓、钪、锗就是门捷列夫预言的"类铝"、"类硼"和"类硅",他对这些元素性质的预言与尔后实践的结果取得了惊人的一致。元素周期律作为描述元素及其性质的基本理论有力地促进了现代化学和物理学的发展。

19世纪末,X射线、放射性和电子的发现,打开了原子和原子核内部结构的大门,深刻地揭露了原子的奥秘。20世纪初,在量子力学的基础上发展起来的化学键理论,使人类进一步了解了分子结构与性质的关系,大大地促进了化学科学的发展。现代物理实验方法如X射线、中子衍射、电子衍射、磁共振、光谱、质谱、色谱等在化学中的广泛应用,使无机物的研究由宏观深入到微观,形成了现代无机化学。现代无机化学就是应用现代物理技术及物质微观结构的观点来研究和阐述化学元素及其无机化合物的组成、性能、结构和反应的科学。

20世纪以来,由于科学技术的快速发展,无机化学与其他学科相互渗透,形成了生物无机化学、无机材料化学、无机固体化学等一批新兴交叉学科,使古老的无机化学再次焕发生机。

2. 有机化学

有机化学是研究有机化合物的来源、制备、结构、性质、应用以及有关理论的科学,又称碳化合物的化学。大多数有机化合物由碳、氢、氧、氮几种元素构成,少数还含有卤素和硫、磷等元素。大多数有机化合物具有熔点较低、可以燃烧、易溶于有机溶剂等性质,与无机化合物的性质有很大不同。

19世纪初,有机化合物与无机化合物被认为是相互对立的两类物质,有机化合物只存在于生物体内,是不能人工合成的。1828年,德国化学家维勒(F. Wöhler)由氰酸铵得到了第一个人工合成的有机物——尿素,表明了有机化合物和无机化合物之间没有绝对的分界,它们在一定的条件下可以相互转换。此后,乙酸、柠檬酸等越来越多的有机化合物不断地在实验室中合成出来,开始了有机合成的新阶段。有机化学合成的进步,使人们得以用煤焦油、石油和天然气等为主要原料,合成了大量的染料、药品、橡胶、塑料和纤维等产品,大大地促进了工农业发展和改善了人们的生活。

有机化学的研究内容非常广泛,包括天然产物的研究、有机合成的研究、反应机理的研究等等。

有机化学是化学研究中最活跃的领域之一,它与医药、农药、日用化工等行业的关系特别密切。有机化学与生命现象关系更是十分密切,生物体内的蛋白质和核酸都是有机化合物。1965年我国首次合成了具有生命活力的蛋白质——牛胰岛素,为人工合成蛋白质迈出了极为重要的一步。随后,国外又合成了核糖核酸酶、生长激素等。彻底揭开蛋白质、核酸结构的奥秘将对生命的研究具有极为重要的意义。

3. 分析化学

分析化学是研究获取物质化学组成和结构信息的分析方法及相关理论的科学。分析化学的主要任务是鉴定物质的化学组成(元素、离子、官能团)、测定物质的有关组分的含量、确定物质的结构(化学结构、晶体结构、空间分布)和存在形态(价态、配位态、结晶态)等。分析化学以化学基本理论和实验技术为基础,并不断吸收数学、物理、生物、电子计算机、自动化等方面的最新理论和技术,从而解决科学技术所提出的各种分析问题。

分析化学可分为化学分析和仪器分析两大分支学科。化学分析法是利用物质的化学反应及其计量关系来确定被测定物质的组分和含量的一类分析方法,主要有滴定分析法和重量分析法。仪器分析法是以物质的物理性质或物理化学性质为基础建立起来的一类分析方法,通过测量物质的物理或物理化学参数,便可确定物质的组成、结构和含量。仪器分析法众多,常用的有光学分析法、电化学分析法、色谱分析法、热分析法和质谱分析法等。

分析化学在近代科学研究中的作用非常重要,如地壳中元素的分布迁移,岩石矿物的组分与利用,环境问题中的污染与防治,材料科学中材料的化学组成与结构的关系,都离不开分析化学。在生命科学、生物工程、医药等领域,分析化学在揭示生命起源、揭开遗传的奥秘、疾病的防治等方面也都有着极为重要的、不可缺少的作用。

4. 物理化学

物理化学是从研究物质运动的物理现象和化学现象入手,应用物理学的理论和方法探索化学基本变化规律的学科。物理化学的理论性较强,是其他化学分支学科的理论基础,所以物理化学也称为理论化学。

物理化学主要包括以下三方面的内容。

(1) 化学热力学:主要研究化学反应的方向和限度。一个化学反应在指定的条件下能否进行,向什么方向进行,能进行到什么程度,外界条件(如温度、压力、浓度等)的变化对反应的方向和限度的影响等问题都是化学热力学研究的内容。

(2) 化学动力学:主要研究化学反应的速率和机理问题。化学反应进行的快慢和实现化学反应过程的具体步骤,外界条件(如温度、压力、浓度、催化剂等)对反应速率的影响,如何控制化学反应,抑制副反应的发生,使之按我们需要的方向和适当的速率进行,这些问题都是化学动力学研究的内容。

(3) 结构化学:以量子化学理论为基础,研究原子、分子、晶体的微观结构及结构与性能之间的相互关系。

物理化学的上述三方面的内容虽然各具特点,但又是相互联系和相互补充的。除以上内容外,物理化学还包括其他一些研究内容,如电化学、界面科学、胶体科学等。

随着人们科学知识的不断积累,科学认识的不断深化和现代科学技术,如新谱学方法、分子束和激光技术、计算机和计算方法的发展与应用,物理化学的理论与实验研究进入了一个崭新的发展阶段。现代物理化学发展的明显趋势和特点是,从宏观到微观,从定性到定量,从体相到表相,从静态到动态,从平衡态到非平衡态。

5. 高分子化学

高分子化学是研究高分子化合物的合成、化学反应、应用等方面的一门新兴的综合性学科。高分子化学是当前异常活跃的研究领域,具有广泛的发展前景。

由高分子化合物组成的橡胶、纤维、塑料等高分子材料有易于加工、成本低廉、弹性好、强度高、耐腐蚀等特点,在日常工农业生产中已经得到广泛的应用。各种特殊性能的高分子材料,如半导体高分子材料、光敏高分子材料、液晶高分子材料、耐热性橡胶、耐高温高强度塑料等材料正在不断地涌现,生物高分子材料也在迅速发展,人造肾、人造血管等都已用于临床。

高分子材料也有不少弱点,比如易燃烧、易老化等,必须开展研究加以克服。大量使用高分子材料时,作为废物扔掉的高分子垃圾,不易被水溶解和风化,不受细菌腐蚀,对环境造成严重污染,因此,高分子材料的回收利用、废弃高分子材料的快速降解等课题都是人们所关注的热点。

21世纪是科学技术全面发展的世纪,也是各门学科相互渗透的时代。化学科学与其他学科相互协作、交叉、融合产生了许多生气勃勃的新学科和交叉学科,如环境化学、材料化学、地球化学、生物化学、核化学、天体化学等等,化学已经成为这些学科的重要组成部分。

0.4 工科大学化学的教学目的

工科化学与实验课程扼要地讲授了化学基本理论、基本知识。通过学习,使学生掌握现代化学的基本知识和理论及化学实验基本技能,了解化学在社会发展和科技进步中的作用,了解化学在其发展过程中与其他学科相互渗透的特色,培养学生用现代化学的观点去观察和分析工程技术上可能遇到的化学问题的能力,为今后继续学习和工作打下必要的化学基础。

通过本课程的学习,学生可以了解物质的状态、化学反应的方向和限度、化学反应的速率、氧化还原和电化学、物质结构基础以及元素化学、无机化合物等基础理论知识,了解化学与环境、化学与材料、化学与能源、化学与生命等相关知识。

化学是一门实验科学,化学实验是本课程不可缺少的一个重要环节,教材中编写了部分化学实验。通过实验课的开设,不仅可以加深、巩固学生对所学的基本理论和基本知识的理解,还可以训练基本操作技能,培养学生观察实验现象、提出问题、分析问题和解决问题的能力,使其养成严谨认真、实事求是的科学作风,为学习后续的专业课打下必要的基础。

化学不但是地球、空间、能源、材料、环境、生命等学科的重要基础,而且化学科学的发展,从元素论、原子-分子论到元素周期律和物质结构理论,都已成为自然科学在科学发展中运用科学抽象、科学假设的范例。因此工科大学生学习化学科学不仅仅是其所学专业的需要,而且对培养科学思维、科学方法及创新精神也是极为重要的。

第1章 物质的聚集状态

通常情况下,物质有三种可能的聚集状态,即气态、液态和固态,处于某个聚集状态的物质相应地称为气体、液体和固体。

物质是由分子组成的,分子都在不停地运动着,分子间存在着相互作用力。固体、液体有一定的体积,固体还有一定的形状,说明分子间存在相互吸引力,这种吸引力使分子聚集在一起而不分开。当对固体或液体施加压力时,它们的体积变化很小,表明当分子间距离很近时,分子间存在斥力。通常情况下,分子间作用力使分子聚集在一起,在空间形成一种较规则的有序排列。当温度升高时,分子热运动加剧。分子的热运动力图破坏固体或液体的有序排列而变成无序状态,物质的宏观状态就可能发生变化,由一种聚集状态变为另一种聚集状态,例如从固态变为液态,或从液态变为气态。当温度足够高时,外界提供的能量足以破坏分子中原子核和电子的结合,气体就电离成自由电子和正离子,即形成物质的第四态——等离子态。气体、液体和等离子体都可在外力场作用下流动,所以也统称为流体。

物质的气、液、固三态中,气态的运动规律最简单,人们对它的认识较清楚。固态由于其质点排列的周期性,人们对其也有较清楚的认识,而对液态的认识则相对少一些。

1.1 气 体

气体的特征是具有扩散性和压缩性,无一定的体积和形状。

气体分子不停地作无规则的热运动,通常温度下气体分子动能大于分子间引力,因而气体能自动扩散并充满整个容器。气体分子间距离较大,对气体施加一定压力,体积就缩小。气体的体积不仅受压力影响,而且还与温度、气体的量有关。通常用气体的物质的量、压力、温度及体积等物理量来描述气体的状态。

1.1.1 理想气体的状态方程

1662年英国科学家波义耳(R. Boyle)根据实验指出:在一定温度下,一定量气体的体积与其压力的乘积为一常数。这个结论被人们称为波义耳定律。这个定律可用数学公式表示为

$$pV = 常数 \tag{1-1}$$

后来人们发现,大多数气体只是在低压下才服从波义耳定律,压力愈高,偏差愈大。

1787年，法国科学家盖·吕萨克(J. G. Lussac)研究了低压下气体的行为，发现一定量的气体在压力一定时，其体积与热力学温度 T 的商为常数：

$$\frac{V}{T} = 常数 \tag{1-2}$$

式中：$T=(273.15+t/℃)$K，t 为气体的摄氏温度，热力学温度 T 的单位为开尔文，符号为 K，热力学温度与摄氏温度的间隔单位是相同的。

后来，精确的实验表明，气体只有在低压下才服从盖·吕萨克定律。

因为只有低压气体才符合波义耳定律和盖·吕萨克定律，所以人们提出了理想气体的模型。所谓理想气体是指分子间没有作用力，分子本身没有体积的一种气体。显然，理想气体是不存在的。但对于低压、高温下的气体，分子间距离很大，相互作用极弱，分子本身体积相对于整个气体的体积可以忽略不计，因此低压、高温下的气体可近似地看成是理想气体。在压力趋于零时，所有的实际气体都可视为理想气体。

理想气体是严格遵守波义耳定律和盖·吕萨克定律的，将这两个定律结合起来就得到了理想气体状态方程：

$$pV = nRT \tag{1-3}$$

式中：p 是气体的压力，单位是 Pa(帕斯卡)；V 是气体体积，单位是 m^3；n 是气体的物质的量，单位是 mol(摩尔)；T 是热力学温度，单位是 K(开尔文)；$R=8.314\,5$ J·mol^{-1}·K^{-1}，称为摩尔气体常数。

理想气体状态方程还可表示为

$$pV_m = RT \tag{1-4}$$

式中：$V_m=V/n$，称为摩尔体积，单位是 $m^3·mol^{-1}$。

【例 1-1】 氧气钢瓶的体积为 50 dm^3，20 ℃时，钢瓶内气体的压力为 1.5 MPa，用理想气体状态方程估算氧气的质量。

解 由理想气体状态方程 $pV=nRT$，得

$$n = \frac{pV}{RT} = \frac{1.5 \times 10^6 \times 50 \times 10^{-3}}{8.314\,5 \times (273.15+20)} \text{ mol} = 30.77 \text{ mol}$$

氧气的摩尔质量为 32 g·mol^{-1}，钢瓶中氧气的质量为

$$30.77 \times 32 \text{ g} = 984.66 \text{ g}$$

【例 1-2】 25 ℃时，0.800 0 g 氩气充于 0.500 0 dm^3 的瓶中，瓶内气体的压力为 99.285 kPa，计算氩气的摩尔质量和在标准状况(0 ℃,101.325 kPa)下氩气的密度。

解 设氩气的摩尔质量为 M，理想气体状态方程变形为

$$pV = \frac{m}{M}RT \tag{1-5}$$

所以 $M = \dfrac{mRT}{pV} = \dfrac{0.800\,0 \times 10^{-3} \times 8.314\,5 \times (273.15+25)}{99.285 \times 10^3 \times 0.500\,0 \times 10^{-3}}$ kg·mol^{-1}

$= 39.95 \times 10^{-3}$ kg·mol^{-1} = 39.95 g·mol^{-1}

气体的密度 $\rho=m/V$，式(1-5)可变换为

$$\rho = \frac{pM}{RT} \tag{1-6}$$

$$\rho = \frac{pM}{RT} = \frac{101.325 \times 10^3 \times 39.95 \times 10^{-3}}{8.3145 \times 273.15} \text{ kg} \cdot \text{m}^{-3}$$

$$= 1.7824 \text{ kg} \cdot \text{m}^{-3} = 1.7824 \text{ g} \cdot \text{dm}^{-3}$$

1.1.2 分压定律和分体积定律

实际遇到的气体,大多数是混合气体。如空气就是 N_2、O_2、CO_2 等多种气体的混合物。通过研究低压下相互间不发生化学反应的混合气体,前人总结了两个经验定律,即道尔顿(J. Dalton)于1801年提出的分压定律和阿马格(E. H. Amagat)于1880年提出的分体积定律。但严格地说,这两个定律只适用于理想气体。下面从理想气体状态方程出发,导出分压定律和分体积定律。

1. 分压定律

设在一体积为 V 的容器中,充有温度为 T 的 k 个互不反应的理想气体,气体的总压力为 p,各组分的物质的量分别为 $n_1, n_2, \cdots, n_k$,混合气体总的物质的量为

$$n = n_1 + n_2 + \cdots + n_k = \sum_{B=1}^{k} n_B$$

因为理想气体分子间不存在作用力,其单独存在和与其他气体混合存在没有区别,混合气体及其中的每一组分都应遵守理想气体状态方程,所以

$$p = \frac{nRT}{V} = \frac{n_1 RT}{V} + \frac{n_2 RT}{V} + \cdots + \frac{n_k RT}{V} \tag{1-7}$$

上式右边各项正是温度为 T 的组分 B 单独占据总体积 V 时所具有的压力,定义此压力为混合气体中 B 组分的分压,用 p_B 表示

$$p_B = \frac{n_B RT}{V} \quad (B = 1, 2, \cdots, k) \tag{1-8}$$

于是,式(1-7)可改写为

$$p = p_1 + p_2 + \cdots + p_k = \sum_B p_B \tag{1-9}$$

式中:$\sum_B$ 表示对所有组分求和。式(1-8)、式(1-9)就是道尔顿分压定律,在温度与体积一定时,混合气体的总压力 p 等于各组分气体的分压力 p_B 之和。某组分的分压力等于该气体与混合气体温度相同并单独占有总体积 V 时所表现的压力。

将式(1-8)、式(1-7)相除得

$$p_B = p \frac{n_B}{n}$$

令

$$x_B = \frac{n_B}{n} \tag{1-10}$$

x_B 称为组分 B 的物质的量分数或摩尔分数,是组分 B 的物质的量与混合气体总的物

质的量之比。显然所有组分的摩尔分数之和应等于 1，即 $\sum_B x_B = 1$。

因此分压定律也可表示为组分 B 的分压力等于总压 p 乘以组分 B 的摩尔分数 x_B，即

$$p_B = p x_B \tag{1-11}$$

【例 1-3】 实验室中用金属锌与盐酸反应制取氢气，用排水集气法在水面收集氢气。25 ℃、100 kPa 下收集了 350 cm³ 的气体，计算收集的氢气的质量。已知 25 ℃ 时水的饱和蒸气压为 3.169 0 kPa。

解 用排水集气法收集到的气体包括水蒸气和氢气。已知 25 ℃ 时水的饱和蒸气压为 3.169 0 kPa，由分压定律可知，氢气的分压为

$$p(H_2) = p - p(H_2O) = (100 - 3.169\ 0)\ \text{kPa} = 96.831\ \text{kPa}$$

氢气的物质的量为

$$n = \frac{pV}{RT} = \frac{96.831 \times 10^3 \times 350 \times 10^{-6}}{8.314\ 5 \times 298.15}\ \text{mol} = 0.013\ 7\ \text{mol}$$

氢气的摩尔质量为 2.016 g·mol⁻¹，收集的氢气的质量为

$$0.013\ 7 \times 2.016\ \text{g} = 0.027\ 6\ \text{g}$$

2. 分体积定律

将式(1-7)改写为

$$V = \frac{nRT}{p} = \frac{n_1 RT}{p} + \frac{n_2 RT}{p} + \cdots + \frac{n_k RT}{p} \tag{1-12}$$

上式右边各项是温度为 T、压力为 p 的组分 B 单独存在时所占据的体积。定义此体积为混合气体中 B 组分的分体积，用 V_B 表示，即

$$V_B = \frac{n_B RT}{p} \quad (B = 1, 2, \cdots, k) \tag{1-13}$$

于是，式(1-12)可改写为

$$V = V_1 + V_2 + \cdots + V_k = \sum_B V_B \tag{1-14}$$

式(1-14)就是阿马格分体积定律。在温度与压力一定时，混合气体的总体积 V 等于各组分气体的分体积 V_B 之和。某组分的分体积等于该气体与混合气体温度、压力相同并单独存在时占有的体积。

将式(1-14)、式(1-13)相除得

$$\frac{V_B}{V} = \frac{n_B}{n} = x_B \tag{1-15}$$

式中：V_B/V 是组分 B 的分体积与混合气体的总体积之比，称为体积分数 φ_B。

$$\varphi_B = \frac{V_B}{V} \tag{1-16}$$

混合理想气体中某组分 B 的体积分数 φ_B 等于该组分的摩尔分数 x_B。

因此，分体积定律也可表示为组分 B 的分体积 V_B 等于总体积 V 乘以组分 B 的

体积分数 φ_B 或摩尔分数 x_B，即

$$V_B = V\varphi_B = Vx_B \qquad (1\text{-}17)$$

分压定律与分体积定律原则上只适用于理想气体混合物，但低压下的实际气体混合物也能较好地遵守这两个定律。实际气体混合物压力越高，计算偏差就越大。

【例 1-4】 空气主要由 N_2 及 O_2 组成，它们的体积分数分别为 79% 和 21%，试求空气的平均摩尔质量。

解 设空气的总质量为 m，总物质的量为 n，则平均摩尔质量 $\overline{M}$ 为

$$\overline{M} = \frac{m}{n} = \frac{n(N_2)M(N_2) + n(O_2)M(O_2)}{n(N_2) + n(O_2)} = x(N_2)M(N_2) + x(O_2)M(O_2)$$

气体的摩尔分数等于体积分数，所以

$$\overline{M} = (0.79 \times 28 + 0.21 \times 32)\,\text{g} \cdot \text{mol}^{-1} = 28.84\,\text{g} \cdot \text{mol}^{-1}$$

1.1.3 实际气体

研究发现，实际气体只有在压力趋于零时才符合理想气体状态方程。当压力较大时，实际气体与理想气体的差别非常显著，特别是在高压低温时，容易液化的气体与理想气体的差别尤为显著。

范德华(J. D. van der Waals)研究了许多实际气体后，考虑到实际气体分子本身存在体积及分子间存在相互作用力，对理想气体状态方程进行了修正，提出适用于实际气体的状态方程，即著名的范德华方程：

$$\left(p + \frac{an^2}{V^2}\right)(V - nb) = nRT \qquad (1\text{-}18)$$

或

$$\left(p + \frac{a}{V_m^2}\right)(V_m - b) = RT \qquad (1\text{-}19)$$

式中：a 和 b 都是与物质有关的经验常数，它们都有明确的物理意义。a 与分子间的吸引力大小有关，越容易液化的气体，气体分子间的引力越大，a 越大；b 与分子本身的体积有关，分子体积越大，b 越大。表 1-1 列出了一些气体的范德华常数。高压下实际气体按范德华方程计算的结果要比用理想气体状态方程计算的结果准确得多。

继范德华方程后，人们又提出了上百个实际气体的状态方程，其中有的是范德华

表 1-1　一些气体的范德华常数

物质	$\dfrac{a}{\text{Pa} \cdot \text{m}^6 \cdot \text{mol}^{-2}}$	$\dfrac{b \times 10^3}{\text{m}^3 \cdot \text{mol}^{-1}}$	物质	$\dfrac{a}{\text{Pa} \cdot \text{m}^6 \cdot \text{mol}^{-2}}$	$\dfrac{b \times 10^3}{\text{m}^3 \cdot \text{mol}^{-1}}$
H_2	0.025	0.026 6	N_2	0.137	0.038 7
He	0.003 5	0.023 8	O_2	0.138	0.031 9
CH_4	0.230	0.043 1	Ar	0.136	0.032 2
NH_3	0.422	0.037 1	CO	0.147	0.039 5
H_2O	0.554	0.030 5	CO_2	0.366	0.042 9

方程的进一步修正,有的则是由大量实验数据拟合而得的经验方程。这些方程对较大压力时的实际气体计算都要比用理想气体状态方程计算的结果好。

【例 1-5】 40 ℃时,1.00 mol CO_2 气体存储于 1.20 dm^3 的容器中,实验测得压力为 1.97 MPa,试分别用理想气体状态方程和范德华方程计算 CO_2 气体的压力,并和实验值比较。

解 用理想气体状态方程计算:

$$p = \frac{nRT}{V} = \frac{1.00 \times 8.3145 \times 313.15}{1.20 \times 10^{-3}} \text{ Pa} = 2.17 \times 10^6 \text{ Pa} = 2.17 \text{ MPa}$$

计算值与实验值误差 $\dfrac{2.17-1.97}{1.97} = 10.2\%$

用范德华方程计算:

由表 1-1 查出 CO_2 气体的 $a = 0.366$ Pa·m^6·mol^{-2},$b = 0.0429 \times 10^{-3}$ m^3·mol^{-1}

$$p = \frac{RT}{V_m - b} - \frac{a}{V_m^2} = \left[\frac{8.3145 \times 313.15}{1.20 \times 10^{-3} - 0.0429 \times 10^{-3}} - \frac{0.366}{(1.20 \times 10^{-3})^2}\right] \text{Pa}$$

$$= 2.00 \times 10^6 \text{ Pa} = 2.00 \text{ MPa}$$

计算值与实验值误差 $\dfrac{2.00-1.97}{1.97} \times 100\% = 1.5\%$

1.2 液　　体

1.2.1 液体的蒸气压

一杯水敞口放置一段时间,杯中的水会减少。洗过的衣服经晾置会变干。这些常见的物理现象都是液体的蒸发。

液体是由大量分子组成的,分子在不停地运动着,当液体的某些分子运动速度足够大时,这些分子就可能克服分子间的引力,逸出液面而汽化。这种在液体表面发生的汽化现象叫蒸发,在液面上的气态分子叫蒸气。

液体的蒸发是吸热过程,液体可以不断地从周围环境吸收热量,不断地蒸发,直到在敞口容器中的液体全部蒸发完为止。若将液体装在密闭的容器中,情况就不一样了,在恒定温度下,液体蒸发出一部分分子成为蒸气,但处于密闭容器中的蒸气分子在相互碰撞过程中又有重新回到液面的可能,这个过程称为凝结。当蒸发速度与凝结速度相等时,系统达到平衡,称为气液二相平衡。在一定温度下液体与其蒸气处于平衡时的气体称为饱和蒸汽,它的压力称饱和蒸气压,简称蒸气压。

蒸气压是液体的特征之一,它与液体量的多少无关,与液体上方的蒸气体积也无关。同一温度下,不同液体有不同的蒸气压;同一种液体,温度不同时蒸气压也不同。因为蒸发是吸热过程,所以升高温度有利于液体的蒸发,即蒸气压随温度的升高而变大。表 1-2 列出不同温度时水的蒸气压数据。

表 1-2　不同温度时水的蒸气压数据

$t/℃$	p/kPa	$t/℃$	p/kPa
10	1.228	70	31.176
20	2.338	80	47.373
30	4.246	90	70.117
40	7.381	100	101.325
50	12.34	120	198.48
60	19.93	150	475.72

液体蒸气压是液体分子间作用力大小的反映。一般来说，液体分子间力越弱，液体越易蒸发，蒸气压越高；液体分子间力越强，液体越不易蒸发，蒸气压就越低。

蒸气压的概念不局限于液体，固体中能量较大的分子也有可能进入空间，因此在一定的温度下，固体也有一定的蒸气压，不过数值较小，常不考虑。

1.2.2　液体的沸腾

温度升高时，液体蒸气压随之增大，当液体蒸气压与外界压力相等时就会在整个液体中（包括内部和表面）发生激烈的汽化，此时称液体发生沸腾。液体的沸腾温度与外界压力有关。外压增大，沸腾温度升高；外压减小，沸腾温度降低。当外压等于 101.325 kPa 时液体的沸腾温度称为液体的正常沸点，简称沸点。表 1-3 列出了不同外压时水的沸腾温度。

表 1-3　不同外压时水的沸腾温度 t_b

p/kPa	47.373	70.117	101.325	198.48	475.72
$t_b/℃$	80	90	100	120	150

利用液体沸腾温度随外压变化的特性，可以通过减压或在真空下使液体沸腾的方法来分离和提纯那些沸点很高的物质或在沸腾温度下可能分解的物质。

有时把液体加热到沸点时，并不沸腾，只有继续加热到温度超过沸点后才沸腾，这种现象称为过热，此时的液体称为过热液体。过热现象对生产和实践是不利的，因为过热液体一旦沸腾便非常激烈（称之为暴沸现象），导致液体大量溅出，造成事故。在加热过程中不断搅拌或加入沸石可以避免暴沸现象的发生。

1.3　溶　　液

一种物质以分子或离子的状态均匀地分布在另一种物质中形成均匀的分散系统，称为溶液[①]。通常讲的溶液多指液态溶液。

---

① 我国国家标准 GB3102.8-93 中将溶液称为液体混合物，本书仍按惯例称之为溶液。

为方便起见,通常将溶液中的组分区分为溶剂和溶质。当气体或固体物质溶解于液体中形成溶液时,将液体称为溶剂,把溶解的气体或固体称为溶质。例如,糖溶于水,糖是溶质,水是溶剂。当液体溶解于液体中时,通常将量少的物质称为溶质,量多的物质称为溶剂。例如在 100 cm³ 水中加入 10 cm³ 乙醇形成溶液,乙醇是溶质,水是溶剂。若在 100 cm³ 乙醇中加入 10 cm³ 水形成溶液,乙醇则是溶剂,水是溶质。

不同的物质在形成溶液时往往有热量和体积的变化,有时还有颜色的变化。例如,浓硫酸溶于水放出大量的热,而硝酸铵溶于水则吸收热量。12.67 cm³ 的乙醇溶于 90.36 cm³ 的水中时,溶液的体积不是 103.03 cm³,而是 101.84 cm³。无水硫酸铜是无色的,但它的水溶液却是蓝色的。这些都表明溶解过程既不是单纯的物理变化,也不是单纯的化学变化,而是复杂的物理化学变化。

根据溶质的种类,溶液分为电解质溶液和非电解质溶液两种。所谓电解质是指在溶解或熔融状态时可以导电的物质,酸、碱、盐等离子化合物都是电解质。例如 NaCl 溶于水形成不饱和溶液时,溶液中没有 NaCl 分子,只有 Na^+ 和 Cl^-,它们在电场的作用下定向移动,因此 NaCl 溶液可以导电,NaCl 溶液是电解质溶液。共价化合物(如乙醚、丙酮)一般都是非电解质,它们在溶液中仍然以分子形式存在,非电解质溶液不能导电。

1.3.1 溶液浓度表示法

溶液的性质在很大程度上取决于溶液的组成(溶质与溶剂的相对含量),溶液的组成通常也称为浓度。表示溶液浓度的方法主要有以下几种。

(1) 物质 B 的物质的量分数(物质 B 的摩尔分数),符号为 x_B。

摩尔分数 x_B 是一个量纲为 1 的量,它的意义是:物质 B 的物质的量与溶液的物质的量之比。

$$x_B = \frac{n_B}{\sum_B n_B} \tag{1-20}$$

式中:n_B 是物质 B 的物质的量;$\sum_B n_B$ 是溶液中各组分的物质的量之总和。若某一溶液由 A 和 B 两种物质组成,其中物质 A 和 B 的物质的量分别为 n_A 和 n_B,则物质 A 和 B 的物质的量分数分别为

$$x_A = \frac{n_A}{n_A + n_B}, \quad x_B = \frac{n_B}{n_A + n_B}$$

显然,$x_A + x_B = 1$,写成一般通式为 $\sum_B x_B = 1$,即溶液中各组分的物质的量分数之和恒等于 1。

(2) 物质 B 的质量分数,符号为 w_B。

物质 B 的质量分数 w_B 也是一个量纲为 1 的量,它的意义是:物质 B 的质量与溶液的质量之比。

$$w_B = \frac{m_B}{\sum_B m_B} \tag{1-21}$$

式中：m_B 是物质 B 的质量；$\sum_B m_B$ 是溶液中各组分的质量之总和。显然溶液中各组分的质量分数之和也恒等于 1，$\sum_B w_B = 1$。

（3）物质 B 的质量摩尔浓度，符号为 b_B（或 m_B）。

质量摩尔浓度的意义是：溶液中物质 B 的物质的量除以溶剂 A 的质量。

$$b_B = \frac{n_B}{m_A} \tag{1-22}$$

式中：n_B 是物质 B 的物质的量；m_A 是溶剂的质量。b_B 的单位是 $mol \cdot kg^{-1}$。用质量摩尔浓度表示溶液的组成，其优点是可用准确称量的方法来配制一定组成的溶液，且其浓度不随温度而改变。

（4）物质 B 的物质的量浓度（物质 B 的浓度），符号为 c_B。

物质 B 的浓度的意义是：物质 B 的物质的量除以溶液的体积。

$$c_B = \frac{n_B}{V} \tag{1-23}$$

式中：n_B 是物质 B 的物质的量；V 是溶液的体积。c_B 的 SI 单位是 $mol \cdot m^{-3}$，但实验室中常用 $mol \cdot dm^{-3}$（即过去的 $mol \cdot L^{-1}$）。由于溶液的体积与温度有关，所以物质 B 的浓度值与温度有关。

【例 1-6】 20 ℃时，将 2.50 g NaCl 溶于 497.5 g 水，若此溶液的密度为 1.002 $g \cdot cm^{-3}$，求该溶液的质量摩尔浓度、物质的量浓度、物质的量分数及质量分数。

解 NaCl 的摩尔质量：$M(NaCl) = 58.44 \, g \cdot mol^{-1}$；$H_2O$ 的摩尔质量：$M(H_2O) = 18.02 \, g \cdot mol^{-1}$。

$$n(NaCl) = \frac{m(NaCl)}{M(NaCl)} = \frac{2.50}{58.44} \, mol = 0.042\,8 \, mol$$

$$n(H_2O) = \frac{m(H_2O)}{M(H_2O)} = \frac{497.5}{18.02} \, mol = 27.61 \, mol$$

溶液体积 $\quad V = \dfrac{m}{\rho} = \dfrac{497.5 + 2.50}{1.002} \, cm^3 = 499 \, cm^3 = 0.499 \, dm^3$

溶液的质量摩尔浓度

$$b(NaCl) = \frac{n(NaCl)}{m(H_2O)} = \frac{0.042\,8}{497.5 \times 10^{-3}} \, mol \cdot kg^{-1} = 0.086\,0 \, mol \cdot kg^{-1}$$

物质的量浓度

$$c(NaCl) = \frac{n(NaCl)}{V} = \frac{0.042\,8}{0.499} \, mol \cdot dm^{-3} = 0.085\,8 \, mol \cdot dm^{-3}$$

物质的量分数

$$x(NaCl) = \frac{n(NaCl)}{n(NaCl) + n(H_2O)} = \frac{0.042\,8}{0.042\,8 + 27.61} = 1.55 \times 10^{-3}$$

质量分数 $\quad w_B = \dfrac{m(\mathrm{NaCl})}{m(\mathrm{NaCl}) + m(\mathrm{H_2O})} = \dfrac{2.50}{2.50 + 497.5} = 0.005$

1.3.2 拉乌尔定律与亨利定律

1887年法国化学家拉乌尔(F. M. Raoult)从实验中发现,在溶剂中加入难挥发性的非电解质溶质后,溶剂的蒸气压会降低,由此总结出著名的拉乌尔定律:在一定温度下,稀溶液中溶剂的蒸气压等于纯溶剂的蒸气压乘以溶剂的摩尔分数,即

$$p_A = p_A^* x_A \tag{1-24}$$

式中:p_A^*代表纯溶剂A的蒸气压;x_A代表溶液中溶剂A的摩尔分数。

拉乌尔定律是根据稀溶液的实验结果总结出来的,对于大多数溶液来说,只有浓度很低时才适用。因为溶液很稀时,溶质分子数相对很少,溶剂分子的周围几乎都是溶剂分子,其处境与它在纯态时几乎相同,溶剂分子逸出溶液的能力与纯态时也几乎相同。只是由于溶质分子的存在,使单位体积内的溶剂分子有所减少,所以溶剂的蒸气压就按比例地减小。当溶液浓度变大时,溶剂分子的处境与它在纯态时就有显著差别,此时溶剂的蒸气压不仅与溶液的浓度有关,而且与溶质的性质也有关。

拉乌尔定律是溶液的基本定律之一,溶液的其他性质如沸点升高、凝固点降低、渗透压等都可以用拉乌尔定律解释。

1803年英国化学家亨利(W. Henry)从实验中发现,在一定温度下,气体在液体里的溶解度与该气体的平衡分压成正比,此规律称为亨利定律。后来发现对挥发性的溶质也适用,因此亨利定律可表述为:在一定温度下,稀溶液中挥发性溶质的平衡分压与它在溶液中的浓度成正比,即

$$p_B = k_x x_B \tag{1-25}$$

式中:x_B为挥发性溶质的摩尔分数;p_B为平衡时液面上溶质的平衡分压;k_x是比例常数,称亨利常数,其数值取决于温度、压力及溶质和溶剂的性质,不过压力对它的影响较小,通常可以忽略压力对k_x的影响。

应用亨利定律时,必须注意溶质在气液两相中的分子状态必须相同。例如HCl溶于水中,由于HCl在水中以H^+和Cl^-的形式存在,而在气相中以HCl分子的形式存在,所以不能应用亨利定律。

亨利定律在化工生产中得到广泛应用,利用溶剂对混合气体中各种气体的溶解度差异进行吸收分离,把溶解度大的气体吸收下来,达到分离的目的。同一气体在不同溶剂中,其亨利常数不同。若在相同压力下进行比较,k值越小则溶解度越大,所以亨利常数可作为选择吸收溶剂的依据。

【例1-7】 在0 ℃、101.325 kPa下,1 kg水至多可溶解0.048 8 dm³的氧气,试计算暴露于空气的1 kg水中含氧气的最大体积(已知空气中氧的摩尔分数为0.21)。

解 1 kg水溶解氧气的物质的量

$$n(\mathrm{O_2}) = \frac{pV}{RT} = \frac{101.325 \times 10^3 \times 0.048\ 8 \times 10^{-3}}{8.314\ 5 \times 273.15}\ \mathrm{mol} = 2.177 \times 10^{-3}\ \mathrm{mol}$$

1 kg 水的物质的量
$$n(\mathrm{H_2O}) = \frac{m(\mathrm{H_2O})}{M(\mathrm{H_2O})} = \frac{1}{0.018\ 2}\ \mathrm{mol} = 54.95\ \mathrm{mol}$$

1 kg 水溶解氧气的摩尔分数
$$x(\mathrm{O_2}) = \frac{n(\mathrm{O_2})}{n(\mathrm{H_2O}) + n(\mathrm{O_2})} \approx \frac{n(\mathrm{O_2})}{n(\mathrm{H_2O})} = \frac{2.177 \times 10^{-3}}{54.95} = 3.96 \times 10^{-5}$$

由亨利定律 $p_\mathrm{B} = k_x x_\mathrm{B}$ 求出亨利常数
$$k_x = \frac{p}{x(\mathrm{O_2})} = \frac{101.325}{3.96 \times 10^{-5}}\ \mathrm{kPa} = 2.56 \times 10^6\ \mathrm{kPa}$$

空气中氧的分压为
$$p(\mathrm{O_2}) = px(\mathrm{O_2}) = 101.325 \times 0.21\ \mathrm{kPa} = 21.273\ \mathrm{kPa}$$

1 kg 水溶解氧气的最大浓度为
$$x(\mathrm{O_2}) = \frac{p(\mathrm{O_2})}{k_x} = \frac{21.273}{2.56 \times 10^6} = 8.31 \times 10^{-6}$$

$$n(\mathrm{O_2}) \approx x(\mathrm{O_2}) \times n(\mathrm{H_2O}) = 8.31 \times 10^{-6} \times 54.95\ \mathrm{mol} = 4.57 \times 10^{-4}\ \mathrm{mol}$$

1 kg 水中溶解氧气的最大体积为
$$V(\mathrm{O_2}) = \frac{n(\mathrm{O_2})RT}{p} = \frac{4.57 \times 10^{-4} \times 8.314\ 5 \times 273.15}{101.325 \times 10^3}\ \mathrm{m^3}$$
$$= 1.024 \times 10^{-5}\ \mathrm{m^3} = 0.01\ \mathrm{dm^3}$$

1.3.3 非电解质稀溶液的依数性

非电解质稀溶液有四个重要的性质:蒸气压降低、沸点升高、凝固点降低和渗透压。这四个性质只取决于溶液中溶质粒子的数目,与溶质的本性无关,故称为非电解质稀溶液的依数性。

1. 蒸气压降低

当溶质为不挥发性物质时,溶液的蒸气压就等于溶液上面溶剂的蒸气压。设溶质 B 的摩尔分数为 x_B,因为 $x_\mathrm{A} = 1 - x_\mathrm{B}$,所以拉乌尔定律可写为
$$p_\mathrm{A} = p_\mathrm{A}^* x_\mathrm{A} = p_\mathrm{A}^* (1 - x_\mathrm{B})$$
$$p_\mathrm{A}^* - p_\mathrm{A} = p_\mathrm{A}^* x_\mathrm{B}$$

令 $\Delta p = p_\mathrm{A}^* - p_\mathrm{A}$ 表示溶液的蒸气压降低,则
$$\Delta p = p_\mathrm{A}^* x_\mathrm{B} \tag{1-26}$$

上式表示,一定温度下,溶液蒸气压的下降值 Δp 与溶液中溶质的摩尔分数成正比。

2. 沸点升高

沸点是溶液的蒸气压等于外压时的温度。若在溶剂中加入不挥发性物质,溶液的蒸气压就要降低,只有加热到更高温度时,溶液才能沸腾,所以溶液的沸点总是比纯溶剂的沸点高。可用图 1-1 说明这种关系,图中 AA' 和 BB' 分别是纯溶剂和溶液

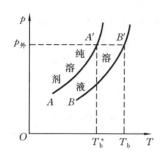

图 1-1 稀溶液的沸点上升

的饱和蒸气压曲线。图中画出压力为外压的等压线,该线与上述两条曲线相交于点 A' 和 B',交点对应的温度就是各液体的沸点。不难看出,溶液的沸点高于纯溶剂的沸点。实验和理论都证明稀溶液的浓度越大,沸点上升也越多。稀溶液的沸点升高与溶液的浓度成正比,即

$$\Delta T_b = T_b - T_b^* = k_b b_B \quad (1-27)$$

式中:T_b、T_b^* 分别为稀溶液和纯溶剂的沸点;ΔT_b 为沸点的升高值;k_b 为沸点升高常数,仅与溶剂性质有关;b_B 为溶液的质量摩尔浓度。表 1-4 列出了一些溶剂的沸点升高常数。

表 1-4 一些溶剂的沸点升高常数

溶 剂	水	醋酸	苯	四氯化碳	萘
沸点/℃	100	117.9	80.10	76.75	217.96
$k_b/(K \cdot kg \cdot mol^{-1})$	0.513	3.22	2.64	5.26	5.94

3. 凝固点降低

当溶剂不与溶质生成固溶体(固态溶液)时,固态纯溶剂与液态溶液平衡时的温度就是溶液的凝固点。此时固态纯溶剂的蒸气压与溶液的蒸气压相等。由于溶液的蒸气压低于液态纯溶剂的蒸气压,因此固态纯溶剂与液态溶液平衡时的温度将低于固态纯溶剂与液态纯溶剂的平衡温度,如图 1-2 所示,溶液的凝固点总是比纯溶剂的凝固点低。

实验和理论都已证明稀溶液的浓度越大,凝固点降低也越多。稀溶液的凝固点降低与溶液的浓度成正比,即

$$\Delta T_f = T_f^* - T_f = k_f b_B \quad (1-28)$$

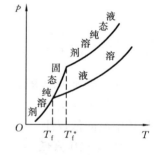

图 1-2 稀溶液的凝固点降低

式中:T_f^*、T_f 分别为纯溶剂和溶液的凝固点;ΔT_f 为凝固点的降低值;k_f 为凝固点降低常数,仅与溶剂的性质有关,与溶质的种类无关;b_B 为溶液的质量摩尔浓度。表 1-5 列出了一些溶剂的凝固点降低常数。

表 1-5 一些溶剂的凝固点降低常数

溶 剂	水	醋酸	苯	四氯化碳	萘
凝固点/℃	0	16.66	5.53	−22.95	80.29
$k_f/(K \cdot kg \cdot mol^{-1})$	1.86	3.90	5.12	29.8	6.94

【例 1-8】 将 2.76 g 甘油(丙三醇 $C_3H_8O_3$)溶于 200 g 水中,测得凝固点为 −0.279 ℃,求甘油的摩尔质量。

解 根据式(1-28),溶液的质量摩尔浓度为

$$b_B = \frac{\Delta T_f}{k_f} = \frac{0-(-0.279)}{1.86} \text{ mol} \cdot \text{kg}^{-1} = 0.150 \text{ mol} \cdot \text{kg}^{-1}$$

200 g 水中含甘油 0.150×0.2 mol $= 0.030$ mol

所以,甘油的摩尔质量

$$M = 2.76/0.030 \text{ g} \cdot \text{mol}^{-1} = 92.0 \text{ g} \cdot \text{mol}^{-1}$$

由凝固点降低法求出的甘油摩尔质量与其理论值 92.09 g·mol⁻¹ 比较,非常吻合。

凝固点降低的现象在日常生活中也是很有用的,例如冬季在汽车水箱的用水中,加入醇类物质(如乙二醇、甲醇)可使其凝固点降低而防止水结冰。

4. 渗透压

如图 1-3 所示,在容器的左边放入纯水,右边放入蔗糖溶液,中间用一半透膜隔开。半透膜是只允许溶剂分子通过而不允许溶质分子通过的一种薄膜。动物膀胱、植物细胞膜以及人工制造的羊皮纸、火棉胶等都具有半透膜的性质。开始时,两边的液面高度相等,经过一段时间后,左边纯水的液面会下降,而右边蔗糖溶液的液面会上升(见图 1-3(a))。这种溶剂分子通过半透膜的扩散现象称为渗透。渗透作用达到平衡时,半透膜两边的静压力之差称为渗透压。如果对蔗糖溶液施加一定的压力,可阻止渗透进行(见图 1-3(b)),因此渗透压就是阻止渗透作用所施加于溶液的最小外压。如果半透膜的一边不是纯水,而是浓度较稀的蔗糖溶液,渗透作用也会发生。

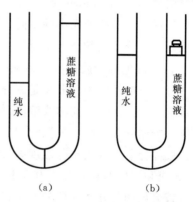

图 1-3 渗透和渗透压示意图

1866 年,范特霍夫(J. H. Van't Hoff)根据实验,提出形式与理想气体状态方程相似的稀溶液渗透压公式

$$\Pi V = nRT \tag{1-29}$$

或

$$\Pi = \frac{n}{V}RT = cRT \tag{1-30}$$

式中:Π 表示溶液的渗透压;n 表示溶质的物质的量;V 是溶液的体积;c 是溶液的物质的量浓度。

渗透压是溶液依数性中最灵敏的一个性质,因此常用渗透压法确定大分子的相对分子质量(对于小分子,因无合适的半透膜,无法用渗透压法测相对分子质量)。

渗透现象对生命有重大意义。例如,人的血液有一定的渗透压,当静脉输液时,如果输入溶液的渗透压大于血液的渗透压,则红细胞中的水分将流出;如果输入溶液的渗透压小于血液的渗透压,则输液中的水分将进入红细胞。在上述两种情况下,血

球都会遭到破坏，因此要求输液的渗透压与血液的渗透压相等，通常临床上大量补液用0.9%的生理盐水和5%的葡萄糖溶液，红细胞不会变形破坏，仍能保持其正常的生理功能。

当施加的压力大于渗透压时，水分子将由溶液向纯水中渗透，这个过程称为反渗透。工业上可利用反渗透技术进行水的净化、海水淡化和各种废水处理。

1.4 胶 体

在自然界、工农业生产和日常生活中，常常遇到一种或数种物质分散在另一种物质中所构成的系统，称为分散系统。其中被分散的物质叫做分散相（或分散质），分散相所存在的均匀、连续介质，称为分散介质。例如氯化钠晶体溶解在水中，氯化钠就是分散相，而水是分散介质。

根据分散相粒子大小的不同，分散系统可分为粗分散系统、胶体分散系统和分子分散系统。分散相粒子半径大于 10^{-7} m 的称为粗分散系统；粒子半径在 $10^{-9}\sim 10^{-7}$ m 之间的称为胶体分散系统；粒子半径小于 10^{-9} m 的称为分子分散系统。

分子分散系统中分散相是以分子、原子或离子均匀分布在分散介质中，是均相分散系统，称为真溶液，简称为溶液，如氯化钠溶液、乙醇溶液等。溶液是热力学稳定的系统。胶体分散系统中分散相和分散介质间有明显的物理分界面，是非均相分散系统。胶体分散系统由于分散度高，具有较高的表面自由能，所以是高度分散的、多相的、组成和结构不确定的热力学不稳定系统。

按分散相与分散介质的聚集状态分类，胶体分散系统可分为八类，见表1-6。

习惯上，把分散介质为液体的胶体分散系统称为胶体溶液，或简称为溶胶，如分散

表1-6 胶体按分散相和分散介质的聚集状态分类

类 别	分散相	分散介质	名 称	实 例
1	液	气	气溶胶	云、雾
2	固			烟、尘
3	气	液	液溶胶	泡沫	各种泡沫
4	液		乳状液	牛奶
5	固		溶胶	金溶胶、硫溶胶、As_2S_3溶胶
			悬浮液	泥水、油漆、墨汁
6	气	固	固溶胶	泡沫塑料、泡沫橡胶、泡沫陶瓷、沸石
7	固			熔岩、某些合金、有色玻璃
8	液			珍珠、某些宝石、凝胶

介质为水的胶体分散系统称为水溶胶,分散介质为固体的胶体分散系统称为固溶胶。

胶体是物质存在的一种特殊状态,任何一种物质在一定条件下可以晶体的形态存在,而在另一种条件下却可以胶体的形态存在。例如氯化钠是典型的晶体,它在水中溶解成为真溶液,若用适当方法使其分散于苯中,则形成胶体溶液。同样,硫黄分散在乙醚中为真溶液,若分散在水中则为硫黄水溶胶。

1.4.1 胶体的性质

胶体与溶液都是分散系,具有某些共同的性质,如凝固点降低、产生渗透压等,但由于胶体分散相的粒子较大,形成了新相,所以胶体还有其特殊的性质。

1. 光学性质

用光照射一分散系统时,可能发生吸收、透过及散射等现象。光的散射现象在胶体分散系统中尤为突出。例如,在一暗室内置入一胶体溶液,用强聚光束对其照射,从与入射光垂直的方向可以观察到一发光的圆锥体,如图 1-4 所示。若入射光为白色,则光柱呈蓝紫色,称为乳光,这种现象称为"丁达尔(Tyndall)效应"。

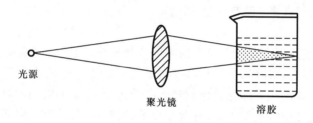

图 1-4 丁达尔现象示意图

丁达尔效应是由于胶体粒子对光的散射而形成的。当光线照射到分散相颗粒上时,可以发生两种情况:如果分散相颗粒粒径大于入射光波长,光就会反射,系统呈现混浊;如果分散相颗粒粒径小于入射光波长,就会发生光的散射。在溶胶溶液中,分散相颗粒大小在 1~100 nm 范围,而可见光的波长为 400~700 nm,故可见光通过胶体时将发生散射,如果颗粒太小(小于 1 nm),光的散射极弱,所以光通过真溶液时基本上是发生透射,观察不到光锥的形成。因此,利用丁达尔效应,可以鉴别溶胶和真溶液。

2. 动力性质

胶体分散系统的动力性质主要是指胶体分散系统中粒子的不规则运动以及由此而产生的扩散、渗透压以及在重力场影响下浓度随高度的分布平衡等性质。

(1) 布朗运动。在显微镜下观察胶体溶液,可以看到胶体颗粒不断地做无规则运动,这种不断改变方向、改变速度的运动,最先在 1872 年由英国植物学家布朗(R. Brown)发现,故称其为布朗运动。布朗运动是分子热运动的间接证明和必然结果。根据分子运动论,任何物质的分子都在不停地作不规则的热运动,胶体粒子虽然很小,但又远大于液体分散介质的分子,悬浮在分散介质中的胶粒受到来自各个方向的分散介质分子的冲击,受力是不平衡的,因而时刻以不同方向、不同速度作不规则的运动。

(2) 扩散运动。一定温度下,物质都存在着由高浓度向低浓度扩散的现象。对一个粒子而言,它不停地作不规则的布朗运动,方向是随机的,但作为一个整体来说,观察到的就是自高浓度向低浓度转移的自发趋势。因为胶体粒子较大,因此扩散速度比真溶液中的溶质分子要小得多。

(3) 沉降平衡。胶体粒子受到重力的作用下沉而与分散介质分离的过程称为沉降。但扩散作用又会使粒子分布均匀,其方向与沉降相反。两者作用相等时,虽然粒子的浓度随高度增加而逐渐减少,但在指定高度上的粒子浓度不再随时间变化,系统形成稳定的浓度梯度,这一状态称为沉降平衡。平衡时,位置越高,浓度越低。粒子愈大,质量愈重,浓度梯度也愈明显。例如,粒度为 186 nm 的粗分散金溶胶,只要高度上升 2×10^{-5} cm,粒子浓度就减少一半,而半径为 1.86 nm 的金溶胶,高度相差 215 cm 时,浓度才降低一半。这也表明,胶体中粒子的扩散能力较强,达到沉降平衡时,浓度分布要均匀得多,没有明显的沉降。

3. 电学性质

胶体分散系统是热力学上不稳定的高度分散系统,但实验却表明溶胶在相当长的时间内可稳定存在。经研究发现,溶胶粒子带电是使之稳定的重要因素。由于胶粒表面带电,故当胶粒与周围介质作相对运动时,会产生如下的四种电动现象。

(1) 电泳:在外加电场作用下,分散相粒子(胶粒)在分散介质中朝着某一电极迁移的现象。

(2) 电渗:在外加电场作用下,液体介质通过毛细管或多孔性固体向某一电极移动的现象。

(3) 沉降电势:胶粒在重力场或离心力场中相对于液体介质沉降时所产生的电势差,为电泳的逆过程。

(4) 流动电势:在外力作用下,使液体通过多孔膜(或毛细管)定向流动,在多孔膜两端会产生电势差,为电渗的逆过程。

电泳、电渗、沉降电势、流动电势都是分散相和分散介质之间发生相对移动产生的与电有关的现象,故统称电动现象,这些现象说明了分散相与分散介质带有符号相反的电荷,且正负电荷数相等以保持溶胶的电中性。

1.4.2 胶团的结构

因为胶体粒子的大小在 1~100 nm 范围,故每一胶粒必然是由许多分子或原子聚集而成的。例如用 KI 与 $AgNO_3$ 制备 AgI 溶胶时,其反应为

$$AgNO_3 + KI \longrightarrow KNO_3 + AgI$$

不溶性的 AgI 首先形成所谓的胶核,它是胶体颗粒的核心,以 $(AgI)_m$ 表示。研

究表明,AgI 胶核也具有晶体结构,它的表面很大,会吸附与它组成相类似的离子。制备溶胶时,若 AgNO₃ 过量,胶核从溶液中优先选择吸附 Ag^+ 而带正电。带正电的胶核又将吸引反离子 NO_3^-,但离子本身又有热运动,只有一部分 NO_3^- 紧紧地吸引于胶核附近,并与被吸附的 Ag^+ 一起组成所谓的"紧密层",而另一部分 NO_3^- 则扩散到较远的介质中去,形成所谓的"扩散层"。胶核与"紧密层"一起构成胶粒,由胶粒与扩散层中的反离子便构成了 AgI 溶胶的胶团,其结构示意图如图 1-5 所示,图中表示由 m 个 AgI 分子组成胶核,胶核吸附了 n 个 Ag^+ 而带正电。带正电的粒子吸引 $n-x$ 个 NO_3^- 形成胶粒,x 个 NO_3^- 分布于扩散层内。

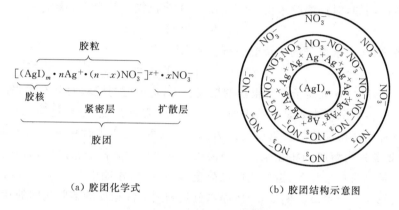

(a) 胶团化学式 (b) 胶团结构示意图

图 1-5　AgI 胶团结构示意图

形成 AgI 溶胶时,若 KI 过量,则胶核将选择吸附 I^- 而带负电。其胶团结构为

$$[(AgI)_m \cdot nI^- \cdot (n-x)K^+]^{x-} \cdot xK^+$$

胶团结构模型是根据扩散双电层理论对实际溶胶的粒子结构所作的推测。不同学者对某些溶胶的胶团结构尚有不同的见解。因此,只能把上述模型看做是胶团复杂结构的一种近似描述。

1.4.3　溶胶的稳定性

胶体溶液一般都相当稳定,可保持数月、数年甚至更长的时间不发生沉降,这主要是因为胶粒带有电荷,胶粒间存在着静电斥力,因而阻止了胶粒互相接近,使胶粒很难聚集成较大的粒子而沉降。

另外,溶剂化膜的产生也是影响胶体稳定性的一个重要因素。胶核吸附的离子可以水化,从而在胶粒周围形成了一个"水化外壳"(或称为水化膜)。水化膜阻止了胶粒之间的聚集,同时,也阻止了胶粒和带相反电荷离子的结合,防止了溶胶胶粒的聚结。

再者,胶体颗粒很小,布朗运动较强,能够克服重力影响而不下沉,从而保持了胶粒的均匀分散。

胶体的"稳定"是有条件的，一旦稳定条件被破坏，就能使胶粒聚集成较大的颗粒而沉降，这种现象称为聚沉。影响聚沉的因素很多，如加入电解质、加热以及胶体本身的一些因素。

不同电解质对某些溶胶的聚沉情况是不一样的，根据大量实验结果，可总结出如下规律。

(1) 电解质对溶胶聚沉起主要作用的离子是与胶粒带相反电荷的离子，称为聚沉离子。聚沉离子的价数愈高，其聚沉能力愈强。

(2) 同价离子的聚沉能力虽然相近，但通常随离子大小不同而略有改变，并有一定的规律。例如，对负溶胶来说，碱金属离子的聚沉能力符合下列顺序：

$$Cs^+ > Rb^+ > K^+ > Na^+ > Li^+$$

对正溶胶来说，卤素离子的聚沉能力符合下列顺序：

$$Cl^- > Br^- > I^-$$

(3) 一般地，有机离子都有很强的聚沉能力，这可能与胶粒对其有很强的吸附能力有关。有机聚沉剂主要是一些表面活性物质，如脂肪酸盐、季铵盐等。

将两种电性相反的溶胶以适当比例相互混合时，由于电性中和也会发生聚沉作用，这种现象称为溶胶的相互聚沉。但溶胶相互聚沉的条件非常严格，只有当两种溶胶胶粒所带电荷总量相等、恰好能使电荷全部中和时，才能引起完全聚沉，否则就不能聚沉或只能部分聚沉。例如，明矾净水就是利用电性相反的溶胶之间的相互作用。明矾水解时生成带正电的 $Al(OH)_3$ 水溶胶，它与水中带负电的胶体污物（主要是 SiO_2 溶胶）发生相互聚沉而使水净化。又如，带正电的 $Fe(OH)_3$ 溶胶与带负电的 As_2S_3 溶胶也可以发生相互聚沉。

为了使胶体稳定，有时可加一些物质进行保护。例如，照相用底片的感光层就是用动物胶保护的，动物胶保护极细的溴化银粒子，以防止它们结合为较大的粒子而聚沉。在胶体溶液中加入表面活性剂或高分子化合物，能使胶体更加稳定。表面活性剂是一种能显著降低液体表面张力的物质，例如，肥皂、洗涤剂、石油磺酸盐等都能显著降低水的表面张力。表面活性剂分子吸附在胶体粒子表面，形成网状或凝胶状结构的吸附层，能阻碍胶体粒子的结合和聚沉，因而对胶体有保护作用。例如，制造墨汁时利用动物胶作保护，在油钻探用的泥浆中加入淀粉等高分子化合物作保护。

1.4.4 溶胶的制备和净化

胶体粒子的大小在 1~100 nm 范围，所以原则上可由分子或离子凝聚而成胶体，当然也可由大块物质分散成胶体。前一种方法称为凝聚法，后一种方法称为分散法。

1. 胶体制备的一般原则

(1) 分散相在介质中的溶解度必须很小。例如硫在乙醇中溶解度大，能形成真溶液，但硫在水中的溶解度极小，故将硫黄的乙醇溶液逐滴加入水中，便可获得硫黄水溶胶。因此,分散相在介质中有极小的溶解度是形成溶胶的必要条件。同时,还要求反应物浓度极稀,生成的难溶物晶粒很小而又无长大条件时,才能得到胶体。

(2) 必须有稳定剂存在。将大块物体分散成胶体时,由于分散过程中颗粒的表面积增大,系统的表面能也增大,因此需要加入第三种物质,即所谓的稳定剂以使溶胶保持一定的稳定性。例如,制造白色油漆时,是将白色颜料(TiO_2)等在油料(分散介质)中研磨,同时加入金属皂类作稳定剂来完成的。用凝聚法制备胶体,同样需要有稳定剂存在,只是在这种情况下稳定剂不一定是外加的,往往是反应物本身或生成的某种产物。这是因为在制备胶体时,总会使某种反应剂过量,它们能起到稳定剂的作用。

2. 胶体制备的方法

(1) 分散法。

分散法有机械分散、电分散、超声波分散和胶溶等方法。

机械分散法:根据制备对象和对分散程度的不同要求,可选用不同的机械设备,如振动磨、球磨、胶体磨等。在粉碎过程中,随着粉碎时间的延长,颗粒表面积增大,颗粒团聚的趋势也增强,因此,除了在物料中添加分散剂外,还要及时地分出合格粒级产品。

电分散法:主要用于制备金属(如 Au、Ag、Hg 等)水溶胶。以金属为电极,通以直流电,产生电弧,在电弧的作用下,电极表面的金属气化,遇水冷却而成胶粒,在水中加入少量碱可形成稳定的溶胶。

超声波分散法:利用超声波震荡以制备溶胶或乳胶。超声波频率在 10^6 Hz 左右,对分散相产生强大的撕碎力,使颗粒分散而生成溶胶或乳胶。

胶溶法:属化学分散法,在新鲜、洁净的沉淀中加入适量的电解质,使沉淀重新分散于介质中形成溶胶。胶溶法仅能使疏松并具有强烈吸水能力的沉淀分散,而不能使结构紧密的物质分散。例如,在新鲜制备并洗涤干净的 $Fe(OH)_3$ 沉淀的悬浊液中,加入 $FeCl_3$ 作为胶溶剂可制备出红褐色的氢氧化铁溶胶。

(2) 凝聚法。

用物理或化学方法使分子或离子聚集成胶体粒子的方法叫凝聚法。由分子分散系形成溶胶,必须在过饱和溶液中才有可能形成新相的晶核,同时必须控制晶核的生长,使之不超过胶粒的大小,故实验条件应严加控制,并加入适当的稳定剂。

用化学方法制备胶体可分为还原法、氧化法、水解法和复分解法等。

还原法:主要用于制备各种金属溶胶。例如:

$$Au^{3+} + 单宁(还原剂) \xrightarrow[加热]{少量 K_2CO_3} Au(溶胶)$$

氧化法:例如二氧化硫通入硫化氢溶液中可制得硫溶胶。

$$2H_2S + SO_2 \longrightarrow 3S(溶胶) + 2H_2O$$

水解法:许多难溶金属氧化物(或氢氧化物)的溶胶可用水解反应制备。例如,在沸腾的水中滴入三氯化铁溶液,可制得红褐色的氢氧化铁溶胶。

$$FeCl_3 + 3H_2O \xrightarrow{煮沸} Fe(OH)_3(溶胶) + 3HCl$$

复分解法:常用来制备盐类的溶胶。例如,利用硝酸银和卤化物在水相中反应可制得卤化银溶胶。

$$AgNO_3 + KI \longrightarrow AgI(溶胶) + KNO_3$$

一般用凝聚法所得溶胶的分散程度比分散法的高,但用以上方法所得的溶胶的分散程度并不均匀,原因是新核的形成和晶核的生长同时发生。当晶核在溶胶开始形成前相当短的一段时间内生成时,所得溶胶的分散程度较为均匀,在过饱和溶液中引入粒度很细的籽晶可达到这一目的。

3. 溶胶的净化

溶胶制备后,往往还残留着过量的电解质和其他杂质,它们的存在会影响溶胶的稳定性,利用渗析法可除去溶胶中多余的电解质。渗析法是用半透膜将溶胶与水隔开,半透膜只允许电解质或小分子通过而不让溶胶粒子通过,溶胶内的电解质和杂质就向水的一方迁移,溶胶则被净化。为了提高渗析速度,可外加电场(电场的作用是加快离子的迁移),该法为电渗析法。

1.5 固　　体

液体降温时,分子运动速度减小,当分子动能不足以克服分子间引力时,分子将聚集在一起,相对地固定在一定的位置上,这时液体变成固体。液体变成固体的过程称为凝固,凝固是放热过程。反之,固体变成液体的过程称为熔化,熔化是吸热过程。

固体可以分为晶体与非晶体(也称无定形物质)。晶体具有规则几何外形,各向异性,有固定的熔点。自然界中的固体大部分是晶体,如氯化钠、石英、方解石等。非晶体没有规则的几何外形,各向同性,没有固定的熔点,如玻璃、沥青等。

晶体与非晶体在一定的条件下可以相互转换。非晶体往往是在温度突然下降到液体的凝固点以下成为过冷液体时,物质的质点来不及进行有规则的排列而形成的。例如,将熔化后的石英迅速冷却,可以得到非晶态的玻璃。通过适当改变固化条件,也可使非晶体变为晶体。例如,将玻璃反复加热和冷却,也可以使其转化为晶体。对于许多典型的非晶体物质,如橡胶、沥青、明胶等只要改变其固化条件,也可以得到相应的晶体。非晶体是热力学不稳定状态,玻璃经过较长时间后会变得不透明,这就是结晶化的结果。

1.5.1 晶体的内部结构

晶体和非晶体在性质上的差别,反映了它们内部结构的不同。现代 X 射线研究表明,虽然不同物质的晶体,其内部微粒(离子、原子或分子)的排列方式是多种多样的,但都有一个共同的特点,就是晶体的内部结构都具有明显的空间排列上的周期性,也就是说,一定数量的离子、原子或分子在空间排列上每隔一定距离就会重复出现。正是由于晶体内部质点的有序的和有规律性的排布,才使得晶体具有整齐、规则的几何外形。由于在不同方向上,微粒排列方式往往不同,导致了晶体的各向异性。所以,组成晶体的微粒有规律的、周期性的重复排列导致了晶体所具有的基本特征,也是晶体物质内部结构的

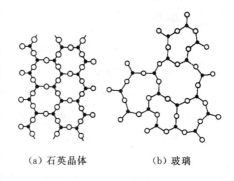

(a) 石英晶体　　　(b) 玻璃

图 1-6　晶体结构
●表示 Si,　○表示 O

普遍特征。而非晶体内部微粒的排列没有周期性的结构规律,像液体那样杂乱无章地分布,可以看做是过冷液体。图 1-6 是石英晶体和玻璃(非晶体)内部微粒排列方式示意图。

在研究晶体结构时,为了使问题相对简单,法国结晶学家布拉维(A. Bravais)提出把晶体中规则排列的微粒抽象为几何学中的点,并称为结点,这些结点的总和称为空间点阵。如果沿着三维空间的方向,把点阵中各相邻的点按照一定的规则连接起来,就可以得到描述晶体内部结构的具有一定几何形状的空间格子,称为晶格,如图 1-7 所示。晶格是一种几何学概念,是从实际晶体中抽象出来的,用来表示晶体周期性结构的规律。

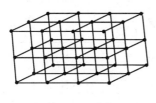

图 1-7　晶格

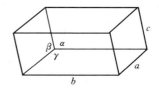

图 1-8　晶胞

根据晶体内部结构的周期性,可以在晶格中划分出一些形状和大小完全相同的平行六面体,作为晶格的最小单位,这种最小单位反映了晶格的一切特征,整个晶格就是这种最小单位在三维空间周期性的重复排列而形成的。这种能够表现晶格结构特征的最小重复单位称为晶胞,如图 1-8 所示。晶胞的大小、形状和组成完全决定了晶体的结构和性质,因此只要能够了解晶胞的特征,就能够把握晶体的结构特征了。晶胞是一个平行六面体,它的大小和形状可以由平行六面体的三条边长 a、b、c 和这三条边长相互之间的夹角 α、β、γ 六个参数来描述,晶胞的边长 a、b、c 和夹角 α、β、γ 称为晶胞参数。

1.5.2 晶体的分类

晶体可有多种分类方法,主要有以下两种。

1. 按晶胞的形状分类

尽管世界上晶体有千万种,但根据晶胞参数的特征,只能归结为七大类,即七个晶系。它们是立方晶系、四方晶系、正交晶系、三方晶系、六方晶系、单斜晶系和三斜晶系。它们的晶胞参数列于表 1-7 中。

表 1-7 七个晶系

晶 系	晶轴特征	晶轴夹角	几何形状	实 例
三斜晶系	$a \neq b \neq c$	$\alpha \neq \beta \neq \gamma \neq 90°$		$CuSO_4 \cdot 5H_2O$ $K_2Cr_2O_7$
单斜晶系	$a \neq b \neq c$	$\alpha = \gamma = 90°$ $\beta \neq 90°$		$KClO_3$,CuO $K_3[Fe(CN)_6]$
正交晶系	$a \neq b \neq c$	$\alpha = \beta = \gamma = 90°$		K_2SO_4,$HgCl_2$ $BaCO_3$,I_2
四方晶系	$a = b \neq c$	$\alpha = \beta = \gamma = 90°$		SnO_2,TiO_2 $NiSO_4$,Sn
六方晶系	$a = b \neq c$	$\alpha = \beta = 90°$ $\gamma = 120°$		SiO_2(石英),CuS AgI,Mg,石墨
三方晶系	$a = b = c$	$\alpha = \beta = \gamma \neq 90°$		Al_2O_3,$CaCO_3$ As,Bi
立方晶系	$a = b = c$	$\alpha = \beta = \gamma = 90°$		$NaCl$,CaF_2,Cu ZnS,金刚石

2. 按化学键分类

根据组成晶体的粒子种类及粒子间结合力不同,晶体可分为离子晶体、原子晶体、分子晶体和金属晶体四种类型。四类晶体的内部结构及性质特征列于表 1-8 中。

表 1-8 四类晶体的内部结构及性质特征

晶体类型	离子晶体	原子晶体	分子晶体		金属晶体
			极性分子	非极性分子	
结点上的粒子	离子	原子	极性分子	非极性分子	原子、离子(间隙处有自由电子)
结合力	离子键	共价键	分子间力、氢键	分子间力	金属键
熔点、沸点	高	很高	低	很低	一般较高,部分低
硬度	硬	很硬	低	很低	一般较硬,部分低
导电、导热性	熔融态及水溶液导电	非导体	固态、液态不导电,水溶液导电	非导体	良导体
溶解性	易溶于极性溶剂	不溶	易溶于极性溶剂	易溶于非极性溶剂	不溶
实例	NaCl,CsCl,MgO	金刚石,SiC	HCl,NH_3,H_2O	CO_2,I_2	Au,Ag,Cu,W

除了上述四种典型的晶体外,还有混合型晶体(晶格结点间包含两种以上键型),例如石墨、氮化硼等。

本 章 小 结

掌握理想气体定律、溶液饱和蒸气压概念、溶液浓度表示方法、拉乌尔定律、亨利定律及稀溶液的依数性,了解胶体及其有关性质,了解晶体的分类。

(1) 理想气体是指分子间没有作用力,分子本身没有体积的一种气体。在压力趋于零时,所有的实际气体都可视作理想气体。

理想气体状态方程 $\qquad pV=nRT$

分压定律 $\qquad p_B = px_B, \quad p = \sum_B p_B$

分体积定律 $\qquad V_B = V\varphi_B = Vx_B, \quad V = \sum_B V_B$

分压定律与分体积定律原则上只适用于理想气体混合物,但低压实际气体混合物也能较好地遵守这两个定律。

范德华方程是对理想气体状态方程修正后适用于实际气体的状态方程。

(2) 一定温度下液体与其蒸气处于平衡时的气体称为饱和蒸气,蒸气的压力称为饱和蒸气压,简称蒸气压,蒸气压随温度的升高而变大。

(3) 一种物质以分子或离子的状态均匀地分布在另一种物质中形成均匀的分散

系统,称为溶液。表示溶液浓度的方法主要有以下几种。

① 物质 B 的物质的量分数(物质 B 的摩尔分数)　　$x_B = n_B / \sum_B n_B$

② 物质 B 的质量分数　　　　$w_B = m_B / \sum_B m_B$

③ 物质 B 的质量摩尔浓度　　　$b_B = n_B / m_A$

④ 物质 B 的物质的量浓度(物质 B 的浓度)　　　$c_B = n_B / V$

(4) 拉乌尔定律与亨利定律(对非电解质稀溶液)。

拉乌尔定律　　　　　　　　$p_A = p_A^* x_A$

亨利定律　　　　　　　　　$p_B = k_x x_B$

应用亨利定律时,溶质在气液两相中的分子状态必须相同。

(5) 稀溶液的依数性。

① 溶剂蒸气压下降　　　$\Delta p = (p_A^* - p_A) x_B = p_A^* x_B$

② 沸点升高　　　　　　$\Delta T_b = T_b - T_b^* = k_b b_B$

③ 凝固点降低　　　　　$\Delta T_f = T_f^* - T_f = k_f b_B$

④ 渗透压　　　　$\Pi V = nRT$ 或 $\Pi = \dfrac{n}{V} RT = cRT$

(6) 粒子半径在 $10^{-9} \sim 10^{-7}$ m 之间的分散系统称为胶体分散系统,胶体是热力学不稳定系统。胶体有特殊的光学性质、动力学性质和电学性质。胶体粒子有特殊的胶团结构。胶体溶液一般都相当稳定,一旦稳定条件被破坏,会产生聚沉。电解质既可稳定胶体,也能使胶体发生聚沉。胶体制备方法可分为分散法和凝聚法,溶胶制备后需要净化。

(7) 晶体的内部结构都具有明显的空间排列上的周期性。描述晶体内部结构的具有一定几何形状的空间格子,称为晶格。晶格是晶胞在三维空间周期性的重复排列而形成的。晶胞是平行六面体,是表现晶格结构特征的最小重复单位,晶胞的边长 a、b、c 和夹角 α、β、γ 称为晶胞参数。

按晶胞的形状将晶体分为七个晶系,它们是立方晶系、四方晶系、正交晶系、三方晶系、六方晶系、单斜晶系和三斜晶系。

根据组成晶体的粒子种类及粒子间结合力不同,晶体可分为离子晶体、原子晶体、分子晶体、金属晶体和混合型晶体。

思　考　题

1. 物质的气、液、固三种状态各具有哪些特性?
2. 什么是理想气体? 理想气体能否通过压缩变成液体?
3. 范德华方程对理想气体作了哪两项校正?
4. 什么叫沸点? 什么叫液体的饱和蒸气压? 温度对液体饱和蒸气压有什么影响? 外压对液体沸

点有什么影响?
5. 溶液浓度的常用表示方法有哪几种？如果工作环境温度变化较大,应采用哪一种浓度表示方法为好?
6. 两只烧杯中各盛有 1 kg 水,向 A 杯中加入 0.01 mol 蔗糖,向 B 杯中加入 0.01 mol NaCl,待两种溶质完全溶解后,两只烧杯按同样速度降温,哪一个烧杯先结冰?
7. 为什么人体输液时要用一定浓度的生理盐水或葡萄糖溶液?
8. 在两只烧杯中分别装入等体积的纯水和饱和的糖水,将这两只烧杯放在一个钟罩内,放置一段时间后,会发生什么现象?
9. 胶体与溶液有哪些相似和不同？胶体有哪些特殊的性质?
10. 丁达尔现象在日常生活中也经常会碰到,你能举出几个例子吗?
11. 制备胶体有哪些方法?
12. 晶体与非晶体有何区别?
13. 晶体可分为几个晶系？它们各有什么特征?

习　　题

一、选择题

1. 对于实际气体,处于下列(　　)情况时,其行为与理想气体相近。
    A. 高温高压　　　　B. 高温低压　　　　C. 低温高压　　　　D. 低温低压
2. 在温度为 T 的抽空容器中,加入 0.3 mol N_2、0.1 mol O_2、0.1 mol Ar,容器总压为 100 kPa,此时 O_2 的分压为(　　)。
    A. 20 kPa　　　　　B. 40 kPa　　　　　C. 60 kPa　　　　　D. 100 kPa
3. 在温度、体积都恒定的容器中,有 0.65 mol 理想气体 A 和 0.35 mol 理想气体 B,若向容器中再加入 0.5 mol 理想气体 C,则气体 B 的分压和分体积是(　　)。
    A. p_B 不变,V_B 不变　　　　　　B. p_B 不变,V_B 变小
    C. p_B 变小,V_B 不变　　　　　　D. p_B 不变,V_B 变大
4. 下列溶液中凝固点最低的是(　　)。
    A. 0.1 mol 的糖水　　　　　　　　B. 0.01 mol 的糖水
    C. 0.001 mol 的甲醇水溶液　　　　D. 0.000 1 mol 的甲醇水溶液
5. 1 mol 蔗糖溶于 3 mol 水中,蔗糖水溶液的蒸气压是水蒸气压的(　　)。
    A. 1/4　　　　　　B. 1/3　　　　　　C. 1/2　　　　　　D. 3/4
6. 298 K 时 G 和 H 两种气体在某一溶剂中溶解的亨利系数为 k_G 和 k_H,且 $k_G > k_H$,当 G 和 H 的压力相同时,在该溶剂中溶解的量是(　　)。
    A. G 的量大于 H 的量　　　B. G 的量小于 H 的量　　　C. G 的量等于 H 的量

二、计算题

1. 计算 273.15 K、100 kPa 时甲烷气体(视作理想气体)的密度。
2. 某地空气(视作理想气体)中含 N_2、O_2 和 CO_2 的体积分数分别为 0.78、0.21 和 0.01,求 N_2、O_2 和 CO_2 的摩尔分数和空气的平均摩尔质量。
3. 某气体(可视作理想气体)在 202.650 kPa 和 27 ℃ 时,密度为 2.61 kg·m^{-3},求它的摩尔质量。

4. 1 mol N_2 和 3 mol H_2 混合,在 25 ℃ 时体积为 0.4 m^3,求混合气体的总压力和各组分的分压力。
5. 合成氨原料气中氢气和氮气的体积比是 3∶1,原料气的总压力为 $1.52×10^7$ Pa。求:(1)氢气和氮气的分压力;(2)若原料气中还有气体杂质 4%(体积分数),原料气总压力不变,则氢气和氮气的分压力各是多少?
6. 将 10 g Zn 加入到 100 cm^3 盐酸中,产生的氢气在 20 ℃ 及 101.325 kPa 下收集,体积为 2.00 dm^3。问气体干燥后体积是多少?已知 20 ℃ 时水的饱和蒸气压是 2.33 kPa。
7. 在 1 dm^3 的容器中放入 0.13 mol PCl_5 气体,在 250 ℃ 时有 80% 的 PCl_5 气体按下式分解:
   $PCl_5(g) \Longrightarrow PCl_3(g)+Cl_2(g)$。计算混合气体的总压力。
8. 1 mol CO_2 气体在 40 ℃ 时体积为 0.381 dm^3,实验测得气体压力为 $5.07×10^6$ Pa,分别用理想气体状态方程和范德华方程计算气体的压力。
9. 质量分数为 0.12 的 $AgNO_3$ 水溶液在 20 ℃ 和标准压力下的密度为 1.108 0 kg·dm^{-3}。试求 $AgNO_3$ 水溶液在 20 ℃ 和标准压力下的摩尔分数、质量摩尔浓度及物质的量浓度。
10. 20 ℃ 时,乙醚的蒸气压为 58.95 kPa,今在 0.1 kg 乙醚中加入某种不挥发性有机物 0.01 kg,乙醚的蒸气压下降到 56.79 kPa,求该有机物的相对分子质量。
11. 0 ℃ 及平衡压力为 810.6 kPa 下,1 kg 水中溶有氧气 0.057 g,问相同温度下,若平衡压力为 202.7 kPa 时,1 kg 水中能溶解多少克氧气?
12. 101.3 kPa 时,水的沸点为 100 ℃,求 0.09 kg 的水与 0.002 kg 的蔗糖(M_r=342)形成的溶液在 101.3 kPa 时的沸点。已知水的沸点升高常数 k_b=0.513 K·kg·mol^{-1}。
13. 将 12.2 g 苯甲酸溶于 100 g 乙醇,所得乙醇溶液的沸点比乙醇的沸点升高了 1.20 ℃;将 12.2 g 苯甲酸溶于 100 g 苯后,所得苯溶液的沸点比纯苯的沸点升高 1.32 ℃。分别计算苯甲酸在不同溶剂中的相对分子质量。已知乙醇的沸点升高常数 k_b=1.23 K·kg·mol^{-1},苯的沸点升高常数 k_b=2.64 K·kg·mol^{-1}。
14. 与人体血液具有相同渗透压的葡萄糖水溶液,其凝固点比纯水降低 0.543 ℃,求此葡萄糖水溶液的质量分数和血液的渗透压。已知 M_r(葡萄糖)=180,水的凝固点降低常数 k_f=1.86 K·kg·mol^{-1},葡萄糖水溶液的密度近似为 1.0 kg·dm^{-3}。

第 2 章　化学反应进行的方向及限度

化学是研究物质的组成、结构、性质及其变化规律的科学。在研究化学反应的过程中,人们需要解决化学反应中能量如何转换、在指定的条件下化学反应能朝什么方向进行以及反应进行的限度等问题。例如,能否利用高炉炼铁的化学反应进行高炉炼铝?汽车尾气中的有害成分 NO 和 CO 能否相互反应生成无害的 N_2 和 CO_2?在什么条件下,石墨可以转化成金刚石?……要回答诸如此类有趣而重要的问题可求助于化学热力学。

热力学是研究宏观系统在能量相互转换过程中所遵循规律的科学。其研究的对象是大量质点(原子、分子)的集合体。它所讨论的是大量质点集体所表现出来的宏观性质(如温度 T、压力 p、体积 V 等),而不是个别或少数原子、分子的行为。用热力学处理问题,不需要了解物质的微观结构,也不需要知道过程进行的机理,只要知道起始状态和终止状态就能得到可靠的结论,这是热力学得到广泛应用的重要原因,但也正是由于这点,热力学只能告诉我们在一定条件下,变化能否发生,能进行到什么程度,但不能告诉发生变化所需要的时间,即它不涉及过程进行的速度问题。化学反应的速度问题需用化学动力学解决。

用热力学的基本定律研究化学现象及有关的物理现象就形成了化学热力学。

2.1　基 本 概 念

2.1.1　系统与环境

在热力学中,为了明确讨论的对象,把被研究的那部分物质划分出来称为热力学系统,把系统以外但和系统密切相关的其余部分称为环境。系统和环境之间有一个实际的或想象的界面存在。按照系统和环境之间物质和能量的交换关系,可把系统分成三类。

(1) 孤立系统:系统与环境之间既无物质交换又无能量交换。
(2) 封闭系统:系统与环境之间只有能量交换而无物质交换。
(3) 开放系统:系统与环境之间既有物质交换又有能量交换。

系统和环境的划分完全是人为的,只是为了研究问题的方便。例如,反应 $2Al+6HCl=\!=\!=2AlCl_3+3H_2$,如果反应在一个敞口的烧杯中进行,那就是一个开放系统;如果反应是在一个简单的密闭容器中进行,那就是一个封闭系统;假设反应是在一个绝热(与环境没有热量交换)的密闭容器中进行,则可看做是孤立系统。实际上孤立系统是不存在的,只是为了处理一些问题而建立的一种理想模型。

2.1.2 状态与状态函数

热力学研究的系统是由大量质点构成的宏观系统,系统的状态是由一系列宏观性质所确定的。如温度、压力、体积、密度、黏度、表面张力、热力学能(也称内能)等等,称为系统的宏观性质。当系统的宏观性质都具有确定的数值而且不随时间变化时,系统就处在一定的状态。也可以说,系统的这些宏观性质与系统的状态间有对应的关系。把确定系统状态的宏观性质称为状态函数。温度、压力、体积、密度、黏度、表面张力、热力学能等都是状态函数。系统的状态一定,状态函数就有一个确定的数值。如果状态发生变化,状态函数也相应地发生变化,但只要始态和终态一定,状态函数(如 T)的变化量(如 ΔT)就只有唯一的数值,不会因所经历的途径不同而改变。如果系统经过一个变化仍回到了始态,则状态函数的变化量为零。

根据系统的宏观性质(状态函数)与系统中物质数量的关系,性质可分为广度性质和强度性质。广度性质的数值与系统中物质的量成正比,在一定的条件下具有加和性,即整个系统中某种广度性质是系统中各部分该种性质之和,如质量、体积等;强度性质的数值与系统中物质的量无关,不具有加和性,如温度、压力等。

系统的各性质间具有一定的依赖关系,只有几个性质是独立的,当这几个独立性质确定后,其余性质也随之而定了。例如,对于理想气体,压力 p、温度 T 和摩尔体积 V_m 间有 $pV_m=RT$ 的关系,只要知道 p、V_m、T 三个变量中的任意两个,就可以求出第三个。

2.1.3 过程与途径

热力学系统中发生的一切变化都称为热力学过程,简称过程。如气体的压缩与膨胀、液体的蒸发、化学反应等等都是热力学过程。如果系统状态的变化中系统的温度保持不变,且始终与环境温度相等,则称此变化为等温过程;如果系统状态的变化中系统的压力保持不变,且与环境压力相等,则称此变化为等压过程;过程中系统的体积不发生变化的称为等容过程。系统经过一个变化仍回到了始态,称为循环过程。

系统由始态到终态的变化,可以经由不同的方式来完成,这种由同一始态变到同一终态的不同方式就称为不同的途径。

2.2 热力学第一定律

热力学第一定律是研究热功转换的定律,其本质就是能量守恒及转换定律。该定律认为,自然界的一切物质都具有能量,能量有各种不同的形式,如热能、机械能、电磁能、表面能等等,能量可以从一种形式转变为另一种形式,从一个物体传递给另一个物体,但在转化和传递中数量必须保持不变。

热力学第一定律是人类经验的总结。迄今为止,还没有发现例外情况,充分说明了热力学第一定律的正确性。

2.2.1 热和功

热和功是系统在发生状态变化的过程中与环境交换的两种形式的能量,因此它们都具有能量的量纲和单位。

1. 热

在系统和环境之间由于温差而传递的能量称为热。例如,两个不同温度的物体相接触,高温物体将能量传递至低温物体,以这种方式传递的能量即是热。热只是能量传递的一种形式,与过程、途径密切相关,一旦过程停止,也就不存在热了。热不是系统的固有性质,不是状态函数。热用符号 Q 表示,规定系统从环境吸收的热量为正值,释放给环境的热量为负值。热的 SI 单位是焦耳,符号为 J。

2. 功

除热以外,系统与环境间传递的能量统称为功。功也是能量传递的一种形式,与过程、途径密切相关。功也不是系统的固有性质,不是状态函数。

功的符号用 W 表示,我国国家标准规定,环境对系统做功(系统得到能量)为正值,系统对环境做功(系统失去能量)为负值。功的 SI 单位是焦耳,符号为 J。

系统在抵抗外压的条件下体积发生变化而引起的功称为体积功。体积功以外的各种形式的功(如电磁功、表面功等)都称为非体积功。在恒定外压 p_e 的条件下,系统的体积由 V_1 变到 V_2 时,系统对环境所做的功可以由下式进行计算:

$$W = -p_e(V_2 - V_1) = -p_e \Delta V \tag{2-1}$$

由式(2-1)知,当系统膨胀时,$\Delta V > 0$,$W < 0$,表示系统对环境做功;当系统被压缩时,$\Delta V < 0$,$W > 0$,表示环境对系统做功。

【例 2-1】 5 mol 理想气体,在外压为 1×10^5 Pa 的条件下,由 25 ℃、1×10^6 Pa 膨胀到 25 ℃、1×10^5 Pa,计算该过程的功。

解 这是一个恒外压过程。

$$W = -p_e(V_2 - V_1) = -p_e \left(\frac{nRT}{p_2} - \frac{nRT}{p_1} \right)$$

$$= -1 \times 10^5 \times 5 \times 8.314\ 5 \times 298.15 \times \left(\frac{1}{1 \times 10^5} - \frac{1}{1 \times 10^6} \right) \text{J}$$

$$= -11\ 155.36 \text{ J} = -11.155 \text{ kJ}$$

W 为负值,表示系统对环境做功。

如果在相同的始、终态条件下,气体是向真空($p_e = 0$)膨胀(称为自由膨胀),完成这个过程,则 $W = 0$。可见,始、终态相同,途径不同,功的数值也不同。

【例 2-2】 2 mol 水在 100 ℃、1.013×10^5 Pa 条件下,等温等压汽化为水蒸气,计算该过程的功。已知水在 100 ℃、1.013×10^5 Pa 时的密度为 958.3 kg·m^{-3}。

解 这是一个恒外压的相变过程,设液态水的体积为 V_l,水蒸气的体积为 V_g。

$$W = -p_e(V_g - V_l)$$
$$= -1.013 \times 10^5 \times \left(\frac{2 \times 8.3145 \times 373.15}{1.013 \times 10^5} - \frac{2 \times 0.018}{958.3}\right) \text{kJ}$$
$$= -6.201 \text{ kJ}$$

因为 $V_g \gg V_l$,可以忽略液态水的体积 V_l,从而近似计算得

$$W \approx -p_e V_g = -nRT = -2 \times 8.3145 \times 373.15 \text{ J} = -6.205 \text{ kJ}$$

功和热都是被交换的能量,从微观的角度看,功是大量质点以有序运动的方式传递的能量,热是大量质点以无序运动的方式传递的能量。

2.2.2 热力学能

热力学能是系统内各种形式的能量总和,也称内能,用 U 表示。在化学热力学中,通常研究的是宏观静止的、不存在特殊外力场(如电磁场等)的系统,一般不考虑系统整体运动的动能和在外力场中的势能。因此,热力学能包括组成系统的各种质点(如分子、原子、电子、原子核等)的动能(如分子的平动动能、转动动能、振动动能等)以及质点间相互作用的势能(如分子的吸引能、排斥能、化学键能等),还包括现在还未被认识的其他形式的能量,所以热力学能的绝对值无法确定,但这并不影响实际问题的处理,在实际运用中只需要确定热力学能的改变量就可以了。热力学能的 SI 单位是焦耳,符号为 J。

热力学能的大小与系统的温度、体积、压力及物质的量有关。温度反映组成系统内各质点运动的激烈程度,温度越高,质点运动越激烈,系统的能量就越高。体积(或压力)反映了质点间的相互距离,因而反映了质点间的相互作用势能。因为物质与能量两者是不可分割的,所以系统的能量就与所含物质的多少有关。可见,热力学能是温度、体积(或压力)及物质的量的函数,是状态函数,是系统的性质。

2.2.3 热力学第一定律

设一个封闭系统由始态 1 变为终态 2,系统从环境吸热为 Q,得到功为 W,根据能量守恒及转换定律,系统的热力学能变化为

$$\Delta U = U_2 - U_1 = Q + W \tag{2-2}$$

式(2-2)就是热力学第一定律的数学表达式。它表明对于一个封闭系统由始态变到终态时,系统热力学能的改变量等于系统吸收的热量与环境对系统所做的功的加和。若 ΔU 为正值,表明系统经过变化后,系统的热力学能增加;若 ΔU 为负值,表明系统经过变化后,系统的热力学能减小。系统的热力学能的绝对值虽然难以确定,但可以通过热和功得到系统热力学能的改变量。热力学能是广度性质,具有加和性。

在孤立系统中,系统与环境间既无物质交换,又无能量交换,所以无论系统发生了怎样的变化,始终有 $Q=0$,$W=0$,$\Delta U=0$,即在孤立系统中热力学能(U)守恒。

历史上有不少人希望设计一种不消耗任何能量,却可以源源不断地对外做功的机器,这种机器被称为永动机。历史上,人们提出了很多种永动机的制作方案,虽然经过多种尝试,做了多种努力,但永动机无一例外地归于失败。人们把这种不消耗能量的机器叫做第一类永动机。热力学第一定律指出,任何一部机器,只能使能量从一种形式转化为另一种形式,而不能无中生有地制造能量,因此第一类永动机是不可能造出来的。所以"第一类永动机是不可能造成的"是热力学第一定律的另一种表述。

【例 2-3】 2 mol 氢气和 1 mol 氧气在 373 K 和 100 kPa 下反应生成水蒸气(设为理想气体),放出 483.6 kJ 的热量。求生成 1 mol 水蒸气时的 Q 和 ΔU。

解 2 mol 氢气和 1 mol 氧气在 373 K 和 100 kPa 下反应能生成 2 mol 水蒸气,反应式为 $2H_2(g)+O_2(g) == 2H_2O(g)$,放热 483.6 kJ。生成 1 mol 水蒸气时的反应式为 $H_2(g)+\frac{1}{2}O_2(g) == H_2O(g)$,显然,放热为 241.8 kJ。

即 $$Q=-241.8 \text{ kJ}$$

反应在等压条件下进行,系统的体积功为

$$W=-p_e\Delta V=-p\Delta V=-p[V(H_2O,g)-V(H_2,g)-V(O_2,g)]=-\Delta nRT$$
$$=-(1-1-0.5)\times 8.314\,5\times 373 \text{ J}=1.55 \text{ kJ}$$

所以 $$\Delta U=Q+W=(-241.8+1.55) \text{ kJ}=-240.25 \text{ kJ}$$

2.3 焓

2.3.1 等容过程热效应

若封闭系统在等容变化过程中不做非体积功,由式(2-2)可得

$$Q_V = \Delta U \tag{2-3}$$

Q_V 称为等容热效应,它是系统在等容、不做非体积功的过程中与环境所交换的热。式(2-3)表明在不做非体积功的条件下,系统在等容过程中所吸收的热全部用来增加热力学能。

2.3.2 等压过程热效应与焓

如果封闭系统在等压变化过程中不做非体积功,则热力学第一定律可以表示为

$$\Delta U = U_2 - U_1 = Q_p - p_e(V_2 - V_1) \tag{2-4}$$

由于是等压过程,有 $p_1=p_2=p_e$,整理后得

$$Q_p = (U_2 + p_2V_2) - (U_1 + p_1V_1) \tag{2-5}$$

式中:Q_p称为等压热效应。由于U、p、V都是状态函数,它们的组合$U+pV$也是状态函数,以符号H表示,称为焓,即

$$H = U + pV \tag{2-6}$$

因此等压过程的热量Q_p为

$$Q_p = H_2 - H_1 = \Delta H \tag{2-7}$$

由焓的定义可知,焓和热力学能具有相同的量纲和单位。又因U、V都是广度性质,所以焓也是系统的广度性质。由于系统热力学能的绝对值无法确定,所以焓的绝对值也无法确定。在等压过程中,若$\Delta H < 0$,表示系统放热;若$\Delta H > 0$,则表示系统吸热。

虽然是从等压过程引入焓的概念,但并不是说只有等压过程才有焓这个热力学函数。焓是状态函数,是系统的性质,无论什么过程,只要系统的状态改变了,系统的焓就可能有所改变。只是在不做非体积功的等压过程中,才有$Q_p = \Delta H$,而非等压过程或有非体积功的等压过程中$Q_p \neq \Delta H$。

【例2-4】 在298.15 K、100 kPa时,反应 $H_2(g) + \frac{1}{2}O_2(g) == H_2O(l)$放热285.83 kJ,计算此反应的$W$、$\Delta U$、$\Delta H$。

解 反应是在等压的条件下进行的,所以$Q_p = -285.83$ kJ

$$W = -p\Delta V = -p[V(H_2O, l) - V(H_2, g) - V(O_2, g)]$$
$$\approx -p[-V(H_2, g) - V(O_2, g)]$$
$$= [n(H_2, g) + n(O_2, g)]RT$$
$$= (1 + 0.5) \times 8.314\,5 \times 298.15 \text{ J} = 3.718 \times 10^3 \text{J} = 3.718 \text{ kJ}$$
$$\Delta U = Q + W = (-285.83 + 3.718) \text{ kJ} = -282.11 \text{ kJ}$$
$$\Delta H = Q_p = -285.83 \text{ kJ}$$

2.3.3 等容过程热效应与等压过程热效应的关系

考虑任一反应,在一定的温度下经历两种不同途径从始态变为终态,如图2-1所示。图中过程(1)是等温等压,过程(2)是等温等容。过程(1)和(2)虽然生成物相同,

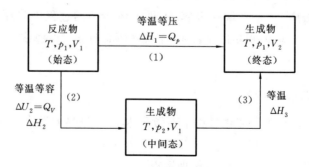

图 2-1 Q_p与Q_V的关系

但 p 不同,因此两个过程所达到的终态是不相同的。但可以经由过程(3),使生成物的压力回到 p_1。

由于 H 是状态函数,故
$$\Delta H_1 = \Delta H_2 + \Delta H_3 = \Delta U_2 + \Delta (pV)_2 + \Delta H_3$$

式中:$\Delta(pV)_2$ 表示过程(2)的终态与始态的 pV 之差。对于凝聚态物质,反应前后的 pV 值相差不会太大,可略而不计,因此只要考虑生成物和反应物中气体组分的 pV 之差。若再假定气体为理想气体,则
$$\Delta (pV)_2 = (pV)_{生成物} - (pV)_{反应物} = \Delta nRT$$

式中:Δn 是生成物中气体组分的物质的量与反应物中气体组分的物质的量之差。

对理想气体来说,等温过程(3)的 $\Delta H_3=0$,$\Delta U_3=0$;对其他物质来说,ΔH_3 及 ΔU_3 虽不等于零,但与由化学反应而引起的 ΔH_2 和 ΔU_2 比较,也可忽略不计。所以
$$\Delta H_1 = \Delta U_2 + \Delta nRT \tag{2-8}$$
即
$$Q_p = Q_V + \Delta nRT \tag{2-9}$$

2.4 热化学——化学反应的热效应

化学反应的热效应是指系统在不做非体积功的等温化学反应过程中放出或吸收的热量。化学反应的热效应简称为反应热。

化学反应的热效应与系统中发生反应的物质的量有关,为了确切地描述化学反应过程中系统热力学量的变化,引入一个新的变量——反应进度 ξ。

2.4.1 反应进度

反应进度是描述化学反应进行程度的物理量。对于化学反应
$$d\text{D} + e\text{E} = g\text{G} + h\text{H}$$

式中:d、e、g、h 称为化学计量数,是量纲为 1 的量。上述反应还可写为
$$0 = \sum_\text{B} \nu_\text{B} \text{B}$$

B 表示化学反应计量方程中任一物质,ν_B 是物质 B 的化学计量数,B 若是反应物,ν_B 为负值;B 若是生成物,ν_B 为正值。$\sum_\text{B}$ 表示对参与反应的所有物质求和。

由化学反应计量方程可知,d mol 物质 D 与 e mol 物质 E 反应可生成 g mol 物质 G 与 h mol 物质 H,设 Δn_B 为反应中各物质的物质的量的变化,则有
$$\frac{\Delta n_\text{D}}{-d} = \frac{\Delta n_\text{E}}{-e} = \frac{\Delta n_\text{G}}{g} = \frac{\Delta n_\text{H}}{h} = \frac{\Delta n_\text{B}}{\nu_\text{B}}$$

定义反应进度
$$\xi = \frac{\Delta n_\text{B}}{\nu_\text{B}} \tag{2-10}$$

由反应进度的定义可知,反应进度 ξ 与选用反应方程式中何种物质表示无关,ξ 与物质的量 n 具有相同的单位,都是 mol。

当化学反应由反应前 $\xi=0$ 的状态进行到 $\xi=1$ mol 的状态,称按计量方程进行了一个单位的反应。例如,若合成氨的计量方程写成 $N_2+3H_2 \longrightarrow 2NH_3$,则一单位反应指消耗了 1 mol N_2 和 3 mol H_2,生成了 2 mol 的 NH_3;若合成氨的计量方程写成 $\frac{1}{2}N_2+\frac{3}{2}H_2 \longrightarrow NH_3$,则一单位反应指消耗了 $\frac{1}{2}$ mol N_2 和 $\frac{3}{2}$ mol H_2,生成了 1 mol 的 NH_3。所以,在谈到反应进度时必须指明相应的计量方程式。

反应进度 $\xi=1$ mol 时的化学反应焓变称为反应的摩尔反应焓变 $\Delta_r H_m$,即

$$\Delta_r H_m = \frac{\Delta_r H}{\xi} \tag{2-11}$$

式中:$\Delta_r H$(下标 r 表示化学反应)是化学反应的焓变,单位为 J;$\Delta_r H_m$ 表示反应进度 $\xi=1$ mol 时的焓变,单位为 J·mol^{-1} 或 kJ·mol^{-1}。

摩尔反应焓变 $\Delta_r H_m$ 的数值与所代表的化学反应式的写法有关,如

$H_2(g)+\frac{1}{2}O_2(g) = H_2O(l)$, $\Delta_r H_m(298.15\ K)=-285.83$ kJ·mol^{-1}

$2H_2(g)+O_2(g) = 2H_2O(l)$, $\Delta_r H_m(298.15\ K)=-571.66$ kJ·mol^{-1}

同样,反应进度 $\xi=1$ mol 时化学反应的热力学能变为 $\Delta_r U_m$,对同一反应来说,摩尔反应焓变与摩尔反应热力学能变的关系是

$$\Delta_r H_m = \Delta_r U_m + \frac{\Delta n_B}{\xi}RT$$

即
$$\Delta_r H_m = \Delta_r U_m + \sum_B \nu_B(g)RT \tag{2-12}$$

2.4.2 标准状态

一些热力学函数(如 H、U 等)的绝对值无法测得,只能得到它们的改变量。为了比较它们的相对值,规定了一个状态作为比较的标准,称为标准状态,简称标准态,标准态的符号是"$\ominus$"。我国国家标准的规定是:标准态是在温度 T 和标准压力 $p^{\ominus}=100$ kPa 下的某物质的状态。对具体系统而言分为以下三种情况。

(1) 固体的标准态:在指定温度下,压力为 $p^{\ominus}$ 的纯固体。若有不同的形态,则选最稳定的形态作为标准态(例如 C 有石墨、金刚石等多种形态,以石墨为标准态)。

(2) 液体的标准态:在指定温度下,压力为 $p^{\ominus}$ 的纯液体。

(3) 气体的标准态:在指定温度下,压力为 $p^{\ominus}$(在气体混合物中,各物质的分压均为 $p^{\ominus}$),且具有理想气体性质的气体。标准态时的热力学函数称标准热力学函数。例如 $\Delta_r H_{m,298.15K}^{\ominus}$ 或 $\Delta_r H_m^{\ominus}(298.15\ K)$ 表示 298.15 K 时的标准摩尔反应焓变,$\Delta_r H_{m,500\ K}^{\ominus}$ 或 $\Delta_r H_m^{\ominus}(500\ K)$ 表示 500 K 时的标准摩尔反应焓变。应该注意的是,在规定标准态时,没有指定温度,对应于每个温度都有一个标准态,但一般选择 298.15

K作为参考温度,从手册和专著中查到的热力学数据基本上都是298.15 K时的数据。

2.4.3 热化学方程式

表示化学反应与热效应关系的方程式称为热化学方程式。例如:
$$2H_2(g)+O_2(g)=\!\!=\!\!=2H_2O(l), \quad \Delta_r H_m^\ominus=-571.66 \text{ kJ}\cdot\text{mol}^{-1}$$
上式表示298.15 K时,反应物和生成物都处于标准态时,按计量方程发生一个单位的反应,放热571.66 kJ。

一个热化学方程式的正确表示应注意以下几点。

(1) 写出该反应的计量方程式,摩尔反应焓变与计量方程有关。

(2) 标明反应的温度和压力。标准态时的等压热效应,用$\Delta_r H_m^\ominus(T)$表示。若温度为298.15 K,可以省略温度。

(3) 标明物质的聚集状态,物质为气体、液体和固体时分别用g、l和s表示,固体有不同晶态时,还需将晶态注明,如S(正交)、S(单斜)、C(石墨)、C(金刚石)等等。如果参与反应的物质是溶液,则需注明其浓度,用aq表示水溶液,如NaOH(aq)表示氢氧化钠的水溶液。

2.4.4 盖斯定律

盖斯(G. H. Hess)从实验中总结出如下规律:"任一化学反应,无论是一步完成的,还是分几步完成的,其反应的热效应都是一样的。"盖斯定律的提出略早于热力学第一定律,但它实际上是第一定律的必然结论。利用盖斯定律可直接求算一些反应的反应热。例如,石墨在常温常压下很难转变为金刚石,其反应热无法直接从实验得到,但是,石墨和金刚石在常温常压下都可直接氧化为$CO_2(g)$,其热化学反应方程为

$$C(石墨)+O_2(g)=\!\!=\!\!=CO_2(g), \quad \Delta_r H_m^\ominus(298.15 \text{ K})=-393.51 \text{ kJ}\cdot\text{mol}^{-1} \quad (1)$$
$$C(金刚石)+O_2(g)=\!\!=\!\!=CO_2(g), \quad \Delta_r H_m^\ominus(298.15 \text{ K})=-395.41 \text{ kJ}\cdot\text{mol}^{-1} \quad (2)$$

根据盖斯定律,反应(1)减去反应(2)即为石墨转变为金刚石的反应热
$$\begin{aligned}\Delta_r H_m^\ominus(298.15 \text{ K}) &= \Delta_r H_m^\ominus(1)-\Delta_r H_m^\ominus(2)\\ &=(-393.51+395.41)\text{ kJ}\cdot\text{mol}^{-1}\\ &=1.90 \text{ kJ}\cdot\text{mol}^{-1}\end{aligned}$$

因此,热化学方程式可以像代数方程式一样处理。如果一个化学反应可以由其他化学反应相加减而得到,则这个化学反应的热效应也可以由这些化学反应的热效应相加减而得到。但要注意,物质的聚集状态和化学计量数必须一致,才可以相消或合并。

【例 2-5】 已知25 ℃时

(1) $2C(石墨)+O_2(g)=\!\!=\!\!=2CO(g), \quad \Delta_r H_{m,1}^\ominus=-221.06 \text{ kJ}\cdot\text{mol}^{-1}$

(2) $3Fe(s) + 2O_2(g) == Fe_3O_4(s)$，$\Delta_r H_{m,2}^{\ominus} = -1\,118.4 \text{ kJ} \cdot \text{mol}^{-1}$

求下列反应在 25 ℃时的反应热。

(3) $Fe_3O_4(s) + 4C(石墨) == 3Fe(s) + 4CO(g)$，$\Delta_r H_{m,3}^{\ominus}$

解 2×反应式(1)=反应式(4)

(4) $4C(石墨) + 2O_2(g) == 4CO(g)$，$\Delta_r H_{m,4}^{\ominus} = -442.12 \text{ kJ} \cdot \text{mol}^{-1}$

反应式(4)−反应式(2)=反应式(5)

(5) $4C(石墨) - 3Fe(s) == 4CO(g) - Fe_3O_4(s)$，$\Delta_r H_{m,5}^{\ominus}$

$\Delta_r H_{m,5}^{\ominus} = \Delta_r H_{m,4}^{\ominus} - \Delta_r H_{m,2}^{\ominus} = [-442.12 - (-1\,118.4)] \text{ kJ} \cdot \text{mol}^{-1}$
$= 676.28 \text{ kJ} \cdot \text{mol}^{-1}$

反应式(5)移项即是所求的反应式(3)，所以

$Fe_3O_4(s) + 4C(石墨) == 3Fe(s) + 4CO(g)$，$\Delta_r H_{m,3}^{\ominus} = 676.28 \text{ kJ} \cdot \text{mol}^{-1}$

2.4.5 热化学基本数据与反应焓变的计算

1. 标准摩尔生成焓

在温度 T 的标准状态下，由稳定单质生成 1 mol 化合物时的热效应称为该化合物的标准摩尔生成焓，用 $\Delta_f H_m^{\ominus}(T)$ 表示，下标 f 表示生成。温度若是 298.15 K，可以省略。例如以下反应的热效应分别是 $H_2O(l)$ 和 $CO_2(g)$ 的标准摩尔生成焓：

$H_2(g) + \frac{1}{2}O_2(g) == H_2O(l)$，$\Delta_r H_m^{\ominus}(298.15 \text{ K}) = -285.83 \text{ kJ} \cdot \text{mol}^{-1}$

即 $\Delta_f H_m^{\ominus}(H_2O, l, 298.15 \text{ K}) = -285.83 \text{ kJ} \cdot \text{mol}^{-1}$

$C(石墨) + O_2(g) == CO_2(g)$，$\Delta_r H_m^{\ominus}(298.15 \text{ K}) = -393.51 \text{ kJ} \cdot \text{mol}^{-1}$

即 $\Delta_f H_m^{\ominus}(CO_2, g, 298.15 \text{ K}) = -393.51 \text{ kJ} \cdot \text{mol}^{-1}$

由标准摩尔生成焓的定义可知，任何一种稳定单质的标准摩尔生成焓都等于零。例如 $\Delta_f H_m^{\ominus}(H_2, g, 298.15 \text{ K}) = 0$，$\Delta_f H_m^{\ominus}(O_2, g, 298.15 \text{ K}) = 0$。但对有不同晶态的固体物质来说，只有稳定态的单质的标准摩尔生成焓才等于零。例如 $\Delta_f H_m^{\ominus}(石墨) = 0$，而 $\Delta_f H_m^{\ominus}(金刚石) = 1\,897 \text{ J} \cdot \text{mol}^{-1}$。一些物质的标准摩尔生成焓的数据见附录 B。

利用标准摩尔生成焓可以计算标准摩尔反应焓变。对任一个化学反应来说，其反应物和生成物的原子种类和个数是相同的，因此，可用同样的单质来生成反应物和生成物，如图 2-2 所示。

因为焓是状态函数，所以

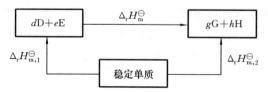

图 2-2 用标准摩尔生成焓计算标准摩尔反应焓

$$\Delta_r H_m^\ominus = \Delta_r H_{m,2}^\ominus - \Delta_r H_{m,1}^\ominus$$

式中:$\Delta_r H_m^\ominus$ 是任一温度 T 时的标准摩尔反应焓变。$\Delta_r H_{m,1}^\ominus$ 是在标准态下由稳定单质生成 d mol D 和 e mol E 时的总焓变,即

$$\Delta_r H_{m,1}^\ominus = d\Delta_f H_m^\ominus(D) + e\Delta_f H_m^\ominus(E)$$

同理
$$\Delta_r H_{m,2}^\ominus = g\Delta_f H_m^\ominus(G) + h\Delta_f H_m^\ominus(H)$$

把 $\Delta_r H_{m,1}^\ominus$、$\Delta_r H_{m,2}^\ominus$ 代入前面的公式,得

$$\Delta_r H_m^\ominus = \{g\Delta_f H_m^\ominus(G) + h\Delta_f H_m^\ominus(H)\} - \{d\Delta_f H_m^\ominus(D) + e\Delta_f H_m^\ominus(E)\}$$

即
$$\Delta_r H_m^\ominus = \sum_B \nu_B \Delta_f H_m^\ominus(B) \tag{2-13}$$

式中:ν_B 为化学计量数,对反应物取负值,生成物取正值。

所以,化学反应的标准摩尔反应焓变等于生成物总的标准摩尔生成焓减去反应物总的标准摩尔生成焓。

【例 2-6】 计算下列反应在 298.15 K 时的标准摩尔反应焓变。

$$CH_4(g) + 2O_2(g) = CO_2(g) + 2H_2O(l)$$

解 由附录 B 查得各物质的标准摩尔生成焓如下:

物 质	$CH_4(g)$	$CO_2(g)$	$H_2O(l)$	$O_2(g)$
$\Delta_f H_m^\ominus$(298.15 K)/(kJ·mol^{-1})	−74.4	−393.51	−285.83	0

据式(2-13)得

$$\Delta_r H_m^\ominus = \sum_B \nu_B \Delta_f H_m^\ominus(B)$$
$$= [2\times(-285.83) + (-393.51) - (-74.4)] \text{ kJ·mol}^{-1}$$
$$= -890.77 \text{ kJ·mol}^{-1}$$

2. 标准摩尔燃烧焓

1 mol 物质在标准压力 $p^\ominus$ 下完全燃烧时的反应焓变称为该物质的标准摩尔燃烧焓,记作 $\Delta_c H_m^\ominus(T)$,下标 c 表示燃烧。所谓完全燃烧是指物质中的碳、氢、硫完全转变成 $CO_2(g)$、$H_2O(l)$ 和 $SO_2(g)$。一些物质的标准摩尔燃烧焓列于附录 C 中。

可利用燃烧焓的数据计算化学反应的焓变。对于一个化学反应来说,其标准摩尔反应焓变也可以由下式计算:

$$\Delta_r H_m^\ominus = \{d\Delta_c H_m^\ominus(D) + e\Delta_c H_m^\ominus(E)\} - \{g\Delta_c H_m^\ominus(G) + h\Delta_c H_m^\ominus(H)\}$$

即
$$\Delta_r H_m^\ominus = -\sum_B \nu_B \Delta_c H_m^\ominus(B) \tag{2-14}$$

式中:ν_B 为化学计量数,对反应物取负值,生成物取正值。化学反应的标准摩尔反应焓变等于反应物总的标准摩尔燃烧焓减去生成物总的标准摩尔燃烧焓。

【例 2-7】 298.15 K 时,$C_2H_5OH(l)$ 和 $H_2O(l)$ 的标准摩尔生成焓为 −277.6 kJ·mol^{-1} 和 −285.83 kJ·mol^{-1},$CH_3OCH_3(g)$ 和 C(石墨)的标准摩尔燃烧焓为 −1 460.4 kJ·mol^{-1} 和 −393.51 kJ·mol^{-1},求 298.15 K 时反应 $C_2H_5OH(l) =$

$CH_3OCH_3(g)$ 的 $\Delta_r H_m^\ominus$。

解 据式(2-12)得

$$\Delta_r H_m^\ominus = \Delta_f H_m^\ominus(CH_3OCH_3,g) - \Delta_f H_m^\ominus(C_2H_5OH,l)$$

若反应为 $\quad CH_3OCH_3(g) + 3O_2(g) \Longrightarrow 2CO_2(g) + 3H_2O(l)$

$$\Delta_c H_m^\ominus(CH_3OCH_3,g) = 2\Delta_f H_m^\ominus(CO_2,g) + 3\Delta_f H_m^\ominus(H_2O,l) - \Delta_f H_m^\ominus(CH_3OCH_3,g)$$

则

$$\Delta_f H_m^\ominus(CH_3OCH_3,g) = 2\Delta_f H_m^\ominus(CO_2,g) + 3\Delta_f H_m^\ominus(H_2O,l) - \Delta_c H_m^\ominus(CH_3OCH_3,g)$$
$$= 2\Delta_c H_m^\ominus(石墨) + 3\Delta_f H_m^\ominus(H_2O,l) - \Delta_c H_m^\ominus(CH_3OCH_3,g)$$

所以

$$\Delta_r H_m^\ominus = \Delta_f H_m^\ominus(CH_3OCH_3,g) - \Delta_f H_m^\ominus(C_2H_5OH,l)$$
$$= 2\Delta_c H_m^\ominus(石墨) + 3\Delta_f H_m^\ominus(H_2O,l) - \Delta_c H_m^\ominus(CH_3OCH_3,g) - \Delta_f H_m^\ominus(C_2H_5OH,l)$$
$$= [2 \times (-393.51) + 3 \times (-285.83) - (-1\,460.4) - (-277.6)] \text{ kJ} \cdot \text{mol}^{-1}$$
$$= 93.5 \text{ kJ} \cdot \text{mol}^{-1}$$

2.5 熵变与过程(反应)的方向

自然界发生的一切过程都必须遵守热力学第一定律,保持能量守恒。但在不违背热力学第一定律的前提下,过程是否必然发生,若能发生,能进行到什么程度,热力学第一定律不能回答。例如,石墨和金刚石都是碳的同素异形体,能否将廉价的石墨转变成昂贵的金刚石呢? 热力学第一定律对此无能为力,但热力学第二定律可以解决这类问题。由热力学第二定律可以知道,在常温常压下石墨不可能转变为金刚石,但在压力超过 1.52×10^9 Pa 时,石墨就可转变为金刚石。

2.5.1 自发过程的方向性

凡是不需要外力(做功)帮助,听其自然就能进行的过程称为自发过程。自然界的许多过程都是自发过程。如热由高温物体传向低温物体,直到两者的温度相等为止,其逆过程(热量自低温物体流向高温物体)是不会自动发生的;气体可以自动地由压力高的地方流向压力低的地方,直到各处的压力相等时为止,但气体逆向的流动是不可能自动进行的;氧气和氮气放在一起就会自动混合直到完全均匀,混匀了的气体自动分离成纯的氧气和氮气是不可能发生的。从这些例子中可以发现其间的规律:自发过程有着明显的方向性和限度,自发过程发生后,相反的过程绝不会自动发生。也就是说自发过程都是不可逆的,只能向着一个方向进行,它们都不会自动地逆向进行。但自发过程并不意味着根本不能逆向进行,借助于外力可以使一个自发过程向着相反的方向进行。

一切自发过程都具有不可逆性,它们在进行时都具有确定的方向与限度,那么是什么因素决定一个过程进行的方向与限度呢? 我们用温度差(ΔT)可以判断热传导的方向与限度($\Delta T=0$);用水位差(Δh)可以判断水的流动方向与限度($\Delta h=0$)。那么有没有一个判断自发过程方向和限度的统一的判据呢?早在一百多年前,贝特罗(P. E. M. Berthelot)和汤姆逊(D. J. Thomson)就提出了化学反应方向性的判据,他们认为:系统的能量有自发变小的倾向,所有自发反应都是放热的。即可以用化学反应的热效应来判断化学变化的方向性。事实上,在等温等压下,绝大多数的放热反应也都是自发进行的。例如:

$$3Fe(s)+2O_2(g)=\!=\!=Fe_3O_4(s), \quad \Delta_r H_m^{\ominus}=-1\,118.4 \text{ kJ} \cdot \text{mol}^{-1}$$

$$Zn(s)+2H^+(aq)=\!=\!=Zn^{2+}(aq)+H_2(g), \quad \Delta_r H_m^{\ominus}=-153.9 \text{ kJ} \cdot \text{mol}^{-1}$$

但是,也有些过程或化学反应并不是向着系统的能量降低的方向进行,而是向着能量增大的方向进行。例如,冰变为水是一吸热过程:

$$H_2O(s)=\!=\!=H_2O(l), \quad \Delta H>0$$

在 101.325 kPa 和高于 273.15 K 时,冰可以自发地变为水。又如碳酸钙的加热分解反应是一吸热反应:

$$CaCO_3(s)=\!=\!=CaO(s)+CO_2(g), \quad \Delta H>0$$

在 101.325 kPa 和 1 183 K 时,$CaCO_3$ 能够自发地分解成 CaO 和 CO_2,因此不能只用系统的能量变化来判断过程的方向性。

考察上面所述的能自发进行而又吸热的过程可以发现,这些自发过程还有一个共同的特征,即反应后系统的混乱度增大了。例如,冰中的水分子规则地排列在晶格结点上,只能在其平衡位置附近振动,是一种有序的状态。当冰融化后,水分子的运动变得较为自由,能在液体体积范围内作无序运动。因此,冰融化成水这一固相到液相的转化过程,是组成物质的微粒运动,发生了从有序到无序的变化,即系统的混乱度增加了。在 101.325 kPa 和 1 183 K 时,$CaCO_3$ 能够自发分解,气态 CO_2 分子的运动更为自由无序,使系统的混乱度增加。由此可见,从固态到液态再到气态,这个过程之所以能够发生,是由于系统的混乱度增加的缘故。

因此,能量(或 ΔH)是推动过程自发进行的因素之一,但不是唯一的因素,系统由有序变为无序,混乱度增大,也是自发过程的一个重要推动力。

2.5.2 反应的熵变

由前面讨论知道,有两个因素影响着过程的方向,一个是能量变化,系统将趋向最低能量;一个是混乱度变化,系统将趋向最大混乱度。所以,能量降低和混乱度增加是所有自发过程的推动力,自发过程总是朝着其中一个倾向或者是同时向着两个倾向进行,自发进行的方向是这两种倾向共同作用的结果。在等温等压下,系统的能量变化一般可以用焓变 ΔH 来表示。同样,系统的混乱度也可以用一个热力学函数来表示,这种热力学函数就是熵。熵是表示系统内部质点混乱程度大小的物理量,以符号 S 来表示。系统混乱度越大,熵值越大;混乱度越小,熵值越小。

熵与热力学能、焓一样,是状态函数。反应的熵变 ΔS 只与始、终状态有关,与变化途径无关。

熵是表示系统混乱度的热力学函数,纯物质的完美晶体,在绝对零度(0 K)时,分子间排列整齐,这时系统处在完全有序的状态。因此,在绝对零度时,任何纯物质的完美晶体的熵等于零,记作 $S_{0K}=0$。如果将某物质从 0 K 升高到温度 T,熵变为 ΔS,则有

$$\Delta S = S_T - S_{0K} = S_T \qquad (2\text{-}15)$$

S_T 为该物质在温度 T 时的规定熵。1 mol 纯物质在标准状态时的规定熵称为该物质的标准摩尔熵,以 $S_m^{\ominus}(T)$ 表示,单位为 $J \cdot K^{-1} \cdot mol^{-1}$。298.15 K 时常见物质的标准摩尔熵见附录 B。与标准摩尔生成焓 $\Delta_f H_m^{\ominus}$ 不同,稳定单质的标准摩尔熵不为零,因为它们不是绝对零度时的完美晶体。

根据熵的物理意义,物质的标准摩尔熵值 $S_m^{\ominus}(T)$ 一般有以下的变化规律。

(1) 同一物质的不同聚集态,其 $S_m^{\ominus}(T)$ 的关系为

$$S_m^{\ominus}(g,T) > S_m^{\ominus}(l,T) > S_m^{\ominus}(s,T)$$

例如:$S_m^{\ominus}(H_2O,g,298.15\ K)=188.84\ J \cdot K^{-1} \cdot mol^{-1}$,$S_m^{\ominus}(H_2O,l,298.15\ K)=69.95\ J \cdot K^{-1} \cdot mol^{-1}$。

(2) 同一种聚集态的同类型分子,复杂分子比简单分子的 $S_m^{\ominus}(T)$ 值大,例如:

$$S_m^{\ominus}(CH_4,g) < S_m^{\ominus}(C_2H_6,g) < S_m^{\ominus}(C_3H_8,g)$$

(3) 对同一种物质,温度升高,熵值加大。例如:

$$S_m^{\ominus}(Fe,s,298.15\ K) = 27.3\ J \cdot K^{-1} \cdot mol^{-1}$$

$$S_m^{\ominus}(Fe,s,500\ K) = 41.2\ J \cdot K^{-1} \cdot mol^{-1}$$

(4) 对气态物质,加大压力,熵值减小。对固态和液态物质,压力改变对它们的熵值影响不大。

根据物质的标准摩尔熵 $S_m^{\ominus}(T)$ 可以计算化学反应的标准摩尔熵变($\Delta_r S_m^{\ominus}$)。

对于给定的化学反应 $\quad dD(g)+eE(g) \Longrightarrow gG(g)+hH(g)$

$$\Delta_r S_m^{\ominus} = gS_m^{\ominus}(G,g) + hS_m^{\ominus}(H,g) - eS_m^{\ominus}(E,g) - dS_m^{\ominus}(D,g) \qquad (2\text{-}16(a))$$

或

$$\Delta_r S_m^{\ominus} = \sum \nu_B S_m^{\ominus}(B) \qquad (2\text{-}16(b))$$

【例 2-8】 试求下面两个化学反应的熵变。

$$Hg(l) + \frac{1}{2}O_2(g) \Longrightarrow HgO(s) \qquad (1)$$

$$Hg(g) + \frac{1}{2}O_2(g) \Longrightarrow HgO(s) \qquad (2)$$

解 已知

	Hg(l)	Hg(g)	O_2(g)	HgO(s)
$S_m^{\ominus}/(J \cdot K^{-1} \cdot mol^{-1})$	76.1	175	205.2	70.2

对于反应(1)

$$\Delta_r S_m^\ominus = S_m^\ominus(\text{HgO},\text{s}) - \frac{1}{2}S_m^\ominus(\text{O}_2,\text{g}) - S_m^\ominus(\text{Hg},\text{l})$$

$$= (70.2 - 0.5 \times 205.2 - 76.1)\ \text{J}\cdot\text{K}^{-1}\cdot\text{mol}^{-1} = -108.4\ \text{J}\cdot\text{K}^{-1}\cdot\text{mol}^{-1}$$

对于反应(2)

$$\Delta_r S_m^\ominus = S_m^\ominus(\text{HgO},\text{s}) - \frac{1}{2}S_m^\ominus(\text{O}_2,\text{g}) - S_m^\ominus(\text{Hg},\text{g})$$

$$= (70.2 - 0.5 \times 205.2 - 175)\ \text{J}\cdot\text{K}^{-1}\cdot\text{mol}^{-1} = -207.4\ \text{J}\cdot\text{K}^{-1}\cdot\text{mol}^{-1}$$

前面已经讨论，系统的能量降低和混乱度增大是推动过程自发进行的两个因素，若系统是一个孤立系统，与环境没有能量和物质的交换，则推动过程自发进行的动力就只能是熵变。所以，在孤立系统中，自发过程总是朝着系统混乱度增大的方向进行，而混乱度减小的过程是不可能实现的。当系统的混乱度达到最大时，系统就达到平衡状态，这就是自发过程的限度。因此，热力学第二定律的一种表述是：在孤立系统中，过程自发进行的方向是使熵值增大，系统达到平衡态时熵达到最大值。这也称为熵增原理。其数学表达式为

$$\Delta S_{\text{孤立}} \geqslant 0 \tag{2-17}$$

式中：$\Delta S_{\text{孤立}}$ 表示孤立系统的熵变。$\Delta S_{\text{孤立}} > 0$ 表示自发过程，$\Delta S_{\text{孤立}} = 0$ 表示系统达到平衡。孤立系统中不可能发生熵减小的过程。

真正的孤立系统是不存在的，如果把与系统有物质或能量交换的那一部分环境也包括进去，从而构成一个新的系统，这个新系统可以看成一个大的孤立系统，其熵变为 $\Delta S_{\text{总}}$。式(2-17)可改写为

$$\Delta S_{\text{总}} = \Delta S_{\text{系统}} + \Delta S_{\text{环境}} \geqslant 0 \tag{2-18}$$

这样就得到了自发过程的熵判据：

$$\Delta S_{\text{总}} \begin{cases} > 0 & \text{自发过程} \\ = 0 & \text{平衡状态} \\ < 0 & \text{不可能发生} \end{cases}$$

2.6　吉布斯函数变与反应的方向

2.6.1　吉布斯函数与反应方向的判据

利用熵增原理可以判断孤立系统中反应的方向和限度，对于非孤立系统，若要利用熵增原理判断反应的方向和限度，就必须考虑环境的熵变，这样熵判据的实际应用就受到很大程度的限制。如果能够找到一个包含焓变和熵变的新的判据，则会使这种判据的使用更加方便。

大多数化学反应是在等温等压条件下进行的，为了判断等温等压下反应的方向，吉布斯(Gibbs)提出了一个与系统的焓、熵和温度有关的新函数 G，称为吉布斯函数。

吉布斯函数 G 的表达式为

$$G = H - TS \tag{2-19}$$

吉布斯函数 G 是状态函数 H、S、T 的组合,所以也是状态函数,它的数值只与系统的状态有关,而与途径无关。吉布斯函数 G 具有能量的量纲,其绝对值也无法测量。

系统发生一个等温过程,系统的吉布斯函数变为

$$\Delta G = \Delta H - T\Delta S \tag{2-20}$$

上式称为吉布斯等温方程,是化学中最重要和最有用的方程之一,ΔG 是吉布斯函数的改变量(简称吉布斯函数变)。

在等温等压、不做非体积功的条件下,利用吉布斯等温方程可以得到过程变化的方向和限度的判据。若封闭系统在进行一个不做非体积功的过程中,系统的能量不断降低和系统的混乱度不断增加,毫无疑问这是一个自发过程,因为系统的能量降低,所以有 $\Delta H < 0$,且由于系统的混乱度增加,有 $\Delta S > 0$,把 $\Delta H < 0$,$\Delta S > 0$ 代入吉布斯等温方程可以得到 $\Delta G < 0$,这说明系统进行自发过程时,系统的吉布斯函数是减小的。因此,可以用 ΔG 判断等温等压条件下过程的方向和限度。吉布斯通过热力学的推导,得出在等温等压、不做非体积功的条件下,ΔG 与反应的方向和限度有如下简单的关系:

$$\Delta G \begin{cases} < 0 & \text{自发过程} \\ = 0 & \text{平衡状态} \\ > 0 & \text{不可能发生} \end{cases} \tag{2-21}$$

上式表明,在等温等压且不做非体积功的条件下,一个化学反应系统必然自发地从吉布斯函数大的状态向吉布斯函数小的状态进行,当吉布斯函数降低到最小值,不可能再减小时,系统就达到了平衡。系统不会自发地从吉布斯函数小的状态向吉布斯函数大的状态进行。

如果化学反应在等温等压的条件下,除体积功外还做非体积功 W',由热力学可导出,吉布斯函数判据为

$$(\Delta G)_{T,p} \begin{cases} < W' & \text{不可逆过程} \\ = W' & \text{平衡状态} \\ > W' & \text{不可能发生} \end{cases} \tag{2-22}$$

吉布斯等温方程把影响化学反应自发性的两个因素:能量(这里表现为 ΔH)及混乱度(即 ΔS)完美地统一起来了,并且考虑到温度 T 对反应自发性的影响,现分别进行如下讨论。

(1) $\Delta H < 0$,$\Delta S > 0$,即放热、熵增加的反应,按式(2-20),在任何温度下均有 $\Delta G < 0$,即任何温度下反应都能自发进行,如硫酸与水混合就属于这类过程。

(2) $\Delta H > 0$,$\Delta S < 0$,即吸热、熵减小的反应,由于两个因素都对反应自发进行不利,按式(2-20),在任何温度都有 $\Delta G > 0$,此类过程不可能自发进行。

(3) $\Delta H<0, \Delta S<0$,即放热、熵减小的反应,为了使 $\Delta G<0$,T 必须符合下面的关系式:

$$T < \frac{\Delta H}{\Delta S} \tag{2-23}$$

低温有利于反应自发进行。

(4) $\Delta H>0, \Delta S>0$,即吸热、熵增加的反应,按式(2-20),要使 $\Delta G<0$,T 必须符合下面的关系式:

$$T > \frac{\Delta H}{\Delta S} \tag{2-24}$$

高温有利于反应自发进行。

从上面的分析可以看出,当 ΔH 和 ΔS 这两个影响反应自发性的因素都有利于反应自发进行,或都不利于反应的自发进行时(即(1)或(2)的情况),企图通过调节温度来改变反应自发进行的方向是不可能的。只有 ΔH 和 ΔS 这两个因素对反应进行方向的影响相反时(如(3)或(4)的情况),才可能通过改变温度,使反应自发进行的方向发生变化。反应自发进行的方向发生变化时的温度,称为转变温度 T_c。利用式(2-20)可以计算化学反应的转变温度 T_c,即

$$T_c = \frac{\Delta H}{\Delta S} \tag{2-25}$$

如果反应的焓变和熵变基本不随温度变化,或随温度变化较小时,即 $\Delta_r H_m^\ominus(T) \approx \Delta_r H_m^\ominus(298.15\ \text{K})$,$\Delta_r S_m^\ominus(T) \approx \Delta_r S_m^\ominus(298.15\ \text{K})$,则式(2-20)可写为

$$\Delta_r G(T) \approx \Delta_r H_m^\ominus(298.15\ \text{K}) - T\Delta_r S_m^\ominus(298.15\ \text{K}) \tag{2-26}$$

上式是计算温度 T 时,反应吉布斯函数变的近似公式,由此得到计算化学反应的转变温度 T_c 的近似公式:

$$T_c \approx \frac{\Delta_r H_m^\ominus(298.15\ \text{K})}{\Delta_r S_m^\ominus(298.15\ \text{K})} \tag{2-27}$$

【例 2-9】 试计算碳酸钙热分解反应的转变温度 T_c。

解 写出化学反应方程式,并查附录 B 得

	$CaCO_3(s)$	$=$	$CaO(s)$	$+$	$CO_2(g)$
$\Delta_f H_m^\ominus(298.15\ \text{K})/(\text{kJ} \cdot \text{mol}^{-1})$	$-1\,207.6$		-634.92		-393.51
$S_m^\ominus(298.15\ \text{K})/(\text{J} \cdot \text{K}^{-1} \cdot \text{mol}^{-1})$	91.7		38.1		213.79

摩尔反应焓变

$$\Delta_r H_m^\ominus(298.15\ \text{K}) = \Delta_f H_m^\ominus(\text{CaO,s}) + \Delta_f H_m^\ominus(CO_2,\text{g}) - \Delta_f H_m^\ominus(CaCO_3,\text{s})$$
$$= (-634.92 - 393.51 + 1\,207.6)\ \text{kJ} \cdot \text{mol}^{-1}$$
$$= 179.17\ \text{kJ} \cdot \text{mol}^{-1}$$

摩尔反应熵变

$$\Delta_r S_m^\ominus(298.15\ \text{K}) = S_m^\ominus(\text{CaO,s}) + S_m^\ominus(CO_2,\text{g}) - S_m^\ominus(CaCO_3,\text{s})$$
$$= (38.1 + 213.79 - 91.7)\ \text{J} \cdot \text{K}^{-1} \cdot \text{mol}^{-1}$$

$$= 160.19 \text{ J} \cdot \text{K}^{-1} \cdot \text{mol}^{-1}$$

转变温度为

$$T_c \approx \frac{\Delta_r H_m^\ominus(298.15 \text{ K})}{\Delta_r S_m^\ominus(298.15 \text{ K})} = \frac{179.17 \times 10^3}{160.19} \text{K} = 1\,118.48 \text{ K}$$

2.6.2 标准摩尔生成吉布斯函数

在实际运用中,只要知道化学反应的吉布斯函数变,就可以用来判定化学反应的方向和限度。但吉布斯函数绝对值也是不可知的,与物质的焓相类似,吉布斯函数也采用相对值。在指定温度和标准状态下,由最稳定单质生成 1 mol 化合物的吉布斯函数变称为标准摩尔生成吉布斯函数,记作 $\Delta_f G_m^\ominus(T)$,单位是 $kJ \cdot mol^{-1}$。在热力学数据表中,一般都是给出 298.15 K 的标准摩尔生成吉布斯函数。根据 $\Delta_f G_m^\ominus$ 的定义可知,稳定单质的标准摩尔生成吉布斯函数等于零。

由标准摩尔生成吉布斯函数 $\Delta_f G_m^\ominus$ 计算反应的标准摩尔吉布斯函数变 $\Delta_r G_m^\ominus$ 的方法与由标准摩尔生成焓 $\Delta_f H_m^\ominus$ 计算标准摩尔反应焓变 $\Delta_r H_m^\ominus$ 的方法相似,即化学反应的标准摩尔吉布斯函数变等于产物的标准摩尔生成吉布斯函数减去反应物的标准摩尔生成吉布斯函数

$$\Delta_r G_m^\ominus = \sum_B \nu_B \Delta_f G_m^\ominus(B) \tag{2-28}$$

【例 2-10】 利用标准摩尔生成吉布斯函数,计算反应

$$2CH_3OH(l) + 3O_2(g) = 2CO_2(g) + 4H_2O(g)$$

在 298.15 K 时的标准摩尔吉布斯函数变。

解 查附录 B 得

$$\begin{array}{cccc} & CH_3OH(l) & O_2(g) & CO_2(g) & H_2O(g) \\ \Delta_f G_m^\ominus/(kJ \cdot mol^{-1}) & -166.6 & 0 & -394.4 & -228.6 \end{array}$$

$$\Delta_r G_m^\ominus = 2\Delta_f G_m^\ominus(CO_2, g) + 4\Delta_f G_m^\ominus(H_2O, g) - 2\Delta_f G_m^\ominus(CH_3OH, l) - 3\Delta_f G_m^\ominus(O_2, g)$$
$$= [2 \times (-394.4) + 4 \times (-228.6) - 2 \times (-166.6) - 0] \text{ kJ} \cdot \text{mol}^{-1}$$
$$= -1\,370 \text{ kJ} \cdot \text{mol}^{-1}$$

2.6.3 化学反应等温方程

对于一般化学反应来说,多数情况下,反应物和产物都不是处于标准状态,因此化学反应的摩尔吉布斯函数变 $\Delta_r G_m$ 并不等于反应的标准摩尔吉布斯函数变 $\Delta_r G_m^\ominus$,反应的摩尔吉布斯函数变可由化学反应等温方程式得到

$$\Delta_r G_m = \Delta_r G_m^\ominus + RT\ln Q \tag{2-29}$$

式中:$\Delta_r G_m$ 是化学反应的摩尔吉布斯函数变;$\Delta_r G_m^\ominus$ 是此反应的标准摩尔吉布斯函数变;R 是气体常数;T 是热力学温度;Q 称为反应商,它是各生成物相对分压(对气体)

或相对浓度(对溶液)的相应次方的乘积与各反应物的相对分压(对气体)或相对浓度(对溶液)的相应次方的乘积之比。

对于气相反应 $dD(g)+eE(g) \rightleftharpoons gG(g)+hH(g)$，$Q$ 的表达式为

$$Q = \frac{[p(G)/p^\ominus]^g[p(H)/p^\ominus]^h}{[p(D)/p^\ominus]^d[p(E)/p^\ominus]^e} \tag{2-30}$$

式中：$p^\ominus = 100$ kPa，是标准压力。

对于溶液反应 $dD(aq)+eE(aq) \rightleftharpoons gG(aq)+hH(aq)$，$Q$ 的表达式为

$$Q = \frac{[c(G)/c^\ominus]^g[c(H)/c^\ominus]^h}{[c(D)/c^\ominus]^d[c(E)/c^\ominus]^e} \tag{2-31}$$

式中：$c^\ominus$ 是标准摩尔浓度，其值为 1 mol·dm^{-3}。

若反应中有纯固体及纯液体，则其浓度以 1 表示，不出现在反应商表达式中。

2.7 化 学 平 衡

化学反应不仅有一定的方向性，而且有一定的限度。化学反应达到的最大限度就是达到平衡。本节将讨论平衡建立的条件、平衡移动的方向等问题。

2.7.1 可逆反应和化学平衡

可逆反应是指在一定条件下，既能向右进行也能向左进行的反应。在反应物与生成物之间用"$\rightleftharpoons$"表示反应的可逆性。习惯上把从左向右进行的反应叫做正反应，把从右向左进行的反应叫做逆反应。化学反应的可逆性是化学反应的一个普遍特征。由于这类反应在正向进行的同时，也可以逆向进行。因此，这类反应不可能进行到底，只能进行到某一程度，即反应的最大限度，其最大限度就是化学平衡。

原则上讲，所有的化学反应都有可逆性，只是不同的化学反应的可逆程度差别很大，有些反应表面上看起来似乎只朝着一个方向进行，例如氯离子与银离子的沉淀反应 $Ag^+(aq)+Cl^-(aq) \longrightarrow AgCl(s)$ 即是如此，但本质上看，它也是可逆反应。若将 $AgCl(s)$ 加到水中，也可发生上述反应的逆反应 $AgCl(s) \longrightarrow Ag^+(aq)+Cl^-(aq)$，只不过后者的倾向很小而已。

当反应开始时，反应物的浓度(或分压)较大，产物的浓度(或分压)较小，正反应速率大于逆反应的速率。随着反应的进行，正反应速率不断减小，逆反应速率不断增大，当正、逆反应速率相等时，系统中各物质的浓度(或分压)不再随时间而变化，反应达到化学平衡。当反应达到平衡时，表面上看反应似乎已经停止了，但从微观角度观察，正、逆反应仍在进行，只是正、逆反应速率相等而已，化学平衡是一个动态平衡。

当条件改变时，原有的平衡状态将被打破，系统将寻求新的平衡状态。因此，平衡是动态的、相对的、暂时的、有条件的，而不平衡是绝对的、永恒的。

2.7.2 标准平衡常数

化学反应一般是在等温等压且不做非体积功的情况下进行的,由式(2-21)知,反应达平衡时,$\Delta_r G_m = 0$。因此,式(2-29)变为

$$0 = \Delta_r G_m^\ominus + RT\ln Q$$

此时反应物和生成物的浓度或分压不再随时间变化,宏观上反应不再继续进行,此时反应商 Q 为一常数,用 $K^\ominus$ 代替,于是

$$\Delta_r G_m^\ominus = -RT\ln K^\ominus \tag{2-32}$$

由于反应达平衡,$K^\ominus$ 称为标准平衡常数。因此式(2-30)、式(2-31)可改写为

$$K^\ominus = \frac{[p^{eq}(G)/p^\ominus]^g [p^{eq}(H)/p^\ominus]^h}{[p^{eq}(D)/p^\ominus]^d [p^{eq}(E)/p^\ominus]^e} \tag{2-33}$$

$$K^\ominus = \frac{[c^{eq}(G)/c^\ominus]^g [c^{eq}(H)/c^\ominus]^h}{[c^{eq}(D)/c^\ominus]^d [c^{eq}(E)/c^\ominus]^e} \tag{2-34}$$

式中:上标 eq 表示处于平衡时的反应物和产物的平衡分压或平衡浓度。

标准平衡常数 $K^\ominus$ 是表征化学反应进行到最大限度时产物与反应物浓度关系的一个常数,它是平衡时各生成物相对分压(对气体)或相对浓度(对溶液)的相应次方的乘积与各反应物的相对分压(对气体)或相对浓度(对溶液)的相应次方的乘积之比。对于同一类型的反应,在给定的反应条件下,$K^\ominus$ 值越大,表明正反应进行得越完全。

在一定温度下,对于指定的反应,其标准平衡常数 $K^\ominus$ 只是温度的函数,与参与平衡的物质的浓度或分压无关。标准平衡常数 $K^\ominus$ 是量纲为 1 的量。

将式(2-32)代入式(2-29)得到

$$\Delta_r G_m = -RT\ln K^\ominus + RT\ln Q = RT\ln \frac{Q}{K^\ominus} \tag{2-35}$$

式(2-35)也称为化学反应等温方程式,它在讨论化学平衡时有着重要的作用。

2.7.3 书写平衡常数式的注意事项

(1) 在平衡常数表达式中,各物质的浓度和分压是指平衡时的浓度和分压。

(2) 反应涉及纯固体、纯液体时,其浓度视为常数,不写进 $K^\ominus$ 表达式。例如:

$$CaCO_3(s) \stackrel{\triangle}{\rightleftharpoons} CaO(s) + CO_2(g)$$

$$K^\ominus = p^{eq}(CO_2)/p^\ominus$$

$$Cr_2O_7^{2-}(aq) + H_2O(l) \rightleftharpoons 2CrO_4^{2-}(aq) + 2H^+(aq)$$

$$K^\ominus = \frac{[c^{eq}(CrO_4^{2-})/c^\ominus]^2 [c^{eq}(H^+)/c^\ominus]^2}{c^{eq}(Cr_2O_7^{2-})/c^\ominus}$$

(3) 标准平衡常数表达式及数值与反应方程式的写法有关,如

① $\quad 2NO_2(g) \rightleftharpoons N_2O_4(g), \quad K_1^\ominus = \dfrac{p^{eq}(N_2O_4)/p^\ominus}{[p^{eq}(NO_2)/p^\ominus]^2}$

② $\quad NO_2(g) \rightleftharpoons \frac{1}{2}N_2O_4(g)$, $\quad K_2^\ominus = \dfrac{[p^{eq}(N_2O_4)/p^\ominus]^{1/2}}{p^{eq}(NO_2)/p^\ominus}$

③ $\quad N_2O_4(g) \rightleftharpoons 2NO_2(g)$, $\quad K_3^\ominus = \dfrac{[p^{eq}(NO_2)/p^\ominus]^2}{p^{eq}(N_2O_4)/p^\ominus}$

显然，三个平衡常数的关系为：$K_1^\ominus = (K_2^\ominus)^2 = (K_3^\ominus)^{-1}$。

(4) 若某反应是由几个反应相加而成，则该反应的标准平衡常数等于各分反应的标准平衡常数之积，若某反应是由几个反应相减而成，则该反应的标准平衡常数等于各分反应的标准平衡常数相除，这种关系称为多重平衡规则。如

① $\quad SO_2(g) + 1/2 O_2(g) \rightleftharpoons SO_3(g)$, $\qquad K_1^\ominus$

② $\quad CO_2(g) \rightleftharpoons CO(g) + 1/2 O_2(g)$, $\qquad K_2^\ominus$

③ $\quad SO_2(g) + CO_2(g) \rightleftharpoons CO(g) + SO_3(g)$, $\quad K_3^\ominus$

反应③＝反应①＋反应②，因而

$$K_3^\ominus = K_1^\ominus K_2^\ominus$$

多重平衡规则在化学上很重要，一些化学反应的平衡常数较难测定时，则可利用已知的有关化学反应的平衡常数计算出来。

【例 2-11】 已知下列反应在 1 123 K 时的标准平衡常数：

(1) $C(石墨) + CO_2(g) \rightleftharpoons 2CO(g)$, $\quad K_1^\ominus = 1.3 \times 10^{14}$

(2) $CO(g) + Cl_2(g) \rightleftharpoons COCl_2(g)$, $\quad K_2^\ominus = 6.0 \times 10^{-3}$

计算反应(3) $C(石墨) + CO_2(g) + 2Cl_2(g) \rightleftharpoons 2COCl_2(g)$ 在 1 123 K 时的 $K_3^\ominus$。

解 反应(3)＝反应(1)＋2×反应(2)

$$K_3^\ominus = K_1^\ominus (K_2^\ominus)^2 = 1.3 \times 10^{14} \times (6.0 \times 10^{-3})^2 = 4.7 \times 10^9$$

2.7.4 平衡常数的计算与应用

1. 判断化学反应的方向

由化学反应等温方程式(2-35)

$$\Delta_r G_m = -RT\ln K^\ominus + RT\ln Q = RT\ln \frac{Q}{K^\ominus}$$

只要知道 $K^\ominus$ 和 Q 的比值，即可判断化学反应自发进行的方向：

如果 $Q < K^\ominus$，则 $\Delta_r G_m < 0$，正向反应自发进行；

如果 $Q > K^\ominus$，则 $\Delta_r G_m > 0$，逆向反应自发进行；

如果 $Q = K^\ominus$，则 $\Delta_r G_m = 0$，化学反应达到平衡。

因此，对于化学反应，只要反应商 Q 不等于标准平衡常数 $K^\ominus$，就表明反应系统处于非平衡态，系统就有自动从正向（或逆向）向平衡态变化的趋势，并且，Q 与 $K^\ominus$ 相差越大，从正向或逆向自发进行反应的趋势就越大。

通过前面的讨论，我们看到，$\Delta_r G_m$ 是化学反应方向的判据，而 $\Delta_r G_m^\ominus$ 则与平衡常数相联系，是化学反应限度的标志。只有当反应物和生成物都处于标准状态时，才有

$\Delta_r G_m = \Delta_r G_m^\ominus$,在这种特定条件下,才可用 $\Delta_r G_m^\ominus$ 判断反应方向。但由式(2-35)也可知道,Q 与 $\Delta_r G_m$ 是对数关系,Q 对 $\Delta_r G_m$ 的影响是较小的,当 $\Delta_r G_m^\ominus$ 的绝对值很大时,$\Delta_r G_m$ 的正负号主要由 $\Delta_r G_m^\ominus$ 决定,此时用 $\Delta_r G_m^\ominus$ 判断反应方向是可行的。一般认为 $\Delta_r G_m^\ominus < -40 \text{ kJ} \cdot \text{mol}^{-1}$ 时,正反应可自发进行;$\Delta_r G_m^\ominus > 40 \text{ kJ} \cdot \text{mol}^{-1}$ 时,正反应不会自发进行;如果介于两者之间,则要根据 $\Delta_r G_m$ 来判断反应自发进行的方向。

2. 计算反应系统平衡时的组成和平衡转化率

许多化学过程,都需要了解平衡产率以衡量化学过程的完善程度。因此,掌握有关化学平衡的计算显得十分重要。此类计算的重点是:由标准热力学或实验数据求平衡常数;利用平衡常数求各物质的平衡组成(分压、浓度)和平衡转化率等。

平衡转化率又叫理论转化率,是平衡后反应物转化为产物的百分数,即

$$\alpha = \frac{\text{转化了的某反应物的量}}{\text{反应前该反应物的总量}} \times 100\%$$

由于在实际情况下,反应常不能达到平衡,所以实际的转化率常低于平衡转化率,实际转化率的极限就是平衡转化率。

【例 2-12】 五氯化磷分解反应

$$\text{PCl}_5(\text{g}) \rightleftharpoons \text{PCl}_3(\text{g}) + \text{Cl}_2(\text{g})$$

在 200 ℃时的 $K^\ominus = 0.312$,计算 200 ℃、200 kPa 下 PCl_5 的解离度。

解 PCl_5 的解离度即是 PCl_5 的转化率,设 PCl_5 的解离度为 α,反应系统中各组分的量为

$$\text{PCl}_5(\text{g}) \rightleftharpoons \text{PCl}_3(\text{g}) + \text{Cl}_2(\text{g})$$

	$\text{PCl}_5(\text{g})$	$\text{PCl}_3(\text{g})$	$\text{Cl}_2(\text{g})$	
反应前物质的量	n	0	0	
平衡时物质的量	$n(1-\alpha)$	$n\alpha$	$n\alpha$	$n_\text{总} = n(1+\alpha)$
平衡时摩尔分数	$\dfrac{1-\alpha}{1+\alpha}$	$\dfrac{\alpha}{1+\alpha}$	$\dfrac{\alpha}{1+\alpha}$	

$$K^\ominus = \frac{[p(\text{Cl}_2)/p^\ominus][p(\text{PCl}_3)/p^\ominus]}{p(\text{PCl}_5)/p^\ominus}$$

$$= \frac{[px(\text{Cl}_2)/p^\ominus][px(\text{PCl}_3)/p^\ominus]}{px(\text{PCl}_5)/p^\ominus}$$

$$= \frac{x(\text{Cl}_2)x(\text{PCl}_3)}{x(\text{PCl}_5)} \frac{p}{p^\ominus}$$

即

$$0.312 = \frac{\dfrac{\alpha}{1+\alpha}\dfrac{\alpha}{1+\alpha}}{\dfrac{1-\alpha}{1+\alpha}} \times \frac{200}{100}$$

由上式解出 $\alpha = 0.3674$

200 ℃、200 kPa 下 PCl_5 的解离度为 36.74%。

【例 2-13】 电解水制得的氢气通常含有少量的 O_2(99.5% H_2,0.5% O_2),消除氧的方法通常可用催化剂发生 $2\text{H}_2(\text{g}) + \text{O}_2(\text{g}) \rightleftharpoons 2\text{H}_2\text{O}(\text{g})$ 的反应而去除氧。

半导体工业为了获得氧含量不大于 1×10^{-6} 的高纯氢,试问在 298.15 K、100 kPa 条件下,通过上述反应后氢气的纯度是否达到要求?

解 从附录 B 查得,水的标准摩尔生成吉布斯函数

$$\Delta_f G_m^{\ominus}(H_2O,g) = -228.61 \text{ kJ} \cdot \text{mol}^{-1}$$

该反应的标准摩尔吉布斯函数变

$$\Delta_r G_m^{\ominus} = 2\Delta_f G_m^{\ominus}(H_2O,g) = -457.22 \text{ kJ} \cdot \text{mol}^{-1}$$

由 $\Delta_r G_m^{\ominus} = -RT\ln K^{\ominus}$,得

$$K^{\ominus} = \exp\left(-\frac{\Delta_r G_m^{\ominus}}{RT}\right) = \exp\left(\frac{457.22\times 10^3}{8.3145\times 298.15}\right) = 1.26\times 10^{80}$$

设有 298.15 K、100 kPa 的 100 mol 含有少量 O_2 的原料气,其中含 99.5 mol H_2、0.5 mol O_2,反应后达到平衡,O_2 剩余的物质的量为 x,系统中各组分物质的量如下:

$$2H_2(g) + O_2(g) \Longrightarrow 2H_2O(g)$$

起始状态 n_0/mol 99.5   0.5   0
反应平衡时 n/mol $99.5-2(0.5-x)$ x $2(0.5-x)$ $n_{总}=(99.5+x)\text{mol}$

因为反应的平衡常数很大,平衡时 O_2 的量趋于零,所以各物质的平衡分压分别为

$$p(H_2O) = \frac{2(0.5-x)}{99.5+x}p \approx \frac{1}{99.5}p$$

$$p(H_2) = \frac{99.5-2(0.5-x)}{99.5+x}p \approx \frac{98.5}{99.5}p$$

$$p(O_2) = \frac{x}{99.5+x}p \approx \frac{x}{99.5}p$$

由平衡常数的表达式可得

$$K^{\ominus} = \frac{[p(H_2O)/p^{\ominus}]^2}{[p(H_2)/p^{\ominus}]^2[p(O_2)/p^{\ominus}]} = \frac{(1/99.5)^2}{(98.5/99.5)^2(x/99.5)}$$

所以

$$x = \frac{99.5}{98.5K^{\ominus}} = \frac{99.5}{98.5\times 1.26\times 10^{80}} = 8.0\times 10^{-81} \text{ mol}$$

通过上述反应后气体中残存 O_2 为 8.0×10^{-81} mol,氢气纯度完全达到要求。

2.8 化学平衡的移动

当外界条件(如浓度、压力、温度等)发生变化,原有的化学平衡将被破坏,并在新的条件下达到新的平衡。这种因条件的改变使化学反应由一个平衡状态转变到另一个平衡状态的过程称为化学平衡的移动。平衡移动的标志是:各物质的平衡浓度(或压力)发生变化。

下面讨论浓度、压力、温度对化学平衡移动的影响。

2.8.1 浓度对化学平衡移动的影响

在 2.6.3 节中给出了化学反应等温式为

$$\Delta_r G_m = RT\ln(Q/K^\ominus)$$

对给定的化学反应,在一定温度下,$K^\ominus$ 是一常数。其他条件不变时,若增加反应物的浓度(或分压)或降低产物的浓度(或分压),都会导致 Q 变小,使 $Q<K^\ominus$,$\Delta_r G_m<0$,从而使反应自动正向进行,即平衡向右移动,直到 $Q=K^\ominus$,新的平衡重新建立;相反,降低反应物的浓度(或分压)或增加产物的浓度(或分压),Q 将变大,使 $Q>K^\ominus$,平衡向左移动。

例如,石灰石地区经常发生的一个重要反应是碳酸钙与酸式碳酸钙之间的平衡移动:

$$CaCO_3(s) + CO_2(g) + H_2O(l) \rightleftharpoons Ca(HCO_3)_2(aq)$$

CO_2 在水中溶解量的大小,对平衡起着重要的作用。当 CO_2 在水中的溶解量大时,平衡向右移动,促使 $CaCO_3$ 溶解为 $Ca(HCO_3)_2$,这种富含 $Ca(HCO_3)_2$ 的溶液在地壳空隙及裂缝中流动渗透。而当温度或压力改变导致 CO_2 在水中的溶解量减小时,则平衡向左移动,含 $Ca(HCO_3)_2$ 的溶液又会分解为 $CaCO_3$ 沉淀下来。CO_2 在水中溶解量的改变致使 $CaCO_3$ 在地壳中不断进行迁移,产生了许多奇异的地质现象,如地下溶洞、石笋、钟乳石等。

【例 2-14】 在真空的容器中放入固态的 NH_4HS,于 25 ℃ 下分解为 $NH_3(g)$ 与 $H_2S(g)$,平衡时容器内的压力为 68.0 kPa。若放入 NH_4HS 固体时容器中已有 40.0 kPa 的 $H_2S(g)$,求平衡时容器中的压力,并比较两种情况下固态 NH_4HS 的分解情况。

解 $NH_4HS(s) \rightleftharpoons H_2S(g) + NH_3(g)$

25 ℃ 下反应平衡时 $\quad p(H_2S) = p(NH_3) = \dfrac{68.0 \text{ kPa}}{2} = 34.0 \text{ kPa}$

平衡常数
$$K^\ominus = [p(H_2S)/p^\ominus][p(NH_3)/p^\ominus] = (34.0/100)^2 = 0.115\ 6$$

	$NH_4HS(s) \rightleftharpoons$	$H_2S(g)$	+	$NH_3(g)$
反应前各组分分压/kPa		40.0		0
平衡时各组分分压/kPa		$40.0 + p(NH_3)$		$p(NH_3)$

$$K^\ominus = \left[\frac{40.0 + p(NH_3)}{100}\right]\left[\frac{p(NH_3)}{100}\right] = 0.115\ 6$$

解出 $\quad p(NH_3) = 19.45 \text{ kPa}$

容器压力 $\quad p = p(H_2S) + p(NH_3) = (40.0 + 2\times 19.45) \text{ kPa} = 78.90 \text{ kPa}$

当容器中已有 40.0 kPa 的 $H_2S(g)$ 时,固态 NH_4HS 的分解率降低,NH_3 的分压由 34.0 kPa 降低为 19.45 kPa,即增加产物浓度,平衡向反应物方向移动。

2.8.2 压力对化学平衡移动的影响

改变反应系统的压力实质是改变反应系统中各组分的浓度。由于固、液相浓度几乎不随压力而变化,因此,当压力变化不大时,若反应系统中只有液体或固体物质参与,可近似认为压力不影响此类化学反应的平衡。

对于有气体参与的化学反应,反应系统总压力的改变则会对化学平衡产生影响。例如理想气体反应:

$$dD(g) + eE(g) \rightleftharpoons gG(g) + hH(g)$$

在一定温度和总压为 p 时达到平衡:

$$K^{\ominus} = \frac{[p^{eq}(G)/p^{\ominus}]^g [p^{eq}(H)/p^{\ominus}]^h}{[p^{eq}(D)/p^{\ominus}]^d [p^{eq}(E)/p^{\ominus}]^e}$$

设系统的总压为 p,各气体的分压用总压及摩尔分数来表示,则有

$$p^{eq}(B) = x^{eq}(B) p$$

代入标准平衡常数表达式,得

$$K^{\ominus} = \frac{[x^{eq}(G) p/p^{\ominus}]^g [x^{eq}(H) p/p^{\ominus}]^h}{[x^{eq}(D) p/p^{\ominus}]^d [x^{eq}(E) p/p^{\ominus}]^e} = \frac{[x^{eq}(G)]^g [x^{eq}(H)]^h}{[x^{eq}(D)]^d [x^{eq}(E)]^e} (p/p^{\ominus})^{\sum \nu_B}$$

令

$$K_x = \frac{[x^{eq}(G)]^g [x^{eq}(H)]^h}{[x^{eq}(D)]^d [x^{eq}(E)]^e} \tag{2-36}$$

K_x 为用摩尔分数表示的经验平衡常数,所以

$$K^{\ominus} = K_x (p/p^{\ominus})^{\sum \nu_B} \tag{2-37}$$

式中:$\sum \nu_B$ 为反应方程式中气体产物的计量系数之和与气体反应物计量系数之和的差。从上式可得出以下结论。

若 $\sum \nu_B > 0$,增大 p,K_x 将减小,即产物的摩尔分数减小,反应物的摩尔分数增大,平衡向左移动;减小 p,情况刚好相反,平衡向右移动。

若 $\sum \nu_B < 0$,增大 p,K_x 将增大,即产物的摩尔分数增大,反应物的摩尔分数减小,平衡向右移动;减小 p,情况刚好相反,平衡向左移动。

若 $\sum \nu_B = 0$,$K^{\ominus} = K_x$,系统总压的改变不会使平衡移动。

综上所述,压力对化学平衡的影响可归纳为:在等温下增大总压,平衡向气体分子数减少的方向移动;减小总压,平衡向气体分子数增加的方向移动;若反应前后气体分子数不变,改变总压,平衡不发生移动。

【例 2-15】 在 325 K,总压 101.3 kPa 下,反应 $N_2O_4(g) \rightleftharpoons 2NO_2(g)$ 平衡时,N_2O_4 分解了 50.2%。试求:

(1) 反应的 $K^{\ominus}$;

(2) 相同温度下,若压力 p 变为 5×101.3 kPa,求 N_2O_4 的解离度。

解 (1) 设反应刚开始时,N_2O_4 的物质的量为 n_0,平衡时 N_2O_4 的解离度为 α,则

$$N_2O_4(g) \rightleftharpoons 2NO_2(g)$$

开始时物质的量	n_0	0
平衡时物质的量	$n_0(1-\alpha)$	$2n_0\alpha$ $n_{总} = n_0(1+\alpha)$
平衡时分压	$\dfrac{1-\alpha}{1+\alpha} p$	$\dfrac{2\alpha}{1+\alpha} p$

因此
$$K^\ominus = \frac{[p^{eq}(NO_2)/p^\ominus]^2}{p^{eq}(N_2O_4)/p^\ominus} = \frac{\left(\frac{2\alpha}{1+\alpha}\frac{p}{p^\ominus}\right)^2}{\frac{1-\alpha}{1+\alpha}\frac{p}{p^\ominus}} = \frac{4\alpha^2}{1-\alpha^2}\frac{p}{p^\ominus}$$

将已知条件代入上式,得
$$K^\ominus = \frac{4 \times 0.502^2}{1-0.502^2} \times \frac{101.3}{100} = 1.37$$

(2) $K^\ominus$ 仅为温度的函数,其数值不随压力而变化,将 $p = 5 \times 101.3$ kPa 代入其表达式中:
$$K^\ominus = \frac{4\alpha^2}{1-\alpha^2} \times \frac{5 \times 101.3}{100} = 1.37$$

解得
$$\alpha = 0.251 = 25.1\%$$

结果表明,增加平衡时系统的总压,N_2O_4 的解离度减小,平衡向 N_2O_4 方向即气体分子数减少的方向移动。

2.8.3 惰性气体对化学平衡移动的影响

所谓惰性气体是指系统内不参加化学反应的气体,如合成氨过程中的 CH_4、Ar 等。惰性气体虽不参加反应,但在等温等压的条件下,向反应系统中引入惰性气体时,使系统的总物质的量发生变化,从而使参加反应的气体的分压降低,导致平衡向分子数增大的方向移动。总压一定时,惰性气体的加入实际上起了稀释作用,它与降低系统总压的效果是一样的。

【例 2-16】 丁烯脱氢制丁二烯的反应为 $C_4H_8(g) \rightleftharpoons C_4H_6(g) + H_2(g)$,1 000 K 时,$K^\ominus = 0.1786$。试求:

(1) 100 kPa 下丁烯的平衡转化率;
(2) 若丁烯与水蒸气的比为 1:10,100 kPa 下丁烯的平衡转化率。

解 (1) 设丁烯的起始浓度为 1 mol,平衡转化率为 α,则

$$C_4H_8(g) \rightleftharpoons C_4H_6(g) + H_2(g)$$

开始时 $n_{B,0}$/mol	1	0	0
平衡时 n_B^{eq}/mol	$1-\alpha$	α	α	$n_总 = (1+\alpha)$ mol

则有
$$p^{eq}(C_4H_8) = \frac{(1-\alpha)p}{1+\alpha}, \quad p^{eq}(C_4H_6) = \frac{\alpha p}{1+\alpha}$$

$$K^\ominus = \frac{[p^{eq}(C_4H_6)/p^\ominus]^2}{p^{eq}(C_4H_8)/p^\ominus} = \frac{\left(\frac{\alpha}{1+\alpha}\frac{p}{p^\ominus}\right)^2}{\frac{1-\alpha}{1+\alpha}\frac{p}{p^\ominus}} = \frac{\alpha^2}{1-\alpha^2}\frac{p}{p^\ominus} = \frac{\alpha^2}{1-\alpha^2} = 0.1786$$

解得
$$\alpha = 0.3893$$

(2) 加入水蒸气,且有 $n(C_4H_8):n(H_2O) = 1:10$,则平衡时反应系统的总物质的量为 $(11+\alpha)$ mol

$$K^{\ominus} = \frac{[p^{eq}(C_4H_6)/p^{\ominus}]^2}{p^{eq}(C_4H_8)/p^{\ominus}} = \frac{\left(\dfrac{\alpha}{11+\alpha}\dfrac{p}{p^{\ominus}}\right)^2}{\dfrac{1-\alpha}{11+\alpha}\dfrac{p}{p^{\ominus}}} = \frac{\alpha^2}{1-\alpha}\frac{1}{11+\alpha} = 0.1786$$

解得 $\alpha = 0.7393$

加入 H_2O 后,$C_4H_8(g)$ 解离度增加。总压一定时,加入不参与反应的 H_2O,起了稀释作用,相当于降低了系统的总压,反应向分子数增多的方向移动。

注意,在等温等容条件下,加入惰性气体将使系统的总压增大,但由于系统中各物质的分压不会改变,所以平衡不移动。

2.8.4 温度对化学平衡移动的影响

浓度、压力对化学平衡移动的影响是通过改变系统组分的浓度或分压,使反应商 Q 不等于 $K^{\ominus}$ 而引起平衡移动。在一定温度下,浓度或压力的改变并不引起标准平衡常数 $K^{\ominus}$ 的改变。温度对化学平衡移动的影响则不然,温度的改变会引起标准平衡常数 $K^{\ominus}$ 的改变,从而使化学平衡发生移动。

温度为 T 时

$$\Delta_r G_m^{\ominus} = \Delta_r H_m^{\ominus} - T\Delta_r S_m^{\ominus}$$

$$\Delta_r G_m^{\ominus} = -RT\ln K^{\ominus}$$

两式合并得

$$\ln K^{\ominus} = -\frac{\Delta_r H_m^{\ominus}}{RT} + \frac{\Delta_r S_m^{\ominus}}{R} \tag{2-38}$$

通过测定不同温度时的 $K^{\ominus}$ 值,用 $\ln K^{\ominus}$ 对 $1/T$ 作图,得到一条直线,直线的斜率为 $-\Delta_r H_m^{\ominus}/R$,截距为 $\Delta_r S_m^{\ominus}/R$。如果忽略温度对 $\Delta_r H_m^{\ominus}$、$\Delta_r S_m^{\ominus}$ 的影响,并设温度 T_1 时的平衡常数为 $K_1^{\ominus}$,温度 T_2 时的平衡常数为 $K_2^{\ominus}$,则

$$\ln K_1^{\ominus} = -\frac{\Delta_r H_m^{\ominus}}{RT_1} + \frac{\Delta_r S_m^{\ominus}}{R}$$

$$\ln K_2^{\ominus} = -\frac{\Delta_r H_m^{\ominus}}{RT_2} + \frac{\Delta_r S_m^{\ominus}}{R}$$

两式相减,得

$$\ln \frac{K_2^{\ominus}}{K_1^{\ominus}} = \frac{\Delta_r H_m^{\ominus}}{R}\left(\frac{1}{T_1} - \frac{1}{T_2}\right) = \frac{\Delta_r H_m^{\ominus}}{R}\frac{T_2 - T_1}{T_1 T_2} \tag{2-39}$$

由式(2-39)可以看出温度对化学平衡有如下影响。

对于放热反应,$\Delta_r H_m^{\ominus} < 0$,升高温度时 $T_2 - T_1 > 0$,则 $K_2^{\ominus} < K_1^{\ominus}$,标准平衡常数随温度升高而减小,升温时平衡向逆反应方向移动,即反应向吸热方向移动。而当降低温度时 $T_2 - T_1 < 0$,则 $K_2^{\ominus} > K_1^{\ominus}$,标准平衡常数随温度降低而增大,使平衡向正反应方向移动,即反应向放热方向移动。

对于吸热反应,$\Delta_r H_m^{\ominus} > 0$,升高温度时 $K_2^{\ominus} > K_1^{\ominus}$,标准平衡常数随温度升高而增大,平衡向正反应方向移动,即升高温度使平衡向吸热反应方向移动。而当降低温度

时 $K_2^\ominus < K_1^\ominus$,标准平衡常数随温度降低而减小,使平衡向逆反应方向移动,即向放热方向移动。

总之,对于平衡系统,升高温度,平衡总是向吸热反应方向移动;降低温度,平衡总是向放热反应方向移动。

【例 2-17】 已知 775 ℃时,$CaCO_3$ 的分解压力为 14.59 kPa,求 855 ℃时的分解压力。设反应的 $\Delta_r H_m^\ominus$ 为常数,等于 109.33 kJ·mol^{-1}。

解 $CaCO_3$ 的分解反应为 $CaCO_3(s) \rightleftharpoons CaO(s) + CO_2(g)$,在某温度下 $CaCO_3(s)$ 的分解压力是指该温度下 $CO_2(g)$ 的平衡压力。

将各已知数据代入式(2-38),得

$$\ln \frac{K_2^\ominus}{K_1^\ominus} = \ln \frac{p_2^{eq}(CO_2)/p^\ominus}{p_1^{eq}(CO_2)/p^\ominus} = \frac{\Delta_r H_m^\ominus}{R} \frac{T_2 - T_1}{T_1 T_2}$$

$$\ln \frac{p_2^{eq}(CO_2)}{p^\ominus} = \ln \frac{p_1^{eq}(CO_2)}{p^\ominus} + \frac{\Delta_r H_m^\ominus}{R} \frac{T_2 - T_1}{T_1 T_2}$$

$$= \ln \frac{14.59}{100} + \frac{109.33 \times 10^3}{8.314\ 5} \times \frac{1\ 128.15 - 1\ 048.15}{1\ 048.15 \times 1\ 128.15}$$

解得
$$p_2^{eq}(CO_2) = 35.52 \text{ kPa}$$

2.8.5 平衡移动原理

前面讨论了浓度、压力和温度对平衡的影响,由此可总结出一条平衡移动的普遍规律:若改变平衡系统的条件之一,如浓度、压力或温度,平衡就向着能削弱这个改变的方向移动。这就叫勒·夏特列(Le Châtelier)原理,也称为平衡移动原理。

平衡移动原理不仅适用于化学平衡系统,也适用于相平衡系统。

例如,液态水与气态水之间的相变:

$$H_2O(l) \underset{冷凝}{\overset{汽化}{\rightleftharpoons}} H_2O(g)$$

水变成水蒸气是一个吸热过程,$\Delta H > 0$,升高温度时,平衡向吸热的方向移动。因此,升高温度时,水蒸气的压力增大。降低温度时,平衡向放热方向移动,水蒸气凝结成水。

平衡移动原理只适用于已处于平衡状态的系统,不适用于未达到平衡状态的系统。

本 章 小 结

本章介绍了热力学第一定律及第一定律在化学过程中的应用——热化学;热力学第二定律中的熵函数和吉布斯函数与化学过程方向性的关系;化学反应等温式及标准平衡常数。

1. 对于封闭系统,热力学第一定律 $\Delta U = Q + W$

在等压或等外压条件下,若系统只做体积功,则
$$W = -p_e(V_2 - V_1) = -p_e \Delta V$$

等容时 $W = 0$,则
$$\Delta U = Q_V$$

等压时 $W = -p\Delta V$,则
$$\Delta U = Q_p - p\Delta V, \quad \Delta H = \Delta U + p\Delta V = Q_p$$

等容过程热效应与等压过程热效应的关系为
$$Q_p = Q_V + \Delta nRT$$
$$\Delta H = \Delta U + \Delta nRT$$

对于反应
$$0 = \sum_B \nu_B B$$
$$\Delta_r H_m^\ominus = \Delta_r U_m^\ominus + \sum_B \nu_B(g)RT$$

反应焓变可由物质的生成焓或燃烧焓计算
$$\Delta_r H_m^\ominus = \sum_B \{\nu_B \Delta_f H_m^\ominus(B)\} = -\sum_B \{\nu_B \Delta_c H_m^\ominus(B)\}$$

2. 反应过程的方向性可由熵判据和吉布斯函数判据确定

(1) 熵是系统混乱度的量度,在孤立系统中只能发生熵增加的变化。
$$\Delta S_{\text{孤立}} \geqslant 0$$

若为封闭系统, $\Delta S_{\text{总}} = \Delta S_{\text{系统}} + \Delta S_{\text{环境}} \geqslant 0$,熵判据为

$$\Delta S_{\text{总}} \begin{cases} > 0 & \text{自发过程} \\ < 0 & \text{非自发过程,其逆过程自发} \\ = 0 & \text{平衡} \end{cases}$$

对于反应
$$0 = \sum_B \nu_B B$$
$$\Delta_r S_m^\ominus = \sum_B \nu_B S_m^\ominus(B)$$

(2) 若为封闭系统,在等温条件下,影响反应方向的焓和熵还可通过吉布斯等温方程统一起来。
$$\Delta G = \Delta H - T\Delta S$$

在等温等压、不做非体积功的条件下,吉布斯函数判据为

$$\Delta G \begin{cases} < 0 & \text{自发过程} \\ = 0 & \text{平衡状态} \\ > 0 & \text{不可能发生} \end{cases}$$

对于一般反应
$$0 = \sum_B \nu_B B$$
$$\Delta_r G_m^\ominus = \sum_B \nu_B \Delta_f G_m^\ominus(B)$$

或
$$\Delta_r G_m^\ominus = \Delta_r H_m^\ominus - T\Delta_r S_m^\ominus$$

3. 在等温等压且不做非体积功时,化学平衡的热力学标志 $\Delta_r G_m = 0$

对于反应

$$0 = \sum_B \nu_B B$$

$$\Delta_r G_m = -RT\ln K^{\ominus} + RT\ln Q = RT\ln \frac{Q}{K^{\ominus}}$$

标准平衡常数

$$K^{\ominus} = \frac{[p^{eq}(G)/p^{\ominus}]^g [p^{eq}(H)/p^{\ominus}]^h}{[p^{eq}(D)/p^{\ominus}]^d [p^{eq}(E)/p^{\ominus}]^e} = \prod_B (p_B^{eq}/p^{\ominus})^{\nu_B} \text{ 或 } \prod_B (c_B^{eq}/c^{\ominus})^{\nu_B}$$

当化学平衡的条件发生变化时,平衡遵照勒·夏特列原理发生移动。从化学反应等温式看,浓度或压力的改变,可能改变反应商 Q 而 $K^{\ominus}$ 不改变。比较 Q 和 $K^{\ominus}$ 的大小可判断化学平衡的移动:

当 $Q < K^{\ominus}$ 时,$\Delta_r G_m < 0$,反应自发进行或平衡右移;

当 $Q = K^{\ominus}$ 时,$\Delta_r G_m = 0$,平衡态或平衡不移动;

当 $Q > K^{\ominus}$ 时,$\Delta_r G_m > 0$,反应逆向自发进行或平衡左移。

温度对化学反应平衡移动的影响由范特霍夫等压方程表示:

$$\ln \frac{K_2^{\ominus}}{K_1^{\ominus}} = \frac{\Delta_r H_m^{\ominus}}{R}\left(\frac{1}{T_1} - \frac{1}{T_2}\right) = \frac{\Delta_r H_m^{\ominus}}{R}\frac{T_2 - T_1}{T_1 T_2}$$

思 考 题

1. "系统的温度升高就一定吸热,温度不变时系统既不吸热也不放热。"这种说法对吗?举例说明。
2. 在孤立系统中发生任何过程,都有 $\Delta U = 0$,$\Delta H = 0$,这一结论对吗?
3. 因为 $H = U + pV$,所以焓是热力学能与体积功 pV 之和,对吗?
4. "理想气体在恒外压下绝热膨胀,因为恒外压,所以 $Q_p = \Delta H$;又因绝热,所以 $Q_p = 0$。由此得 $Q_p = \Delta H = 0$。"这一结论是否正确?为什么?
5. 系统经过一循环过程后,与环境没有功和热的交换,因为系统回到了始态。这一结论是否正确,为什么?
6. 运用盖斯定律计算时,必须满足什么条件?
7. 标准状态下,反应 $CH_3OH(g) + O_2(g) == CO(g) + 2H_2O(g)$ 的反应热就是 $CH_3OH(g)$ 的标准燃烧焓,对吗?
8. 标准状态下,反应 $CO(g) + \frac{1}{2}O_2(g) == CO_2(g)$ 的反应热就是 $CO_2(g)$ 的标准生成焓,这一结论是否正确?
9. 用混乱度的概念说明同一物质固、液、气三态熵的变化情况。
10. 下列说法都是不正确的,为什么?
    (1) $\Delta S < 0$ 的过程不可能发生;
    (2) 自发过程的 ΔG 都小于零。
11. 化学平衡的标志是什么?化学平衡有哪些特征?

12. $K^\ominus$ 与 Q 在表达式的形式上是一样的,具体含义有何不同?
13. 何谓化学平衡的移动? 促使化学平衡移动的因素有哪些?
14. 下述说法是否正确? 为什么?
    (1) 因为 $\Delta_r G_m^\ominus = -RT\ln K^\ominus$,所以 $\Delta_r G_m^\ominus$ 是平衡态时反应的函数变化值;
    (2) $\Delta_r G_m^\ominus < 0$ 的反应,就是自发进行的反应; $\Delta_r G_m^\ominus > 0$ 的反应,必然不能进行;
    (3) 平衡常数改变,平衡一定会移动;反之,平衡发生移动,平衡常数也一定改变;
    (4) 对于可逆反应,若正反应为放热反应,达到平衡后,将系统的温度由 T_1 升高到 T_2,则其相应的标准平衡常数 $K_2^\ominus > K_1^\ominus$。
15. 已知反应 $2HBr(g) \rightleftharpoons H_2(g) + Br_2(g)$ 的 $\Delta_r H_m^\ominus = 74.74$ kJ·mol^{-1},在某温度下达到平衡,试讨论下列因素对平衡的影响:
    (1) 将系统压缩;(2) 加入 $H_2(g)$;(3) 加入 $HBr(g)$;(4) 升高温度;(5) 加入 $He(g)$ 保持系统总压力不变;(6) 恒容下,加入 $He(g)$ 使系统的总压力增大。

习　题

一、选择题

1. $CO_2(g)$ 的生成焓等于( )。
   A. 金刚石的燃烧焓 　　　　　　　B. 石墨的燃烧焓
   C. $CO(g)$ 的燃烧焓 　　　　　　　D. 碳酸钙分解的焓变

2. 萘燃烧的化学反应方程式为
$$C_{10}H_8(s) + 12\ O_2(g) = 10\ CO_2(g) + 4\ H_2O(l)$$
   则 298 K 时,Q_p 和 Q_V 的差值(kJ·mol^{-1})为( )。
   A. -4.95 　　　B. 4.95 　　　C. -2.48 　　　D. 2.48

3. 式 $\Delta H = Q_p$ 适用于( )过程。
   A. 理想气体从 101 325 Pa 反抗恒定的 10 132.5 Pa 膨胀到 10 132.5 Pa
   B. 在 0 ℃、101 325 Pa 下,冰融化成水
   C. 电解 $CuSO_4$ 的水溶液
   D. 气体从 298.15 K、101 325 Pa 可逆变化到 373.15 K、101 325 Pa

4. 气相反应 $2NO(g) + O_2(g) \rightleftharpoons 2NO_2(g)$ 是放热的,当反应达到平衡时,可采用( )条件使平衡向右移动。
   A. 降低温度和降低压力 　　　　　B. 升高温度和增大压力
   C. 升高温度和降低压力 　　　　　D. 降低温度和增大压力

5. 下列过程中系统的熵减小的是( )。
   A. 在 900 ℃时 $CaCO_3(s) = CaO(s) + CO_2(g)$ 　　B. 在 0 ℃常压下水结成冰
   C. 理想气体的等温膨胀 　　　　　　　　　　　　D. 水在其正常沸点汽化

6. 在常温下,下列反应中焓变等于 $AgBr(s)$ 的 $\Delta_f H_m^\ominus$ 的反应是( )。
   A. $Ag^+(aq) + Br^-(aq) = AgBr(s)$
   B. $2Ag(s) + Br_2(g) = 2AgBr(s)$
   C. $Ag(s) + 1/2 Br_2(l) = AgBr(s)$

D. $Ag(s) + 1/2 Br_2(g) = AgBr(s)$

7. 下列过程中系统的 $\Delta G \neq 0$ 的是（　　）。
   A. 水在 0 ℃ 常压下结成冰
   B. 水在其正常沸点汽化
   C. $NH_4Cl(s) = NH_3(g) + HCl(g)$ 在大气中进行
   D. 100 ℃，大气压下液态水向真空蒸发成同温同压下的气态水

二、填空题

1. 300 K 时 0.125 mol 的正庚烷（液体）在氧弹量热计中完全燃烧，放热 602 kJ，反应 $C_7H_{16}(l) + 11O_2(g) = 7CO_2(g) + 8H_2O(l)$ 的 $\Delta_r U_m = $ _____ $kJ \cdot mol^{-1}$，$\Delta_r H_m = $ _____ $kJ \cdot mol^{-1}$。$(RT \approx 2.5 \ kJ \cdot mol^{-1})$

2. 写出下列过程的熵变（用 <、=、> 表示）。
   (1) 溶解少量食盐于水中，$\Delta_r S_m^\ominus$ _____ 0；
   (2) 纯炭和氧气反应生成 $CO(g)$，$\Delta_r S_m^\ominus$ _____ 0；
   (3) $H_2O(g)$ 变成 $H_2O(l)$，$\Delta_r S_m^\ominus$ _____ 0；
   (4) $CaCO_3(s)$ 加热分解成 $CaO(s)$ 和 $CO_2(g)$，$\Delta_r S_m^\ominus$ _____ 0。

3. 一定温度下，反应 $PCl_5(g) = PCl_3(g) + Cl_2(g)$ 达到平衡后，维持温度和体积不变，向容器中加入一定量的惰性气体，反应将 _____ 移动。

4. 循环过程的熵变为 _____；循环过程吉布斯函数变为 _____。

三、计算题

1. 一容器中装有某气体 $1.5 \ dm^3$，在 100 kPa 下，气体从环境吸热 800 J 后，体积膨胀到 $2.0 \ dm^3$，计算系统的热力学能改变量。

2. 5 mol 理想气体在 300 K 由 $0.5 \ dm^3$ 等温可逆膨胀至 $5 \ dm^3$，求 W、Q 和 ΔU。

3. 10 mol 理想气体由 298.15 K、10^6 Pa 自由膨胀到 298.15 K、10^5 Pa，再经等温可逆压缩到始态，求循环过程的 Q、W、ΔU、ΔH。

4. 计算 25 ℃ 时下列反应的等压反应热与等容反应热之差。
   (1) $CH_4(g) + 2O_2(g) = CO_2(g) + 2H_2O(l)$；
   (2) $H_2(g) + Cl_2(g) = 2HCl(g)$。

5. 25 ℃ 下，密闭恒容的容器中有 10 g 固体萘 $C_{10}H_8(s)$ 在过量的 $O_2(g)$ 中完全燃烧成 $CO_2(g)$ 和 $H_2O(l)$。过程放热 401.73 kJ。求：
   (1) $C_{10}H_8(s) + 12O_2(g) = 10CO_2(g) + 4H_2O(l)$ 的反应进度；
   (2) $C_{10}H_8(s)$ 的 $\Delta_c H_m^\ominus$。

6. 已知下列两个反应的焓变，求 298 K 时水的标准摩尔蒸发焓。
   (1) $2H_2(g) + O_2(g) = 2H_2O(l)$，$\Delta_r H_m^\ominus(298 \ K) = -571.70 \ kJ \cdot mol^{-1}$；
   (2) $2H_2(g) + O_2(g) = 2H_2O(g)$，$\Delta_r H_m^\ominus(298 \ K) = -483.65 \ kJ \cdot mol^{-1}$。

7. 已知反应：$A + B \longrightarrow C + D$，$\Delta_r H_m^\ominus(T) = -40.0 \ kJ \cdot mol^{-1}$
   $C + D \longrightarrow E$，$\Delta_r H_m^\ominus(T) = 60.0 \ kJ \cdot mol^{-1}$
   计算反应：(1) $C + D \longrightarrow A + B$；(2) $2C + 2D \longrightarrow 2A + 2B$；(3) $A + B \longrightarrow E$ 的 $\Delta_r H_m^\ominus(T)$。

8. 利用附录 B 中标准摩尔生成焓数据计算下列反应在 298.15 K 下的 $\Delta_r H_m^\ominus$。假定反应中的各气体都可视作理想气体。

(1) $H_2S(g) + \dfrac{3}{2}O_2(g) \Longrightarrow H_2O(l) + SO_2(g)$；

(2) $CO(g) + 2H_2(g) \Longrightarrow CH_3OH(l)$。

9. 25 ℃时，石墨、甲烷及氢的 $\Delta_c H_m^{\ominus}$ 分别为 $-394\ kJ\cdot mol^{-1}$、$-890.3\ kJ\cdot mol^{-1}$ 和 $-285.8\ kJ\cdot mol^{-1}$。求 25 ℃时在等压情况下甲烷的标准摩尔生成焓。

10. 已知反应 $WC(s) + 5/2\,O_2(g) \Longrightarrow WO_3(s) + CO_2(g)$ 在 300 K 及等容条件下进行时，$Q_V = -1.192\times 10^6\ J$，请计算反应的 Q_p 和 $\Delta_f H_m^{\ominus}(WC,s,300\ K)$。已知 C 和 W 在 300 K 时的标准摩尔燃烧焓分别为 -393.5 和 $-837.5\ kJ\cdot mol^{-1}$。

11. 已知化学反应 $CH_4(g) + H_2O(g) \Longrightarrow CO(g) + 3H_2(g)$ 的热力学数据如下：

	$CH_4(g)$	$H_2O(g)$	$CO(g)$	$H_2(g)$
$\Delta_f H_m^{\ominus}/(kJ\cdot mol^{-1})$	-74.4	-241.826	-110.53	0

求该反应在 298.15 K 时的 $\Delta_r H_m^{\ominus}$。

12. 计算在 298.15 K 时反应 $Fe_3O_4(s) + 4H_2(g) \Longrightarrow 3Fe(s) + 4H_2O(g)$ 的 $\Delta_r S_m^{\ominus}$。已知在 298.15 K 时各物质的热力学数据如下：

	$Fe_3O_4(s)$	$H_2(g)$	$Fe(s)$	$H_2O(g)$
$S_m^{\ominus}(298.15\ K)/(J\cdot K^{-1}\cdot mol^{-1})$	146.4	130.7	27.3	188.835

13. 应用标准摩尔生成焓和标准摩尔熵数据，计算反应 $H_2O(l) \Longrightarrow H_2(g) + \dfrac{1}{2}O_2(g)$ 的标准摩尔吉布斯函数变 $\Delta_r G_m^{\ominus}$，并判断该反应在标准状态下能否自发进行。

14. Ag 可能受到 $H_2S(g)$ 的腐蚀而发生反应 $2Ag(s) + H_2S(g) \Longrightarrow Ag_2S(s) + H_2$，现在 298 K、$p^{\ominus}$ 下将 Ag 放入等体积的 H_2S 和 H_2 组成的混合气体中。已知：$\Delta_f G_m^{\ominus}(Ag_2S) = -40.26\ kJ\cdot mol^{-1}$，$\Delta_f G_m^{\ominus}(H_2S) = -33.4\ kJ\cdot mol^{-1}$。问：

(1) 是否发生 Ag 的腐蚀？

(2) 混合气体中 H_2S 的体积百分数低于多少才不会发生 Ag 的腐蚀？

15. 写出下列反应的平衡常数表达式。

(1) $CO(g) + 2H_2(g) \Longrightarrow CH_3OH(l)$； (2) $BaCO_3(s) + C(s) \Longrightarrow BaO(s) + 2CO(g)$；

(3) $Ag^+(aq) + Cl^-(aq) \Longrightarrow AgCl(s)$； (4) $HCN(aq) \Longrightarrow H^+(aq) + CN^-(aq)$。

16. 25 ℃时，已知反应 $2ICl(g) \Longrightarrow I_2(g) + Cl_2(g)$ 的平衡常数 $K^{\ominus} = 4.84\times 10^{-6}$，试计算下列反应的 $K^{\ominus}$。

(1) $ICl(g) \Longrightarrow \dfrac{1}{2}I_2(g) + \dfrac{1}{2}Cl_2(g)$； (2) $\dfrac{1}{2}I_2(g) + \dfrac{1}{2}Cl_2(g) \Longrightarrow ICl(g)$。

17. 反应 $H_2O(g) + CO(g) \Longrightarrow CO_2(g) + H_2(g)$ 在 900 ℃时 $K^{\ominus} = 0.775$，系统中的各气体均视为理想气体，问 H_2O、CO、CO_2 和 H_2 的分压分别为下列两种情况时，反应进行的方向如何？

(1) 20 265 Pa、20 265 Pa、20 265 Pa、30 398 Pa；

(2) 40 530 Pa、20 265 Pa、30 398 Pa、10 135 Pa。

18. 298 K 时，$NH_4HS(s)$ 的分解反应如下：

$$NH_4HS(s) \Longrightarrow NH_3(g) + H_2S(g)$$

将 $NH_4HS(s)$ 放入一真空容器中，平衡时，测得压力为 66.66 kPa，(1) 求反应的 $K^{\ominus}$；(2)

若容器中预先已有 $NH_3(g)$，其压力为 40.00 kPa，则平衡时的总压为多少？

19. 已知在 1 273 K 时，反应 $FeO(s)+CO(g) \rightleftharpoons Fe+CO_2(g)$ 的 $K^\ominus=0.5$。若起始浓度 $c(CO)=0.05\ mol \cdot dm^{-3}$，$c(CO_2)=0.01\ mol \cdot dm^{-3}$，问：

    (1) 平衡时反应物、产物的浓度各是多少？

    (2) CO 的平衡转化率是多少？

    (3) 增加 $FeO(s)$ 的量对平衡有何影响？

20. 已知甲醇蒸气的标准摩尔生成吉布斯函数 $\Delta_f G_m^\ominus(298.15\ K)$ 为 $-161.92\ kJ \cdot mol^{-1}$。试求液体甲醇的标准摩尔生成吉布斯函数。假定气体为理想气体，且已知 298.15 K 时液体甲醇饱和蒸气压为 16.343 kPa。

21. 某温度下，Br_2 和 Cl_2 在 CCl_4 溶剂中发生下述反应：

$$Br_2 + Cl_2 \rightleftharpoons 2BrCl$$

平衡建立时，$c(Br_2)=c(Cl_2)=0.004\ 3\ mol \cdot dm^{-3}$，$c(BrCl)=0.011\ 4\ mol \cdot dm^{-3}$，试求：

    (1) 反应的标准平衡常数 $K^\ominus$；

    (2) 如果平衡建立后，再加入 $0.01\ mol \cdot dm^{-3}$ 的 Br_2 到系统中(体积变化可忽略)，计算平衡再次建立时，系统中各组分的浓度；

    (3) 用以上结果说明浓度对化学平衡的影响。

22. 已知在 298 K 时各物质的热力学数据如下：

	NO(g)	NOF(g)	F_2(g)
$\Delta_f H_m^\ominus/(kJ \cdot mol^{-1})$	90	-66.5	0
$S_m^\ominus/(J \cdot K^{-1} \cdot mol^{-1})$	211	248	203

    (1) 计算反应 $2NO(g)+F_2(g) \rightleftharpoons 2NOF(g)$ 在 298 K 时的标准平衡常数 $K^\ominus(298\ K)$；

    (2) 计算以上反应在 500 K 时的 $\Delta_r G_m^\ominus(500\ K)$ 和 $K^\ominus(500\ K)$；

    (3) 根据上述结果，说明温度对反应有何影响。

第 3 章 化学动力学

根据热力学原理,我们已经能够判断某一化学反应在指定的条件下能否发生以及反应进行的程度如何。但在实践中,有些用热力学原理计算能够进行的化学反应,实际上却看不到反应的发生。例如,由 H_2 和 O_2 化合生成 H_2O 的反应,其标准吉布斯函数变是较大的负值,说明反应进行的可能性很大,可是在通常的条件下,根本见不到反应进行。而有的反应又可在一瞬间完成,人们难以控制。这就是化学反应速率的问题,是化学动力学研究的范畴。

化学动力学是研究化学反应速率及其机理的科学。其基本任务是研究各种因素对化学反应速率的影响,揭示化学反应进行的机理,研究物质结构与反应性能的关系。研究化学动力学就是为了能控制化学反应的进行,使反应按人们所希望的速率和方式进行,并得到人们所希望的产品。

3.1 化学反应速率

3.1.1 化学反应速率的定义及其表示方法

简单来说,化学反应速率就是指在一定条件下,反应物转变为产物的快慢,即参加反应的各物质的数量随时间的变化率。可以用单位时间内反应物的浓度(或分压)的减少,或生成物的浓度(或分压)的增加来表示反应速率。如下述反应:

$$3H_2(g) + N_2(g) \longrightarrow 2NH_3(g)$$

若反应速率以反应物 N_2 浓度的减少来表示,则

$$\bar{r}(N_2) = -\frac{c(N_2)_{t_2} - c(N_2)_{t_1}}{t_2 - t_1} = \frac{-\Delta c(N_2)}{\Delta t}$$

以此表示的反应速率是平均速率,以 $\bar{r}$ 来表示。由于反应速率是正值,而 Δc(反应物)是负值,故在 $\Delta c/\Delta t$ 前面加负号。t 表示时间,$c(N_2)_t$ 表示 t 时间物质的量浓度。若以生成物表示反应速率,则

$$\bar{r}(NH_3) = \frac{\Delta c(NH_3)}{\Delta t}$$

当反应方程中反应物和生成物的化学计量系数不等时,用反应物或生成物浓度(或分压)表示的反应速率的值也不等。如上述反应中,$-2\Delta c(N_2) = \Delta c(NH_3)$,则

$\bar{r}(NH_3) = 2\bar{r}(N_2)$,这在应用时不方便。

目前,国际单位制推荐用反应进度 ξ 随时间 t 的变化率来表示反应进行的快慢。对于任一化学反应

$$0 = \sum_B \nu_B B$$

定义
$$J = \frac{d\xi}{dt} \tag{3-1}$$

J 称为反应的转化速率,是瞬间速率,即真实速率。因为 $d\xi = \nu_B^{-1} \cdot dn_B$,所以

$$J = \frac{1}{\nu_B} \frac{dn_B}{dt} \tag{3-2}$$

式中:n_B 为物质 B 的物质的量;ν_B 为物质 B 的化学计量系数,对于反应物 ν_B 为负值,对于产物 ν_B 为正值。例如对于反应:

$$3H_2(g) + N_2(g) \longrightarrow 2NH_3(g)$$

$$J = -\frac{1}{3}\frac{dn(H_2)}{dt} = -\frac{dn(N_2)}{dt} = \frac{1}{2}\frac{dn(NH_3)}{dt}$$

可见 J 与物质 B 的选择无关,是对整个反应而言的。若时间的单位采用 s,则 J 的单位为 $mol \cdot s^{-1}$。

对于体积恒定的密闭系统,人们常用单位体积的反应速率 r,即

$$r = \frac{J}{V} = \frac{1}{V}\frac{d\xi}{dt} = \frac{1}{\nu_B}\frac{1}{V}\frac{dn_B}{dt} = \frac{1}{\nu_B}\frac{dc_B}{dt} \tag{3-3}$$

式中:$c_B = n_B/V$。显然,r 也与物质 B 的选择无关。若时间的单位用 s,浓度的单位用 $mol \cdot dm^{-3}$,则 r 的单位为 $mol \cdot dm^{-3} \cdot s^{-1}$。本章将主要以式(3-3)讨论恒容系统中的反应速率。

3.1.2 反应速率的实验测定

对于恒容反应系统,实验测定某时刻的反应速率,必须求出 dc/dt。为此,要在反应的不同时刻 $t_0, t_1, t_2, \cdots$,分别测出参加反应的某物质的浓度 $c_0, c_1, c_2, \cdots$,然后以时间 t 对浓度 c 作图。图中曲线上某点的斜率 dc/dt 则为该时刻的反应速率。

【例 3-1】 已测得反应:$2N_2O_5(g) \longrightarrow 4NO_2(g) + O_2(g)$ 中 N_2O_5 的浓度随时间的变化如下表所示:

t/min	0	1	2	3	4
$c(N_2O_5)/(mol \cdot dm^{-3})$	0.160	0.113	0.080	0.056	0.040

请用作图法求反应在 2 min 时的反应速率。

解 以纵坐标表示 $c(N_2O_5)$,横坐标表示时间 t,根据上表数据作出 c-t 曲线,如图 3-1 所示。在 $t=2$ min 时作平行于纵坐标的直线,与曲线相交于 a 点,然后通过 a 点作曲线的切线,在切线上任取两点 b 和 c,画平行于纵轴和横轴的直线相交于 d

点,构成直角三角形 bcd,利用直角三角形 bcd 可得 a 点的斜率,即 $dc(N_2O_5)/dt$。则反应在 $t=2$ min 时的反应速率为

$$r = -\frac{1}{2}\frac{dc(N_2O_5)}{dt} = -\frac{1}{2}\frac{\Delta y}{\Delta x}$$
$$= \frac{1}{2} \times \frac{0.056}{2.0} \text{mol} \cdot \text{dm}^{-3} \cdot \text{min}^{-1}$$
$$= 0.014 \text{ mol} \cdot \text{dm}^{-3} \cdot \text{min}^{-1}$$

从上例可见,反应速率的测定实际上是测定不同时刻反应物或产物的浓度。

浓度的测定可分为物理法和化学法两类。

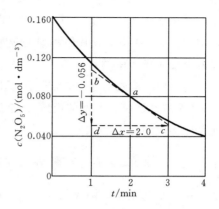

图 3-1 N_2O_5 的 c-t 图

物理法是测定与物质浓度有关的物理性质随时间的变化关系,然后根据物理性质与浓度的关系,间接计算出物质的浓度。可采用的物理性质有压力、体积、旋光度、折光率、光谱、电导和电动势等。物理法的优点是可以不中止反应,连续测定,自动记录,迅速而且方便。缺点是如果反应中有副反应或少量杂质对所测定物质的物理性质有影响时,将会造成较大的误差。

化学法就是定时从反应系统中取出部分样品,并立即中止反应,尽快用化学分析法测定反应物或产物的浓度。中止反应的方法有骤冷、稀释、加阻化剂或移走催化剂等。化学法的优点是可直接测定浓度。缺点是合适的中止反应的方法少,很难测得指定时刻的浓度,因而误差大,且实验操作麻烦。目前很少采用化学法。

3.2 反应历程和基元反应

3.2.1 反应历程和基元反应的定义

在化学反应过程中从反应物变为产物的具体途径称为反应历程或反应机理。通常书写的化学反应方程式,只是化学反应的计量式,只表示一个宏观的总反应,并没有表示出反应物经过怎样的途径,经历哪些具体步骤变为产物的。例如:

$$H_2(g) + Cl_2(g) \longrightarrow 2HCl(g) \qquad (1)$$

该反应方程式只代表反应的总结果,并不表示由一个 $H_2(g)$ 分子和一个 $Cl_2(g)$ 分子直接碰撞就能生成两个 $HCl(g)$ 分子。经研究表明,此反应是在光照条件下,由下列四个步骤完成的:

$$Cl_2(g) + M \longrightarrow 2Cl(g) + M \qquad (a)$$
$$Cl(g) + H_2(g) \longrightarrow HCl(g) + H(g) \qquad (b)$$
$$H(g) + Cl_2(g) \longrightarrow HCl(g) + Cl(g) \qquad (c)$$

$$Cl(g) + Cl(g) + M \longrightarrow Cl_2(g) + M \qquad (d)$$

式中：M 可以是器壁或其他不参与反应的第三种物质，其只起传递能量的作用。上述四个反应步骤中的每一步反应都是由反应物分子直接相互作用生成产物的。

这种由反应物分子（或离子、原子以及自由基等）直接相互作用而生成产物的反应，称为基元反应。上面的反应(a)至反应(d)均为基元反应，总反应(1)是由这些基元反应构成的。

3.2.2　简单反应与复合反应

由一个基元反应构成的总反应就称为简单反应。如下列各总反应：

$$SO_2Cl_2 \longrightarrow SO_2 + Cl_2 \qquad (2)$$
$$NO_2 + CO \longrightarrow NO + CO_2 \qquad (3)$$
$$2NO_2 \longrightarrow 2NO + O_2 \qquad (4)$$

上述反应都是由反应物分子直接相互作用一步生成产物的，是基元反应，也是简单反应。

由两个或两个以上的基元反应构成的总反应称为复合反应。如上述由氢气和氯气合成氯化氢的反应就是复合反应。再如 $H_2(g) + I_2(g) \longrightarrow 2HI(g)$ 也是复合反应，它是由以下两步基元反应完成的：

$$I_2(g) + M \longrightarrow 2I(g) + M \qquad (e)$$
$$H_2(g) + 2I(g) \longrightarrow 2HI(g) \qquad (f)$$

一个复合反应总是经过若干步基元反应才能完成，这些基元反应代表了反应所经过的历程。

3.2.3　反应分子数

对于基元反应，直接相互作用所必需的反应物分子（离子、原子以及自由基等）数称为反应分子数。如上述反应(2)中，就只有一个反应物分子 SO_2Cl_2，故反应分子数为 1；而反应(3)和反应(4)中均有两个反应物分子，则反应分子数为 2。

依据反应分子数的不同，基元反应可分为单分子反应（反应分子数为 1）、双分子反应（反应分子数为 2）、三分子反应（反应分子数为 3）。三分子反应已不多见，而四分子以上的反应至今尚未发现。

3.3　化学反应速率与浓度的关系

3.3.1　质量作用定律和反应速率常数

我们将反应物浓度与反应速率之间的定量关系式称为化学反应速率方程。

实验表明,基元反应的速率方程都比较简单,可以直接由化学反应计量方程式得出。对于任意基元反应

$$aA + bB \longrightarrow gG + hH$$

其反应速率方程可以表示为

$$r = kc_A^a c_B^b \tag{3-4}$$

上式表明:在一定温度下,基元反应的速率与反应物浓度的幂的乘积成正比,其中每种反应物浓度的指数就是反应式中各相应反应物的化学计量系数。基元反应的这个规律称为质量作用定律,式(3-4)也称为质量作用定律的数学表达式。

式(3-4)中的 k 称为反应速率常数,它在数值上等于各反应物浓度均为单位浓度(如 $1.0 \text{ mol} \cdot \text{dm}^{-3}$)时反应的瞬时速率。$k$ 与反应物的浓度无关,而与反应物的本性、温度、催化剂等有关。不同的反应 k 值不同,k 值的大小可反映出反应进行的快慢,因此在化学动力学中,k 是一个重要的参数。

质量作用定律只适用于基元反应,这是因为基元反应直接代表了反应物分子间的相互作用,而总反应则代表反应的总体计量关系,它并不代表反应的真实历程。

3.3.2 反应级数

质量作用定律只适用于基元反应,对于复合反应,其速率方程只能由实验来确定。对于一般复合反应:

$$aA + bB \longrightarrow gG + hH$$

通常将速率方程写作如下通式:

$$r = kc_A^\alpha c_B^\beta \tag{3-5}$$

上式表示反应速率与反应物浓度之间的真实依赖关系。k 仍称为速率常数,但各反应物浓度的指数 α、β 并不一定等于反应式中反应物 A、B 的计量系数。为此,人们提出了反应级数的概念:将 α 称为反应对物质 A 的反应级数,β 称为反应对物质 B 的反应级数,而将 $n = \alpha + \beta$ 称为反应总级数,或简称反应级数。对于基元反应,$\alpha = a$,$\beta = b$;对于复合反应,α、β、n 只能由实验确定。一旦反应级数确定,则反应速率方程的具体形式也就确定了。

反应级数表示浓度对反应速率的影响程度。n 值越大,浓度对反应速率的影响越大。反应级数可以是正整数,也可以是零、负整数或分数。$n = 0$ 的反应称为零级反应,$n = 1$ 的反应称为一级反应,$n = 2$ 的反应称为二级反应,余类推。

对于基元反应,反应级数与反应分子数一般是一致的,即单分子反应是一级反应,双分子反应是二级反应,三分子反应是三级反应。但应注意的是,反应分子数只能是非零的正整数。

3.4 速率方程的微积分形式及其特征

前面所讨论的速率方程是微分式,若要知道反应经过多长时间,浓度变为多少,或者达到一定的转化率需多长时间,则需将速率方程的微分式转化为积分式。下面讨论简单级数反应的微积分形式及其特征。

3.4.1 简单级数反应的速率方程

凡是反应速率只与反应物的浓度有关,而且反应级数,无论是 $\alpha,\beta,\cdots$ 或 n 都只是零或正整数的反应,统称为简单级数反应。

1. 一级反应

反应速率与反应物浓度的一次方成正比的反应,称为一级反应。例如,放射性镭的蜕变反应 $^{226}_{88}\text{Ra} \longrightarrow {}^{222}_{86}\text{Rn} + {}^{4}_{2}\text{He}$ 和 N_2O_5 的分解反应 $N_2O_5 \longrightarrow N_2O_4 + \frac{1}{2}O_2$ 等。

对于一级反应

$$A \xrightarrow{k_1} 产物$$

其速率方程的微分式为

$$r = -\frac{dc_A}{dt} = k_1 c_A \tag{3-6}$$

式中:k_1 为速率常数;c_A 为反应物 A 在 t 时刻的浓度。设 $t=0$ 时反应物的浓度为 c_0,将上式改写为

$$-\frac{dc_A}{c_A} = k_1 dt$$

对上式两边积分

$$-\int_{c_0}^{c_A} \frac{dc_A}{c_A} = \int_0^t k_1 dt$$

得

$$\ln \frac{c_0}{c_A} = k_1 t \tag{3-7}$$

或

$$\ln c_A = \ln c_0 - k_1 t \tag{3-8}$$

或

$$c_A = c_0 e^{-k_1 t} \tag{3-9}$$

式(3-7)至式(3-9)均为一级反应速率方程的积分式。

设反应物 A 在 t 时刻的转化率为 x_A,其定义为

$$x_A \stackrel{def}{=\!=} (c_0 - c_A)/c_0 \tag{3-10}$$

或

$$c_A = c_0(1 - x_A)$$

将上式代入式(3-7)中,得

$$\ln \frac{1}{1-x_A} = k_1 t \tag{3-11}$$

式(3-11)也为一级反应速率方程的积分式。由上述积分式可以看出,一级反应有如下几个特征。

(1) 速率常数 k_1 的单位为[时间]$^{-1}$,与浓度的单位无关。

(2) 以 $\ln c_A$ 对 t 作图,应得一条直线,其斜率为 $-k_1$。因此,可用作图的方法判断反应是否为一级反应,若是,还可求得 k_1(或 k_A)。

(3) 一级反应的半衰期与速率常数成反比,且与反应物的起始浓度无关。所谓半衰期是指反应物的起始浓度消耗一半的时间,常用 $t_{1/2}$ 表示。将 $c_A = \frac{1}{2}c_0$ 代入式(3-7),得

$$\ln \frac{c_0}{\frac{1}{2}c_0} = k_1 t_{1/2}$$

$$t_{1/2} = \frac{1}{k_1}\ln 2 = \frac{0.693\,2}{k_1} \tag{3-12}$$

可用 $t_{1/2}$ 值的大小来衡量反应的速率,显然,$t_{1/2}$ 越大,反应越慢;$t_{1/2}$ 越小,反应越快。半衰期常用于表示放射性同位素的衰变特征。

【例 3-2】 已知 $^{14}_{6}C$ 的半衰期 $t_{1/2} = 5\,760$ 年,有一株被火山喷出的灰尘埋藏的树木,测定其中 $^{14}_{6}C$ 的质量只有活树中 $^{14}_{6}C$ 质量的 45%。假定活树中 $^{14}_{6}C$ 的质量是恒定的,反应 $^{14}_{6}C \longrightarrow\,^{14}_{7}N + \,^{0}_{-1}e^-$ 是一级反应,求火山爆发的时间或树死亡的时间。

解 由式(3-12),得

$$t_{1/2} = \frac{0.693\,2}{k_1} = 5\,760 \text{ 年}$$

$$k_1 = 1.20 \times 10^{-4} \text{ 年}^{-1}$$

已知

$$\frac{c(^{14}_{6}C)}{c_0(^{14}_{6}C)} = 0.45$$

代入式(3-7)中,得

$$t = \frac{1}{k_1}\ln\frac{c_0(^{14}_{6}C)}{c(^{14}_{6}C)} = \frac{1}{1.20 \times 10^{-4}}\ln\frac{1}{0.45} \text{ 年} \approx 6\,654.2 \text{ 年}$$

即火山爆发或树死的时间为 $6\,654.2$ 年。

2. 二级反应

反应速率与反应物浓度的二次方(或两种反应物浓度的乘积)成正比的反应称为二级反应。二级反应是常见的一种反应,特别是在溶液中的有机反应多数是二级反应。二级反应有如下两种类型:

$$A + B \xrightarrow{k_2} \text{产物} \qquad (1)$$

$$2A \xrightarrow{k_2} \text{产物} \qquad (2)$$

对于第(1)种类型的反应,若两个反应物起始浓度相等,则在反应的任意时刻,二者的浓度也相等。其反应速率方程的微分式为

$$r = -\frac{\mathrm{d}c_A}{\mathrm{d}t} = k_2 c_A c_B = k_2 c_A^2 \tag{3-13}$$

式中:k_2 为二级反应的速率常数;c_A 为反应物 A 在 t 时刻的浓度。设 $t=0$ 时反应物的浓度为 c_0,将上式改写为

$$-\frac{\mathrm{d}c_A}{c_A^2} = k_2 \mathrm{d}t$$

积分上式,得

$$\frac{1}{c_A} - \frac{1}{c_0} = k_2 t \tag{3-14}$$

上式为起始浓度相等的二级反应速率方程积分式。对于第(2)种类型的反应,可视为等浓度二级反应的特例,其速率方程积分式与式(3-14)形式上完全相同,为

$$\frac{1}{c_A} - \frac{1}{c_0} = k_A t \tag{3-15}$$

式中:$k_A = 2k_2$。

若第(1)种类型反应的两个反应物起始浓度不等,其速率方程的微分式和积分式分别如下:

$$\frac{\mathrm{d}x}{\mathrm{d}t} = k_2 (a-x)(b-x) \tag{3-16}$$

$$k_2 t = \frac{1}{a-b} \ln \frac{b(a-x)}{a(b-x)} \tag{3-17}$$

式中:a、b 分别为反应物 A、B 的起始浓度;x 为 t 时刻反应物已反应掉的浓度。这里不作具体推导。

由式(3-14)和式(3-15)可知,二级反应有如下特征。

(1) 速率常数 k_2(或 k_A)的单位为[浓度]$^{-1}$·[时间]$^{-1}$。

(2) 以 $1/c_A$ 对 t 作图应得一直线,其斜率为 k_2(或 k_A)。

(3) 当反应完成一半时,$c_A = \frac{1}{2}c_0$,代入式(3-14)中,得

$$t_{1/2} = \frac{1}{k_2 c_0} \tag{3-18}$$

上式表明,二级反应的半衰期与反应物的起始浓度成反比。

对起始浓度不等的二级反应,因两个反应物反应掉一半的时间不同,所以就没有半衰期这一概念。

【例 3-3】 乙酸乙酯皂化反应

$$\mathrm{CH_3COOC_2H_5} + \mathrm{NaOH} \longrightarrow \mathrm{CH_3COONa} + \mathrm{C_2H_5OH}$$
$$\quad\quad A \quad\quad\quad\quad\quad B \quad\quad\quad\quad\quad\quad C \quad\quad\quad\quad D$$

是二级反应。反应开始时($t=0$),A 与 B 的浓度都是 $0.02\ \mathrm{mol\cdot dm^{-3}}$,在 21 ℃时,

反应 $t=25$ min 后,取出样品,立即中止反应进行定量分析,测得溶液中剩余 NaOH 为 0.529×10^{-2} mol·dm^{-3}。(1)此反应转化率达90%需多少时间?(2)如果 A 与 B 的初始浓度都是 0.01 mol·dm^{-3},达到同样的转化率需多少时间?

解 题给反应为等浓度二级反应,将已知条件代入式(3-14)中,得

$$k_2 = \frac{1}{t}\left(\frac{1}{c_A} - \frac{1}{c_0}\right) = \frac{1}{25}\left(\frac{0.02 - 0.529\times 10^{-2}}{0.02 \times 0.529 \times 10^{-2}}\right) \text{mol}^{-1}\cdot\text{dm}^3\cdot\text{min}^{-1}$$

$$= 5.57 \text{ mol}^{-1}\cdot\text{dm}^3\cdot\text{min}^{-1}$$

(1) 设转化率为 x_A,则任意时刻 $c_A = c_0(1-x_A)$,当 $c_0 = 0.02$ mol·dm^{-3}时

$$t = \frac{1}{k_2}\left[\frac{1}{c_0(1-x_A)} - \frac{1}{c_0}\right] = \frac{1}{k_2 c_0}\left(\frac{1}{1-x_A} - 1\right) = \frac{x_A}{k_2 c_0 (1-x_A)}$$

$$= \frac{0.9}{5.57\times 0.02\times(1-0.9)} \text{ min} = 80.8 \text{ min}$$

(2) 当 $c_0 = 0.01$ mol·dm^{-3}时

$$t = \frac{x_A}{k_2 c_0(1-x_A)} = \frac{0.9}{5.57\times 0.01\times(1-0.9)} \text{ min} = 161.6 \text{ min}$$

当初始浓度减半时,达到同样转化率所需时间加倍。

3. 零级反应

反应速率与反应物浓度无关的反应称为零级反应。即在整个反应过程中,反应速率为一常数。反应总级数为零的反应不多见,最常见的零级反应是在固体表面上发生的多相催化反应。对于零级反应:

$$A \xrightarrow{k_0} \text{产物}$$

其速率方程的微分式为

$$r = -\frac{dc_A}{dt} = k_0 \tag{3-19}$$

积分上式,得

$$c_A = c_0 - k_0 t \tag{3-20}$$

式中:k_0 为零级反应的速率常数。上式即为零级反应速率方程的积分式。零级反应有如下特征。

(1) 速率常数 k_0 的单位为[浓度]·[时间]$^{-1}$。

(2) 以 c_A 对 t 作图应得一直线,其斜率为 $-k_0$。

(3) 当反应完成一半时,$c_A = \frac{1}{2}c_0$,代入式(3-20)中,得

$$t_{1/2} = \frac{c_0}{2k_0} \tag{3-21}$$

上式表明,零级反应的半衰期与反应物的起始浓度成正比。

以上讨论了几种简单级数反应的速率方程及特征,现将它们归纳在表 3-1 中。

表 3-1　几种简单级数反应的速率方程及特征

级数	微分式	积分式	k 的单位	线性关系	$t_{1/2}$
0	$-\dfrac{dc_A}{dt}=k_0$	$c_A=c_0-k_0 t$	[浓度]·[时间]$^{-1}$	c_A-t	$\dfrac{c_0}{2k_0}$
1	$-\dfrac{dc_A}{dt}=k_1 c_A$	$\ln\dfrac{c_A}{c_0}=-k_1 t$	[时间]$^{-1}$	$\ln c_A$-t	$\dfrac{\ln 2}{k_1}$
2	$-\dfrac{dc_A}{dt}=k_2 c_A^2$	$\dfrac{1}{c_A}-\dfrac{1}{c_0}=k_2 t$	[浓度]$^{-1}$·[时间]$^{-1}$	$\dfrac{1}{c_A}$-t	$\dfrac{1}{k_2 c_0}$

【例 3-4】 在某反应 A ⟶ B+D 中,反应物的起始浓度 c_0 为 1 mol·dm^{-3},初速率 r_0 为 0.01 mol·dm^{-3}·s^{-1},如果假定该反应为(1)零级,(2)一级,(3)二级,试分别求出各不同级数的速率常数 k,标明 k 的单位,并求出各不同级数的半衰期和反应物 A 浓度变为 0.1 mol·dm^{-3} 所需的时间。

解 (1) 零级反应,因 $r_0=k_0$,所以

$$k_0 = 0.01 \text{ mol·dm}^{-3}\text{·s}^{-1}$$

由式(3-21)得

$$t_{1/2}=\frac{c_0}{2k_0}=\frac{1}{2\times 0.01}\text{ s}=50\text{ s}$$

当 $c_A=0.1$ mol·dm^{-3} 时,利用式(3-20)可得所需时间为

$$t=\frac{c_0-c_A}{k_0}=\frac{1-0.1}{0.01}\text{ s}=90\text{ s}$$

(2) 一级反应,因 $r_0=k_1 c_0$,所以

$$k_1=\frac{r_0}{c_0}=\frac{0.01}{1}\text{ s}^{-1}=0.01\text{ s}^{-1}$$

由式(3-12)和式(3-7)可得

$$t_{1/2}=\frac{0.693\,2}{k_1}=\frac{0.693\,2}{0.01}\text{s}=69.32\text{ s}$$

$$t=\frac{1}{k_1}\ln\frac{c_0}{c_A}=\frac{1}{0.01}\ln\frac{1}{0.1}\text{ s}=230.3\text{ s}$$

(3) 二级反应,因 $r_0=k_2 c_0^2$,所以

$$k_2=\frac{r_0}{c_0^2}=\frac{0.01}{1^2}\text{ mol}^{-1}\text{·dm}^3\text{·s}^{-1}=0.01\text{ mol}^{-1}\text{·dm}^3\text{·s}^{-1}$$

由式(3-18)和式(3-14)可得

$$t_{1/2}=\frac{1}{k_2 c_0}=\frac{1}{0.01\times 1}\text{s}=100\text{ s}$$

$$t=\frac{1}{k_2}\left(\frac{1}{c_A}-\frac{1}{c_0}\right)=\frac{1}{0.01}\left(\frac{1}{0.1}-\frac{1}{1}\right)\text{s}=900\text{ s}$$

3.4.2 简单级数反应速率方程的确定

从上面的讨论可知,不同的化学反应有不同的速率方程。如果要进行动力学计算,首先就要确定速率方程的具体形式。对于简单级数反应的速率方程可归纳为式(3-5)的形式:

$$r = kc_A^\alpha c_B^\beta$$

其中,动力学参数为速率常数 k 和反应级数 $n(n=\alpha+\beta)$,所以,确定速率方程就是确定 k 和 n。但积分式的形式只取决于 n 而与 k 无关,如表 3-1 所示,n 不同,则积分式大不相同,k 只不过是式中的一个常数,故确定速率方程的关键是确定反应级数。

1. 微分法

根据速率方程的微分式来确定反应级数的方法称为微分法。对一简单级数反应:

$$A \longrightarrow 产物$$

其微分式为

$$r = -\frac{dc_A}{dt} = kc_A^n$$

测定不同时间的反应物浓度,作浓度 c 对时间 t 的曲线,在曲线上任何一点切线的斜率即为该浓度下反应的瞬时速率 r。将上式取对数,得

$$\lg r = \lg k + n\lg c_A \tag{3-22}$$

以 $\lg r$ 对 $\lg c_A$ 作图,应得一条直线,其斜率就是反应级数 n,其截距即为 $\lg k$,可求得 k。

若在 c-t 曲线上任取两个点,则由上式可得

$$\lg r_1 = \lg k + n\lg c_1, \quad \lg r_2 = \lg k + n\lg c_2$$

两式相减,亦可得反应级数为

$$n = \frac{\lg r_1 - \lg r_2}{\lg c_1 - \lg c_2} \tag{3-23}$$

微分法的优点是,既适用于整数级反应,也适用于分数级反应。

2. 积分法

根据速率方程的积分式来确定反应级数的方法称为积分法。该法又可分为尝试法和作图法两种。

(1) 尝试法。

将不同时间测出的反应物浓度的数据分别代入各反应级数的积分式中,如果计算出不同时间的速率常数值近似相等,则该式的级数即为反应级数。

【例 3-5】 已知下列反应

$$N(CH_3)_3(A) + CH_3CH_2CH_2Br(B) \longrightarrow (CH_3)_3(CH_3CH_2CH_2)N^+ + Br^-$$

反应物 A 的起始浓度 $c_{A,0}=0.1\ mol\cdot dm^{-3}$,在不同反应时间,A 的转化率 x 如下表

所示：

t/s	780	2 024	3 540	7 200
x	0.112	0.257	0.367	0.552

试用积分法确定反应的级数和速率常数。

解 因为
$$x = \frac{c_{A,0} - c_A}{c_{A,0}}$$
所以
$$c_A = c_{A,0}(1-x)$$
若代入一级反应速率方程的积分式中，得
$$k_1 = \frac{1}{t} \ln \frac{c_{A,0}}{c_A} = \frac{1}{t} \ln \frac{1}{1-x} \tag{3-24}$$
若代入二级反应速率方程的积分式中，得
$$k_2 = \frac{1}{t}\left(\frac{1}{c_A} - \frac{1}{c_{A,0}}\right) = \frac{1}{tc_{A,0}} \frac{x}{1-x} \tag{3-25}$$

将不同时间的转化率分别代入上两式，求得速率常数列于下表：

t/s	780	2 024	3 540	7 200
$k_1 \times 10^4 / s^{-1}$	1.52	1.46	1.30	1.12
$k_2 \times 10^4 / (mol^{-1} \cdot dm^3 \cdot s^{-1})$	1.63	1.70	1.64	1.71

由表中结果可知，k_1 随时间增大而减小，没有近似于一个常数的趋势，故该反应不是一级反应。而 k_2 近似相等，故反应为二级反应。其速率常数的平均值为
$$k_2 = 1.67 \times 10^{-4} \ mol^{-1} \cdot dm^3 \cdot s^{-1}$$

(2) 作图法。

当各反应物的起始浓度之比等于各反应物的化学计量数之比时，可用作图法确定反应级数。将实验数据按照表 3-1 中所列的各线性关系作图，若有一种图成直线，则该图所代表的级数，就是该反应的级数。

积分法的优点是，只要一次实验的数据就能用尝试法或作图法；缺点是，不够灵敏，只能运用于简单级数反应。例如，若反应级数为 1.6~1.7，究竟是二级反应还是 1.5 级反应就无法确定。再如对于实验持续时间不太长，转化率又低的反应，实验数据按各线性关系作图，可能均为直线。

3.5 温度对反应速率的影响

温度对反应速率的影响，随具体反应的不同而各异，情况比较复杂。但对于大多数反应来说，反应速率随温度升高而加快。1884 年，范特霍夫曾根据实验总结出一条近似规律：在一定温度范围内，温度每升高 10 ℃，反应速率增加 2~4 倍。此经验规则虽不精确，但当数据缺乏时，也可用它来作粗略估计。

3.5.1 温度与反应速率之间的经验关系式

大量实验表明,温度对反应速率的影响是通过改变速率常数 k 的值反映出来的。1889 年,阿仑尼乌斯(S. Arrhenius)总结了大量实验数据,提出了温度对反应速率常数 k 影响的经验公式:

$$k = A\exp\left(-\frac{E_a}{RT}\right) \tag{3-26}$$

上式称为阿仑尼乌斯公式。式中:A 为常数,称为指前因子,单位与速率常数相同;R 为摩尔气体常数;T 为热力学温度;E_a 为活化能(或实验活化能),单位为 $J \cdot mol^{-1}$,对某一给定反应来说,E_a 为一定值。当温度变化不大时,E_a 和 A 不随温度变化而改变。

从式(3-26)可见,k 与 T 成指数关系,温度微小的变化,将导致 k 的较大变化;且对于同一反应,温度愈高,k 值愈大,当然反应速率也就愈快。

将式(3-26)取对数,得

$$\ln k = -\frac{E_a}{RT} + \ln A \tag{3-27}$$

由上式可知,若测出在不同温度下某反应的速率常数 k,以 $\ln k$ 对 $\frac{1}{T}$ 作图,应得一条直线,由直线的斜率 $(-E_a/R)$ 及截距 $(\ln A)$,就可以求出 E_a 和 A 的值。

将式(3-27)对温度微分,得

$$\frac{d\ln k}{dT} = \frac{E_a}{RT^2} \tag{3-28}$$

将上式分离变量,在温度变化不大时,由 T_1 积分到 T_2,则有

$$\ln \frac{k_2}{k_1} = -\frac{E_a}{R}\left(\frac{1}{T_2} - \frac{1}{T_1}\right) \tag{3-29}$$

所以,若已知两个温度 T_1、T_2 下的速率常数 k_1、k_2,代入上式,则可求出活化能 E_a。或已知 E_a 和 T_1 下的 k_1,利用上式可求出任一温度 T_2 下的 k_2。

式(3-26)至式(3-29)均称为阿仑尼乌斯公式。

【**例 3-6**】 实验测得反应

$$N_2O_5(g) \longrightarrow N_2O_4(g) + \frac{1}{2}O_2(g)$$

在 298 K 时速率常数 $k_1 = 3.4 \times 10^{-5}\ s^{-1}$,在 328 K 时速率常数为 $k_2 = 1.5 \times 10^{-3}\ s^{-1}$,求反应的活化能和 298 K 时的指前因子 A。

解 由式(3-29)可得

$$E_a = \frac{RT_1T_2}{T_2 - T_1}\ln\frac{k_2}{k_1}$$

将上述数据代入式中,得

$$E_a = \frac{8.314 \times 298 \times 328}{328-298} \ln \frac{1.5 \times 10^{-3}}{3.4 \times 10^{-5}} \text{ kJ} \cdot \text{mol}^{-1} = 102.6 \text{ kJ} \cdot \text{mol}^{-1}$$

由式(3-26)可得

$$A = k\exp\left(\frac{E_a}{RT}\right)$$

代入已知数据 $T=298$ K, $k=3.4\times10^{-5}$ s^{-1}, $E_a=102.6$ kJ·mol^{-1}, 得

$$A = 3.4 \times 10^{-5} \exp\left(\frac{102.6 \times 10^3}{8.314 \times 298}\right) \text{ s}^{-1} = 3.28 \times 10^{13} \text{ s}^{-1}$$

【例 3-7】 已知溴乙烷分解反应的 $E_a=229.3$ kJ·mol^{-1}, 在 650 K 时的速率常数 $k=2.14\times10^{-4}$ s^{-1}。现要使该反应的转化率在 10 min 时达到 90%, 试问此反应的温度应控制在多少?

解 根据式(3-26)可得指前因子

$$A = k\exp\left(\frac{E_a}{RT}\right) = 2.14 \times 10^{-4} \exp\left(\frac{229300}{8.314 \times 650}\right) \text{s}^{-1}$$
$$= 5.7 \times 10^{14} \text{ s}^{-1}$$

由反应速率常数 k 的单位可知, 溴乙烷的分解反应为一级反应, 设其转化率为 x, 利用式(3-24)和式(3-26)可得

$$\ln\frac{1}{1-x} = k_1 t = tA\exp\left(\frac{-E_a}{RT}\right)$$

将 $x=0.90$, $t=600$ s 和 A 的数值代入, 算得 $T=698$ K。即欲使此反应在 10 min 时转化率达到 90%, 温度应控制在 698 K。

3.5.2 活化能的物理意义

对于基元反应, 活化能 E_a 有较明确的物理意义。阿仑尼乌斯提出: 在基元反应中, 并不是反应物分子之间的任何一次直接相互作用都能发生反应, 只有少数能量较高的分子直接相互作用才能发生反应。这些能量较高的分子称为活化分子。活化分子的能量比普通分子的能量超出的值称为反应的活化能。后来, 托尔曼(Tolman)用统计力学证明:

$$E_a = \overline{E}^* - \overline{E}_r$$

式中: $\overline{E}^*$ 表示活化分子的平均能量; $\overline{E}_r$ 表示普通分子的平均能量, 其单位均为 J·mol^{-1}。E_a 是这两个统计平均能量的差值, 即使普通分子变为能够发生反应的活化分子所需的能量。这就是活化能的物理意义。

设基元反应为

$$A \longrightarrow P$$

反应物 A 必须获得能量 E_a, 变成活化分子 A*, 才能越过能峰变成产物 P (如图 3-2 所示)。同理, 对逆反应, P 必须获得能量 E_a' 才能越过能峰变成 A。由此可见, 化学

反应一般总是需要一个活化过程，也就是一个吸收足够能量以克服反应能峰的过程。在一般条件下，使普通分子活化的能量主要来源于分子间的碰撞，称为热活化。此外还有电活化及光活化等。

对于复合反应，E_a就没有明确的物理意义了，它实际上是组成该反应的各基元反应活化能的代数和，称为表观活化能。

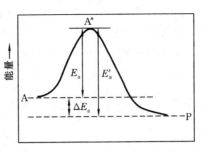

图 3-2 活化能示意图

3.5.3 活化能对反应速率的影响

在阿仑尼乌斯公式中，由于E_a在指数上，所以E_a值的大小对反应速率的影响很大。例如，对 300 K 时发生的某一反应，若E_a降低 4 kJ·mol^{-1}，则由式(3-26)可得

$$\frac{k_2}{k_1} = \exp\left(\frac{E_{a,1} - E_{a,2}}{RT}\right) = \exp\left(\frac{4\ 000}{8.314 \times 300}\right) \approx 5$$

即反应速率比原来快 5 倍；若降低 8 kJ·mol^{-1}，则反应速率比原来要快 25 倍。通常化学反应的活化能大致在 40~400 kJ·mol^{-1}，而 8 kJ·mol^{-1}只占其 2.0%~20%，可见活化能对反应速率的影响之大。

一般地，若$E_a<40$ kJ·mol^{-1}，则反应在室温下即可瞬时完成；若$E_a>100$ kJ·mol^{-1}，则要适当加热反应才能进行。所以，当温度一定时，活化能不同的化学反应，活化能小的反应速率快。

若反应系统中同时存在两个反应，反应 1 的活化能为E_a，反应 2 的活化能为E'_a，且$E_a>E'_a$，当系统的温度由T_1升高到T_2时，反应 1 的速率常数由k_1变为k_2，反应 2 的速率常数由k'_1变为k'_2。

对于反应 1 有

$$\ln\frac{k_2}{k_1} = -\frac{E_a}{R}\left(\frac{1}{T_2} - \frac{1}{T_1}\right) = \frac{E_a}{R}\left(\frac{T_2 - T_1}{T_1 T_2}\right)$$

对于反应 2 有

$$\ln\frac{k'_2}{k'_1} = \frac{E'_a}{R}\left(\frac{T_2 - T_1}{T_1 T_2}\right)$$

因为$E_a>E'_a$，$T_2>T_1$，所以

$$\ln\frac{k_2}{k_1} > \ln\frac{k'_2}{k'_1}$$

即

$$\frac{k_2}{k_1} > \frac{k'_2}{k'_1}$$

也就是说，升高温度时，活化能大的反应，速率常数增加得多，活化能小的反应，速率常数增加得少。由此可见，高温对活化能大的反应有利，低温对活化能小的反应有利。

【例 3-8】 已知乙烷裂解反应的活化能 $E_a = 302.17 \text{ kJ} \cdot \text{mol}^{-1}$,丁烷裂解反应的活化能 $E_a = 233.68 \text{ kJ} \cdot \text{mol}^{-1}$,当温度由 973.15 K 升高到 1 073.15 K 时,它们的反应速率常数将分别增加多少?

解 将已知数据代入式(3-29),则

乙烷 $\quad \ln \dfrac{k(1\,073.15 \text{ K})}{k(973.15 \text{ K})} = \dfrac{302.17 \times 10^3}{8.314} \times \dfrac{1\,073.15 - 973.15}{973.15 \times 1\,073.15} = 3.48$

$$\dfrac{k(1\,073.15 \text{ K})}{k(973.15 \text{ K})} = 32.46$$

丁烷 $\quad \ln \dfrac{k(1\,073.15 \text{ K})}{k(973.15 \text{ K})} = \dfrac{233.68 \times 10^3}{8.314} \times \dfrac{1\,073.15 - 973.15}{973.15 \times 1\,073.15} = 2.69$

$$\dfrac{k(1\,073.15 \text{ K})}{k(973.15 \text{ K})} = 14.73$$

由计算可知,升高同样温度,活化能大的反应速率常数增加的倍数大。

3.6　化学反应速率理论

化学反应速率千差万别,除了外界因素如浓度、温度以及将要介绍的催化剂外,其内在规律是什么?在基元反应中,原子、分子如何发生反应?基元反应的速率应如何从理论上计算?这就是反应速率理论的研究内容。本节简要介绍简单碰撞理论和过渡状态理论。

3.6.1　简单碰撞理论

在 1916—1923 年,路易斯(Lewis)等人接受阿仑尼乌斯关于"活化状态"和"活化能"的概念,在比较完善的气体分子运动论的基础上建立起简单碰撞理论,其主要假定为以下两方面。

(1) 反应物分子必须相互碰撞才能发生反应,碰撞的分子看成是无结构的刚性球体。

(2) 反应速率 r 与单位体积、单位时间内分子碰撞的次数(碰撞频率)Z 成正比。但并不是每一次碰撞都能发生反应,只有那些能量较高的活化分子的碰撞才能发生反应。这种能发生反应的碰撞称为有效碰撞。因此,单位体积、单位时间内有效碰撞的次数代表反应速率。

$$r = qZ \qquad (3\text{-}30)$$

式中:q 为有效碰撞分数,它是活化分子在整个反应物分子中所占的百分数。根据玻耳兹曼(Boltzmann)能量分布定律

$$q \approx \exp\left(-\dfrac{E_a}{RT}\right) \qquad (3\text{-}31)$$

所以

$$r = Z\exp\left(-\frac{E_a}{RT}\right) \tag{3-32}$$

根据气体分子运动论,从理论上可求出碰撞频率 Z,进而可以计算出反应速率。

在将简单碰撞理论用于有结构较复杂的分子参与的反应时,理论计算的 k 值比实验值高,有的甚至大 10^9 倍。因此,需要在公式中加入一个校正因子 P,即

$$r = PZ\exp\left(-\frac{E_a}{RT}\right) \tag{3-33}$$

P 因子包含了使分子有效碰撞数降低的各种因素,P 的值可从 1 变到 10^{-9}。

在气体分子运动论的基础上建立起来的简单碰撞理论,比较成功地解释了某些事实,并对阿仑尼乌斯公式中的活化能和指前因子提出了较明确的物理意义,但它也有缺陷,主要有以下两方面。

(1) 对于结构复杂的分子参与的反应,计算误差太大,尽管引入了校正因子 P,但 P 的物理意义不明确,其原因是将分子看成无结构的刚性球体,模型过于简单。

(2) 用简单碰撞理论计算 k 值时,还得由实验测定,因此它是一个半经验性的理论。

3.6.2 过渡状态理论

过渡状态理论又称为活化配合物理论或绝对反应速率理论,它是在 1932—1935 年由艾林(Eyring)等人在统计力学和量子力学理论基础上建立起来的。其要点有以下三方面。

(1) 反应物分子变成产物分子,要经过一个中间过渡态,形成一个活化配合物,在活化配合物中,旧键未完全断裂,新键也未完全形成。

(2) 活化配合物是一个高能态的"过渡区物种",很不稳定,它既能迅速与原来反应物建立热力学平衡,又能进一步分解为产物,分解为产物的一步是慢步骤。

(3) 化学反应的速率是由活化配合物分解为产物的速率决定的。

根据上述假定,A 与 BC 反应生成 AB 与 C 可表示为

$$A + B-C \rightleftharpoons [A\cdots B\cdots C]^{\neq} \longrightarrow A-B+C$$

$[A\cdots B\cdots C]^{\neq}$ 称为活化配合物。如图 3-3 所示,在反应进程-势能图上,活化配合物处于能量极大值处,它的能量与反应物分子的平均能量之差称为正反应活化能 E_a(正),它的能量与产物分子的平均能量之差称为逆反应活化能 E_a(逆)。反应热 $\Delta_r H_m = E_a(正) - E_a(逆)$。

对于上述双分子基元反应,由过渡状态理论可导出

$$k = \frac{k_B T}{h} K^{\neq} \tag{3-34}$$

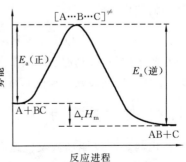

图 3-3 反应进程-势能图

式中：k_B 为玻耳兹曼常数；h 为普朗克(Planck)常数；$K^{\neq}$ 为反应物与活化配合物之间平衡的平衡常数。

式(3-34)即为过渡状态理论速率常数的基本公式。只要得到 $K^{\neq}$，就可求出 k 了。$K^{\neq}$ 的值可以根据反应物和活化配合物的结构参数，利用统计热力学原理求得；也可通过测定反应物和活化配合物的热力学函数，利用热力学原理求得。因而，称过渡状态理论为绝对速率理论。从这一点看，过渡状态理论较简单碰撞理论进了一步。

在实践中，因为活化配合物很不稳定，其结构参数和热力学函数难以直接测定，故对该理论也需要进一步探讨。限于篇幅的原因，在此不作详细讨论。

3.7 催化反应

在长期生产实践和科学实验中，人们早就认识到某些物质能够使化学反应加快。1835年，德国化学家就提出了"催化剂"的概念。近代化学工业和石油化学工业的巨大成就在很大程度上是建立在催化反应的基础上的。如氨、硝酸、硫酸的制造，石油的炼制加工，橡胶、纤维、塑料三大原料的合成，都离不开催化剂；农药、医药、染料、炸药等工业以及废水、废气的处理也要用到催化剂；维持生命的生物固氮和光合作用也要依靠催化反应。有人估计，世界上 85% 的化学制品的制取都离不开催化反应。

3.7.1 催化剂和催化反应

在化学反应系统中加入某种物质，若它能明显地改变反应速率而其本身的数量和化学性质在反应前后不发生变化，则这种外加物质就称为催化剂。因催化剂的存在而引起反应速率改变的效应称为催化作用。能加快反应速率的催化剂称为正催化剂，而减慢反应速率的催化剂则称为负催化剂或阻化剂。通常由于正催化剂较多，故一般不特别注明，都是指正催化剂。

有催化剂参与的反应称为催化反应。若催化剂与反应物质处于同一相（如气相或液相），就称为均相催化反应。例如，甲醇与醋酸在 H^+ 催化作用下生成酯的反应就是均相催化反应。

$$CH_3OH + CH_3COOH \xrightarrow{H^+} CH_3COOCH_3 + H_2O$$

若催化剂与反应物质不在同一相，反应在相界面上进行，就称为多相催化反应。例如，氮气与氢气在铁表面进行催化反应生成氨就是多相催化反应。

3.7.2 催化反应的一般机理

催化剂之所以能加快反应速率，主要是因为催化剂参与了化学反应，改变了反应途径，降低了反应活化能的缘故。表 3-2 是催化反应和非催化反应活化能数值比较。

表 3-2 催化反应和非催化反应的活化能

反 应	$\dfrac{E_a(\text{非催化})}{\text{kJ} \cdot \text{mol}^{-1}}$	催化剂	$\dfrac{E_a(\text{催化})}{\text{kJ} \cdot \text{mol}^{-1}}$
$2HI \longrightarrow H_2 + I_2$	184.1	Au Pt	104.6 58.58
$2NH_3 \longrightarrow N_2 + 3H_2$	326.4	W Fe	163.2 159~176
$O_2 + 2SO_2 \longrightarrow 2SO_3$	251.04	Pt	62.7

假设催化剂 K 能加速反应 A + B ⟶ AB,其机理为

$$A + K \underset{k_{-1}}{\overset{k_1}{\rightleftharpoons}} AK$$

$$AK + B \xrightarrow{k_2} AB + K$$

上述机理可用能峰示意图表示,如图 3-4 所示。图中,非催化反应要克服一个活化能为 E_0 的较高能峰,而在催化剂的存在下,反应的途径改变了,只需要克服两个较小的能峰(E_1 和 E_2)。一般,E_1 和 E_2 要比 E_0 小得多,故催化反应的表观活化能 E_a 比非催化反应的活化能 E_0 要小得多。

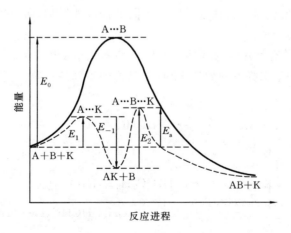

图 3-4 活化能与反应途径

活化能的降低对反应速率的影响是很大的,如表 3-2 中 HI 的分解(530 K)在没有催化剂时的活化能为 184.1 kJ·mol^{-1},若以 Au 为催化剂,活化能降为 104.6 kJ·mol^{-1}。则

$$\frac{k(\text{催化})}{k(\text{非催化})} = \frac{A\exp\left(-\dfrac{104.6 \times 10^3}{RT}\right)}{A'\exp\left(-\dfrac{184.1 \times 10^3}{RT}\right)}$$

假定催化反应和非催化反应的指前因子相等,则

$$\frac{k(\text{催化})}{k(\text{非催化})} = 1.8 \times 10^8$$

即在其他条件相同的情况下,HI 的催化分解反应的速率是非催化反应的 1.8×10^8 倍。

3.7.3 催化剂的特性

从上面讨论可知,催化剂有如下几个基本特征。

(1) 催化剂参与了化学反应,与反应物形成了中间体,从而改变了反应途径,降低了活化能,使反应速率加快。反应前后催化剂的化学性质和数量不变,但其物理性质常有改变。如 $KClO_3$ 的分解反应,用 MnO_2 作催化剂,反应后 MnO_2 由块状变为粉末状。

(2) 催化剂能缩短反应到达平衡的时间,但不影响化学平衡,也不能实现热力学上不能发生的反应。

化学反应在有催化剂作用下和无催化剂作用下,其总反应是相同的,即催化剂并不改变化学过程的始终态,也就不能改变反应的 $\Delta_r G_m$,就不能实现热力学上不能发生的反应了。由于催化剂不能改变 $\Delta_r G_m^\ominus$,而 $\Delta_r G_m^\ominus = -RT\ln K^\ominus$,故不能改变标准平衡常数,不影响化学平衡。因对峙反应的 $K = k_1/k_{-1}$,催化剂不改变 K,但能改变速率常数,使正、逆反应速率常数或反应速率同等倍数地增加,所以缩短了到达平衡的时间,但不能提高产率。

(3) 催化剂具有特殊的选择性。不同类型的化学反应需要不同的催化剂;对同样的化学反应,如果选择不同的催化剂,可以得到不同的产物。例如,乙醇的分解有以下几种情况:

$$C_2H_5OH \begin{cases} \xrightarrow{Cu, 200 \sim 250\ ℃} CH_3CHO + H_2 \\ \xrightarrow{Al_2O_3, 350 \sim 360\ ℃} C_2H_4 + H_2O \\ \xrightarrow{Al_2O_3, 140\ ℃} C_2H_5OC_2H_5 + H_2O \\ \xrightarrow{ZnO \cdot Cr_2O_3, 400 \sim 450\ ℃} CH_2CHCHCH_2 + H_2O + H_2 \end{cases}$$

本 章 小 结

(1) 对于体积恒定的封闭系统,反应速率 $r = \dfrac{1}{\nu_B}\dfrac{dc_B}{dt}$。

在反应的不同时刻分别测出参加反应的某物质的浓度,然后以时间 t 对浓度 c

作图。由图中曲线上某点的斜率 dc/dt 可求出该时刻的反应速率。

（2）由反应物分子直接相互作用一步生成产物的，称为基元反应。基元反应中，直接相互作用所必需的反应物分子（离子、原子以及自由基等）数称为反应分子数。

（3）质量作用定律为 $r = k c_A^a c_B^b$

k 称为反应速率常数，k 值的大小可反映出反应进行的快慢。质量作用定律只适用于基元反应。a 称为反应对物质 A 的反应级数，b 称为反应对物质 B 的反应级数，$n = a + b$ 称为反应级数。对于复合反应，反应级数只能由实验确定。

（4）几种简单级数反应的速率方程及特征如下表：

级数	微分式	积分式	k 的单位	线性关系	$t_{1/2}$
0	$-\dfrac{dc_A}{dt} = k_0$	$c_A = c_0 - k_0 t$	[浓度]·[时间]$^{-1}$	$c_A - t$	$\dfrac{c_0}{2k_0}$
1	$-\dfrac{dc_A}{dt} = k_1 c_A$	$\ln \dfrac{c_A}{c_0} = -k_1 t$	[时间]$^{-1}$	$\ln c_A - t$	$\dfrac{\ln 2}{k_1}$
2	$-\dfrac{dc_A}{dt} = k_2 c_A^2$	$\dfrac{1}{c_A} - \dfrac{1}{c_0} = k_2 t$	[浓度]$^{-1}$·[时间]$^{-1}$	$\dfrac{1}{c_A} - t$	$\dfrac{1}{k_2 c_0}$

（5）温度对反应速率常数 k 的影响——阿仑尼乌斯公式：

$$k = A \exp\left(-\frac{E_a}{RT}\right)$$

$$\ln k = -\frac{E_a}{RT} + \ln A$$

若测出在不同温度下某反应的速率常数 k，以 $\ln k$ 对 $1/T$ 作图，得一条直线，由直线的斜率（$-E_a/R$）及截距（$\ln A$），就可以求出 E_a 和 A 的值。

求两个不同温度下的速率常数 k_1、k_2

$$\ln \frac{k_2}{k_1} = -\frac{E_a}{R}\left(\frac{1}{T_2} - \frac{1}{T_1}\right)$$

故温度一定时，活化能小的反应速率快。

反应热 　　　　　$\Delta_r H_m = E_a(正) - E_a(逆)$

（6）催化反应。

在化学反应系统中加入某种物质，若它能明显地改变反应速率，而其本身的数量和化学性质在反应前后不发生变化，这种外加物质就称为催化剂。

在催化剂的存在下，反应的途径改变了，催化反应的表观活化能 E_a 比非催化反应的活化能 E_0 要小得多。催化剂能缩短反应到达平衡的时间，但不影响化学平衡，也不能实现热力学上不能发生的反应。

思　考　题

1. 对于等容反应 $0 = \sum_B \nu_B B$，如何用物质 B 的浓度表示反应速率？

2. 区别以下概念：
   (1) 反应速率与反应速率常数；(2) 基元反应与非基元反应；(3) 反应分子数与反应级数；
   (4) 活化分子与活化能。
3. 符合质量作用定律的反应一定是基元反应吗？简单级数反应是简单反应吗？
4. 零级、一级、二级等浓度反应各自有何动力学特征？
5. 确定反应级数有哪几种处理方法？各有何优、缺点？
6. 试根据零级、一级、二级等浓度反应的半衰期与起始浓度的关系，推测 n 级等浓度反应的半衰期与起始浓度的关系。
7. 温度是如何影响反应速率的？反应速率与活化能有何关系？
8. 简述简单碰撞理论和过渡状态理论的要点？
9. 催化剂为什么能改变反应速率？催化反应有什么特征？

习　　题

一、选择题

1. 下列叙述中正确的是(　　)。
   A. 溶液中的反应一定比气相中的反应速率大
   B. 反应活化能越小，反应速率越大
   C. 增大系统压力，反应速率一定增大
   D. 加入催化剂，使正反应活化能和逆反应活化能减小相同倍数
2. 升高同样温度，一般化学反应速率增大倍数较多的是(　　)。
   A. 吸热反应　　　B. 放热反应　　　C. E_a 较大的反应　　　D. E_a 较小的反应
3. 已知 $2NO(g)+Br_2(g)\rightleftharpoons 2NOBr$ 反应为基元反应，在一定温度下，当总体积扩大一倍时，正反应速率为原来的(　　)。
   A. 4 倍　　　B. 2 倍　　　C. 8 倍　　　D. 1/8 倍
4. 一级反应的半衰期与反应物初始浓度的关系是(　　)。
   A. 无关　　　B. 成正比　　　C. 成反比　　　D. 平方根成正比
5. 已知 $2A+B\rightleftharpoons C$ 的速率方程为 $r=k[c(A)]^2[c(B)]$，则该反应一定是(　　)。
   A. 三级反应　　　B. 复杂反应　　　C. 基元反应　　　D. 不能判断
6. 某基元反应 $A+B\longrightarrow D$ 的 $E_a(正)=600\ kJ\cdot mol^{-1}$，$E_a(逆)=150\ kJ\cdot mol^{-1}$，则该反应的热效应 $\Delta_r H_m^{\ominus}$ 为(　　)。
   A. $450\ kJ\cdot mol^{-1}$　　　B. $-450\ kJ\cdot mol^{-1}$　　　C. $750\ kJ\cdot mol^{-1}$　　　D. $375\ kJ\cdot mol^{-1}$
7. 对于所有零级反应，下列叙述中正确的是(　　)。
   A. 活化能很低
   B. 反应速率与反应物浓度无关
   C. 反应速率常数为零
   D. 反应速率与时间无关
8. 一定条件下某一反应的转化率为 38%，当有催化剂时，反应条件与前相同，达到平衡时，反应的转化率为(　　)。
   A. 大于 38%　　　B. 小于 38%　　　C. 等于 38%　　　D. 无法判断

二、计算题

1. 某反应 $A+2B \longrightarrow 2P$，试分别用各种物质的浓度随时间的变化率表示反应速率。

2. 根据质量作用定律，写出下列基元反应的速率方程。
   (1) $A+B \xrightarrow{k} 2P$；(2) $2A+B \xrightarrow{k} 2P$；(3) $A+2B \xrightarrow{k} 2P+2S$。

3. 根据实验，在一定温度范围内，NO 和 Cl_2 反应是基元反应，反应式如下：
$$2NO + Cl_2 \longrightarrow 2NOCl$$
   (1) 写出质量作用定律的数学表达式，反应级数是多少？
   (2) 其他条件不变，将容积增加 1 倍，反应速率变化多少？
   (3) 容器体积不变，将 NO 浓度增加 2 倍，反应速率变化多少？

4. 某人工放射性元素放出 α 粒子，半衰期为 15 min，试计算该试样蜕变(转化率)为 80% 时需要多少时间？

5. 某一级反应，若反应物浓度从 $1.0 \text{ mol} \cdot dm^{-3}$ 降到 $0.20 \text{ mol} \cdot dm^{-3}$ 需 30 min，问反应物浓度从 $0.20 \text{ mol} \cdot dm^{-3}$ 降到 $0.040 \text{ mol} \cdot dm^{-3}$ 需要多少分钟？求该反应的速率常数 k。

6. 在一级反应中，消耗 99.9% 的反应物所需的时间是消耗 50% 反应物所需时间的多少倍？

7. 在 1 dm^3 溶液中含等物质的量的 A 和 B，60 min 时 A 反应了 75%，问反应到 120 min 时，A 还剩余多少没有作用？设反应：(1) 对 A 为一级反应，对 B 为零级；(2) 对 A 为一级反应，对 B 为一级；(3) 对 A、B 均为零级。

8. 反应 $2NOCl \longrightarrow 2NO+Cl_2$ 在 200 ℃ 下的动力学数据如下：

t/s	0	200	300	500
$c(\text{NOCl})/(\text{mol} \cdot \text{dm}^{-3})$	0.02	0.015 9	0.014 4	0.012 1

反应开始时只有 NOCl，并认为反应能进行到底，求反应级数和速率常数。

9. 某一级反应在 340 K 时达到 20% 的转化率需时 3.2 min，而在 300 K 时达到同样的转化率用时 12.61 min，试估计该反应的活化能。

10. 65 ℃ 时 N_2O_5 气相分解的速率常数为 0.292 min^{-1}，活化能为 $103.3 \text{ kJ} \cdot \text{mol}^{-1}$，求 80 ℃ 时的速率常数 k 和半衰期 $t_{1/2}$。

11. 300 K 时，下列反应
$$H_2O_2(aq) \longrightarrow H_2O(l) + \frac{1}{2}O_2(g)$$
的活化能为 $75.3 \text{ kJ} \cdot \text{mol}^{-1}$。若用 I^- 催化，活化能降低为 $56.5 \text{ kJ} \cdot \text{mol}^{-1}$。若用酶催化，活化能降为 $25.1 \text{ kJ} \cdot \text{mol}^{-1}$。假定催化反应与非催化反应的指前因子相同，试计算相同温度下，该反应应用 I^- 催化及酶催化时，其反应速率常数分别是无催化剂时的多少倍。

12. 反应 $2HI \longrightarrow H_2+I_2$ 在无催化剂存在时，其活化能 E_a(非催化) = $184.1 \text{ kJ} \cdot \text{mol}^{-1}$；在以 Au 作催化剂时，反应的活化能 E_a(催化) = $104.6 \text{ kJ} \cdot \text{mol}^{-1}$。若反应在 503 K 时进行，如果指前因子 A(非催化)值比 A(催化)值大 1×10^8 倍，试估计以 Au 为催化剂的反应速率常数将比非催化反应的反应速率常数大多少倍。

第 4 章 溶液中的离子平衡

大多数无机化学反应都是在水溶液中进行的,参加反应的物质许多是以酸碱的形式存在于溶液中。人们几乎天天都与酸碱打交道,食醋的主要成分是醋酸;肥皂、洗衣粉中离不开碱。化学实验室中酸碱更是必不可少的试剂。酸和碱是物质世界中极为普遍、又极为重要的物质。人们对酸碱的认识经历了一个由浅入深,由低级到高级的认识过程。现代酸碱理论有电离理论、质子理论、电子理论等。

1884 年瑞典化学家阿仑尼乌斯根据电解质溶液理论定义了酸和碱。阿仑尼乌斯认为:电解质在水溶液中能电离,电离时所生成的阳离子全部是 H^+ 的化合物就是酸,解离时所产生的阴离子全部是 OH^- 的化合物就是碱,酸碱反应的实质就是 H^+ 和 OH^- 作用生成水。根据阿仑尼乌斯理论,HCl、HNO_3、H_2SO_4、$HClO_4$、CH_3COOH 及 HF 等都是酸,NaOH、KOH、$Ca(OH)_2$ 等都是碱。

阿仑尼乌斯理论把酸碱仅局限在水溶液中,而科学实验中越来越多的化学反应是在非水溶液中进行的。同时阿仑尼乌斯酸碱理论把酸局限在含 H^+ 的物质,把碱局限在含 OH^- 的物质,这种局限必然产生许多与化学事实相矛盾的现象。人们长期错误地认为氨溶于水生成 NH_4OH,解离出 OH^- 而显碱性,但经过长期实验测定,却从未分离出 NH_4OH 这种物质。所以酸碱电离理论还不完善,需进一步补充发展。1923 年丹麦化学家布朗斯特(J. N. Bronsted)和英国化学家劳莱(T. M. Lowry)同时提出了酸碱质子理论;1923 年美国化学家路易斯(G. N. Lewis)提出了酸碱电子理论。

酸碱质子理论既适用于水溶液系统,也适用于非水溶液系统和气体状态,且可定量处理,所以得到广泛应用。本章主要讲述酸碱质子理论。

4.1 酸碱质子理论

4.1.1 质子酸、质子碱的定义

质子理论认为:凡是能释放出质子(H^+)的物质都是酸;凡是能接受质子(H^+)的物质都是碱。

HCl、HSO_4^-、$[Al(H_2O)_6]^{3+}$、NH_4^+ 等能给出质子,它们都是酸;I^-、Br^-、SO_4^{2-}、OH^-、H_2O、CN^-、NH_3、CO_3^{2-}、$[Al(OH)(H_2O)_5]^{2+}$ 等能接受质子,它们都是碱。由

此可见,质子理论的酸碱可以是分子酸、碱,也可以是离子酸、碱。HSO_4^-、H_2O 等既能给出质子,也能接受质子,所以它们既是酸也是碱。这种既能给出质子,又能接受质子的物质称为两性物质。

4.1.2 共轭酸碱概念及其相对强弱

由质子理论的酸碱定义,可以看出酸和碱不是孤立的,酸给出质子后生成碱,碱接受质子后变成酸。这种对应关系称为共轭关系,相应的酸碱称为共轭酸碱。

$$酸 \rightleftharpoons 质子 + 碱$$
$$HF \rightleftharpoons H^+ + F^-$$
$$H_2PO_4^- \rightleftharpoons H^+ + HPO_4^{2-}$$
$$[Fe(H_2O)_6]^{3+} \rightleftharpoons H^+ + [Fe(OH)(H_2O)_5]^{2+}$$
$$NH_4^+ \rightleftharpoons H^+ + NH_3$$

以上方程式中 F^-、HPO_4^{2-}、$[Fe(OH)(H_2O)_5]^{2+}$、NH_3 分别是 HF、$H_2PO_4^-$、$[Fe(H_2O)_6]^{3+}$、NH_4^+ 的共轭碱;HF、$H_2PO_4^-$、$[Fe(H_2O)_6]^{3+}$、NH_4^+ 分别是 F^-、HPO_4^{2-}、$[Fe(OH)(H_2O)_5]^{2+}$、NH_3 的共轭酸。

酸碱的强弱以给出质子能力或接受质子能力的强弱而定。给出质子能力强的酸为强酸(如 HCl),给出质子能力弱的酸为弱酸(如 HAc),强酸的共轭碱是弱碱(如 Cl^-),弱酸的共轭碱是强碱(如 Ac^-);接受质子能力强的碱是强碱(如 OH^-),强碱的共轭酸是弱酸(如 H_2O),接受质子能力弱的碱是弱碱(如 HSO_4^-),弱碱的共轭酸是强酸(如 H_2SO_4)。表 4-1 给出了一些酸碱的相对强弱,H_3O^+ 上方的酸都是强酸,OH^- 下方的碱都是强碱。

4.1.3 酸碱反应的实质

根据质子理论,酸碱中和反应的实质是两个共轭酸碱对之间质子的转移反应。反应进行的方向是强碱夺取强酸的质子,转化为较弱的共轭酸和较弱的共轭碱。例如:

$$HCl + H_2O \rightleftharpoons H_3O^+ + Cl^-$$
$$酸_1 \quad 碱_2 \quad 酸_2 \quad 碱_1$$

即 HCl 给出质子,形成共轭碱 Cl^-,H_2O 得到质子形成共轭酸 H_3O^+。

质子理论不仅适用于水溶液,还适用于气相和非水溶液中的反应。例如 NH_3 和 HCl 的反应,无论是在水溶液中还是在气相中,其实质都是质子传递——NH_3 夺取 HCl 中的质子。

$$HCl + NH_3 \underset{H^+}{\rightleftharpoons} NH_4^+ + Cl^-$$

酸碱反应的实质是质子传递,若酸碱反应是由较强的酸(给出质子能力强)与较强的碱(接受质子能力强)作用,向着生成较弱的酸(给出质子能力弱)和较弱的碱(接

表 4-1　一些常见的共轭酸碱对和它们的相对强弱

酸	⇌	质子	+	碱
$HClO_4$	⇌	H^+	+	ClO_4^-
HI	⇌	H^+	+	I^-
HBr	⇌	H^+	+	Br^-
H_2SO_4	⇌	H^+	+	HSO_4^-
HCl	⇌	H^+	+	Cl^-
HNO_3	⇌	H^+	+	NO_3^-
H_3O^+	⇌	H^+	+	H_2O
HSO_4^-	⇌	H^+	+	SO_4^{2-}
H_3PO_4	⇌	H^+	+	$H_2PO_4^-$
HNO_2	⇌	H^+	+	NO_2^-
HAc	⇌	H^+	+	Ac^-
H_2CO_3	⇌	H^+	+	HCO_3^-
H_2S	⇌	H^+	+	HS^-
NH_4^+	⇌	H^+	+	NH_3
HCN	⇌	H^+	+	CN^-
H_2O	⇌	H^+	+	OH^-
NH_3	⇌	H^+	+	NH_2^-

（左侧：酸性增强↓　右侧：碱性增强↓）

受质子能力弱)方向进行,则反应正向进行的程度很大,逆向进行的程度较小。例如：

$$H_3O^+ + OH^- \rightleftharpoons H_2O + H_2O$$
　酸$_1$　　碱$_2$　　　　酸$_2$　　碱$_1$

反应中酸$_1$(H_3O^+)的酸性大于酸$_2$(H_2O)；碱$_2$(OH^-)的碱性大于碱$_1$(H_2O)，所以反应强烈地向右进行，而逆反应 H_2O 的解离反应是很难进行的。

4.1.4　共轭酸碱解离常数及与 $K_w^\ominus$ 的关系

弱酸 HA 在水中存在下列解离平衡：

$$HA + H_2O \rightleftharpoons A^- + H_3O^+$$

解离常数为

$$K_a^\ominus(HA) = \frac{[c(H_3O^+)/c^\ominus][c(A^-)/c^\ominus]}{c(HA)/c^\ominus} \tag{4-1}$$

式中：$c^\ominus = 1\ \text{mol} \cdot \text{dm}^{-3}$，称为标准摩尔浓度。

弱酸共轭碱 A^- 的解离平衡

$$A^- + H_2O \rightleftharpoons HA + OH^-$$

解离常数为

$$K_b^\ominus(A^-) = \frac{[c(HA)/c^\ominus][c(OH^-)/c^\ominus]}{c(A^-)/c^\ominus} \tag{4-2}$$

将弱酸的解离方程与弱酸共轭碱的解离方程相加得

$$H_2O + H_2O \rightleftharpoons H_3O^+ + OH^-$$

这个反应表明 H_2O 既可给出质子,又可得到质子,所以 H_2O 是两性物质。在水分子间发生的质子传递反应称为 H_2O 的自递反应,平衡常数为

$$K_w^\ominus = \frac{c(H_3O^+)}{c^\ominus} \frac{c(OH^-)}{c^\ominus} \tag{4-3}$$

$K_w^\ominus$ 称为 H_2O 的自递常数(过去也称水的离子积),其值与温度有关,25°C 时约为 1.0×10^{-14},即

$$K_w^\ominus = 1.0 \times 10^{-14}$$

由于弱酸与其共轭碱的解离方程相加,得到 H_2O 的质子自递反应,所以有

$$K_w^\ominus = K_a^\ominus(\text{弱酸}) K_b^\ominus(\text{共轭碱}) \tag{4-4}$$

由式(4-4)可知,若已知某一弱酸在水中的解离常数,就可以算出它的共轭碱在水中的解离常数;反之,如果已知某一弱碱在水中的解离常数,就可以算出它的共轭酸在水中的解离常数。

例如:已知 NH_3 的解离常数 $K_b^\ominus(NH_3) = 1.74 \times 10^{-5}$,则共轭酸 NH_4^+ 的解离常数为

$$K_a^\ominus(NH_4^+) = \frac{1.0 \times 10^{-14}}{1.74 \times 10^{-5}} = 5.7 \times 10^{-10}$$

解离常数的大小反映了弱酸弱碱解离能力的大小,通常 $K_b^\ominus$ 或 $K_a^\ominus$ 在 $10^{-3} \sim 10^{-2}$ 之间是中强碱或中强酸,在 $10^{-7} \sim 10^{-4}$ 之间为弱碱或弱酸,而 $K_b^\ominus$ 或 $K_a^\ominus$ 小于 10^{-7} 是极弱碱或极弱酸。

弱酸和弱碱的 $K_a^\ominus$ 和 $K_b^\ominus$ 都很小,为了使用方便起见,常用其负对数表示,即

$$pK_a^\ominus = -\lg K_a^\ominus \tag{4-5}$$

$$pK_b^\ominus = -\lg K_b^\ominus \tag{4-6}$$

$$pK_w^\ominus = -\lg K_w^\ominus \tag{4-7}$$

所以

$$pK_a^\ominus + pK_b^\ominus = pK_w^\ominus = 14 \tag{4-8}$$

用类似的方法可定义水溶液中的 pH 和 pOH

$$pH = -\lg[c(H_3O^+)/c^\ominus] \tag{4-9}$$

$$pOH = -\lg[c(OH^-)/c^\ominus] \tag{4-10}$$

当溶液的 pH=7 时,溶液呈中性;当溶液的 pH<7 时,溶液呈酸性;当溶液的 pH>7 时,溶液呈碱性。

4.2 弱酸和弱碱的解离平衡

电解质分强电解质与弱电解质。强电解质在水中几乎全部解离成离子,弱电解质在水中仅部分解离成离子,大部分仍保持分子状态。本节讨论弱电解质在水溶液中的解离平衡。

4.2.1 一元弱酸、弱碱的解离平衡

一元弱酸 HA 的水溶液中存在下列质子转移反应:

$$HA(aq) + H_2O(l) \rightleftharpoons A^-(aq) + H_3O^+(aq)$$

或简写成

$$HA(aq) \rightleftharpoons A^-(aq) + H^+(aq)$$

平衡常数为

$$K_a^\ominus(HA) = \frac{[c(H_3O^+)/c^\ominus][c(A^-)/c^\ominus]}{c(HA)/c^\ominus}$$

解离常数就是化学平衡常数,其值与温度有关,但由于解离过程热效应较小,温度改变对其数值影响不大,在室温范围内,常不考虑温度对解离常数的影响。

除解离常数外,还常用解离度 α 表示分子在水溶液中的解离程度。解离度是指达到解离平衡时,已解离的分子数占解离前分子总数的百分数。实际应用时,解离度常用浓度来计算:

$$\alpha = \frac{\text{已解离的酸(碱)浓度}}{\text{酸(碱)溶液的初始浓度}} \times 100\%$$

在温度、浓度相同的条件下,弱酸、弱碱解离度的大小也可以表示酸或碱的相对强弱,α 值越大,酸性或碱性越强。以浓度为 c_0 的 HA 的解离平衡为例,α 与 $K_a^\ominus$ 间的定量关系推导如下:

$$HA(aq) + H_2O(l) \rightleftharpoons A^-(aq) + H_3O^+(aq)$$

初始浓度	c_0	0	0
平衡浓度	$c_0(1-\alpha)$	$c_0\alpha$	$c_0\alpha$

$$K_a^\ominus(HA) = \frac{(c_0\alpha/c^\ominus)^2}{c_0(1-\alpha)/c^\ominus} = \frac{c_0\alpha^2}{c^\ominus(1-\alpha)}$$

当 $(c_0/c^\ominus)/K_a^\ominus \geqslant 500$ 时,由上式可计算出 $\alpha \leqslant 4.4\%$,所以有 $1-\alpha \approx 1$,则

$$K_a^\ominus \approx c_0\alpha^2/c^\ominus$$

即

$$\alpha = \sqrt{\frac{K_a^\ominus c^\ominus}{c_0}} \tag{4-11}$$

在一定温度下,$K_a^\ominus$ 保持不变,所以溶液被稀释时,解离度 α 增大,即浓度越小,解离度 α 越大,也称稀释定律。

【例 4-1】 计算 298.15 K 时,0.100 mol·dm^{-3} HAc 溶液中的 H$^+$ 浓度、HAc 的平衡浓度和它的解离度 α。已知 HAc 的 $K_a^\ominus = 1.75 \times 10^{-5}$。

解 设平衡时 Ac^- 的浓度为 x,则

$$HAc + H_2O \rightleftharpoons Ac^- + H_3O^+$$

初始浓度/($mol \cdot dm^{-3}$)   0.100   0   0

平衡浓度/($mol \cdot dm^{-3}$) $0.100-x$ x x

$$K_a^\ominus(HAc) = \frac{[c(H_3O^+)/c^\ominus][c(Ac^-)/c^\ominus]}{c(HAc^-)/c^\ominus} = \frac{(x/c^\ominus)^2}{(0.100-x)/c^\ominus} = 1.75 \times 10^{-5}$$

由于 $(c_0/c^\ominus)/K_a^\ominus \geqslant 500$, $0.100-x \approx 0.100$,所以

$$\frac{(x/c^\ominus)^2}{0.100} = 1.75 \times 10^{-5}$$

解方程,得 $x = 1.32 \times 10^{-3}$ $mol \cdot dm^{-3}$

溶液中 H^+ 浓度是 1.32×10^{-3} $mol \cdot dm^{-3}$

HAc 的平衡浓度 $c(HAc) = (0.100 - 1.32 \times 10^{-3})$ $mol \cdot dm^{-3} = 0.0987$ $mol \cdot dm^{-3}$

HAc 的解离度 $\alpha = \dfrac{已解离的 HAc 浓度}{HAc 的初始浓度} \times 100\%$

$$= \frac{1.32 \times 10^{-3}}{0.100} \times 100\% = 1.32\%$$

4.2.2 多元弱酸、弱碱的解离平衡

多元弱酸、弱碱是分步解离的,每一步都有相应的解离平衡。H_2S、H_2CO_3、H_3AsO_3、H_3PO_4 等都是多元弱酸。

例如氢硫酸的解离分两步进行,第一步解离式为

$$H_2S + H_2O \rightleftharpoons HS^- + H_3O^+$$

$$K_{a,1}^\ominus = \frac{[c(H_3O^+)/c^\ominus][c(HS^-)/c^\ominus]}{c(H_2S)/c^\ominus} = 1.07 \times 10^{-7}$$

第二步解离式为

$$HS^- + H_2O \rightleftharpoons H_3O^+ + S^{2-}$$

$$K_{a,2}^\ominus = \frac{[c(H_3O^+)/c^\ominus][c(S^{2-})/c^\ominus]}{c(HS^-)/c^\ominus} = 1.26 \times 10^{-13}$$

因为 $K_{a,1}^\ominus \gg K_{a,2}^\ominus$,所以在 H_2S 水溶液中,H_3O^+ 主要来源于第一步解离,第二步解离出来的少量 H_3O^+ 可以忽略不计,即 $c(H_3O^+) \approx c(HS^-)$。因此 H_2S 水溶液中,$c(S^{2-})$ 近似等于 H_2S 的第二步解离常数 $K_{a,2}^\ominus$,即

$$c(S^{2-}) \approx K_{a,2}^\ominus c^\ominus = 1.26 \times 10^{-13}\ mol \cdot dm^{-3}$$

将 H_2S 的两步解离方程式相加,得到

$$H_2S + 2H_2O \rightleftharpoons 2H_3O^+ + S^{2-}$$

$$K_a^\ominus = \frac{[c(H_3O^+)/c^\ominus]^2[c(S^{2-})/c^\ominus]}{c(H_2S)/c^\ominus}$$

$K_a^\ominus$ 称为 H_2S 的总解离常数,显然

$$K_a^\ominus = K_{a,1}^\ominus K_{a,2}^\ominus = 1.35 \times 10^{-20}$$

室温时,H_2S 饱和水溶液中,$c(H_2S) \approx 0.1$ mol·dm^{-3},因此溶液中 S^{2-} 与 H^+ 浓度的关系为

$$c(S^{2-}) = \frac{K_{a,1}^\ominus K_{a,2}^\ominus c(H_2S)}{[c(H_3O^+)/c^\ominus]^2} = \frac{1.35 \times 10^{-20} \times 0.1}{[c(H_3O^+)/c^\ominus]^2}$$

由上式可知,调节溶液酸度,可以控制 S^{2-} 的浓度。在利用硫化物沉淀分离金属离子时常用到这一规律。

【例 4-2】 在 H_2S 和 HCl 混合溶液中,$c(H_3O^+) = 0.3$ mol·dm^{-3}。如果 $c(H_2S) = 0.1$ mol·dm^{-3},求混合溶液的 $c(S^{2-})$。

解 $K_a^\ominus = \dfrac{[c(H_3O^+)/c^\ominus]^2 [c(S^{2-})/c^\ominus]}{c(H_2S)/c^\ominus} = 1.35 \times 10^{-20}$

代入数据 $\dfrac{0.3^2 c(S^{2-})/c^\ominus}{0.1} = 1.35 \times 10^{-20}$

解出 $c(S^{2-}) = 1.4 \times 10^{-20}$ mol·dm^{-3}

通过计算可知,在 H_2S 水溶液中加入 HCl,由于 H_3O^+ 的存在,抑制了 H_2S 的解离。

总之,多元弱酸的解离是分步进行的,对于二元弱酸,当 $K_{a,1}^\ominus \gg K_{a,2}^\ominus$ 时,可以只考虑第一步解离。酸根离子的浓度近似等于第二步解离常数 $K_{a,2}^\ominus$,与酸的初始浓度无关。

4.3 缓冲溶液

4.3.1 同离子效应

弱电解质的解离平衡是一种相对、暂时的动态平衡,当外界条件改变时,平衡将发生移动。如:向 HAc 溶液中加入 NaAc,NaAc 是强电解质,在溶液中全部解离成 Na^+ 与 Ac^-,溶液中存在以下平衡

$$HAc + H_2O \rightleftharpoons Ac^- + H_3O^+$$

$$NaAc \longrightarrow Na^+ + Ac^-$$

由于溶液的 Ac^- 浓度大大增加,使 HAc 的解离平衡向左移动,从而降低 HAc 的解离度。在弱电解质的溶液中,加入具有相同离子的强电解质,使得弱电解质解离度降低的现象,称为同离子效应。

【例 4-3】 298.15 K 时,0.10 dm^3 0.010 mol HAc 溶液中,加入 0.020 mol NaAc 固体,求此溶液的 pH 值及 HAc 的解离度 α。(已知 $K_a^\ominus(HAc) = 1.75 \times 10^{-5}$)

解 设平衡时溶液中 H^+ 浓度为 x

$c(NaAc) = 0.020/0.10$ mol·dm^{-3} = 0.20 mol·dm^{-3}

$c(HAc) = 0.010/0.10$ mol·dm^{-3} = 0.10 mol·dm^{-3}

$$HAc + H_2O \rightleftharpoons H_3O^+ + Ac^-$$

$c_0/(\text{mol} \cdot \text{dm}^{-3})$ 0.10   0   0.20

$c/(\text{mol} \cdot \text{dm}^{-3})$ 0.10$-x$ x 0.20$+x$

$$K_a^\ominus = \frac{[c(H_3O^+)/c^\ominus][c(Ac^-)/c^\ominus]}{c(HAc)/c^\ominus} = \frac{x/c^\ominus \times [(0.20+x)/c^\ominus]}{0.10}$$

由于$(c_0/c^\ominus)/K_a^\ominus \geqslant 500$,可用近似公式计算

$$1.75 \times 10^{-5} = \frac{x/c^\ominus \times 0.20}{0.10}$$

解出 $x = 8.8 \times 10^{-6}$ mol·dm^{-3}

即 $c(H_3O^+) = 8.8 \times 10^{-6}$ mol·dm^{-3}, pH=5.06

解离度 $\alpha = \dfrac{c(H_3O^+)}{c(HAc)} = 0.0088\%$

与例 4-1 计算的 0.1 mol·dm^{-3} HAc 的解离度 $\alpha=1.32\%$ 比较,由于同离子效应,解离度有所降低。同理,在 NH$_3$·H$_2$O 中加入 NH$_4$Cl 也会因为同离子效应使 NH$_3$·H$_2$O 的解离度降低。

4.3.2 缓冲溶液的概念

当加入少量强酸、强碱或稍加稀释时,仍保持 pH 值基本不变的溶液称为缓冲溶液。缓冲溶液一般由弱酸和它的共轭碱(如 HAc~NaAc)、弱碱和它的共轭酸(如 NH$_3$·H$_2$O~NH$_4$Cl)、多元弱酸和它的共轭碱(H$_3$PO$_4$~NaH$_2$PO$_4$)组成。组成缓冲溶液的一对共轭酸碱,如 HAc~Ac$^-$,NH$_3$~NH$_4^+$,H$_3$PO$_4$~H$_2$PO$_4^-$ 称为缓冲对。

缓冲溶液中共轭酸碱之间存在的平衡可用如下通式表示:

$$\text{酸} \rightleftharpoons H^+ + \text{共轭碱}$$

加入少量酸,平衡向左移动,共轭碱与 H$^+$ 结合生成酸,起抵抗酸的作用。加入少量碱,平衡向右移动,抵抗碱的作用。下面以 HAc~NaAc 系统为例进一步说明。

$$HAc + H_2O \rightleftharpoons H_3O^+ + Ac^-$$
$$NaAc \longrightarrow Na^+ + Ac^-$$

在上述系统中,当加入少量酸(H$_3$O$^+$)时,加入的 H$_3$O$^+$ 与 HAc 解离出的 H$_3$O$^+$ 产生同离子效应,解离平衡向左移动,H$_3$O$^+$ 离子浓度不会显著增加;当加入少量碱(OH$^-$)时,OH$^-$ 与原系统解离出的 H$_3$O$^+$ 结合生成 H$_2$O,平衡向右移动,HAc 会不断解离出 H$_3$O$^+$,使 H$_3$O$^+$ 保持稳定,pH 值改变不大;当溶液加入 H$_2$O 稀释时,H$_3$O$^+$、Ac$^-$、HAc 的浓度同时减小,但 HAc 解离度 α 增大,其所产生的 H$_3$O$^+$ 也可保持溶液的 pH 值基本不变。显然,当加入大量的 H$_3$O$^+$、OH$^-$ 时,溶液中 HAc、NaAc 耗尽,失去缓冲能力,故缓冲溶液的缓冲能力是有限的,而不是无限的。

4.3.3 缓冲溶液的 pH 值计算

对弱酸与其共轭碱组成的缓冲溶液,解离式为

$$\text{酸} \rightleftharpoons H^+ + \text{共轭碱}$$

根据共轭酸碱对间的平衡,可得

$$K_a^{\ominus}(\text{酸}) = \frac{[c(H^+)/c^{\ominus}][c(\text{共轭碱})/c^{\ominus}]}{c(\text{酸})/c^{\ominus}}$$

所以
$$c(H^+)/c^{\ominus} = K_a^{\ominus}(\text{酸}) \frac{c(\text{酸})}{c(\text{共轭碱})} \tag{4-12}$$

取负对数
$$-\lg \frac{c(H^+)}{c^{\ominus}} = -\lg K_a^{\ominus} - \lg \frac{c(\text{酸})}{c(\text{共轭碱})}$$

即
$$pH = pK_a^{\ominus} - \lg \frac{c(\text{酸})}{c(\text{共轭碱})} \tag{4-13}$$

类似可得到碱与共轭酸组成的缓冲溶液的 pOH 值的计算公式为

$$pOH = pK_b^{\ominus} - \lg \frac{c(\text{碱})}{c(\text{共轭酸})} \tag{4-14}$$

【例 4-4】 在 0.100 mol HAc 和 0.100 mol NaAc 的 1.00 dm³ 混合溶液中,试计算:

(1) 溶液的 pH 值,已知 $K_a^{\ominus}(HAc) = 1.75 \times 10^{-5}$;

(2) 在 100 cm³ 该混合溶液中加入 0.100 cm³ 的 1.00 mol·dm⁻³ HCl 溶液时的 pH 值;

(3) 在 100 cm³ 该混合溶液中加入 0.100 cm³ 的 1.00 mol·dm⁻³ NaOH 溶液时的 pH 值;

(4) 把该混合溶液适当稀释,试讨论 pH 值的变化。

解 (1) $pH = pK_a^{\ominus} - \lg \frac{c(\text{酸})}{c(\text{共轭碱})} = -\lg(1.75 \times 10^{-5}) - \lg \frac{0.100}{0.100} = 4.76$

(2) 加入 HCl 后的体积是 100.10 cm³,假定加入 HCl 后,尚未起反应,则各物质的浓度为

$$c_0(HCl) = \frac{1 \times 0.10 \times 10^{-3}}{100.10 \times 10^{-3}} \text{ mol} \cdot dm^{-3} = 9.99 \times 10^{-4} \text{ mol} \cdot dm^{-3}$$

$$c_0(NaAc) = \frac{0.1 \times 100 \times 10^{-3}}{100.10 \times 10^{-3}} \text{ mol} \cdot dm^{-3} = 9.99 \times 10^{-2} \text{ mol} \cdot dm^{-3}$$

$$c_0(HAc) = \frac{0.1 \times 100 \times 10^{-3}}{100.10 \times 10^{-3}} \text{ mol} \cdot dm^{-3} = 9.99 \times 10^{-2} \text{ mol} \cdot dm^{-3}$$

加入的 HCl 与 9.99×10^{-4} mol·dm⁻³ 的 NaAc 起作用生成 9.99×10^{-4} mol·dm⁻³ 的 HAc,所以溶液中共轭酸碱的浓度为

$$c(HAc) = (9.99 \times 10^{-2} + 9.99 \times 10^{-4}) \text{ mol} \cdot dm^{-3} = 0.1009 \text{ mol} \cdot dm^{-3}$$

$$c(NaAc) = (9.99 \times 10^{-2} - 9.99 \times 10^{-4}) \text{ mol} \cdot dm^{-3} = 0.0989 \text{ mol} \cdot dm^{-3}$$

因此
$$pH = pK_a^{\ominus} - \lg \frac{c(HAc)}{c(NaAc)} = 4.757 - \lg \frac{0.1009}{0.0989} = 4.75$$

(3) 加入 NaOH 后的体积是 100.10 cm³,假定加入 NaOH 后,尚未起反应,各物

质的浓度为

$$c_0(\text{NaOH}) = \frac{1 \times 0.10 \times 10^{-3}}{100.10 \times 10^{-3}} \text{mol} \cdot \text{dm}^{-3} = 9.99 \times 10^{-4} \text{mol} \cdot \text{dm}^{-3}$$

加入的 NaOH 与 9.99×10^{-4} mol·dm^{-3} 的 HAc 起作用生成 9.99×10^{-4} mol·dm^{-3} 的 NaAc,所以溶液中共轭酸碱的浓度为

$$c(\text{HAc}) = (9.99 \times 10^{-2} - 9.99 \times 10^{-4}) \text{mol} \cdot \text{dm}^{-3} = 0.0989 \text{ mol} \cdot \text{dm}^{-3}$$

$$c(\text{NaAc}) = (9.99 \times 10^{-2} + 9.99 \times 10^{-4}) \text{mol} \cdot \text{dm}^{-3} = 0.1009 \text{ mol} \cdot \text{dm}^{-3}$$

因此

$$\text{pH} = 4.757 - \lg \frac{0.0989}{0.1009} = 4.76$$

(4) 若稀释或浓缩时,$c(\text{NaAc})$ 与 $c(\text{HAc})$ 将以同样倍数降低或增加,$\dfrac{c(\text{HAc})}{c(\text{NaAc})}$ 的值保持不变,所以 pH 值也不变。

4.3.4 缓冲溶液的配制

向缓冲溶液中加入少量的酸和碱时,溶液的 pH 值可维持不变,但加入过多的酸和碱时,缓冲溶液就不起作用了。衡量缓冲溶液缓冲能力大小的尺度称为缓冲容量。通过计算可以知道缓冲容量与组成缓冲溶液的共轭酸碱对浓度有关,浓度越大,缓冲容量越大,同时也与缓冲组分的比值有关。当共轭酸碱对浓度比值为 1 时,缓冲容量最大,离 1 越远,缓冲容量越小。所以,缓冲系统中共轭酸碱对之间的浓度通常在 10:1 到 1:10 之间,即

弱酸及共轭碱系统　　　　　　pH = p$K_a^{\ominus} \pm 1$

弱碱及共轭酸系统　　　　　　pOH = p$K_b^{\ominus} \pm 1$

当缓冲组分的比值为 1:1 时,缓冲容量最大,此时 pH = p$K_a^{\ominus}$,pOH = p$K_b^{\ominus}$。

所以配制一定 pH 值的缓冲溶液可选用 p$K_a^{\ominus}$ 与 pH 值相近的酸及其共轭碱或 p$K_b^{\ominus}$ 与 pOH 值相近的碱及其共轭酸。如需 pH = 5 的缓冲溶液,则应选用 p$K_a^{\ominus}$ = 4~6 的弱酸。例如 $K_a^{\ominus}(\text{HAc}) = 1.75 \times 10^{-5}$,p$K_a^{\ominus}(\text{HAc}) = 4.76$,所以选用 HAc ~ NaAc 即可。

若需 pH = 9 的缓冲溶液,可选用 pOH = 4~5 即 p$K_b^{\ominus}$ = 4~5 的弱碱,$K_b^{\ominus}(\text{NH}_3 \cdot \text{H}_2\text{O}) = 1.78 \times 10^{-5}$ 合适,所以选 NH$_3 \cdot$ H$_2$O ~ NH$_4$Cl,可配制 pH = 9~10 的缓冲溶液。

【例 4-5】 用 HAc ~ NaAc 配制 pH = 4.00 的缓冲溶液,求所需 $c(\text{HAc})/c(\text{NaAc})$ 的比值。

解

$$\text{pH} = \text{p}K_a^{\ominus}(\text{HAc}) - \lg \frac{c(\text{酸})}{c(\text{共轭碱})}$$

$$4.00 = 4.76 - \lg \frac{c(\text{酸})}{c(\text{共轭碱})}$$

所以

$$\frac{c(\text{酸})}{c(\text{共轭碱})} = 5.75$$

【例 4-6】 欲配制 pH=9.0 的缓冲溶液 1.0 dm³,应选用什么物质为宜？其浓度比如何？如果用 2.0 mol·dm⁻³ 的酸或碱,应如何配制？

解 pH=9.0,pOH=5.0,应选用 $pK_b^\ominus=5$ 左右的弱碱,如 $NH_3·H_2O$,其 $K_b^\ominus=1.74\times10^{-5}$,故可选用 $NH_3·H_2O$ 和 NH_4^+ 组成缓冲系统。又根据

$$pOH = pK_b^\ominus - \lg \frac{c(碱)}{c(共轭酸)}$$

$$5.0 = -\lg(1.74\times10^{-5}) - \lg\frac{c(碱)}{c(共轭酸)}$$

所以
$$\frac{c(碱)}{c(共轭酸)} = \frac{1}{1.74}$$

4.4 沉淀-溶解平衡

电解质按溶解度分为可溶、微溶、难溶三类。100 g 水中能溶解 1 g 以上的物质称为可溶性物质；物质的溶解度小于 0.01 g/100 g 水时，称为难溶物；物质的溶解度介于可溶与难溶之间的称为微溶物。

4.4.1 标准溶度积

难溶物质溶解度较小,但并不是完全不溶,绝对不溶的物质是没有的。例如将 $CaCO_3$ 固体放在水溶液中,此时束缚在固体中的 Ca^{2+}、CO_3^{2-} 会不断地由固体表面溶于水中,这个过程称为溶解。已溶解的 Ca^{2+}、CO_3^{2-} 也会不断地从溶液中回到固体表面而沉积,这个过程称为沉淀。一定条件下,溶解的速率与沉淀的速率相等时,溶液达到饱和状态,便建立了固体和溶液之间的动态平衡,称为多相离子平衡,简称溶解平衡。$CaCO_3$ 的溶解过程为

$$CaCO_3(s) \rightleftharpoons Ca^{2+} + CO_3^{2-}$$

平衡常数表达式为

$$K_{sp}^\ominus(CaCO_3) = [c(Ca^{2+})/c^\ominus][c(CO_3^{2-})/c^\ominus]$$

对于难溶电解质 $A_nB_m(s)$ 有

$$A_nB_m(s) \rightleftharpoons nA^{m+} + mB^{n-}$$

平衡常数 $K_{sp}^\ominus$ 表达式为

$$K_{sp}^\ominus(A_nB_m) = [c(A^{m+})/c^\ominus]^n[c(B^{n-})/c^\ominus]^m$$

$K_{sp}^\ominus$ 称为标准溶度积,简称溶度积。一些物质的溶度积见附录 F。

严格地说,溶度积应该是溶液中各离子活度的乘积,但是因为难溶电解质在水中溶解度小,其饱和溶液中的离子浓度也很小,离子的活度系数趋近于 1,所以可以用浓度代替活度进行有关计算。

4.4.2 溶度积和溶解度之间的换算

溶解度和溶度积 $K_{sp}^\ominus$ 都可以表示难溶电解质的溶解能力。难溶电解质在水中的

溶解度很小,饱和溶液很稀,可以认为溶解了的固体完全解离成离子,所以饱和溶液中难溶电解质离子的浓度可以代表它的溶解度(用浓度的单位表示)。这样,根据难溶电解质的溶解度就可以知道溶液中离子的浓度,从而可以计算出它的溶度积。反过来,根据溶度积也可以计算溶解度。

【例 4-7】 298.15 K 时,AgCl 的溶解度为 1.92×10^{-3} g·dm^{-3},计算 $K_{sp}^{\ominus}(\text{AgCl})$。

解 已知 $M(\text{AgCl}) = 143.3$ g·mol^{-1},AgCl 的溶解度为

$$c(\text{AgCl}) = 1.92 \times 10^{-3}/143.3 \text{ mol·dm}^{-3}$$
$$= 1.34 \times 10^{-5} \text{ mol·dm}^{-3}$$

AgCl 在水中解离平衡为

$$\text{AgCl(s)} \rightleftharpoons \text{Ag}^+ + \text{Cl}^-$$

$$K_{sp}^{\ominus}(\text{AgCl}) = [c(\text{Ag}^+)/c^{\ominus}][c(\text{Cl}^-)/c^{\ominus}]$$
$$= (1.34 \times 10^{-5})^2 = 1.80 \times 10^{-10}$$

【例 4-8】 298.15 K 时,Fe(OH)$_3$ 的溶度积为 2.79×10^{-39},计算 Fe(OH)$_3$ 在水中的溶解度。

解 设 Fe(OH)$_3$ 的溶解度为 s,Fe(OH)$_3$ 的溶解平衡为

$$\text{Fe(OH)}_3(s) \rightleftharpoons \text{Fe}^{3+} + 3\text{OH}^-$$

c(平衡浓度)/(mol·dm^{-3}) s $3s$

$$K_{sp}^{\ominus} = [c(\text{Fe}^{3+})/c^{\ominus}][c(\text{OH}^-)/c^{\ominus}]^3 = s/c^{\ominus} \times (3s/c^{\ominus})^3 = 27\left(\frac{s}{c^{\ominus}}\right)^4$$

$$s = 1.01 \times 10^{-10} \text{ mol·dm}^{-3}$$

Fe(OH)$_3$(s)在水中的溶解度为 1.01×10^{-10} mol·dm^{-3}。

由 $K_{sp}^{\ominus}$ 来比较溶解度的大小必须是同类型的难溶电解质,同类型的难溶电解质 $K_{sp}^{\ominus}$ 大的,则溶解度大;对不同类型的难溶电解质,不能直接用 $K_{sp}^{\ominus}$ 比较溶解度大小,必须计算说明。例如:AgCl、AgBr、AgI 都是同类型的电解质,$K_{sp}^{\ominus}$ 大,溶解度也大。而 CaCO$_3$ 与 Ag$_2$CrO$_4$ 是不同类型的电解质,就不能直接用 $K_{sp}^{\ominus}$ 来比较,如 298.15 K 时 CaCO$_3$ 的 $K_{sp}^{\ominus} = 3.36 \times 10^{-9}$,$s(\text{CaCO}_3) = 5.80 \times 10^{-5}$;而 Ag$_2CrO_4$ 的 $K_{sp}^{\ominus} = 1.12 \times 10^{-12}$,$s(\text{Ag}_2\text{CrO}_4) = 6.54 \times 10^{-5}$,即 Ag$_2CrO_4$ 的 $K_{sp}^{\ominus}$ 小于 CaCO$_3$ 的 $K_{sp}^{\ominus}$,但此时 Ag$_2$CrO$_4$ 的溶解度大于 CaCO$_3$,这是因为 $K_{sp}^{\ominus}$ 与离子浓度的方次有关。

4.4.3 溶度积规则

对于任意的多相平衡系统

$$\text{A}_n\text{B}_m(s) \rightleftharpoons n\text{A}^{m+} + m\text{B}^{n-}$$

浓度商 $Q = [c(\text{A}^{m+})/c^{\ominus}]^n[c(\text{B}^{n-})/c^{\ominus}]^m$

式中:$c(\text{A}^{m+})$ 和 $c(\text{B}^{n-})$ 为非平衡时的浓度。由化学反应等温式 $\Delta_r G_m = RT\ln(Q/K_{sp}^{\ominus})$ 可知:

(1) $Q < K_{sp}^{\ominus}$，不饱和溶液，无沉淀析出；
(2) $Q = K_{sp}^{\ominus}$，饱和溶液，沉淀-溶解平衡；
(3) $Q > K_{sp}^{\ominus}$，过饱和溶液，有沉淀析出。

以上三点就是判断沉淀的生成和溶解的溶度积规则。

【例 4-9】 常温下向 $AgNO_3$ 溶液中加入 HCl，生成 AgCl 沉淀，如果溶液中 Cl^- 的最后浓度为 $0.10\ mol \cdot dm^{-3}$，Ag^+ 的浓度应是多少？（$K_{sp}^{\ominus}(AgCl) = 1.77 \times 10^{-10}$）

解 设 Ag^+ 平衡时的浓度为 x，AgCl 的溶解平衡为

$$AgCl(s) \rightleftharpoons Ag^+ + Cl^-$$

平衡时浓度/($mol \cdot dm^{-3}$)　　　　　　　　　x　　0.10

$$K_{sp}^{\ominus}(AgCl) = [c(Ag^+)/c^{\ominus}][c(Cl^-)/c^{\ominus}] = 0.10x/c^{\ominus} = 1.77 \times 10^{-10}$$

解得　　　　　　　　　　　$x = 1.77 \times 10^{-9}\ mol \cdot dm^{-3}$

故溶液中 Ag^+ 浓度为 $1.77 \times 10^{-9}\ mol \cdot dm^{-3}$。

【例 4-10】 常温下向浓度为 $0.0010\ mol \cdot dm^{-3}$ 的 K_2CrO_4 溶液中加入 $AgNO_3$，溶液中的 Ag^+ 浓度至少多大时，才能生成 Ag_2CrO_4 沉淀？（$K_{sp}^{\ominus}(Ag_2CrO_4) = 1.1 \times 10^{-12}$）

解 Ag_2CrO_4 的溶解平衡为

$$Ag_2CrO_4(s) \rightleftharpoons 2Ag^+ + CrO_4^{2-}$$

$$K_{sp}^{\ominus}(Ag_2CrO_4) = [c(Ag^+)/c^{\ominus}]^2[c(CrO_4^{2-})/c^{\ominus}]$$

$$c(Ag^+) = \sqrt{\frac{K_{sp}^{\ominus}(Ag_2CrO_4)}{c(CrO_4^{2-})/c^{\ominus}}} \cdot c^{\ominus} = \sqrt{\frac{1.1 \times 10^{-12}}{0.0010}} \cdot c^{\ominus} = 3.3 \times 10^{-5}\ mol \cdot dm^{-3}$$

所以，当 $c(Ag^+) \geqslant 3.3 \times 10^{-5}\ mol \cdot dm^{-3}$ 时才能生成 Ag_2CrO_4 沉淀。

【例 4-11】 已知 $K_{sp}^{\ominus}(PbI_2) = 8.8 \times 10^{-9}$，现将 $0.01\ mol \cdot dm^{-3}\ Pb(NO_3)_2$ 溶液与 $0.01\ mol \cdot dm^{-3}\ KI$ 溶液等体积混合，能否生成 PbI_2 沉淀？

解 等体积混合时，$Pb(NO_3)_2$ 和 KI 的浓度减半，则

$$c(I^-) = c(KI) = 0.005\ mol \cdot dm^{-3}$$
$$c(Pb^{2+}) = c(Pb(NO_3)_2) = 0.005\ mol \cdot dm^{-3}$$

PbI_2 的溶解平衡为

$$Pb^{2+} + 2I^- \rightleftharpoons PbI_2(s)$$

浓度商　　$Q = [c(Pb^{2+})/c^{\ominus}][c(I^-)/c^{\ominus}]^2 = 1.25 \times 10^{-7} > K_{sp}^{\ominus}(PbI_2)$

所以，有 PbI_2 沉淀生成。

前面曾讨论过在弱电解质溶液里，加入含有共同离子的强电解质时，使解离度降低的现象。在难溶电解质的饱和溶液中，加入含有共同离子的强电解质时，也会发生使难溶电解质的溶解度降低的现象，称为多相离子平衡的同离子效应。

例如，在 AgCl 饱和溶液中存在下列平衡：

$$AgCl(s) \rightleftharpoons Ag^+ + Cl^-$$

若加入含 Cl^- 的盐，平衡就会向左移动，使 AgCl 溶解度变小。

【例 4-12】 求 298.15 K 时,AgCl 在 $0.010\ \mathrm{mol\cdot dm^{-3}}$ NaCl 溶液中的溶解度,并与其在水中的溶解度相比较。

解 NaCl 是强电解质,在水中全部解离,设 AgCl(s) 的溶解度为 s,当其达溶解平衡时,有

$$\mathrm{AgCl(s) \rightleftharpoons Ag^+ + Cl^-}$$

平衡时浓度/(mol·dm^{-3}) 　　　　　s　　　$s+0.010$

$$K_{\mathrm{sp}}^{\ominus}(\mathrm{AgCl}) = \left[\frac{c(\mathrm{Ag^+})}{c^{\ominus}}\right]\left[\frac{c(\mathrm{Cl^-})}{c^{\ominus}}\right] = \frac{s}{c^{\ominus}}\frac{s+0.01}{c^{\ominus}} \approx \frac{s}{c^{\ominus}}\cdot 0.01$$

解得　　　　　　　　$s = 1.77 \times 10^{-8}\ \mathrm{mol\cdot dm^{-3}}$

而 AgCl 在纯水中的溶解度为

$$s'(\mathrm{AgCl}) = \sqrt{K_{\mathrm{sp}}^{\ominus}} \cdot c^{\ominus} = 1.33\times 10^{-5}\ \mathrm{mol\cdot dm^{-3}}$$

由以上计算可知:AgCl 在 $0.010\ \mathrm{mol\cdot dm^{-3}}$ NaCl 溶液中比在水溶液中的溶解度小很多。在含有 $\mathrm{Ag^+}$ 的溶液中,为使 $\mathrm{Ag^+}$ 沉淀得更完全,通常要加入过量的沉淀剂。但也不宜加得过多,因为 $\mathrm{Ag^+}$ 与过量的 $\mathrm{Cl^-}$ 形成可溶性配合物,反而使沉淀溶解。

一般沉淀反应中加入的沉淀剂过量 20%~50% 时就沉淀完全了,所谓沉淀完全并非指溶液中某离子的浓度等于零,通常认为溶液中残余离子的浓度小于 10^{-5} mol·dm^{-3} 即为沉淀完全。

4.4.4　溶液的 pH 值对沉淀-溶解平衡的影响

如果难溶电解质的酸根是某弱酸的共轭碱,由于 $\mathrm{H^+}$ 与该酸根(如 $\mathrm{CO_3^{2-}}$、$\mathrm{F^-}$)具有较强的亲和力,则它们的溶解度将随 pH 值的减小而增加。这类难溶电解质就是通常所说的难溶弱酸盐和难溶的金属氢氧化物。

例如,在 $\mathrm{Mg(OH)_2}$ 的饱和溶液中加入 $\mathrm{NH_4Cl(s)}$,可使 $\mathrm{Mg(OH)_2}$ 沉淀溶解,反应为

$$\mathrm{Mg(OH)_2(s) \rightleftharpoons Mg^{2+} + 2OH^-}$$
$$\mathrm{NH_4^+ + OH^- \rightleftharpoons NH_3 + H_2O}$$

总反应为　　$\mathrm{Mg(OH)_2(s) + 2NH_4^+ \rightleftharpoons Mg^{2+} + 2NH_3 + 2H_2O}$

$\mathrm{NH_4^+}$ 与 $\mathrm{OH^-}$ 反应生成 $\mathrm{NH_3}$ 和 $\mathrm{H_2O}$,减少了溶液中 $\mathrm{OH^-}$ 的浓度,使 $c(\mathrm{Mg^{2+}})\cdot c^2(\mathrm{OH^-}) < K_{\mathrm{sp}}^{\ominus}(\mathrm{Mg(OH)_2})$,所以沉淀溶解。

【例 4-13】 计算 $c(\mathrm{Fe^{3+}}) = 0.10\ \mathrm{mol\cdot dm^{-3}}$ 时,$\mathrm{Fe(OH)_3}$ 开始沉淀和 $\mathrm{Fe^{3+}}$ 沉淀完全时的 pH 值,已知 $K_{\mathrm{sp}}^{\ominus}(\mathrm{Fe(OH)_3}) = 2.79 \times 10^{-39}$。

解　　　　　　$\mathrm{Fe(OH)_3(s) \rightleftharpoons Fe^{3+} + 3OH^-}$

$$K_{\mathrm{sp}}^{\ominus}(\mathrm{Fe(OH)_3}) = [c(\mathrm{Fe^{3+}})/c^{\ominus}][c(\mathrm{OH^-})/c^{\ominus}]^3$$

则　　　　　　$c(\mathrm{OH^-}) = \sqrt[3]{\dfrac{K_{\mathrm{sp}}^{\ominus}(\mathrm{Fe(OH)_3})}{c(\mathrm{Fe^{3+}})/c^{\ominus}}} \cdot c^{\ominus}$

开始沉淀时　　$c(\mathrm{OH^-}) = \sqrt[3]{2.79\times 10^{-39}/0.10}\cdot c^{\ominus} = 3.0\times 10^{-13}\ \mathrm{mol\cdot dm^{-3}}$

$$pOH = -\lg(3.0 \times 10^{-13}) = 12.52, \quad pH = 1.48$$

开始沉淀时的 pH 值必须大于 1.48。

当溶液中 $c(Fe^{3+}) < 10^{-5}$ mol·dm^{-3} 时,认为沉淀完全,则

$$c(OH^-) = \sqrt[3]{2.79 \times 10^{-39}/10^{-5}} \cdot c^\ominus = 6.5 \times 10^{-12} \text{ mol·dm}^{-3}$$

$$pOH = -\lg(6.5 \times 10^{-12}) = 11.2$$

$$pH = 2.8$$

溶液的 pH 值大于 2.8,Fe^{3+} 沉淀完全。

所以,Fe^{3+} 开始沉淀时的 pH=1.48,沉淀完全时的 pH=2.8。

【例 4-14】 在 298.15 K,1.0 dm^3 溶液中,有 0.10 mol NH$_3$ 和 Mg^{2+},要防止生成 Mg(OH)$_2$ 沉淀,需向此溶液中加入多少 NH$_4$Cl?已知 $K_{sp}^\ominus[Mg(OH)_2] = 5.6 \times 10^{-12}$,$K_b^\ominus(NH_3) = 1.78 \times 10^{-5}$。

解 设生成沉淀时,所需离子浓度的最小值为 $c(OH^-)$,Mg(OH)$_2$ 的溶解平衡为

$$Mg(OH)_2(s) \rightleftharpoons Mg^{2+} + 2OH^-$$

$$K_{sp}^\ominus(Mg(OH)_2) = [c(Mg^{2+})/c^\ominus][c(OH^-)/c^\ominus]^2$$

则 $\quad c(OH^-) = \sqrt{K_{sp}^\ominus(Mg(OH)_2)/[c(Mg^{2+})/c^\ominus]} \cdot c^\ominus$

$$= \sqrt{5.6 \times 10^{-12}/0.10} \text{ mol·dm}^{-3} = 7.48 \times 10^{-6} \text{ mol·dm}^{-3}$$

该系统中加入的 NH$_4^+$ 与 NH$_3$ 构成缓冲系统

$$c(OH^-)/c^\ominus = K_b(NH_3)\frac{c(NH_3 \cdot H_2O)/c^\ominus}{c(NH_4^+)/c^\ominus} = 1.78 \times 10^{-5} \times \frac{0.10}{c(NH_4^+)/c^\ominus}$$

$$c(NH_4^+) = 1.78 \times 10^{-5} \times 0.10/(7.48 \times 10^{-6}) \text{ mol·dm}^{-3} = 0.23 \text{ mol·dm}^{-3}$$

至少要在该溶液中加入 0.23 mol(12.3 g)NH$_4$Cl 才不生成 Mg(OH)$_2$ 沉淀。

【例 4-15】 在 0.10 mol·dm^{-3} FeCl$_2$ 溶液中,不断通入 H$_2$S 至饱和,若要不生成沉淀 FeS,则溶液的 pH 值最高不应超过多少?

解 查附录 F、附录 D 知道:

$K_{sp}^\ominus(FeS) = 6.3 \times 10^{-18}$,$\quad K_{a,1}^\ominus(H_2S) = 1.07 \times 10^{-7}$,$\quad K_{a,2}^\ominus(H_2S) = 1.26 \times 10^{-13}$

若要不生成 FeS 沉淀,则 S^{2-} 的最高浓度为

$$c(S^{2-}) = \frac{K_{sp}^\ominus(FeS)(c^\ominus)^2}{c(Fe^{2+})} = 6.3 \times 10^{-18}/0.10 \text{ mol·dm}^{-3} = 6.3 \times 10^{-17} \text{ mol·dm}^{-3}$$

$$c^2(H^+) = \frac{K_{a,1}^\ominus K_{a,2}^\ominus c(H_2S)}{c(S^{2-})}(c^\ominus)^2$$

$$= \frac{1.07 \times 10^{-7} \times 1.26 \times 10^{-13} \times 0.10}{6.3 \times 10^{-17}} \text{ mol}^2 \cdot \text{dm}^{-6}$$

$$c(H^+) = 4.63 \times 10^{-4} \text{ mol·dm}^{-3}, \quad pH = 3.33$$

4.4.5 分步沉淀

若一种溶液中同时存在着几种离子,而且它们又都能与同一种离子生成难溶电解质,将含该种离子的溶液逐滴加入上述溶液中,由于难溶电解质溶解度不同,可先后生成不同的沉淀,这种先后生成沉淀的现象,称为分步沉淀。

【例 4-16】 在一种溶液中,Ba^{2+} 与 Sr^{2+} 浓度都是 $0.10\ mol \cdot dm^{-3}$,逐滴加入 K_2CrO_4 溶液,先生成什么沉淀? 当 $SrCrO_4$ 开始沉淀时,Ba^{2+} 的浓度是多少? 假设滴入溶液时引起的体积改变忽略不计,$K_{sp}^{\ominus}(BaCrO_4)=1.2\times 10^{-10}$,$K_{sp}^{\ominus}(SrCrO_4)=2.2\times 10^{-5}$。

解 溶液中存在下列平衡:

$$Ba^{2+}+CrO_4^{2-} \rightleftharpoons BaCrO_4(s), \quad Sr^{2+}+CrO_4^{2-} \rightleftharpoons SrCrO_4(s)$$

$BaCrO_4$ 开始沉淀时

$$c(CrO_4^{2-})=\frac{K_{sp}^{\ominus}(BaCrO_4)(c^{\ominus})^2}{c(Ba^{2+})}=\frac{1.2\times 10^{-10}}{0.10}\ mol \cdot dm^{-3}=1.2\times 10^{-9}\ mol \cdot dm^{-3}$$

$SrCrO_4$ 开始沉淀时

$$c(CrO_4^{2-})=\frac{K_{sp}^{\ominus}(SrCrO_4)(c^{\ominus})^2}{c(Sr^{2+})}=\frac{2.2\times 10^{-5}}{0.10}\ mol \cdot dm^{-3}=2.2\times 10^{-4}\ mol \cdot dm^{-3}$$

生成 $BaCrO_4$ 所需 CrO_4^{2-} 浓度小,所以 $BaCrO_4$ 先沉淀。

当 $SrCrO_4$ 开始沉淀时,溶液中 CrO_4^{2-} 的浓度是 $2.2\times 10^{-4}\ mol \cdot dm^{-3}$,故此时

$$c(Ba^{2+})=\frac{K_{sp}^{\ominus}(BaCrO_4)(c^{\ominus})^2}{c(CrO_4^{2-})}=\frac{1.2\times 10^{-10}}{2.2\times 10^{-4}}\ mol \cdot dm^{-3}$$
$$=5.5\times 10^{-7}\ mol \cdot dm^{-3}$$

如果被沉淀的离子开始时浓度不同,各离子生成沉淀的次序不但和它们的溶解度有关,还和它们的初始浓度有关。

利用分步沉淀可解释许多地质现象,如盐湖水中主要成分为 CO_3^{2-}、SO_4^{2-}、Cl^- 和 Ca^{2+}、Mg^{2+}、K^+、Na^+ 等。在气候干燥地区,湖水蒸发,湖中各种离子浓度逐渐增加,由于镁、钙、锶等的碳酸盐的溶解度较硫酸盐小,所以,首先结晶出来的是碳酸盐,其次是硫酸盐,最后析出的是氯化物。

又如含有 Sr^{2+}、Ba^{2+} 的河水流入海里时,因为 $K_{sp}^{\ominus}(BaSO_4)<K_{sp}^{\ominus}(SrSO_4)$,$Ba^{2+}$ 首先与海水中的 SO_4^{2-} 作用生成 $BaSO_4$ 沉于海底,而 Sr^{2+} 可以迁移到远洋,造成远洋水中 Sr^{2+}、Ba^{2+} 的质量比高于河水。

4.4.6 难溶电解质的转化

一种难溶电解质转变为另一种难溶电解质的过程称为难溶电解质的转化。例如将 $CaSO_4$ 放在饱和的 Na_2CO_3 溶液中,它就逐渐转变为 $CaCO_3$。一种难溶电解质能否转变为另一种难溶电解质,一方面和它们的溶解度大小有关,另一方面和溶液中的试剂浓度有关。下面用具体例子加以说明。

【例 4-17】 根据溶度积规则,试说明 $SrSO_4$($K_{sp}^{\ominus}=3.2\times10^{-7}$)在浓 Na_2CO_3 溶液中可以转化为 $SrCO_3$($K_{sp}^{\ominus}=1.1\times10^{-10}$)。

解 溶液中存在下列平衡:

$$SrSO_4(s) \rightleftharpoons SO_4^{2-}+Sr^{2+}$$

$$Sr^{2+}+CO_3^{2-} \rightleftharpoons SrCO_3(s)$$

以上两个方程式可用总离子方程式表示为

$$SrSO_4(s)+CO_3^{2-} \rightleftharpoons SO_4^{2-}+SrCO_3(s)$$

该反应的平衡常数为

$$K^{\ominus}=\frac{c(SO_4^{2-})/c^{\ominus}}{c(CO_3^{2-})/c^{\ominus}}$$

当反应达到平衡时,溶液中 SO_4^{2-} 和 CO_3^{2-} 的浓度分别为

$$c(SO_4^{2-})=\frac{K_{sp}^{\ominus}(SrSO_4)(c^{\ominus})^2}{c(Sr^{2+})}$$

$$c(CO_3^{2-})=\frac{K_{sp}^{\ominus}(SrCO_3)(c^{\ominus})^2}{c(Sr^{2+})}$$

故

$$K^{\ominus}=\frac{c(SO_4^{2-})/c^{\ominus}}{c(CO_3^{2-})/c^{\ominus}}=\frac{K_{sp}^{\ominus}(SrSO_4)}{K_{sp}^{\ominus}(SrCO_3)}=\frac{3.2\times10^{-7}}{1.1\times10^{-10}}=2.9\times10^3$$

$K^{\ominus}$ 值比较大,说明 $SrSO_4$ 转变为 $SrCO_3$ 的反应易于实现。

又如可以将天青石($BaSO_4$)转化为易溶于酸的 $BaCO_3$ 化合物。其转化方程为

$$BaSO_4(s)+CO_3^{2-} \rightleftharpoons BaCO_3(s)+SO_4^{2-}$$

$$K^{\ominus}=\frac{c(SO_4^{2-})/c^{\ominus}}{c(CO_3^{2-})/c^{\ominus}}=\frac{K_{sp}^{\ominus}(BaSO_4)}{K_{sp}^{\ominus}(BaCO_3)}=\frac{1.08\times10^{-10}}{2.58\times10^{-9}}=0.0419=\frac{1}{24}$$

这一数值说明到达转化平衡时,溶液中的 CO_3^{2-} 浓度约为 SO_4^{2-} 的 24 倍,只有 CO_3^{2-} 的浓度大于 SO_4^{2-} 浓度的 24 倍,反应才能进行。

应当指出的是这种转化只有在两种难溶化合物的溶解度相差不大时才可实现,如果相差较大,这种转化是很困难的或者不可能的。例如,我们无法使 CuS 转化为 ZnS,因为 $K_{sp}^{\ominus}(CuS)=6.3\times10^{-36}$,而 $K_{sp}^{\ominus}(ZnS)=1.6\times10^{-24}$。相反,闪锌矿(ZnS)与地下水中的 Cu^{2+} 作用,能生成蓝铜矿(CuS)。

【例 4-18】 在 1 dm^3 Na_2CO_3 溶液中,要使 0.010 mol 的 $SrSO_4$ 完全变为 $SrCO_3$,Na_2CO_3 的初始浓度至少应是多少?

解
$$SrSO_4(s)+CO_3^{2-} \rightleftharpoons SrCO_3(s)+SO_4^{2-}$$

$$K^{\ominus}=\frac{c(SO_4^{2-})/c^{\ominus}}{c(CO_3^{2-})/c^{\ominus}}=\frac{K_{sp}^{\ominus}(SrSO_4)}{K_{sp}^{\ominus}(SrCO_3)}=\frac{3.2\times10^{-7}}{1.1\times10^{-10}}=2.9\times10^3$$

平衡时 $c(CO_3^{2-})=\dfrac{c(SO_4^{2-})}{K^{\ominus}}=\dfrac{0.010}{2.9\times10^3}$ $mol\cdot dm^{-3}=3.4\times10^{-6}$ $mol\cdot dm^{-3}$

要使 0.010 mol 的 $SrSO_4$ 全变为 $SrCO_3$ 需要 0.010 mol Na_2CO_3,所以 Na_2CO_3 的初始浓度至少是 $(0.010+3.4\times10^{-6})$ $mol\cdot dm^{-3}$。

4.5 配位化合物的解离平衡

文献上最早记载的配位化合物是在 1704 年,德国美术颜料制造者狄斯赫(Diesbach)用兽皮或牛血加 Na_2CO_3 在铁锅中煮沸制得鲜艳的蓝色颜料普鲁士蓝 $KFe[Fe(CN)_6] \cdot H_2O$。这是历史上第一次制出的确切配位比的配位化合物(简称配合物,旧称络合物)。配位化合物在化学领域内开展较广泛的研究是在 1798 年法国分析化学家塔赫特(Tassert)发现了第一个橙黄色的氨合物 $CoCl_3 \cdot 6NH_3$ 之后。1893 年,26 岁瑞士化学家维尔纳(Alfred Werner)根据大量的实验事实,发表了一系列的论文,提出了现代的配位键、配位数和配位化合物结构的基本概念,并用立体化学观点成功地阐明了配位化合物的空间构型和异构现象,奠定了配位化学的基础。维尔纳由于对配位化合物研究的杰出贡献而荣获 1913 年诺贝尔奖。自维尔纳创立配位理论以来,众多配位化合物相继问世。

配位化合物几乎涉及化学学科的各个领域。在无机化学中,对于元素,尤其是过渡元素及其化合物的研究总是涉及配位化合物;分析化学中,定性和定量分析与配位化合物密切相关;生物化学与配位化合物有密切联系,如维生素 B_{12} 是钴的配位化合物,植物体内的叶绿素是镁的配位化合物,动物血液蛋白是铁的配位化合物;有机合成中许多重要的反应是通过配位化合物的催化作用而实现的。随着近代高新技术的日益发展,配位化合物在材料科学、生命科学、光电技术、激光、能源等领域受到广泛重视。总之,配位化合物在整个化学领域中具有极为重要的理论和实践意义。

4.5.1 配位化合物的基本概念

由一个正离子和若干中性分子或负离子以配位键结合而成的具有一定空间构型的复杂离子称为配离子,例如 $[Cu(NH_3)_4]^{2+}$、$[Ag(NH_3)_2]^+$、$[Fe(CN)_6]^{3-}$、$[Ag(CN)_2]^-$ 等都是配离子。由配离子与带相反电荷的离子结合而成的中性分子称为配位化合物,例如 $[Cu(NH_3)_4]SO_4$、$[Co(NH_3)_6]Cl_3$、$K_3[Fe(CN)_6]$ 等都是配位化合物。通常,对配离子和配位化合物并不严格区分。

在配离子中,正离子占据中心位置,称为中心离子。与中心离子以配位键结合的分子或负离子称为配位体。中心离子与配位体构成了配位化合物的内界,书写时通常放在方括号内,而把配位化合物中与内界离子带有相反电荷的其他离子称为外界(见图 4-1)。因此,配位化合物由内界和外界两部分组成,内界为配位化合物的特征部分,是中心离子和配位体以配位键结合而成的一个相对稳定的整体。所谓配位键是中心离子提供空轨道,接受配体提供的孤对电子而形成的化学键。内界与外界以离子键结合,在水溶液中完全解离。

但是,并不是所有的配位化合物都有内、外界之分。例如: $[Co(NH_3)_3Cl_3]$、$Ni(CO)_4$ 等就不存在外界。

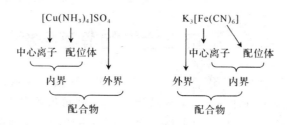

图 4-1 配合物组成示意图

1. 中心离子

占据着配位化合物中心位置的正离子或原子称为配位化合物的中心离子或中心原子。中心离子大多数是金属离子,尤其是过渡金属离子,因为它有空轨道,在形成配位键时很容易地接受配位体提供的孤对电子。中心离子也可以是中性的原子,如 $[Ni(CO)_4]$、$[Fe(CO)_5]$ 中的 Ni 和 Fe 都是中性原子,少数高氧化数的非金属也可以作为中心离子,如 $[SiF_6]^{2-}$ 中的 Si(Ⅳ) 等。

2. 配位体

在配位化合物中提供电子对的中性分子或负离子称为配位体,如 NH_3、OH^-、CN^-、H_2O、CO、SCN^-、X^-(卤素离子)等等。配体中提供孤对电子,与中心原子或离子直接结合的原子称为配位原子,如 NH_3 中的 N、CN^- 中的 C 就是配位原子。

配位原子通常是含有孤对电子且电负性较大的非金属原子,如 C、N、O 等。只能提供一个配位原子与中心离子构成一个配位键的配体称为单齿配体,如 NH_3、X^-、CN^-;能提供两个或两个以上配位原子的配体称为多齿配体,如乙二胺($NH_2CH_2CH_2NH_2$,简写为 en)、$C_2O_4^{2-}$、乙二胺四乙酸(简写为 EDTA,也用 H_4Y 表示)。这类多齿配体能和中心离子(或原子)形成环状结构,像螃蟹的双螯钳住中心离子或原子,这类配位化合物又称螯合物。

3. 配位数

与中心离子以配位键结合的配位原子数称为中心离子的配位数。例如 $[Ag(NH_3)_2]^+$ 中,Ag^+ 的配位数为 2;在 $[Cu(NH_3)_4]^{2+}$ 中,Cu^{2+} 的配位数为 4;在 $[Co(NH_3)_6]^{3+}$ 中,Co^{3+} 的配位数为 6。目前已经知道,在配位化合物中,中心离子的配位数可以从 2 到 12,但较常见的配位数是 2、4 和 6。多齿配体的配位数不等于配位体的数目。如 $[Cu(en)_2]^{2+}$ 配离子,一个 en 提供 2 个配位原子,所以它的配位数为 $2\times2=4$。

影响配位数大小的因素有以下几点。

(1) 配位体相同时,中心离子电荷越高,吸引配位体的数目越多,配位数越大。如 $[Ag(NH_3)_2]^+$、$[Cu(NH_3)_4]^{2+}$。

(2) 配位体相同时,中心离子半径越大,配位数越大。如 Al^{3+} 和 B^{3+} 的鲍林离子半径分别为 $r(Al^{3+})=50$ pm,$r(B^{3+})=20$ pm,形成的配位化合物分别为 $[AlF_6]^{3-}$ 和 $[BF_4]^-$。

(3) 同一中心离子,配位体的半径越大,中心离子周围容纳的配位体就越少,配位数就越小。如 $r(F^-)<r(Cl^-)<r(Br^-)$,它们与 Al^{3+} 形成的配离子分别为 $[AlF_6]^{3-}$、$[AlCl_4]^-$、$[AlBr_4]^-$。

(4) 增大配体的浓度,容易形成高配位数的配位化合物。如 SCN^- 浓度不同时可形成配位数 n 为 2~6 的配位化合物 $[Fe(SCN)_n]^{3-n}$。

(5) 当温度升高时,常使配位数减小。这是因为温度升高,热振动加剧,中心离子与配体间的化学键减弱的缘故。

4. 配离子的电荷

配离子可以带正电荷或负电荷,其电荷等于中心离子与所有配位体电荷的代数和,也与外界离子电荷的绝对值相等,符号相反。例如:

$[Cu(NH_3)_4]^{2+}$ 的电荷为 $+2+0\times4=+2$

$[Fe(CN)_6]^{4-}$ 的电荷为 $+2+(-1)\times6=-4$

$[Co(NH_3)_5Cl]^{2+}$ 的电荷为 $+3+0\times5+(-1)\times1=+2$

在中性配位化合物里,中心离子与配位体电荷的代数和等于零。例如:

$Pt(NH_3)_2Cl_2$ 的电荷为 $+2+0\times2+(-1)\times2=0$

$Co(NH_3)_3Cl_3$ 的电荷为 $+3+0\times3+(-1)\times3=0$

4.5.2 配位化合物的命名

配位化合物的命名与一般无机化合物的命名原则相似,通常是按配位化合物的分子式从后向前依次读出它们的名称。

(1) 配位化合物的外界是阴离子则命名在前,如氯化××、硫酸××,或氢氧化××等,如 $[Cu(NH_3)_4]SO_4$ 称硫酸四氨合铜(Ⅱ),$[Co(NH_3)_6]Cl_3$ 称三氯化六氨合钴(Ⅲ);外界是阳离子则命名在后,如××酸钾、××酸钠、××酸等,如 $H_2[PtCl_6]$ 称六氯合铂(Ⅳ)酸,$Cu_2[SiF_6]$ 称六氟合硅(Ⅳ)酸铜。

(2) 内界的命名顺序为:阴离子配位体-中性分子配位-合-中心离子(或原子)。在配体前用汉字标明其个数,中心离子后面用罗马字标明其氧化态。

(3) 有些配位体在配位化合物中有专门的名称,如:

CO 称羰基　—OH 称羟基　—NO_2 称硝基　—NH_2 称氨基

表 4-2 中列出了一些配位化合物命名的实例。

表 4-2 配位化合物的名称实例

类别	化 学 式	系统命名	习惯命名
配离子	$[Cu(NH_3)_4]^{2+}$	四氨合铜(Ⅱ)离子	铜氨络离子
	$[FeF_6]^{4-}$	六氟合铁(Ⅱ)离子	—

续表

类别	化学式	系统命名	习惯命名
配合物	[Ag(NH$_3$)$_2$]Cl	氯化二氨合银(Ⅰ)	银氨配位化合物
	K$_3$[Fe(CN)$_6$]	六氰合铁(Ⅲ)酸钾	赤血盐
	K$_4$[Fe(CN)$_6$]	六氰合铁(Ⅱ)酸钾	黄血盐
	K[Ag(SCN)$_2$]	二(硫氰酸根)合银(Ⅰ)酸钾	—
	(NH$_4$)$_3$[Cr(NCS)$_6$]	六(异硫氰酸根)合铬(Ⅲ)酸铵	—
	[Pt(NH$_3$)$_6$][PtCl$_4$]	四氯合铂(Ⅱ)酸六氨合铂(Ⅱ)	
	[Zn(NH$_3$)$_4$](OH)$_2$	氢氧化四氨合锌(Ⅱ)	锌氨配位化合物
	[Cr(H$_2$O)$_5$OH](OH)$_2$	氢氧化一羟基五水合铬(Ⅲ)	
	H$_2$[SiF$_6$]	六氟合硅(Ⅳ)酸	氟硅酸
	H$_2$[PtCl$_6$]	六氯合铂(Ⅳ)酸	氯铂酸
	Ni(CO)$_4$	四羰基合镍	

4.5.3 配位化合物的标准稳定常数和标准不稳定常数

配离子是中心离子与配体之间以配位键结合的复杂离子,它和弱电解质一样,在水中能发生解离。

配离子在溶液中会发生中心离子与配体之间的解离与结合,如$[Cu(NH_3)_4]^{2+}$的解离平衡

$$[Cu(NH_3)_4]^{2+} \rightleftharpoons Cu^{2+} + 4NH_3$$

解离平衡常数为 $\quad K^\ominus = \dfrac{[c(Cu^{2+})/c^\ominus][c(NH_3)/c^\ominus]^4}{c([Cu(NH_3)_4]^{2+})/c^\ominus} = 9.3 \times 10^{-13}$

对同类型的配离子,$K^\ominus$值越大,表示配离子愈易解离,即配离子愈不稳定。所以$K^\ominus$又称为配离子的不稳定常数,常以$K^\ominus_{不稳}$表示。

如果在Cu^{2+}溶液中加入氨水,生成$[Cu(NH_3)_4]^{2+}$,反应为

$$Cu^{2+} + 4NH_3 \rightleftharpoons [Cu(NH_3)_4]^{2+}$$

平衡常数 $\quad K^\ominus_{稳} = \dfrac{c([Cu(NH_3)_4]^{2+})/c^\ominus}{[c(Cu^{2+})/c^\ominus][c(NH_3)/c^\ominus]^4}$

显然 $\quad K^\ominus_{稳} = \dfrac{1}{K^\ominus_{不稳}} = \dfrac{1}{9.3 \times 10^{-13}} = 1.1 \times 10^{12}$

$K^\ominus_{稳}$愈大,表明配位化合物愈稳定。

配离子在水中实际上是分步解离的。每一步解离,都有一个解离常数$K^\ominus_{不稳}$。例如$[Cu(NH_3)_4]^{2+}$的分步解离:

一级解离 $\quad [Cu(NH_3)_4]^{2+} \rightleftharpoons [Cu(NH_3)_3]^{2+} + NH_3$

二级解离 $[Cu(NH_3)_3]^{2+} \rightleftharpoons [Cu(NH_3)_2]^{2+} + NH_3$

$$K_{\text{不稳},1}^{\ominus} = \frac{c([Cu(NH_3)_3]^{2+})c(NH_3)}{c([Cu(NH_3)_4]^{2+})} \frac{1}{c^{\ominus}}$$

$$K_{\text{不稳},2}^{\ominus} = \frac{c([Cu(NH_3)_2]^{2+})c(NH_3)}{c([Cu(NH_3)_3]^{2+})} \frac{1}{c^{\ominus}}$$

三级解离 $[Cu(NH_3)_2]^{2+} \rightleftharpoons [Cu(NH_3)]^{2+} + NH_3$

$$K_{\text{不稳},3}^{\ominus} = \frac{c([Cu(NH_3)]^{2+})c(NH_3)}{c([Cu(NH_3)_2]^{2+})} \frac{1}{c^{\ominus}}$$

四级解离 $[Cu(NH_3)]^{2+} \rightleftharpoons Cu^{2+} + NH_3$

$$K_{\text{不稳},4}^{\ominus} = \frac{c(Cu^{2+})c(NH_3)}{c([Cu(NH_3)]^{2+})} \frac{1}{c^{\ominus}}$$

将上述四个分步解离的平衡常数相乘,就得到总平衡常数

$$K_{\text{不稳}}^{\ominus} = K_{\text{不稳},1}^{\ominus} K_{\text{不稳},2}^{\ominus} K_{\text{不稳},3}^{\ominus} K_{\text{不稳},4}^{\ominus} = \frac{c(Cu^{2+})[c(NH_3)]^4}{c([Cu(NH_3)_4]^{2+})}\left(\frac{1}{c^{\ominus}}\right)^4$$

$K_{\text{不稳}}^{\ominus}$ 称总不稳定常数, $K_{\text{不稳},1}^{\ominus}$、$K_{\text{不稳},2}^{\ominus}$、$K_{\text{不稳},3}^{\ominus}$、$K_{\text{不稳},4}^{\ominus}$ 称逐级不稳定常数。

同样也有: $K_{\text{稳}}^{\ominus} = K_{\text{稳},1}^{\ominus} K_{\text{稳},2}^{\ominus} K_{\text{稳},3}^{\ominus} K_{\text{稳},4}^{\ominus}$。$K_{\text{稳}}^{\ominus}$ 称总稳定常数, $K_{\text{稳},1}^{\ominus}$、$K_{\text{稳},2}^{\ominus}$、$K_{\text{稳},3}^{\ominus}$、$K_{\text{稳},4}^{\ominus}$ 称逐级稳定常数。

【例 4-19】 $0.10 \text{ mol} \cdot \text{dm}^{-3}$ $[Ag(NH_3)_2]Cl$ 溶液中,$NH_3 \cdot H_2O$ 的浓度为 $2.0 \text{ mol} \cdot \text{dm}^{-3}$,求溶液中 Ag^+ 的浓度为多少。

解 设溶液平衡时 Ag^+ 的浓度为 x,解离平衡时

$$[Ag(NH_3)_2]^+ \rightleftharpoons Ag^+ + 2NH_3$$

$c_0/(\text{mol} \cdot \text{dm}^{-3})$	0.10	0	2.0
$c/(\text{mol} \cdot \text{dm}^{-3})$	$0.10-x$	x	$2.0+2x$

$$K_{\text{不稳}}^{\ominus} = \frac{[c(Ag^+)/c^{\ominus}][c(NH_3)/c^{\ominus}]^2}{c([Ag(NH_3)_2]^+)/c^{\ominus}} = \frac{(x/c^{\ominus})[(2.0+2x)/c^{\ominus}]^2}{(0.10-x)/c^{\ominus}} = 5.9 \times 10^{-8}$$

由于 $K_{\text{不稳}}^{\ominus}$ 很小,解离出的 x 也很小,故

$$2.0 + 2x \approx 2.0, \quad 0.10 - x \approx 0.10$$

$$K_{\text{不稳}}^{\ominus} \approx \frac{x \cdot 2.0^2}{0.10} \cdot \frac{1}{c^{\ominus}}$$

$$x = 1.5 \times 10^{-9} \text{ mol} \cdot \text{dm}^{-3}$$

溶液中 Ag^+ 的浓度为 $1.5 \times 10^{-9} \text{ mol} \cdot \text{dm}^{-3}$。

4.5.4 配合平衡对沉淀反应的影响

配合平衡与沉淀反应的关系,可看成是沉淀剂与配合剂共同争夺金属离子的过程。配合物的 $K_{\text{稳}}^{\ominus}$ 越大,或沉淀的 $K_{sp}^{\ominus}$ 越大,则沉淀越易被配合溶解。

【例 4-20】 计算 AgBr 固体在 $1.00 \text{ mol} \cdot \text{dm}^{-3} \text{Na}_2\text{S}_2\text{O}_3$ 中的溶解度,并求

500 cm³ 该溶液可溶解 AgBr 固体多少克。已知 $K_{sp}^{\ominus}(AgBr) = 4.9 \times 10^{-13}$，$K_{稳}^{\ominus}([Ag(S_2O_3)_2]^{3-}) = 2.89 \times 10^{13}$。

解 设此时 AgBr 的溶解度为 x，解离平衡时

$$AgBr(s) + 2S_2O_3^{2-} \rightleftharpoons [Ag(S_2O_3)_2]^{3-} + Br^-$$

初始浓度/(mol·dm⁻³)　　　　　x　　1.00　　　　0　　　　0

平衡时的浓度/(mol·dm⁻³)　　　0　　$1-2x$　　　　x　　　　x

反应的标准平衡常数为

$$K^{\ominus} = \frac{[c([Ag(S_2O_3)_2]^{3-})/c^{\ominus}][c(Br^-)/c^{\ominus}]}{[c(S_2O_3^{2-})/c^{\ominus}]^2}$$

$$= \frac{[c([Ag(S_2O_3)_2]^{3-})/c^{\ominus}][c(Br^-)/c^{\ominus}][c(Ag^+)/c^{\ominus}]}{[c(S_2O_3^{2-})/c^{\ominus}]^2[c(Ag^+)/c^{\ominus}]}$$

$$= K_{sp}^{\ominus}(AgBr) \cdot K_{稳}^{\ominus}([Ag(S_2O_3)_2]^{3-}) = 4.9 \times 10^{-13} \times 2.89 \times 10^{13} = 14.16$$

所以
$$K^{\ominus} = \frac{x^2}{(1-2x)^2} = 14.16$$

求得溶解度　　　　　　　　$x = 0.44 \text{ mol} \cdot \text{dm}^{-3}$

500 cm³ 该溶液可溶解 AgBr 固体：$0.44 \times 0.5 \times M(AgBr) = 0.44 \times 0.5 \times 188$ g $= 41.4$ g。

【例 4-21】 已知：$K_{稳}^{\ominus}(Ag(NH_3)_2^+) = 1.6 \times 10^7$，$K_{稳}^{\ominus}(Ag(CN)_2^-) = 1.0 \times 10^{21}$，比较在下列两组溶液中 Ag^+ 浓度的大小。

(1) 含有 0.1 mol·dm⁻³ 氨水的 0.1 mol·dm⁻³ $Ag(NH_3)_2^+$ 溶液中。

(2) 含有 0.1 mol·dm⁻³ CN^- 的 0.1 mol·dm⁻³ $Ag(CN)_2^-$ 溶液中。

解 (1) 先求出 $Ag(NH_3)_2^+$ 和氨水的混合溶液中的 Ag^+ 浓度。设溶液中 Ag^+ 的浓度为 x，则

$$Ag^+ + 2NH_3 \rightleftharpoons Ag(NH_3)_2^+$$

平衡浓度/(mol·dm⁻³)　　x　　$0.1+2x$　　$0.1-x$

NH_3 过量时 $Ag(NH_3)_2^+$ 解离受到抑制，此时 $0.1-x \approx 0.1$，$0.1+2x \approx 0.1$

$$K_{稳}^{\ominus}(Ag(NH_3)_2^+) = \frac{c(Ag(NH_3)_2^+)/c^{\ominus}}{[c(Ag^+)/c^{\ominus}][c(NH_3)/c^{\ominus}]^2} \approx \frac{0.1}{0.1^2 x} = \frac{1}{0.1x} = 1.6 \times 10^7$$

解出　　　　　　　　　$x = 6.3 \times 10^{-7} \text{ mol} \cdot \text{dm}^{-3}$

即　　　　　　　　　$c(Ag^+) = 6.3 \times 10^{-7} \text{ mol} \cdot \text{dm}^{-3}$

(2) 计算 $Ag(CN)_2^-$ 和 CN^- 混合溶液中的 Ag^+ 浓度。

设溶液中 Ag^+ 的浓度为 y，与上面的计算相似。

$$Ag^+ + 2CN^- \rightleftharpoons Ag(CN)_2^-$$

平衡浓度/(mol·dm⁻³)　　y　　$0.1+2y$　　$0.1-y$

$$\frac{c(Ag(CN)_2^-)/c^{\ominus}}{[c(Ag^+)/c^{\ominus}][c(CN^-)/c^{\ominus}]^2} \approx \frac{0.1}{0.1^2 y} = \frac{1}{0.1y} = 0.1 \times 10^{21}$$

解出　　　　　　　　　$y = 1.0 \times 10^{-20} \text{ mol} \cdot \text{dm}^{-3}$

即 $c(Ag^+) = 1.0 \times 10^{-20}$ mol·dm^{-3}

计算结果表明,在水溶液中 $Ag(CN)_2^-$ 比 $Ag(NH_3)_2^+$ 更难解离,即 $Ag(CN)_2^-$ 更稳定。

4.5.5 配位化合物的平衡移动

在配离子溶液中加入某些电解质,会使配离子的解离平衡发生移动。

例如:在$[Cu(NH_3)_4]^{2+}$溶液中加入Na_2S溶液,就可以观察到黑色的沉淀出现。这是因为 CuS 溶度积很小,只要解离出少量的 Cu^{2+},就足以生成 CuS 沉淀而使溶液中的 Cu^{2+} 浓度减小,因此,平衡向解离方向移动。

$$[Cu(NH_3)_4]^{2+} \rightleftharpoons Cu^{2+} + 4NH_3$$
$$Cu^{2+} + S^{2-} \rightleftharpoons CuS(s)$$

总反应 $$[Cu(NH_3)_4]^{2+} + S^{2-} \rightleftharpoons CuS(s) + 4NH_3$$

如果在$[Cu(NH_3)_4]^{2+}$溶液中加入酸,则加入的 H^+ 与 NH_3 结合,形成 NH_4^+,溶液中 NH_3 浓度减小,平衡向解离方向移动,使$[Cu(NH_3)_4]^{2+}$溶液的深蓝色变浅,其反应为

$$[Cu(NH_3)_4]^{2+} \rightleftharpoons Cu^{2+} + 4NH_3$$
$$NH_3 + H_3O^+ \rightleftharpoons NH_4^+ + H_2O$$

总反应为 $$[Cu(NH_3)_4]^{2+} + 4H_3O^+ \rightleftharpoons Cu^{2+} + 4NH_4^+ + 4H_2O$$

在自然界中,当地质条件改变时,配离子会遭到破坏,导致成矿元素析出。例如 Fe^{3+} 在一定的地质条件下,可形成配离子$[FeCl_4]^-$,随着地下水的流动而迁移,水中 Cl^- 浓度变小或 pH 值改变时,$[FeCl_4]^-$ 被破坏,生成 Fe_2O_3 沉淀,形成赤铁矿。

$$2[FeCl_4]^- + 3H_2O \rightleftharpoons Fe_2O_3(s) + 8Cl^- + 6H^+$$

又如,若大量的含有 Cl^- 的水在漫长的地质岁月里,不断与角银矿(AgCl)接触,将生成 $[AgCl_2]^-$,形成矿物迁移。

$$AgCl(s) + Cl^- \rightleftharpoons [AgCl_2]^-$$

若遇到不含 Cl^- 的水,或 Cl^- 含量比原来少的水,AgCl 又会沉淀出来,平衡向左移动。所以化学元素在地壳中迁移的本质就是化学平衡不断建立,又不断被破坏的过程。

配位化合物在工业、农业、医药、国防工业和科学研究当中有极其广泛的用途。

例如金属的提纯方面,大部分过渡金属可与 CO 形成羰基化合物,如金属镍粉可在温和条件下(43~50 ℃)直接与 CO 反应,得到液态的 $Ni(CO)_4$,在稍高的温度下分解便可制得纯镍。

$$Ni(s) + 4CO \rightleftharpoons Ni(CO)_4(l)$$

但羰基配位化合物本身毒性较大,应用时必须注意。

在贵金属的湿法冶金方面,常利用配离子的生成来分离、制备许多重要物质。例如 Au 是惰性金属,它在矿物中的提取是利用 CN^-,生成$[Au(CN)_2]^-$配离子,再将 $[Au(CN)_2]^-$ 溶液与 Zn 作用而得到单质金。

$$4Au + 8CN^- + 2H_2O + O_2 \rightleftharpoons 4[Au(CN)_2]^- + 4OH^-$$

$$2[Au(CN)_2]^- + Zn \rightleftharpoons 2Au + [Zn(CN)_4]^{2-}$$

但氰化物有剧毒,应考虑环境污染问题。目前工业生产中,还常采用电解法,使金还原出来。

有机合成工业中很多反应是利用配位催化来实现的。如乙烯在常温常压下与 O_2 反应可制备乙醛。C_2H_4 首先与催化剂中的 Pd^{2+} 配位,在形成配位化合物的过程中,使 C=C 活化,促使反应发生。

$$2C_2H_4 + O_2 \xrightarrow{PdCl\text{-}CuCl_2/\text{稀盐酸}} 2CH_3CHO$$

在电镀过程中,为获得致密、光亮的镀层,必须在电镀液中加入较强的配位剂,使欲镀的金属离子先与配位剂生成稳定的配离子,从而控制金属离子的还原速度。因此,电镀液中配体的种类和数量决定着镀液与镀层的性能。如电镀黄铜(Cu-Zn 合金),所用的电镀液为 $[Cu(CN)_4]^{2-}$ 和 $[Zn(CN)_4]^{2-}$ 的混合液,它们的电极电势接近:$E^{\ominus}([Cu(CN)_4]^{2-}/Cu) = -1.25$ V,$E^{\ominus}([Zn(CN)_4]^{2-}/Zn) = -1.26$ V。在同一外加电压下,溶液中的 Cu^{2+} 与 Zn^{2+} 在阴极上同时放电而析出,形成合金镀层。

在生物体内配位化合物也起着重要作用。如叶绿素就是含镁的配位化合物,它是植物光合作用的催化剂,动物血液中的红色物质就是含铁的配位化合物,B_{12} 是含钴的配位化合物。

生物体内有一类高效、高选择性的生物催化剂——酶,其中很多含有金属离子,主要是 Fe^{2+}、Fe^{3+}、Co^{2+}、Zn^{2+}、Cu^{2+}、Cu^+、Mn^{2+} 等离子,它们与蛋白质分子中的氨基酸形成配位化合物。生物酶的研究是一个非常有价值的重要课题。

配位化合物常常是抗癌新药研究的重要途径,据报道,人们正在努力尝试用 Pt、Rh、Ir、Cu、Ni、Fe、Ti、Zr、Sn 等元素的配位化合物来治疗癌症。

自然界许多金属元素成矿过程中都是以配位化合物形式存在,很多矿物的溶解、迁移及形成均经过配位化合物阶段。如 SnS_2、As_2S_3、Sb_2S_3 等硫化矿物,难溶于水,但若热液中含有 S^{2-},这些硫化矿物与 S^{2-} 反应分别形成 $[SnS_3]^{2-}$、$[AsS_3]^{3-}$、$[SbS_3]^{3-}$ 等配离子,就可以溶于水而迁移。当地质环境改变,它们又重新析出沉淀,这就是成矿。如:

$$SnS_2(s) + S^{2-} \rightleftharpoons [SnS_3]^{2-}$$

本 章 小 结

1. 酸碱质子理论

凡是能给出质子的物质都是酸,凡是能结合质子的物质都是碱。既能给出质子又能结合质子的物质是两性物质。

酸和碱的共轭关系为

$$酸 \rightleftharpoons 质子 + 碱$$

$$K_a \times K_b = K_w$$

2. 酸碱解离平衡

(1) 一元弱酸　　　　　$HA(aq) \rightleftharpoons A^-(aq) + H^+(aq)$

解离度　　　　　$\alpha = \dfrac{\text{已解离的酸(碱)浓度}}{\text{酸(碱)溶液的初始浓度}} \times 100\%$

弱酸解离常数　　　　　$K_a^\ominus = \dfrac{(c_0\alpha/c^\ominus)^2}{c_0(1-\alpha)/c^\ominus} = \dfrac{c_0\alpha^2}{c^\ominus(1-\alpha)}$

稀释定律　　　　　$\alpha = \sqrt{\dfrac{K_a^\ominus c^\ominus}{c_0}}$

H^+ 计算近似公式　　　　　$c(H^+) = c\alpha = \sqrt{K_a c}$

(2) 一元弱碱　　　　　$K_b^\ominus = \dfrac{(c_0\alpha/c^\ominus)^2}{c_0(1-\alpha)/c^\ominus} = \dfrac{c_0\alpha^2}{c^\ominus(1-\alpha)}$

OH^- 计算近似公式　　　　　$c(OH^-) = c\alpha = \sqrt{K_b c}$

(3) 多元弱酸分级解离。H^+ 浓度可按一级解离近似计算,即上面公式中的 K_a、α,相应用 $K_{a,1}$、α_1 代替。

(4) 同离子效应:在弱电解质的溶液中,加入具有相同离子的强电解质,使得弱电解质解离度降低的现象,称为同离子效应。

(5) 缓冲溶液及其 pH 值计算。

弱酸与其共轭碱组成的缓冲溶液

$$c(H^+)/c^\ominus = K_a^\ominus(\text{酸}) \dfrac{c(\text{酸})}{c(\text{共轭碱})}$$

$$pH = pK_a^\ominus - \lg \dfrac{c(\text{酸})}{c(\text{共轭碱})}$$

碱与其共轭酸组成的缓冲溶液

$$pOH = pK_b^\ominus - \lg \dfrac{c(\text{碱})}{c(\text{共轭酸})}$$

3. 沉淀-溶解平衡

对于难溶电解质 $A_nB_m(s)$　　　　　$A_nB_m(s) \rightleftharpoons nA^{m+} + mB^{n-}$

溶度积　　　　　$K_{sp}^\ominus(A_nB_m) = [c(A^{m+})/c^\ominus]^n [c(B^{n-})/c^\ominus]^m$

溶度积规则:

(1) $Q < K_{sp}^\ominus$,不饱和溶液,无沉淀析出;

(2) $Q = K_{sp}^\ominus$,饱和溶液,沉淀-溶解平衡;

(3) $Q > K_{sp}^\ominus$,过饱和溶液,有沉淀析出。

4. 配位化合物的解离平衡

由一个正离子和若干中性分子或负离子以配位键结合而成的具有一定空间构型的复杂离子称为配离子,由配离子与带相反电荷的离子结合而成的中性分子称为配位化合物。掌握配位体、配位原子、配位数等概念,掌握配位化合物的命名规则。掌握配位化合物的标准稳定常数和标准不稳定常数的关系及有关配位平衡的计算。

思 考 题

1. 酸碱质子理论的基本要点是什么?
2. 写出下列物质的共轭酸或共轭碱,并指出哪些是两性物质。
   酸:HAc、NH_4^+、H_2SO_4、HCN、HF、H_2O。
   碱:HCO_3^-、NH_3、HSO_4^-、Br^-、Cl^-、H_2O。
3. 举例说出下列各常数的意义。
   $K_a^\ominus$、$K_b^\ominus$、$K_w^\ominus$、α、$K_{sp}^\ominus$。
4. 解释下列名称。
   (1) 解离常数;(2) 解离度;(3) 同离子效应;(4) 缓冲溶液;(5) 缓冲对;(6) 分步沉淀;(7) 沉淀的转化;(8) 沉淀完全。
5. 解释下列名称并说明二者的意义与联系。
   (1) 离子积与溶度积;
   (2) 溶解度与溶度积;
   (3) 溶解度与浓度;
   (4) 分步沉淀与沉淀转化;
   (5) pH 与 pOH。
6. 盐湖干燥后,形成的岩矿由上到下大致层次应该怎样?假定湖中的离子是:
   Ca^{2+}、Mg^{2+}、Na^+、K^+、CO_3^{2-}、SO_4^{2-}、Cl^-。
7. 用数学式写出下列符号的意义:pH、pOH、$pK_a^\ominus$ 和 $pK_b^\ominus$。
8. 解释下列名词,并举例说明。
   (1) 中心离子; (2) 螯合物; (3) 配位原子; (4) 配位体;(5) 配位数;(6) 内轨型配位化合物; (7) 外轨型配位化合物; (8) 单齿配位体与多齿配位体。
9. 何为配位化合物?何为复盐?二者有何区别?
10. 写出下列有关反应式,并解释反应现象。
    (1) $ZnCl_2$ 溶液中加入适量 NaOH 溶液,再加入过量 NaOH 溶液。
    (2) $CuSO_4$ 溶液中加入少量氨水,再加入过量氨水。

习 题

一、填空题

1. 正常雨水的 pH=5.60(因溶解了 CO_2),其 $c(H^+)=$ _____ $mol \cdot dm^{-3}$;而酸雨(溶解了 SO_2、NO_x)的 pH=4.00,相应 $c(H^+)=$ _____ $mol \cdot dm^{-3}$。

二、选择题

1. 下列溶液中,其 pH 值最大的是(   )。
   A. 0.10 $mol \cdot dm^{-3}$ HCl   B. 0.010 $mol \cdot dm^{-3}$ HNO_3
   C. 0.10 $mol \cdot dm^{-3}$ NaOH   D. 0.010 $mol \cdot dm^{-3}$ KOH
2. 下列溶液中,其 pH 值最小的是(   )。

A. $0.010\ mol\cdot dm^{-3}\ NaOH$ B. $0.010\ mol\cdot dm^{-3}\ H_2SO_4$

C. $0.010\ mol\cdot dm^{-3}\ HCl$ D. $0.010\ mol\cdot dm^{-3}\ H_2C_2O_4$

3. 将 PbI_2 固体溶于水得饱和溶液,$c(Pb^{2+})=1.2\times 10^{-3}\ mol\cdot dm^{-3}$,则 PbI_2 的 $K_{sp}^{\ominus}$ 为( )。

   A. 6.9×10^{-9} B. 1.7×10^{-9}

   C. 3.5×10^{-9} D. 2.9×10^{-6}

4. 25 ℃时,$[Ag(NH_3)_2]^+$ 溶液中存在下列平衡:

$$[Ag(NH_3)_2]^+ \rightleftharpoons [Ag(NH_3)]^+ + NH_3 \quad K_1^{\ominus}$$
$$[Ag(NH_3)]^+ \rightleftharpoons Ag^+ + NH_3 \quad K_2^{\ominus}$$

则 $[Ag(NH_3)_2]^+$ 的稳定常数为( )。

A. $K_1^{\ominus}/K_2^{\ominus}$ B. $K_2^{\ominus}/K_1^{\ominus}$ C. $1/(K_1^{\ominus}\cdot K_2^{\ominus})$ D. $K_1^{\ominus}\cdot K_2^{\ominus}$

三、综合题

1. (1) 写出下列各酸的共轭碱:HCN、H_3AsO_4、HNO_2、HF、H_3PO_4、HIO_3、$[Al(OH)(H_2O)_2]^{2+}$、$[Zn(H_2O)_6]^{2+}$。

   (2) 写出下列各碱的共轭酸:$HCOO^-$、ClO^-、S^{2-}、CO_3^{2-}、HSO_3^-、$P_2O_7^{4-}$、$C_2O_4^{2-}$。

2. 已知在 $1.0\ mol\cdot dm^{-3}\ HCN$ 水溶液中,$c(H^+)=2.48\times 10^{-5}\ mol\cdot dm^{-3}$,计算 $K_a^{\ominus}(HCN)$。

3. 计算下列溶液中溶质的解离度 α。

   (1) $1.00\ mol\cdot dm^{-3}\ HF$ 溶液,其 $c(H^+)=2.51\times 10^{-2}\ mol\cdot dm^{-3}$;

   (2) $0.1\ mol\cdot dm^{-3}\ NH_3$ 水溶液。

4. 已知浓度为 $1.00\ mol\cdot dm^{-3}$ 的弱酸 HA 溶液的解离度 $\alpha=2\%$,计算它的 $K_a^{\ominus}$。

5. 计算 $0.20\ mol\cdot dm^{-3}\ HAc$ 溶液中的 H^+ 浓度。

6. 写出 NH_3 在水中的解离方程。现有 $50.0\ cm^3$ 的 $0.90\ mol\cdot dm^{-3}$ 的 NH_3 溶液,要使它的解离度加倍,需加入水的体积为多少?

7. 在 $0.10\ mol\cdot dm^{-3}\ NH_3$ 水中,加入固体 NH_4Cl 后,$c(OH^-)$ 是 $2.8\times 10^{-6}\ mol\cdot dm^{-3}$,计算溶液中 NH_4^+ 的浓度。

8. 计算 $0.30\ mol\cdot dm^{-3}\ HCl$ 溶液中,通 H_2S 至饱和后的 $c(S^{2-})$。(设饱和的 H_2S 溶液中 H_2S 的浓度是 $0.1\ mol\cdot dm^{-3}$)

9. 在 $100\ cm^3\ 0.30\ mol\cdot dm^{-3}\ NH_4Cl$ 中加入下列溶液,计算各混合溶液的 $c(H^+)$。

   (1) $100\ cm^3\ 0.30\ mol\cdot dm^{-3}\ NaOH$ 溶液;

   (2) $200\ cm^3\ 0.30\ mol\cdot dm^{-3}\ NaOH$ 溶液。

10. 欲配制 $1\ dm^3\ pH=5$,HAc 的浓度是 $0.2\ mol\cdot dm^{-3}$ 的缓冲溶液,需用 $NaAc\cdot 3H_2O$ 多少克?需用 $1\ mol\cdot dm^{-3}\ HAc$ 的体积为多少?

11. $0.010\ mol\cdot dm^{-3}\ NaNO_2$ 溶液中 H^+ 浓度为 $2.1\times 10^{-8}\ mol\cdot dm^{-3}$,计算 NO_2^- 的 $K_b^{\ominus}$ 和 HNO_2 的 $K_a^{\ominus}$。

12. 草酸钡 BaC_2O_4 的溶解度是 $0.078\ g\cdot dm^{-3}$,计算其 $K_{sp}^{\ominus}$。

13. 饱和溶液 $Ni(OH)_2$ 的 $pH=8.83$,计算 $Ni(OH)_2$ 的 $K_{sp}^{\ominus}$。

14. 在下列溶液中是否会生成沉淀?

    (1) $1.0\times 10^{-2}\ mol\ Ba(NO_3)_2$ 和 $2.0\times 10^{-2}\ mol\ NaF$ 溶于 $1.0\ dm^3$ 水中;

    (2) $0.50\ dm^3$ 的 $1.4\times 10^{-2}\ mol\cdot dm^{-3}\ CaCl_2$ 溶液与 $0.25\ dm^3$ 的 $0.25\ mol\cdot dm^{-3}\ Na_2SO_4$ 溶液相混合。

15. 计算在 0.020 mol·dm^{-3} $AlCl_3$ 溶液中 $AgCl$ 的溶解度。

16. 0.10 dm^3 0.20 mol·dm^{-3} $AgNO_3$ 溶液与 0.10 dm^3 0.10 mol·dm^{-3} HCl 相混合,计算混合溶液中各种离子的浓度。

17. 计算在 0.10 mol·dm^{-3} $FeCl_3$ 溶液中生成 $Fe(OH)_3$ 沉淀时,pH 值最低应是多少。

18. 将固体 Na_2CrO_4 慢慢加入含有 0.010 mol·dm^{-3} Pb^{2+} 和 0.010 mol·dm^{-3} Ba^{2+} 溶液中,哪种离子先沉淀?当第二种离子开始沉淀时,已经生成沉淀的那种离子的浓度是多少?

19. 在 0.30 mol·dm^{-3} 的 HCl 溶液中有一定量的 Cd^{2+},当通入 H_2S 气体达到饱和时,Cd^{2+} 是否能沉淀完全?

20. 溶液中含有 0.10 mol·dm^{-3} 的 Zn^{2+} 和 0.10 mol·dm^{-3} 的 Fe^{2+},通 H_2S 到饱和时,如何控制 $c(H^+)$ 使之只生成 ZnS 沉淀,而不生成 FeS 沉淀?如果不生成 FeS 沉淀,溶液中 Zn^{2+} 浓度最少应是多少?

21. 溶液中 Fe^{3+} 和 Mg^{2+} 的浓度都是 0.10 mol·dm^{-3},要使 Fe^{3+} 完全沉淀为 $Fe(OH)_3(s)$,而 Mg^{2+} 不生成 $Mg(OH)_2$ 沉淀,应如何控制溶液的 $c(OH^-)$?

22. 在 1.0 dm^3 溶液中溶解 0.10 mol $Mg(OH)_2$ 需加固体 NH_4Cl 的物质的量为多少?

23. 指出下列配位化合物的名称、中心离子、配离子电荷数、配位数、配位体。
$[Co(NH_3)_6]SO_4$、$[Cu(NH_3)_4](OH)_2$、$Na_3[Ag(S_2O_3)_2]$、$[Ni(CO)_4]$、$[PtCl_2(NH_3)_2]$、$[CoCl(NH_3)en_2]Cl_2$。

24. 完成下列各反应方程式:
 (1) $AgCl(s)$ 与过量氨水反应;(2) $CuSO_4$ 溶液与适量氨水反应;
 (3) $CuSO_4$ 溶液与过量氨水反应;(4) 在 $[Cu(NH_3)_4]^{2+}$ 溶液中加入适量 Na_2S。

25. 写出贵金属的湿法冶金中提炼金的化学反应方程式。

26. 已知 $[Zn(CN)_4]^{2-}$ 的 $K_{稳}^{\ominus}=5.0\times10^{16}$,$ZnS$ 的 $K_{sp}^{\ominus}=2.93\times10^{-25}$。在 0.010 mol·dm^{-3} 的 $[Zn(CN)_4]^{2-}$ 溶液中通入 H_2S 至 $c(S^{2-})=2.0\times10^{-15}$ mol·dm^{-3},是否有 ZnS 沉淀产生?

27. 1.00×10^{-3} mol·dm^{-3} 的 Ag^+ 溶液中加入少量 $Na_2S_2O_3$ 固体,搅拌使溶解。在平衡溶液中,有一半 Ag^+ 生成了 $[Ag(S_2O_3)_2]^{3-}$。已知 $[Ag(S_2O_3)_2]^{3-}$ 的稳定常数 $K_{稳}^{\ominus}=2.88\times10^{13}$。求溶液中 $Na_2S_2O_3$ 的总浓度。

28. 在 pH=9.00 的 $NH_4Cl\sim NH_3$ 缓冲溶液中,NH_3 浓度为 0.072 mol·dm^{-3}。向 100.0 cm^3 的该溶液中加入 1.0×10^{-4} mol $Cu(Ac)_2$。已知 $K_{稳}^{\ominus}([Cu(NH_3)_4]^{2+})=2.1\times10^{13}$,$K_{sp}^{\ominus}(Cu(OH)_2)=2.2\times10^{-20}$。若忽略由此引起的溶液体积变化,试问该平衡系统中:
 (1) 自由铜离子浓度 $c(Cu^{2+})$ 是多少? (2) 是否有 $Cu(OH)_2$ 沉淀生成?

29. 1.0 dm^3 $c(Y^{4-})=1.1\times10^{-2}$ mol·dm^{-3} 的溶液中加入 1.0×10^{-3} mol $CuSO_4$,请计算该平衡溶液中的自由铜离子浓度 $c(Cu^{2+})$。若用 1.0 dm^3 $c(en)=2.2\times10^{-2}$ mol·dm^{-3} 的溶液代替 Y^{4-} 溶液,结果又如何?已知 $K_{稳}^{\ominus}(CuY^{2-})=6.0\times10^{18}$ 和 $K_{稳}^{\ominus}([Cu(en)_2]^{2+})=4.0\times10^{19}$。

30. 3.0×10^{-3} mol $AgBr$ 溶于 1.0 dm^3 氨水中,计算 NH_3 的最小浓度。

31. 通过计算,回答下列问题。
 (1) 在 100 cm^3 0.15 mol·dm^{-3} $K[Ag(CN)_2]$ 溶液中,加入 50 cm^3 0.1 mol·dm^{-3} KI 溶液,是否有 AgI 沉淀产生?
 (2) 在上述混合溶液中加入 50 cm^3 0.1 mol·dm^{-3} KCN 溶液,是否有 AgI 沉淀产生?
 已知 $K_{稳}^{\ominus}([Ag(CN)_2]^-)=1.0\times10^{21}$, $K_{sp}^{\ominus}(AgI)=1.5\times10^{-16}$。

第5章 氧化还原反应与电化学

氧化还原反应是一类重要的化学反应,这类反应和前面讲过的质子传递反应(酸碱反应)不同。质子传递反应是在反应的过程中发生质子的转移;而氧化还原反应则是在反应过程中发生电子的转移或偏移。例如 $Zn(s)+Cu^{2+}\Longrightarrow Zn^{2+}+Cu(s)$ 反应中 Zn 失去电子被氧化成 Zn^{2+},Cu^{2+} 得到电子被还原成 Cu。如果将这个反应安排在一个"原电池"的装置中进行,则可获得电能。

氧化还原的化学反应和原电池中的电化学反应的相同点是都发生了氧化剂与还原剂之间的电子转移,不同点在于电子转移的方式有区别。前者电子的直接转移使化学能变为热能,后者电子的转移通过外电路由还原剂到氧化剂,使化学能变成电能。本章的内容从介绍氧化还原反应的基本概念和氧化还原反应方程式的配平方法开始,重点讨论衡量物质氧化还原能力强弱的电极电势及其应用,初步了解能斯特方程的意义,最后介绍电解、电镀及一些金属腐蚀与防护和化学电源的有关知识。

5.1 氧化还原反应

5.1.1 氧化数

氧化还原反应的特征是反应前后元素的化合价有变化,这种变化的实质是反应物之间的电子转移。所谓"电子转移"既指电子得失,也指电子偏移。由于常会遇到一些结构不易确定的组成复杂的化合物组成元素的化合价不易确定的难题,为此,人们在化合价的基础上引入了氧化数的概念。

氧化数是某一元素一个原子的形式荷电数,荷电数可由假设把每个键电子指定给电负性更大的原子而求得,也就是说氧化数是化合物分子中某元素平均表观电荷数。确定氧化数的规则有如下几条。

(1) 在单质中,元素的氧化数是零,如 H_2、F_2。

(2) 在化合物中,金属元素的氧化数是正值。如碱金属和碱土金属在化合物中的氧化数分别为 +1 和 +2。

(3) 氢元素的氧化数一般为 +1,只有与电负性比它小的原子结合时氢原子的氧化数才为 -1,如金属氢化物 LiH、NaH,H 的氧化数为 -1。

(4) 氧元素的氧化数一般为 -2,但在过氧化物中氧的氧化数为 -1,如 H_2O_2、

Na_2O_2,在氟化物中(如 O_2F_2)氧的氧化数为 +1。

(5) 中性分子中各元素原子的氧化数的代数和等于零;在复杂离子中各元素的氧化数的代数和等于离子的总电荷数。

值得注意的是在判断共价化合物元素原子的氧化数时不要与共价数(某元素原子形成的共价键的数目)混淆起来,如在 CH_4、C_2H_4、C_2H_2 分子中碳的共价键数均为 4,而氧化数则依次为 -4、-2、-1。

5.1.2 氧化与还原

反应前后相应元素氧化数发生改变是氧化还原反应的特征。氧化、还原和氧化剂、还原剂的基本概念通过如下反应加以讨论。

$$Fe(s) + Cu^{2+} \rightleftharpoons Fe^{2+} + Cu(s)$$

在反应中,Fe 给出电子,氧化数由 0 升到 +2,氧化数升高的过程称为氧化。Cu^{2+} 得到电子,氧化数由 +2 降低到 0,氧化数降低的过程称为还原。在氧化还原过程中,给出电子的物质称为还原剂,得到电子的物质称为氧化剂。Fe 失去电子,本身被氧化,是还原剂。Cu^{2+} 得到电子,本身被还原,是氧化剂。

整个氧化还原反应可分解为氧化与还原两个半反应。

氧化半反应 $\qquad Fe(s) \longrightarrow Fe^{2+} + 2e^-$

还原半反应 $\qquad Cu^{2+} + 2e^- \longrightarrow Cu(s)$

在半反应中,同一种元素的不同氧化态物质构成一个氧化还原电对,其中高氧化数的物质称为氧化型,低氧化数的物质称为还原型。氧化还原电对一般表示为:氧化型/还原型。例如 Fe^{2+}/Fe、Cu^{2+}/Cu 等。

氧化还原反应实质上是两个(或两个以上)电对共同作用的结果,可以用一个通式来表示氧化还原反应。

$$\text{氧化型 1} + \text{还原型 2} \rightleftharpoons \text{氧化型 2} + \text{还原型 1}$$

5.1.3 氧化还原反应方程式的配平

配平氧化还原方程式常用氧化数法和离子-电子法。氧化数法是根据氧化剂和还原剂氧化数变化相等的原则进行配平;离子-电子法是根据氧化剂和还原剂得失电子数相等的原则进行配平。在此简单介绍离子-电子法。

配平原则:

(1) 反应过程中氧化剂所夺得的电子数必须等于还原剂失去的电子数;

(2) 反应前后各元素的原子总数相等。

配平步骤:将反应式改写成为两个半反应式,先将两个半反应分别配平,然后将这些反应式加合起来,消去电子而完成。

下面以高锰酸钾在酸性介质中将亚硫酸钾氧化成硫酸钾为例,说明用离子-电子法配平氧化还原反应方程式的具体步骤。

(1) 写出氧化还原反应的离子式。
$$MnO_4^- + SO_3^{2-} \longrightarrow Mn^{2+} + SO_4^{2-}$$
(2) 将上式写成两个半反应。
还原半反应 $\quad MnO_4^- \longrightarrow Mn^{2+}$
氧化半反应 $\quad SO_3^{2-} \longrightarrow SO_4^{2-}$
(3) 分别配平两个半反应。
$$MnO_4^- + 8H^+ + 5e^- \longrightarrow Mn^{2+} + 4H_2O$$
$$SO_3^{2-} + H_2O \longrightarrow SO_4^{2-} + 2H^+ + 2e^-$$

MnO_4^- 是氧化剂,还原产物是 Mn^{2+},反应后产物氧原子的数目减少了;SO_3^{2-} 是还原剂,氧化产物是 SO_4^{2-},反应后产物氧原子的数目增加了。在酸性介质中,氧化或还原半反应式氧原子数增减时,在方程式左边或右边加上足够量的氢离子,并在等式右边或左边加上一定数目的水分子,而在碱性介质中应加上 OH^- 和水分子。

(4) 两个半反应式各自乘以相应的系数,然后相加消去电子就可得到配平的离子方程式。

$$\begin{array}{r} 2\times \quad MnO_4^- + 8H^+ + 5e^- \longrightarrow Mn^{2+} + 4H_2O \\ +)5\times \quad SO_3^{2-} + H_2O \longrightarrow SO_4^{2-} + 2H^+ + 2e^- \\ \hline 2MnO_4^- + 16H^+ + 5SO_3^{2-} + 5H_2O \longrightarrow 2Mn^{2+} + 8H_2O + 5SO_4^{2-} + 10H^+ \end{array}$$

经整理得 $\quad 2MnO_4^- + 5SO_3^{2-} + 6H^+ =\!=\!= 2Mn^{2+} + 5SO_4^{2-} + 3H_2O$

(5) 写出相应的分子方程式。
$$2KMnO_4 + 5K_2SO_3 + 3H_2SO_4 =\!=\!= 2MnSO_4 + 6K_2SO_4 + 3H_2O$$

5.2 原 电 池

5.2.1 原电池的基本概念

1. 原电池的组成

在氧化还原反应中电子从还原剂向氧化剂转移,例如将一块锌片放在硫酸铜溶液中,就可以发现,锌片慢慢地溶解,而蓝色的硫酸铜溶液的颜色逐渐变浅,红色铜不断地析出在锌片上,这说明在这个体系中发生了如下氧化还原反应。
$$Zn + CuSO_4 =\!=\!= Cu + ZnSO_4$$

在此反应体系中电子直接从 Zn 转移给 Cu^{2+},随着氧化反应的进行,有热量放出,说明反应过程中的化学能转变为热能。如果用另外一种方式来实现这一反应,就可避免电子直接从 Zn 转移给 Cu^{2+},而是使电子沿着某一通道传递给 Cu^{2+},这样电子就会定向移动而产生电流。以这种方式来实现这一反应,必须将氧化剂和还原剂分开,即氧化过程和还原过程在两处分开进行,电子沿着外电路从还原剂转移给氧化

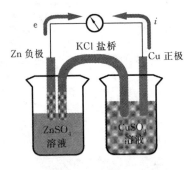

图 5-1 Cu-Zn 原电池示意图

剂,这样进行的氧化还原反应就能把化学能转变成电能。这种将化学能直接转换成电能的装置称为原电池。

如图 5-1 所示,在两个烧杯中分别装入 $CuSO_4$ 和 $ZnSO_4$ 溶液,并在 $CuSO_4$ 溶液中放入 Cu 片,$ZnSO_4$ 溶液中放入 Zn 片,用一根串联有检流计的导线将两块金属片连接起来,两个装满溶液的小烧杯用盐桥(盐桥是一个 U 形管,管内充满与琼脂冻胶凝结在一起的 KCl 或 KNO_3 的饱和溶液)连接。这样就得到了一个 Cu-Zn 原电池,产生的电流的大小和方向可以由检流计测出。

盐桥的作用是使它连接的两个液体始终保持电中性,从而使电化学反应可以不断进行。这是因为当反应发生后,由于 Zn 不断地失去电子而被氧化成 Zn^{2+} 进入溶液,这样就使原来为电中性的 $ZnSO_4$ 溶液因有过量的 Zn^{2+} 而带正电,同时 $CuSO_4$ 溶液中 Cu^{2+} 因得到电子变为 Cu 析出,使得 SO_4^{2-} 过多而溶液带负电。溶液中带电就阻止了进一步的放电作用,因此就不产生电流了。用盐桥连接两种溶液后,K^+ 从盐桥移向 $CuSO_4$ 溶液,Cl^- 从盐桥移向 $ZnSO_4$ 溶液,分别中和过剩的电荷,从而保证这两种溶液的电中性。

在原电池中,能导电的固体称为电极,其中流出电子的电极称为负极,得到电子的电极称为正极。因此在负极上发生氧化反应,在正极上发生还原反应,例如 Cu-Zn 原电池,Cu 为正极,锌为负极,原电池是由两个半电池组成的,锌和锌盐组成一个半电池,铜和铜盐组成另一个半电池。半电池中能导电的固体称为电极。在正极或负极进行的反应称为电极反应或半电池反应,总反应称为电池反应。

锌电极(负极) $Zn(s) \longrightarrow Zn^{2+} + 2e^-$

铜电极(正极) $Cu^{2+} + 2e^- \longrightarrow Cu(s)$

电池反应 $Zn(s) + Cu^{2+} \Longleftrightarrow Zn^{2+} + Cu(s)$

2. 原电池的符号

为了简单起见,通常用符号来表示原电池,例如 Cu-Zn 原电池的符号为

$$(-)Zn(s) \mid ZnSO_4(c_1) \parallel CuSO_4(c_2) \mid Cu(s)(+)$$

图式中"$\mid$"表示相界面;"$\parallel$"表示盐桥;(-)和(+)分别表示原电池的负极和正极。一般进行氧化反应的负极写在左边,进行还原反应的正极写在右边。要注明电池反应的温度和压力,如不写明,一般指 298.15 K 和标准压力 $p^{\ominus}$。对气体要注明压力,对溶液要注明浓度,当溶液浓度为 $1\ mol \cdot dm^{-3}$ 时可以不写。

当电极反应中无金属导体时,需要增加只起导电作用而不参加反应的惰性电极 Pt 或 C;若参加电极反应的物质中有纯气体、液体或固体,如 $Cl_2(g)$、$Br_2(l)$、$I_2(s)$,则应写在惰性导体的一边。例如作为负极的氯电极为 $Pt \mid Cl_2(g,p) \mid Cl^-(aq)$,作

为正极的氯电极为 $Cl^-(aq) \mid Cl_2(g,p) \mid Pt$。

盐桥对于原电池来说是非常重要的,但是并不是所有的原电池都必须有盐桥,如果组成原电池的两个半电池的电解质溶液相同,则不需要盐桥,如电池:

$$Pt, H_2(p) \mid HCl \mid Cl_2(p), Pt$$

【例 5-1】 将下列化学反应设计成原电池。

(1) $6Fe^{2+}(aq) + Cr_2O_7^{2-}(aq) + 14H^+(aq) \Longrightarrow 6Fe^{3+}(aq) + 2Cr^{3+}(aq) + 7H_2O$;

(2) $Ag(s) + H^+(aq) + I^-(aq) \Longrightarrow AgI(s) + \frac{1}{2}H_2(g)$;

(3) $Ag^+(aq) + Cl^-(aq) \Longrightarrow AgCl(s)$。

解 (1) 先确定正极和负极的氧化还原电对。反应中 Fe^{2+} 失去电子被氧化成 Fe^{3+},发生氧化反应,故电对 Fe^{3+}/Fe^{2+} 是负极;$Cr_2O_7^{2-}$ 在反应中得到电子被还原成 Cr^{3+},发生还原反应,故 $Cr_2O_7^{2-}/Cr^{3+}$ 是正极。正负极反应中没有固体电极作为电子的载体,需用惰性材料制成的电极作为电子的载体,设计成的原电池为

$$(-)Pt(s) \mid Fe^{2+}, Fe^{3+} \parallel Cr_2O_7^{2-}, Cr^{3+} \mid Pt(s)(+)$$

(2) 电对 AgI/Ag 是负极,电对 H^+/H_2 是正极。正极反应中没有固体电极作为电子的载体,故用 Pt 作电极,设计成的原电池为

$$(-)Ag(s) \mid AgI \mid I^-(aq) \parallel H^+(aq) \mid H_2(g) \mid Pt(s)(+)$$

(3) 反应不是氧化还原反应,但在反应式两边分别加上 Ag,就能构成氧化还原电对

$$Ag(s) + Ag^+(aq) + Cl^-(aq) \Longrightarrow AgCl(s) + Ag(s)$$

在该反应中 Ag 失电子被氧化成 AgCl,Ag^+ 得电子被还原成 Ag,故正极电对是 Ag^+/Ag,负极电对是 AgCl/Ag,设计成的原电池为

$$(-)Ag(s) \mid AgCl(s) \mid Cl^-(aq) \parallel Ag^+ \mid Ag(s)(+)$$

5.2.2 原电池的电动势

在 Cu-Zn 原电池中,当两极由导线接通时,电流便从正极(铜极)流向负极(锌极),即电子就开始从负极(锌极)流向正极(铜极)。这说明两极之间有电势差存在,而且正极的电势比负极的电势高。就像水从高水位向低水位处流动一样。这种电势差称为原电池的电动势,用 E 表示,单位是 V(伏)。当外电路没有电流通过时,原电池的电动势等于两个电极的电势之差,即原电池电动势等于正极的电势减去负极的电势。

$$E = E_+ - E_- \tag{5-1}$$

式中:E_+ 和 E_- 分别代表正、负电极的电极电势。

原电池不同,电动势不同。同一个原电池,温度或离子浓度改变时,电动势也改变。为了比较原电池电动势的大小,在电化学中也规定了标准状态。在指定温度下,当溶液中各离子的浓度为 $1 \text{ mol} \cdot dm^{-3}$ 时,纯固态或者液态的物质在 100 kPa 下或

气体的压力是 100 kPa，测得的原电池的电动势称为它的标准电动势。标准电动势的符号是 $E^{\ominus}$。测定温度通常是 298.15 K。通常化学手册中所得的数值都是标准电动势。

根据原电池标准电动势的大小，可以判断氧化还原反应进行的方向和程度。因此，它是一个重要的物理量，后面还要用到它。

5.3 电极电势

5.3.1 标准电极电势

在 Cu-Zn 原电池中电流方向从 Cu 到 Zn，电子从 Zn 到 Cu，这是因为锌电极的电势比铜电极更低。电池电动势等于正、负电极电势之差，那么电极电势是如何产生的？

1. 电极电势的产生

由于金属晶体中有金属阳离子和公共化电子，所以当一种金属放入它的溶液中时，一方面金属表面的一些离子受极性水分子作用有进入溶液中的倾向；另一方面溶液中的金属离子受金属表面的电子吸引而获得电子，有沉积在金属表面上的倾向。

例如将金属 Zn 插入含有该金属离子的溶液中时，由于极性很大的水分子吸引构成晶格的金属离子，从而使金属 Zn 以水合离子的形式进入金属表面附近的溶液。

$$Zn(s) \longrightarrow Zn^{2+}(aq) + 2e^-$$

另一方面，溶液中的水合 Zn^{2+} 由于受其他 Zn^{2+} 的排斥作用和受锌片上电子的吸引作用，又有从金属 Zn 表面获得电子而沉积在金属表面的倾向。

$$Zn^{2+}(aq) + 2e^- \longrightarrow Zn(s)$$

开始时，溶液中金属离子浓度较小，溶解趋势占上风。但随着 Zn 的不断溶解，溶液中 Zn^{2+} 浓度增加，同时锌片上的电子也不断增加，这样就阻碍了 Zn 的继续溶解。而且随着水合 Zn^{2+} 浓度和锌片上电子数目的增加，沉积速度不断增大。当溶解速度和沉积速度相等时，达到了动态平衡。平衡时的电极反应式为

$$Zn(s) \rightleftharpoons Zn^{2+}(aq) + 2e^-$$

这时，金属锌片表面上保留有相应数量的自由电子而带负电荷，在锌片附近的溶液中就有较多的 Zn^{2+} 吸引在金属表面附近，结果形成一个双电层，如图 5-2(a)所示。双电层之间存在电势差，这种在金属和溶液之间产生的电势差，就称为金属电极的电极电势。

不同的电极形成的情况不同。若将金属 Cu 插于 $CuSO_4$ 溶液时，则溶液中 Cu^{2+} 更倾向于从 Cu 表

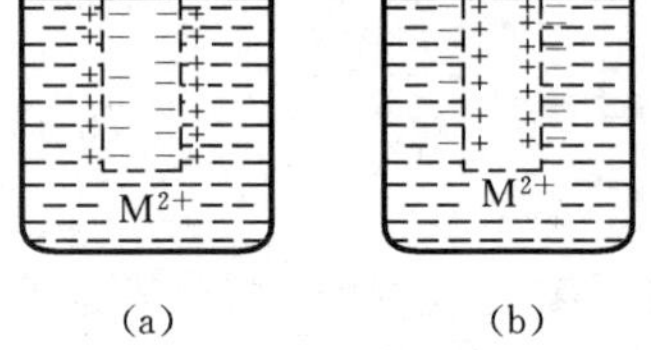

图 5-2 金属的电极电势

面获得电子而沉积,最终形成电极带正电荷而溶液带负电荷的双电层,如图 5-2(b)所示。

除此之外,不同的金属相接触,不同的液体接触界面或同一种液体但浓度不同的接触界面上都会产生双电层,从而产生所谓的接触电势。

影响电极电势的因素有电极的本性、温度、介质及离子浓度等。当外界条件一定时,电极电势的大小只取决于电极的本性。对于金属电极而言,则取决于金属活泼性的大小。金属越活泼,溶液越稀,溶解成离子的倾向越大,离子沉积的倾向越小,达平衡时电极电势越低。相反,金属越不活泼,溶液越浓,溶解倾向则越小,沉积倾向越大,电极电势越高。

2. 标准电极电势的测定

任何一个原电池都是由两个半电池构成的,因此,原则上有了半电池的电极电势,就可以很容易地求得原电池的电动势了,但是到目前为止还没有切实可行的方法来测定单个电极的电极电势。因为任何实际电势的测量,总是必须具备两个电极,测得的值也必然是两个电极电势的总结果,所以单个电极的绝对值是无法测到的,只能采用相对标准的比较方法。为了建立一套系统的电极电势以便比较和查用,需要选择某一个合适电极作为标准,规定其在一定条件下的电极电势为零。犹如估量某处的海拔高度以海平面作为比较标准一样。理论上通常采用的标准参比电极是标准氢电极,其结构如图 5-3 所示。

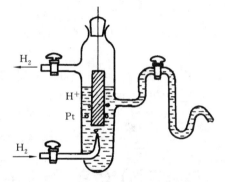

图 5-3 标准氢电极结构示意图

标准氢电极是把表面镀上一层铂黑的铂片插入 H^+ 浓度①为 $1\ mol \cdot dm^{-3}$ 的溶液中,并不断地通入压力为 $100\ kPa$ 的纯 H_2 冲打铂片,使铂黑吸附 H_2 并达到饱和。规定标准氢电极的电极电势为零,即 $E^{\ominus}(H^+/H_2) = 0.000\ 0\ V$,其书面写法为:Pt│$H_2(p^{\ominus})$│$H^+(1\ mol \cdot dm^{-3})$。其电极反应为

$$\frac{1}{2}H_2(g, p(H_2)) \longrightarrow H^+(c) + e^-$$

据此,只要将某一待测电极与标准电极组成原电池,即标准电极‖待测电极,便可以根据测量到的电动势去计算待测电极的电势了。必须说明的是任何原电池的实测电动势都应是正值,等于正极的电极电势减去负极的电极电势。通常选择标准氢电极为基准,将待测电极和标准氢电极组成一个原电池。

Pt│$H_2(p^{\ominus})$│$H^+(1\ mol \cdot dm^{-3})$‖待测电极

---

① 严格地说应是氢离子活度为 1 的溶液,活度可以看做是有效浓度,在本书中一般都以浓度代替活度。

用电势差计测量电动势 $E^\ominus$，$E^\ominus = E^\ominus$（待测电极）$- E^\ominus(\text{H}^+/\text{H}_2)$，这样就可求出待测电极的电极电势。

例如，要测 Cu 电极的标准电极电势时，只要把 Cu 棒插入 $1\ \text{mol}\cdot\text{dm}^{-3}\ \text{CuSO}_4$ 溶液中组成标准铜电极，再与标准氢电极和盐桥连接在一起构成一个原电池，在 25 ℃ 时用电势差计测量该电池的电动势发现氢电极为负极，Cu 极为正极。电池符号为

$$\text{Pt} \mid \text{H}_2(p^\ominus) \mid \text{H}^+ (1\ \text{mol}\cdot\text{dm}^{-3}) \parallel \text{Cu}^{2+} (1\ \text{mol}\cdot\text{dm}^{-3}) \mid \text{Cu(s)}$$

298.15 K 时测得该电池电动势 $E^\ominus = 0.341\ 9\ \text{V}$，即

$$E^\ominus = E^\ominus(\text{Cu}^{2+}/\text{Cu}) - E^\ominus(\text{H}^+/\text{H}_2) = 0.341\ 9\ \text{V}$$

$$E^\ominus(\text{Cu}^{2+}/\text{Cu}) = 0.341\ 9\ \text{V}$$

如果要测定 Zn 的标准电极电势，同样可以用盐桥把标准锌电极和标准氢电极连接组成 Zn-H_2 原电池，实验发现电流是由氢电极流向锌电极，即电池符号为

$$\text{Zn(s)} \mid \text{Zn}^{2+} (1\ \text{mol}\cdot\text{dm}^{-3}) \parallel \text{H}^+ (1\ \text{mol}\cdot\text{dm}^{-3}) \mid \text{H}_2(p^\ominus), \text{Pt}$$

在 298.15 K 时测得其电动势为 0.761 8 V，即

$$E^\ominus = E^\ominus(\text{H}^+/\text{H}_2) - E^\ominus(\text{Zn}^{2+}/\text{Zn}) = 0.761\ 8\ \text{V}$$

$$E^\ominus(\text{Zn}^{2+}/\text{Zn}) = -0.761\ 8\ \text{V}$$

用类似的方法可以测得一系列电对的标准电极电势，附录 G 中列出了一些氧化还原电对的标准电极电势数据。

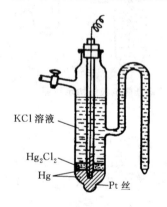

图 5-4 甘汞电极结构示意图

在实际的工作中，由于氢电极比较复杂，而且十分敏感，只要外界条件稍有变化，电极电势就会波动不定，为此常用一些比较简单、稳定的电极来代替氢电极，例如由 Hg、Hg_2Cl_2 及 KCl 溶液组成的甘汞电极，这类电极称为参比电极，其电极电势已经准确测定并获得公认。甘汞电极的电极电势与 KCl 溶液浓度有关。若 KCl 为饱和溶液时，称为饱和甘汞电极，298.15 K 时其电极电势是 0.241 5 V。甘汞电极的结构如图 5-4 所示，在一个玻璃管中放入少量纯汞，上面有一层由少量汞和甘汞制成的糊状物，外面是 KCl 溶液，汞中插入铂丝。电极反应为

$$\text{Hg}_2\text{Cl}_2(\text{s}) + 2\text{e}^- \rightleftharpoons 2\text{Hg(l)} + 2\text{Cl}^-(\text{aq})$$

3. 应用标准电极电势应注意的事项

(1) 本书采用的电极电势是国际纯粹和应用化学联合会（IUPAC）所规定的还原电势。所谓还原电势，就是电对相对标准氢电极为正极，该电极发生还原反应时的电势。还原电势表示元素或离子得到电子被还原的趋势，即氧化型物质得到电子的能力的大小，若得到电子的能力越大，其 $E^\ominus$ 就越大；反之就越小（或越负）。如：F_2/F^- 电对（$\text{F}_2 + 2\text{e}^- \rightleftharpoons 2\text{F}^-$）的电极电势 $E^\ominus(\text{F}_2/\text{F}^-) = 2.866\ \text{V}$，这表明 F_2 得到电子的能力很大，有很强的氧化性。又如：Zn^{2+}/Zn 电对（$\text{Zn}^{2+} + 2\text{e}^- \rightleftharpoons \text{Zn}$）的 $E^\ominus(\text{Zn}^{2+}/\text{Zn})$

$= -0.761\ 8$ V,这说明 Zn^{2+} 得到电子的能力较小,而还原型物质 Zn 失去电子的能力较大,Zn^{2+} 较难被还原成 Zn。当电对中的氧化型物质的氧化能力大于 H^+ 时,其标准电极电势为正值,当电对中的氧化型物质的氧化能力小于 H^+ 时,其标准电极电势为负值。还原电势电对符号要求把氧化型物质写在左边,还原型物质写在右边,即 M^{n+}/M。而电极反应一般是把氧化型物质写在左边,还原型物质写在右边:$M^{n+} + ne^- \rightleftharpoons M$,$M^{n+}$ 为物质的氧化型,M 为物质的还原型,即

$$\text{氧化型} + ne^- \rightleftharpoons \text{还原型}$$

(2) 某些物种随介质的酸碱不同而有不同的存在形式,其 $E^{\ominus}$ 值也不同。例如 Fe^{3+}/Fe^{2+} 电对,在酸性介质中,$E^{\ominus}(Fe^{3+}/Fe^{2+}) = 0.771$ V;而在碱性介质中,$E^{\ominus}(Fe(OH)_3/Fe(OH)_2) = -0.56$ V。实际上它们是存在酸、碱介质中的同一电对。

(3) $E^{\ominus}$ 表示物质得失电子的倾向,是表示物质进行电极反应的趋势,是物质的一种本性,与物质的数量无关,因此电极反应乘以任何常数时 $E^{\ominus}$ 值不变。

例如:　　　　$O_2 + 2H_2O + 4e^- \longrightarrow 4OH^-$,　　$E_1^{\ominus} = 0.401$ V

　　　　　　　$2O_2 + 4H_2O + 8e^- \longrightarrow 8OH^-$,　　$E_2^{\ominus} = 0.401$ V

　　　　　　　$1/2O_2 + H_2O + 2e^- \longrightarrow 2OH^-$,　　$E_3^{\ominus} = 0.401$ V

(4) 标准还原电势 $E^{\ominus}$ 与反应速率无关。$E^{\ominus}$ 是电极处于平衡态时表现出的特征值,它和平衡到达的快慢,即反应速度无关。

(5) 标准还原电势是在标准态时的水溶液中测得(或通过计算得出),对非水溶液、高温和固相反应均不适用。

5.3.2　电极电势的能斯特方程

影响电极电势的因素主要有电极的本性、氧化型和还原型物质的浓度和温度等。

由于一般的实验是在常温时进行的,所以物质的浓度就成为影响电极电势的主要因素。在半电池反应中如果有酸或碱参加反应,溶液的 pH 值也影响电极电势。

1. 浓度对电极电势的影响

半电池中组成物质的浓度与电极电势的关系式称为能斯特(Nernst)公式。根据热力学理论,在等温等压条件下一个电化学反应达平衡时,系统吉布斯函数的减少等于对外所做的最大非体积功,即 $dG = \delta W'$。如果将一个氧化还原反应设计成原电池,那么电池所做的最大非体积功即是电功。电功等于电动势与通过的电量的乘积。

$$\Delta_r G_m = W' = -zFE \tag{5-2}$$

式中:E 为电池的电动势;F 为法拉第常数,$F = 96\ 485$ C·mol^{-1};z 为氧化还原反应中得失电子数。当参与电池反应的各物质均处于标准状态,电池的电动势称为标准电池电动势,则标准摩尔吉布斯函数变化值 $\Delta_r G_m^{\ominus}(T)$ 与标准电池电动势 $E^{\ominus}$ 的关系为

$$\Delta_r G_m^{\ominus}(T) = -zFE^{\ominus} \tag{5-3}$$

对于任意电极,氧化型物质(Ox)得到 z 个电子转变为还原型物质(Red)的电极反应是

$$g(Ox) + ze^- \rightleftharpoons h(Red)$$

根据化学反应等温方程式，上述反应的 $\Delta_r G_m$ 为

$$\Delta_r G_m = \Delta_r G_m^\ominus + RT \ln \frac{[c(Red)/c^\ominus]^h}{[c(Ox)/c^\ominus]^g}$$

将式(5-2)和式(5-3)代入得

$$E(Ox/Red) = E^\ominus(Ox/Red) - \frac{RT}{zF} \ln \frac{[c(Red)/c^\ominus]^h}{[c(Ox)/c^\ominus]^g} \quad (5-4)$$

若温度选取 298.15 K，则式(5-4)变为

$$E = E^\ominus - \frac{8.314\,5\ J \cdot K^{-1} \cdot mol^{-1} \times 298.15\ K}{z \times 96\,485\ C \cdot mol^{-1}} \times 2.303\ \lg \frac{[c(Red)/c^\ominus]^h}{[c(Ox)/c^\ominus]^g}$$

$$= E^\ominus - \frac{0.059\,16\ V}{z} \lg \frac{[c(Red)/c^\ominus]^h}{[c(Ox)/c^\ominus]^g} \quad (5-5)$$

式(5-4)和式(5-5)称为电极电势的能斯特方程。式中：$E^\ominus$ 为所有参加反应的组分都处于标准状态时的电极电势；z 为电极反应中所转移的电子数；h 和 g 分别代表电极反应式中氧化态和还原态的化学计量数；c 为物质的浓度。当涉及纯液体或固态纯物质时，可以不列入能斯特方程；当涉及气体时，用分压表示，并作标准处理（$p_B/p^\ominus$，p_B 为气体 B 的分压）。如果在电极反应中，除氧化型与还原型物质外，还有参加电极反应的其他物质，如 H^+、OH^- 存在，则这些物质的浓度也应出现在能斯特方程中。

【例 5-2】 写出下列电极反应的能斯特公式并计算电极电势值。

(1) $Zn^{2+}(0.1\ mol \cdot dm^{-3}) + 2e^- \rightleftharpoons Zn(s)$

(2) $AgCl(s) + e^- \rightleftharpoons Ag(s) + Cl^-(0.1\ mol \cdot dm^{-3})$

(3) $PbO_2(s) + 4H^+(0.1\ mol \cdot dm^{-3}) + 2e^- \rightleftharpoons Pb^{2+}(0.1\ mol \cdot dm^{-3}) + 2H_2O$

解 (1) $E(Zn^{2+}/Zn) = E^\ominus(Zn^{2+}/Zn) - \frac{0.059\,16\ V}{2} \lg \frac{1}{c(Zn^{2+})/c^\ominus}$

$= \left(-0.761\,8 - \frac{0.059\,16}{2} \lg \frac{1}{0.1}\right) V = -0.791\,4\ V$

(2) $E(AgCl/Ag) = E^\ominus(AgCl/Ag) - 0.059\,16\ V\ \lg[c(Cl^-)/c^\ominus]$

$= (0.222\,3 - 0.059\,16\ \lg 0.1)\ V = 0.281\,5\ V$

(3) $E(PbO_2/Pb^{2+}) = E^\ominus(PbO_2/Pb^{2+}) - \frac{0.059\,16\ V}{2} \lg \frac{c(Pb^{2+})/c^\ominus}{[c(H^+)/c^\ominus]^4}$

$= \left(1.46 - \frac{0.059\,16}{2} \lg \frac{0.1}{0.1^4}\right) V = 1.37\ V$

2. pH 值对电极电势的影响

在电极反应中如果有 H^+ 或 OH^- 参加反应，溶液的 pH 值也影响电极电势。例如，对电极反应：

$$MnO_4^- + 8H^+ + 5e^- \rightleftharpoons Mn^{2+} + 4H_2O$$

根据平衡移动原理，H^+ 的浓度增大时，电极反应向右进行的趋势增大，电极电势值也随着增大，所以含氧酸根离子在酸性溶液中的氧化能力强。由于 H^+ 的浓度一般

是高幂次的,所以其影响较为显著。

【例 5-3】 $KMnO_4$ 在酸性溶液中作氧化剂,本身被还原成 Mn^{2+},当盐酸的浓度为 10 mol·dm^{-3} 制备氯气时,电对 MnO_4^-/Mn^{2+} 的电极电势是多少?假设平衡时溶液中 $c(MnO_4^-)=c(Mn^{2+})=1.00$ mol·dm^{-3},溶液的温度为 298.15 K。

解 $MnO_4^- + 8H^+ + 5e^- \rightleftharpoons Mn^{2+} + 4H_2O$, $E^{\ominus}=1.507$ V

$$E(MnO_4^-/Mn^{2+}) = E^{\ominus}(MnO_4^-/Mn^{2+}) - \frac{0.05916 \text{ V}}{5} \lg \frac{c(Mn^{2+})/c^{\ominus}}{[c(MnO_4^-)/c^{\ominus}][c(H^+)/c^{\ominus}]^8}$$

$$= \left(1.507 - \frac{0.05916}{5} \lg \frac{1/1}{1/1 \times (10/1)^8}\right) \text{V}$$

$$= \left(1.507 + \frac{0.05916}{5} \lg 10^8\right) \text{V}$$

$$= 1.602 \text{ V}$$

许多电对的电极电势随溶液的 pH 值的变化而改变。为了直观地看出某一物质在不同 pH 值介质中的氧化还原稳定性和氧化还原反应的可行性,以电极电势 E 为纵坐标,pH 值为横坐标,将某一电对的电极电势随 pH 值变化的情况用图表示出来,这种图称为 E-pH 图。水是使用最多的溶剂,许多氧化还原反应在水溶液中进行,同时水本身又具有氧化还原性,因此研究水的氧化还原性,以及氧化剂或还原剂在水溶液中的稳定性等问题十分重要。水的氧化还原性与下列两个电极反应有关。

(1) 水被还原,放出氢气:

$$2H_2O + 2e^- \rightleftharpoons H_2(g) + 2OH^-, \quad E^{\ominus}(H_2O/H_2) = -0.828 \text{ V}$$

在 298.15 K,$p(H_2)=100$ kPa 时,则

$$E(H_2O/H_2) = E^{\ominus}(H_2O/H_2) + \frac{0.05916 \text{ V}}{2} \lg \frac{1}{[p(H_2)/p^{\ominus}][c(OH^-)/c^{\ominus}]^2}$$

$$= (-0.828 + 0.05916 \text{ pOH}) \text{ V}$$

$$= [-0.828 + 0.05916(14 - \text{pH})] \text{ V}$$

$$= -0.05916 \text{ pH V}$$

(2) 水被氧化,放出氧气:

$$O_2(g) + 4H^+ + 4e^- \rightleftharpoons 2H_2O,$$
$$E^{\ominus}(O_2/H_2O) = 1.229 \text{ V}$$

在 298.15 K,$p(O_2)=100$ kPa 时,则

$$E(O_2/H_2O) = E^{\ominus}(O_2/H_2O) + \frac{0.05916 \text{ V}}{4} \lg([p(O_2)]/p^{\ominus})[c(H^+)/c^{\ominus}]^4)$$

$$= (1.229 - 0.05916 \text{ pH}) \text{V}$$

可见水作为氧化剂和还原剂时,其电极电势都是 pH 值的函数。以电极电势为纵坐标,pH 值为横坐标作图,就可得到水的 E-pH 图,如图 5-5 所示。图中的直

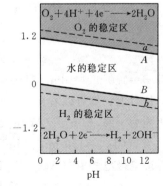

图 5-5 水的 E-pH 图

线 B 和直线 A 分别是以上述两方程画得的直线。

由于动力学等因素的影响,实际测量的值要比理论值差 0.5 V。因此 A 线、B 线各向外推出 0.5 V,实际水的 E-pH 图为图中 a、b 虚线。

利用水的 E-pH 图可以判断氧化剂和还原剂能否在水溶液中稳定存在。当某种氧化剂的 E 值在 a 线以上时,该氧化剂就能与水反应放出氧气;当某种还原剂的 E 值在 b 线以下时,该还原剂就能与水反应放出氢气。例如 $E^{\ominus}(F_2/F^-)=2.87\text{ V}$,在 a 线以上,则 F_2 在水中不能稳定存在,氧化水放出氧气,反应为

$$2F_2(g)+2H_2O \Longleftrightarrow 4HF+O_2(g)$$

而 $E^{\ominus}(Na^+/Na)=-2.714\text{ V}$,在 b 线以下,则金属钠在水中不能稳定存在,还原水放出氢气,反应为

$$2Na+2H_2O \Longleftrightarrow 2NaOH+H_2(g)$$

如果某一种氧化剂或还原剂的 E 值处于 a、b 线间,则它可在水中稳定存在。因此,a 线以上是 $O_2(g)$ 的稳定区,b 线以下是 $H_2(g)$ 的稳定区,a 线、b 线间为水的稳定区。

3. 沉淀和配合物的生成对电极电势的影响

在电极反应中,氧化型或还原型物质生成沉淀或配合物时,会使氧化型或还原型物质浓度变小,从而使电极电势发生变化。

【例 5-4】 电极反应:$Ag^+ + e^- \longrightarrow Ag$,$E^{\ominus}(Ag^+/Ag)=0.7996\text{ V}$。若加入 NaCl,直到溶液中 $c(Cl^-)$ 为 $1.0\text{ mol}\cdot dm^{-3}$,计算 $E(Ag^+/Ag)$。

解 加入 NaCl,溶液中发生反应:$Ag^+ + Cl^- \Longleftrightarrow AgCl(s)$。AgCl 的生成,降低了溶液中 Ag^+ 的浓度,当溶液中 $c(Cl^-)=1.0\text{ mol}\cdot dm^{-3}$ 时,根据 $K_{sp}^{\ominus}(AgCl)=1.77\times10^{-10}$ 可以算出溶液中 Ag^+ 的浓度为

$$c(Ag^+)=\frac{K_{sp}^{\ominus}(AgCl)\cdot c^{\ominus}}{c(Cl^-)/c^{\ominus}}=1.77\times10^{-10}\text{ mol}\cdot dm^{-3}$$

根据能斯特公式

$$E(Ag^+/Ag)=E^{\ominus}(Ag^+/Ag)-0.05916\text{ V}\lg\frac{1}{c(Ag^+)/c^{\ominus}}$$
$$=[0.7996+0.05916\lg(1.77\times10^{-10})]\text{ V}$$
$$=0.223\text{ V}$$

$c(Cl^-)=1.0\text{ mol}\cdot dm^{-3}$ 时银电极的电极电势为 0.223 V。

从以上计算可以看出,由于溶液中生成了 AgCl 沉淀,Ag^+ 的浓度减少,Ag^+ 的氧化能力下降,$E(Ag^+/Ag)$ 的数值变小。

当 $c(Cl^-)=1.0\text{ mol}\cdot dm^{-3}$ 时,Ag^+/Ag 电对的电极电势值就是 AgCl/Ag 电对的标准电极电势 $E^{\ominus}(AgCl/Ag)$,即

$$AgCl(s)+e^- \Longleftrightarrow Ag+Cl^-$$
$$E^{\ominus}(AgCl/Ag)=E^{\ominus}(Ag^+/Ag)+0.05916\text{ V}\lg K_{sp}^{\ominus}(AgCl)=0.223\text{ V}$$

也可根据 $\Delta_r G_m^\ominus = -zFE^\ominus$ 求出 $E^\ominus(AgCl/Ag)$。

① $AgCl(s) \rightleftharpoons Ag^+ + Cl^-$, $\Delta_r G_m^\ominus(1) = -RT\ln K_{sp}^\ominus(AgCl)$

② $Ag^+ + e^- \rightleftharpoons Ag$, $\Delta_r G_m^\ominus(2) = -1 \times FE^\ominus(Ag^+/Ag)$

③ $AgCl(s) + e^- \rightleftharpoons Ag + Cl^-$, $\Delta_r G_m^\ominus(3) = -1 \times FE^\ominus(AgCl/Ag)$

因为反应③=①+②,所以有

$$\Delta_r G_m^\ominus(3) = \Delta_r G_m^\ominus(1) + \Delta_r G_m^\ominus(2)$$

即 $-1 \times FE^\ominus(AgCl/Ag) = [-RT\ln K_{sp}^\ominus(AgCl)] + [-1 \times FE^\ominus(Ag^+/Ag)]$

$$E^\ominus(AgCl/Ag) = E^\ominus(Ag^+/Ag) + 0.059\ 16\ \text{V}\ \lg K_{sp}^\ominus(AgCl)$$

同样,若在金属银与硝酸银组成的电极反应中加入氨水,则 Ag^+ 形成配离子,也会使溶液中 Ag^+ 浓度下降,电极电势降低。

【例 5-5】 计算 25 ℃时 $Ag(s)$ 与 $[Ag(NH_3)_2]^+$ 组成电极的 $E^\ominus([Ag(NH_3)_2]^+/Ag)$。

解 电极反应:

① $[Ag(NH_3)_2]^+ + e^- \rightleftharpoons Ag + 2NH_3$, $\Delta_r G_m^\ominus(1) = -1 \times FE^\ominus([Ag(NH_3)_2]^+/Ag)$

该反应可以看成是由下列两个反应组成:

② $[Ag(NH_3)_2]^+ \rightleftharpoons Ag^+ + 2NH_3$, $\Delta_r G_m^\ominus(2) = -RT\ln \dfrac{1}{K_{稳}^\ominus([Ag(NH_3)_2]^+)}$

③ $Ag^+ + e^- \rightleftharpoons Ag$, $\Delta_r G_m^\ominus(3) = -1 \times FE^\ominus(Ag^+/Ag)$

反应①=②+③,所以有

$$\Delta_r G_m^\ominus(1) = \Delta_r G_m^\ominus(2) + \Delta_r G_m^\ominus(3)$$

即 $-1 \times FE^\ominus([Ag(NH_3)_2]^+/Ag)$

$$= -RT\ln \dfrac{1}{K_{稳}^\ominus([Ag(NH_3)_2]^+)} - 1 \times FE^\ominus(Ag^+/Ag)$$

$$\begin{aligned}
E^\ominus([Ag(NH_3)_2]^+/Ag) &= 0.059\ 16\ \text{V}\ \lg \dfrac{1}{K_{稳}^\ominus([Ag(NH_3)_2]^+)} + E^\ominus(Ag^+/Ag) \\
&= E^\ominus(Ag^+/Ag) - 0.059\ 16\ \text{V}\ \lg K_{稳}^\ominus([Ag(NH_3)_2]^+) \\
&= [0.799\ 6 - 0.059\ 16 \times \lg(1.12 \times 10^7)]\ \text{V} \\
&= 0.382\ \text{V}
\end{aligned}$$

则该电极反应的 $E^\ominus([Ag(NH_3)_2]^+/Ag)$ 为 0.382 V。

5.4 电极电势的应用

电极电势在电化学中应用广泛,可以用于计算原电池的电动势、比较氧化剂和还原剂的相对强弱、判断氧化还原反应进行的方向和限度等等。

5.4.1 判断氧化剂和还原剂的强弱

根据电极电势的大小,可以判断氧化剂或还原剂的相对强弱。电极 $E^{\ominus}$ 的代数值越大,表示在标准状态下电极反应中氧化型物质得电子的能力越大,氧化能力越强。例如 $E^{\ominus}(Cu^{2+}/Cu)=+0.3419\ V$,$E^{\ominus}(Zn^{2+}/Zn)=-0.7618\ V$,表明在标准状态下,$Cu^{2+}$ 得电子的能力大于 Zn^{2+},Cu^{2+} 是比 Zn^{2+} 强的氧化剂。$E^{\ominus}$ 代数值小的电极表示还原型物质失电子的能力大,还原能力较强,上例中 Zn 的还原能力大于 Cu。

根据标准电极电势表可选择合适的氧化剂或还原剂。

【例 5-6】 根据下面的标准电极电势的大小判断氧化剂和还原剂的相对强弱,并用实验的方法证实在 Cl^-、Br^- 的混合溶液是否存在 I^-。

$$E^{\ominus}(I_2/I^-)=0.5355\ V \qquad E^{\ominus}(Fe^{3+}/Fe^{2+})=0.771\ V$$
$$E^{\ominus}(Br_2/Br^-)=1.066\ V \qquad E^{\ominus}(Cl_2/Cl^-)=1.358\ V$$

解 根据电极电势的大小可判断氧化剂的相对强弱为 $Cl_2>Br_2>Fe^{3+}>I_2$,还原剂的相对强弱为 $Cl^-<Br^-<Fe^{2+}<I^-$。

选择合适的氧化剂只氧化 I^-,而不氧化 Cl^- 和 Br^-。I^- 被氧化成 I_2,再用 CCl_4 将 I_2 萃取出来,若呈紫红色即可鉴定 I^-。

因为 $E^{\ominus}(Fe^{3+}/Fe^{2+})$ 大于 $E^{\ominus}(I_2/I^-)$,小于 $E^{\ominus}(Br_2/Br^-)$ 和 $E^{\ominus}(Cl_2/Cl^-)$,因此 Fe^{3+} 可把 I^- 氧化成 I_2,而不能氧化 Br^- 和 Cl^-,该反应为

$$2Fe^{3+}+2I^- \Longleftrightarrow 2Fe^{2+}+I_2$$

一般来说,对于简单的电极反应,离子浓度的变化对电极电势 E 值影响不大,因而只要两个电对的标准电极电势相差较大,通常可直接用标准电极电势来进行比较。但当两电对的标准电极电势相差较小时,应考虑离子浓度和酸度对电极电势的影响,运用能斯特方程计算后用电极电势进行比较。

5.4.2 判断氧化还原反应进行的方向

氧化还原反应进行的方向与多种因素有关,例如,反应物的性质、浓度、介质的 pH 值及温度等。但当外界条件一定时,反应的方向就取决于氧化剂与还原剂的本性。氧化还原反应的方向一般是较强的氧化剂与较强的还原剂作用生成较弱的氧化剂和较弱的还原剂。氧化剂和还原剂的强弱可以用标准电极电势来判断。

氧化还原反应之所以能够进行,是由于组成氧化还原反应的两个电对中,电极电势代数值较大的电对中氧化型物质具有较强的得电子倾向,而电极电势代数值较小的电对中还原型物质具有较强的供电子倾向,因此反应发生。如:

$$Zn+Cu^{2+} \Longleftrightarrow Zn^{2+}+Cu$$

由 $E^{\ominus}(Zn^{2+}/Zn)<E^{\ominus}(Cu^{2+}/Cu)$ 可知,Cu^{2+} 是比 Zn^{2+} 强的氧化剂,Zn 是比 Cu 强的还原剂,故 Cu^{2+} 能与 Zn 作用,该反应自左向右进行。在该电池反应中,Cu^{2+} 做氧化剂,对应电池的正极,Zn 做还原剂,对应电池的负极。可见,判断氧化还原反应

进行的方向,只要氧化剂电对的电极电势大于还原剂电对的电极电势 $E_+ > E_-$,即电动势 $E > 0$ 时,该氧化还原反应可自发进行。

如果氧化还原反应是在标准条件下进行,且氧化剂电对的标准电极电势大于还原剂电对的标准电极电势,则该氧化还原反应可自发进行。如果氧化还原反应是在非标准情况下进行,则需根据能斯特公式计算出氧化剂和还原剂对应电对的电极电势,然后比较大小再得出正确的结论。但若两个电对的标准电极电势 $E^{\ominus}$ 值之差大于 0.2 V 时,浓度虽能影响电极电势的大小,但一般不能改变电池电动势数值的正负,因此可直接用标准电极电势值来判断氧化还原反应进行的方向。

【例 5-7】 下述两个电极反应中的四种物质,哪个是较强的氧化剂?哪个是较强的还原剂?写出它们组成电池时的电池反应和标准电动势。(各离子浓度均为 1 mol·dm^{-3})

$$Zn^{2+} + 2e^- \rightleftharpoons Zn, \quad E^{\ominus}(Zn^{2+}/Zn) = -0.761\ 8\ V$$

$$Cr^{3+} + 3e^- \rightleftharpoons Cr, \quad E^{\ominus}(Cr^{3+}/Cr) = -0.744\ V$$

解 $E^{\ominus}(Cr^{3+}/Cr) > E^{\ominus}(Zn^{2+}/Zn)$,$Cr^{3+}$ 的氧化能力大于 Zn^{2+} 的氧化能力,所以 Cr^{3+} 是氧化剂,Zn 是还原剂。

组成电池时,$E^{\ominus}$ 小的是负极,$E^{\ominus}$ 大的是正极,电池符号是

$$Zn(s) \mid Zn^{2+} \parallel Cr^{3+} \mid Cr(s)$$

电池反应

$$3Zn + 2Cr^{3+} \rightleftharpoons 3Zn^{2+} + 2Cr$$

电池的标准电动势是

$$E^{\ominus} = E^{\ominus}(Cr^{3+}/Cr) - E^{\ominus}(Zn^{2+}/Zn) = 0.017\ 8\ V$$

【例 5-8】 试判断反应 $Pb^{2+} + Sn(s) \rightleftharpoons Pb(s) + Sn^{2+}$

分别在标准状态和 $c(Sn^{2+}) = 1\ mol·dm^{-3}$,$c(Pb^{2+}) = 0.1\ mol·dm^{-3}$ 时能否自发进行。

解 将反应设计成电池 $Sn(s) \mid Sn^{2+} \parallel Pb^{2+} \mid Pb(s)$

查附录 G 知 $E^{\ominus}(Pb^{2+}/Pb) = -0.126\ 2\ V$, $E^{\ominus}(Sn^{2+}/Sn) = -0.137\ 5\ V$

在标准状态下 $E^{\ominus} = E^{\ominus}(Pb^{2+}/Pb) - E^{\ominus}(Sn^{2+}/Sn) > 0$

即标准状态下正反应可自发进行。

当 $c(Sn^{2+}) = 1\ mol·dm^{-3}$ 时,由能斯特公式得

$$E(Sn^{2+}/Sn) = E^{\ominus}(Sn^{2+}/Sn) - \frac{0.059\ 16\ V}{2} \lg \frac{1}{c(Sn^{2+})/c^{\ominus}} = -0.137\ 5\ V$$

$c(Pb^{2+}) = 0.1\ mol·dm^{-3}$ 时,由能斯特公式得

$$E(Pb^{2+}/Pb) = E^{\ominus}(Pb^{2+}/Pb) - \frac{0.059\ 16\ V}{2} \lg \frac{1}{c(Pb^{2+})/c^{\ominus}}$$

$$= \left(-0.126\ 2 - \frac{0.059\ 16}{2} \lg \frac{1}{0.1}\right) V$$

$$= -0.155\ 8\ V$$

$$E = E(Pb^{2+}/Pb) - E(Sn^{2+}/Sn) < 0$$

所以在 $c(Sn^{2+})=1 \text{ mol}\cdot\text{dm}^{-3}$，$c(Pb^{2+})=0.1 \text{ mol}\cdot\text{dm}^{-3}$ 时反应不能自发向右进行。

5.4.3 判断氧化还原反应进行的程度

一个化学反应进行的程度可由反应的标准平衡常数 $K^\ominus$ 的大小来衡量，由 $\Delta_r G_m^\ominus = -RT\ln K^\ominus$ 及 $\Delta_r G_m^\ominus = -zFE^\ominus$ 可得

$$E^\ominus = \frac{RT}{zF}\ln K^\ominus \tag{5-6}$$

当 $T=298.15\text{ K}$ 时

$$E^\ominus = \frac{0.05916\text{ V}}{z}\lg K^\ominus \tag{5-7}$$

则

$$\lg K^\ominus = \frac{zE^\ominus}{0.05916\text{ V}} \tag{5-8}$$

【例 5-9】 计算 298.15 K 时反应
$$MnO_4^- + 5Fe^{2+} + 8H^+ \rightleftharpoons Mn^{2+} + 5Fe^{3+} + 4H_2O$$
的标准平衡常数。

解 查附录 G 知 $E^\ominus(MnO_4^-/Mn^{2+})=1.507\text{ V}$，$E^\ominus(Fe^{3+}/Fe^{2+})=0.771\text{ V}$

$$E^\ominus = E^\ominus(MnO_4^-/Mn^{2+}) - E^\ominus(Fe^{3+}/Fe^{2+})$$
$$=(1.507-0.771)\text{ V}=0.736\text{ V}$$

则

$$\lg K^\ominus = \frac{5\times 0.736}{0.05916}=62.20$$

$$K^\ominus = 1.60\times 10^{62}$$

$K^\ominus$ 很大，说明反应进行得很完全。

应当指出，根据电极电势的相对大小，能够判断氧化还原反应进行的方向和限度。但并未涉及反应速率问题。电极电势的大小不能判断反应速率的快慢。

5.4.4 元素的标准电极电势图及其应用

元素常具有多种氧化数，同一元素的不同氧化数物质的氧化还原能力是不同的。为了直观地比较同一元素的各不同氧化数物质的氧化还原能力，拉特默（Latimer）建议把同一元素不同氧化数的物质所对应电对的标准电极电势，从左到右按氧化数由高到低排列起来，每两者之间用一条短直线连接，并将相应电对的标准电极电势写在短线上。标准状态下，锰在酸、碱介质中的标准电极电势图如下。

酸性溶液中：

$$MnO_4^- \xrightarrow{0.558\text{ V}} MnO_4^{2-} \xrightarrow{2.24\text{ V}} MnO_2 \xrightarrow{0.907\text{ V}} Mn^{3+} \xrightarrow{1.541\text{ V}} Mn^{2+} \xrightarrow{-1.185\text{ V}} Mn$$

$MnO_4^- \xrightarrow{1.679\text{ V}} MnO_2$，$MnO_2 \xrightarrow{1.224\text{ V}} Mn^{2+}$

碱性溶液中：

$$MnO_4^- \xrightarrow{0.558\ V} MnO_4^{2-} \xrightarrow{0.60\ V} MnO_2 \xrightarrow{-0.20\ V} Mn(OH)_3 \xrightarrow{0.15\ V} Mn(OH)_2 \xrightarrow{-1.55\ V} Mn$$

$$\underbrace{\phantom{MnO_4^- \xrightarrow{0.558} MnO_4^{2-} \xrightarrow{0.60} MnO_2}}_{0.595\ V} \quad \underbrace{\phantom{MnO_2 \xrightarrow{-0.20} Mn(OH)_3}}_{-0.045\ V}$$

这种表明元素各氧化数物质之间标准电极电势关系的图，称为元素的标准电极电势图，简称元素电势图。它清楚地表明同一元素的各不同氧化数物质的氧化还原能力的相对大小，而且可以判断不同氧化数物质在酸性或碱性介质中能否稳定存在。元素电势图的用途如下。

1. 计算不同氧化数物质构成电对的标准电极电势

例如：已知某元素的电势图

$$M_1 \xrightarrow[z_1]{E_1^\ominus} M_2 \xrightarrow[z_2]{E_2^\ominus} M_3 \xrightarrow[z_3]{E_3^\ominus} M_4$$

$$\underbrace{\phantom{M_1 \xrightarrow{E_1} M_2 \xrightarrow{E_2} M_3 \xrightarrow{E_3} M_4}}_{z_4}$$

因为 $\Delta_r G_m^\ominus(1) = -z_1 F E_1^\ominus$， $\Delta_r G_m^\ominus(2) = -z_2 F E_2^\ominus$， $\Delta_r G_m^\ominus(3) = -z_3 F E_3^\ominus$

$$\Delta_r G_m^\ominus(4) = \Delta_r G_m^\ominus(1) + \Delta_r G_m^\ominus(2) + \Delta_r G_m^\ominus(3)$$

即

$$z_4 E_4^\ominus = z_1 E_1^\ominus + z_2 E_2^\ominus + z_3 E_3^\ominus$$

所以

$$E_4^\ominus = \frac{z_1 E_1^\ominus + z_2 E_2^\ominus + z_3 E_3^\ominus}{z_4}$$

【例 5-10】 氯在酸性溶液中的电势图如下：

$$ClO_4^- \xrightarrow{1.19\ V} ClO_3^- \xrightarrow{1.21\ V} HClO_2 \xrightarrow{1.64\ V} HClO \xrightarrow{1.63\ V} Cl_2 \xrightarrow{1.36\ V} Cl^-$$

求 ClO_4^-/Cl^- 的标准电极电势。

解 $E^\ominus(ClO_4^-/Cl^-) = \dfrac{1.19 \times 2 + 1.21 \times 2 + 1.64 \times 2 + 1.63 \times 1 + 1.36 \times 1}{2+2+2+1+1}$ V

$= 1.38$ V

2. 判断歧化反应能否进行

所谓歧化反应就是自身的氧化还原反应，如 $2Cu^+ \rightleftharpoons Cu + Cu^{2+}$，在此反应中，一部分 Cu^+ 氧化成 Cu^{2+}，另一部分还原成金属 Cu。当某一种元素处于中间氧化态时，一部分向高氧化数状态变化（即被氧化），一部分向低氧化数变化（即被还原）。由某一元素不同氧化数的三种物质组成两个电对，按氧化数高低顺序排列如下：

$$A \xrightarrow{E_{左}^\ominus} B \xrightarrow{E_{右}^\ominus} C$$

假设 B 能发生歧化反应，生成氧化数较高的物种 A 和氧化数较低的物种 C，若将这两个电对组成原电池，B 作氧化剂的电对为正极，即 $E_{右}^\ominus$，B 作还原剂的电对为负极，即 $E_{左}^\ominus$，要使氧化还原反应能发生，则必须 $E_{右}^\ominus > E_{左}^\ominus$。因此判断某物种能否发生歧化反应的依据为：$E_{右}^\ominus > E_{左}^\ominus$。根据锰的电极电势图可以判断，在酸性溶液中，$MnO_4^{2-}$ 会发生歧化反应：

$$3MnO_4^{2-} + 4H^+ \rightleftharpoons 2MnO_4^- + MnO_2 + 2H_2O$$

在碱性溶液中，$Mn(OH)_3$ 可发生歧化反应：

$$2Mn(OH)_3 \Longrightarrow Mn(OH)_2 + MnO_2 + 2H_2O$$

【例 5-11】 汞的元素电势图为 $Hg^{2+} \xrightarrow{0.920\ V} Hg_2^{2+} \xrightarrow{0.797\ 4\ V} Hg$

试说明：(1) Hg_2^{2+} 在溶液中能否歧化；

(2) 反应 $Hg + Hg^{2+} \Longrightarrow Hg_2^{2+}$ 能否进行。

解 (1) 因为 $E_右^\ominus < E_左^\ominus$，所以 Hg_2^{2+} 在溶液中不能歧化。

(2) 在反应 $Hg + Hg^{2+} \Longrightarrow Hg_2^{2+}$ 中，

Hg^{2+} 作氧化剂 $E^\ominus(Hg^{2+}/Hg_2^{2+}) = 0.920\ V$

Hg 作还原剂 $E^\ominus(Hg_2^{2+}/Hg) = 0.797\ 4\ V$

$$E^\ominus = (0.920 - 0.797\ 4)\ V = 0.123\ V > 0$$

反应可以进行。

5.5 实用电化学

5.5.1 电解

电解是在外电源作用下被迫发生氧化还原反应的过程，实现电解过程的装置称为电解池。图 5-6 是以铂为电极，电解 $0.1\ mol \cdot dm^{-3}$ 的 H_2SO_4 溶液的电解池示意图。

在电解池中，与直流电源正极相连的电极是阳极，与直流电源负极相连的电极是阴极。阳极发生氧化反应，阴极发生还原反应。由于阳极带正电，阴极带负电，电解液中正离子移向阴极，负离子移向阳极，离子到达电极上分别发生氧化和还原反应，称为离子放电。

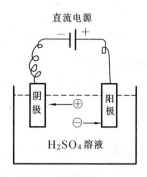

图 5-6 电解池示意图

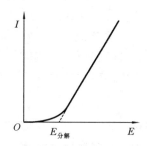

图 5-7 电流-电压曲线

下面以电解 H_2SO_4 为例来说明电解的原理。在 H_2SO_4 溶液中放入两个铂电极，连接到由可变电阻器和电源组成的分压器上，逐渐增加电压，并记录相应的电流值，以电流对电压作图得到如图 5-7 所示的电流-电压曲线。

刚开始加电压时，电流强度很小，电极上观察不到电解现象。当电压增加到某一数值时,电流突然直线上升,同时电极上有气泡逸出,电解开始。电流由小突然变大时的电压是电解质溶液发生电解所必须施加的最小电压,称为分解电压。电解池中通入电流后发生的反应为

  阴极反应 $4H^+ + 4e^- \longrightarrow 2H_2(g)$
  阳极反应 $4OH^- \longrightarrow 2H_2O + O_2(g) + 4e^-$
  总反应 $2H_2O \longrightarrow 2H_2(g) + O_2(g)$

可见,以铂为电极电解 H_2SO_4 溶液,实际上是电解 H_2O,H_2SO_4 的作用只是增加溶液的导电性。

产生分解电压的原因是由于电解时,在阴极上析出的 H_2 和阳极上析出的 O_2 分别被吸附在铂片上,形成了氢电极和氧电极,组成原电池。

$$(-)Pt \mid H_2(g, p(H_2)) \mid H_2SO_4(0.1\ mol \cdot dm^{-3}) \mid O_2(g, p(O_2)) \mid Pt(+)$$

在 298.15 K,$c(H^+) = 0.1\ mol \cdot dm^{-3}$,当 $p(H_2) = p(O_2) = p^{\ominus}$ 时,原电池的电动势 E 为

$$E_+ = E(O_2/OH^-) = E^{\ominus}(O_2/OH^-) + \frac{0.059\ 16\ V}{4} \lg \frac{p(O_2)/p^{\ominus}}{[c(OH^-)/c^{\ominus}]^4}$$

$$= \left[0.40 + \frac{0.059\ 16}{4} \lg \frac{1}{(10^{-13})^4}\right] V = 1.169\ 1\ V$$

$$E_- = E(H^+/H_2) = E^{\ominus}(H^+/H_2) + \frac{0.059\ 16\ V}{2} \lg \frac{[c(H^+)/c^{\ominus}]^2}{p(H_2)/p^{\ominus}}$$

$$= \left(0.00 + \frac{0.059\ 16}{2} \lg 0.1^2\right) V = -0.059\ 16\ V$$

$$E = [1.169\ 1 - (-0.059\ 16)] V = 1.228\ V$$

此电池电动势的方向和外加电压相反,显然,要使电解顺利进行,外加电压必须克服这一反向的电动势,所以将此反向电动势称为理论分解电压。

当外加电压稍大于理论分解电压时,电解似乎应能进行。但实际的分解电压为 1.70 V,比理论分解电压高很多。除了内阻所引起的电压降外,超出理论分解电压主要是由电极反应是不可逆的,产生了所谓的"极化"作用引起的。影响极化作用的因素很多,如电极材料、电流密度、温度等,在此不作详细介绍。

5.5.2 金属的电化学腐蚀与防护

金属腐蚀是普遍存在的现象,除贵金属外,许多金属暴露在大气中会发生腐蚀,如铜在大气中存放会生"铜绿",铁在大气中则会生锈。全世界每年由于腐蚀而损失的金属相当于其年产量的 20%～30%。金属腐蚀的危害不仅在于金属材料的本身,更严重的是由这些金属制成的设备,特别是严重的腐蚀发生在金属结构的个别关键部位,从而使设备毁坏,甚至出现恶性事故,如孔蚀可造成气体管道与锅炉的爆炸,应力腐蚀可造成飞机的坠毁或汽车转向系统的失灵。因此,金属腐蚀与防护是电化学研究的重要课题之一。

1. 金属的电化学腐蚀

当金属和周围介质相接触时,由于发生了化学或电化学作用而引起的破坏称为金属的腐蚀。金属表面与气体或非电解质液体等接触而单纯发生化学反应引起的腐蚀称为化学腐蚀。在化学腐蚀过程中无电流产生。金属表面与介质如潮湿空气、电解质溶液等接触因发生电化学作用而引起的腐蚀,称为电化学腐蚀。

电化学腐蚀产生的原因是工业上使用的金属不可能是纯净的,总有一些杂质存在。所以,主体金属就与杂质形成许许多多自发电池,即微电池。在微电池中,负极发生氧化反应引起电化学腐蚀。例如,将 Fe 浸在无氧的酸性介质中(如钢铁酸洗时),Fe 作为阳极而腐蚀,碳或其他比铁不活泼的杂质作为阴极,为 H^+ 的还原提供反应界面,腐蚀过程为

阳极(Fe) $\quad\quad\quad Fe(s) \longrightarrow Fe^{2+} + 2e^-$

阴极(杂质) $\quad\quad 2H^+ + 2e^- \longrightarrow H_2(g)$

总反应 $\quad\quad\quad\quad Fe(s) + 2H^+ \Longleftrightarrow Fe^{2+} + H_2(g)$

日常遇到的大量腐蚀现象往往是在有氧、pH 接近中性条件下的电化学腐蚀。金属仍作为阳极溶解,金属中的杂质为溶于水膜中的氧获取电子提供反应界面,腐蚀反应为

阳极(Fe) $\quad\quad\quad 2Fe(s) \longrightarrow 2Fe^{2+} + 4e^-$

阴极(杂质) $\quad\quad O_2(g) + 2H_2O + 4e^- \longrightarrow 4OH^-$

总反应 $\quad\quad\quad\quad 2Fe(s) + O_2(g) + 2H_2O \Longleftrightarrow 2Fe(OH)_2(s)$

$$\xrightarrow{O_2} 2Fe(OH)_3(s)$$

2. 金属腐蚀的防护

根据金属腐蚀的电化学机理,对于金属腐蚀的防护,应从材料和环境两方面着手。常用的方法有以下几种。

(1) 正确选用金属材料,合理设计金属结构。

选用金属材料时应选用在应用环境和条件下不易腐蚀的金属。设计金属结构时,应避免用电势差大的金属材料相互接触。

(2) 非金属涂层。

将耐腐蚀的物质如油漆、涂料、搪瓷、陶瓷、玻璃、高分子材料等涂在被保护的金属表面,使金属与腐蚀介质隔开。

(3) 金属镀层。

用电镀的方法将耐腐蚀性较强的金属或合金覆盖在被保护的金属表面上,这又可分为阳极保护层和阴极保护层两种。镀上去的金属比被保护的金属有较负的电极电势,例如把锌镀在铁上(形成微电池时,锌为阳极,铁为阴极),该保护层称为阳极保护层;镀上去的金属有较正的电极电势,例如把锡镀在铁上(锡为阴极,铁为阳极),该保护层称为阴极保护层。就保护层把被保护的金属与外界介质隔开以达

到保护金属的作用而言是相同的,但当金属保护层受到损坏而变得不完整时,阴极保护层就失去了保护作用,和被保护的金属形成原电池,此时被保护的金属是阳极,将发生氧化反应产生电化学腐蚀而失去其保护作用,加速金属的腐蚀。而阳极保护层中被保护的金属是阴极,即使保护层被破坏,受腐蚀的是保护层,而被保护的金属则不受腐蚀。

(4) 保护器保护。

将电极电势较低的金属和被保护的金属连接在一起,构成原电池。电极电势较低的金属作为阳极而溶解,被保护的金属作为阴极就可以避免腐蚀。例如,海上航行的船舶,在船底四周镶嵌锌板,此时,船体是阴极,受到保护,锌板是阳极,代替船体而受腐蚀,所以又称牺牲阳极的阴极保护法(见图 5-8)。

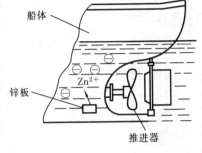

图 5-8 牺牲阳极的阴极保护法

(5) 阴极电保护。

利用外加直流电,把负极接到被保护的金属上,让它成为阴极,正极接到一些废铁上成为阳极,使它受到腐蚀。所以那些废铁实际是牺牲性阳极。在化工厂中一些装有酸性溶液的容器或管道,以及地下的水管或输油管常用这种方法防腐。

(6) 缓蚀剂保护。

缓蚀剂种类很多,在腐蚀性的介质中加少量缓蚀剂就能大大降低金属腐蚀的速度。实质上就是减慢阴极过程或者阳极过程的速度。

阳极缓蚀剂起的作用之一是直接阻止阳极金属表面的金属离子进入溶液,作用之二是在金属表面上形成保护膜以使阳极的面积减小。

阴极缓蚀剂不改变阴极的面积,主要在于抑制阴极过程进行,增大阴极极化。

有机缓蚀剂可以是阴极缓蚀剂,也可以是阳极缓蚀剂。据认为它主要是被吸附在阴极表面而增加了氢超电势,妨碍 H^+ 放电过程的进行,从而使金属溶解速度减慢。

(7) 钝化膜。

铬是一种易于钝化的金属,铁中只需含铬 12%~18%,其钝化性能与铬相似。不锈钢是钢中含铬约 18% 和含镍 8% 的合金,并非不腐蚀,而是钝化膜有较好的耐腐蚀性能。铝的表面能形成很细密的氧化铝膜,因而在中性介质和空气中耐腐蚀性能良好。

5.5.3 化学电源

化学电源就是实用的原电池,即将化学反应在设计的电池中发生,使化学能转变为电能的一种装置。要把电池作为实用的化学电源,设计时必须考虑到实用上的要求,如电压比较高、电容量比较大、电极反应容易控制、体积小便于携带以及适当的价格等。电池的种类很多,按其使用的特点大体可分为:①一次性电池,如通常使用的锰锌电池等,这种电池放电之后不能再使用;②二次电池,如铅蓄电池、Fe-Ni 蓄电池等,这些电池放电后可以再充电反复使用多次;③燃料电池,此类电池又称为连续电池,只要不断地向正、负极输送反应物质,就可连续放电;④太阳能电池等。

1. 一次性电池

这类电池中的反应物质在进行电化学放电全部消耗尽后,不能再次充电式补充化学物质使其复原,故名一次性电池。干电池就是一次性电池,结构如图 5-9 所示。以锌皮为外壳,中央是石墨棒,棒附近是细密的石墨粉和 MnO_2 的混合物。周围再装入 $ZnCl_2$、NH_4Cl 和淀粉调制成的糊状物。为了避免水的蒸发,外壳用蜡和沥青封固。干电池的图式为

$$(-)Zn(s) | ZnCl_2, NH_4Cl(糊状) | MnO_2(s) | C(s)(+)$$

放电时的电极反应为

负极(锌极)　　$Zn(s) \longrightarrow Zn^{2+}(aq) + 2e^-$

正极(碳极)　　$2NH_4^+(aq) + 2e^- \longrightarrow 2NH_3(aq) + H_2(g)$

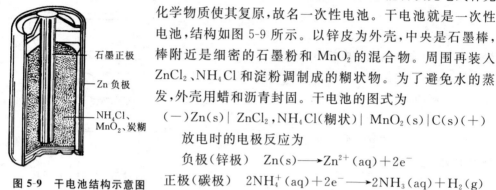

图 5-9　干电池结构示意图

在使用过程中,H_2 在碳棒附近不断积累,会阻碍碳棒与 NH_4^+ 接触,从而使电池的内阻增大,产生极化作用。MnO_2 能消除电极上集积的氢气,所以又叫去极剂,反应式为

$$2MnO_2(s) + H_2(g) = 2MnO(OH)(s)$$

所以正极上总的反应为

$$2MnO_2(s) + 2NH_4^+(aq) + 2e^- = 2MnO(OH)(s) + 2NH_3(aq)$$

锌锰电池的电动势约 1.5 V,其容量小,使用寿命不长。若将普通锌锰干电池中的填充物 $ZnCl_2$ 和 NH_4Cl 换成 KOH,就得到了碱性干电池,其使用寿命有较大的增加。

2. 二次电池

二次电池也称为蓄电池,是能多次重复使用,放电后通过充电使活性物质复原,可以重新放电的电池。蓄电池广泛地使用在各个领域:汽车、电动车、潜艇、坦克、飞机、火箭、人造卫星、宇宙飞船等。使用最广泛、技术最成熟的二次电池是铅蓄电池。它具有电动势高、可以大电流放电、适用温度范围宽、性能稳定、工作可靠、价格低廉、原材料丰富等优点。

铅酸蓄电池是当今普遍应用的蓄电池之一,电池的表达式为

$$(-)Pb(s) | PbSO_4(s) | H_2SO_4(aq) | PbSO_4(s) | PbO_2(s) | Pb(s)(+)$$

其电极是铅锑合金制成的栅状极片,分别填塞 $PbO_2(s)$ 和海绵状金属铅作为正极和负极。电极浸在 $w(H_2SO_4) = 0.30$ 的硫酸溶液(相对密度 $\rho = 1.2 \text{ g·cm}^{-3}$)中。

负极　　　　　　　$Pb(s) + SO_4^{2-}(aq) \longrightarrow PbSO_4(s) + 2e^-$

正极　　$PbO_2(s) + SO_4^{2-}(aq) + 4H^+ + 2e^- \longrightarrow PbSO_4(s) + 2H_2O(l)$

电池反应　$Pb(s) + PbO_2(s) + 2H_2SO_4(aq) \Longleftrightarrow 2PbSO_4(s) + 2H_2O(l)$

放电时,两极表面都沉积着一层 $PbSO_4$,同时 H_2SO_4 的浓度逐渐降低,当电动势由 2.2 V 降到 1.9 V 左右时,就不能继续使用了。因此,铅蓄电池应经常保持在充足电的状态下,即使不使用也应定期进行充电。铅蓄电池的发展方向主要是轻量高能化及免维护密封化。

目前市场上已投入使用的还有 Cd-Ni 蓄电池、Ag-Zn 蓄电池、锂离子电池、全钒流体电池等。其中镍镉电池是一种近年来使用广泛的碱性蓄电池。镍镉电池的负极为镉,在碱性电解质中发生氧化反应,正极由 NiO_2 组成,发生还原反应。

负极　$Cd(s) + 2OH^-(aq) \longrightarrow Cd(OH)_2(s) + 2e^-$

正极　$NiO_2(s) + 2H_2O(l) + 2e^- \longrightarrow Ni(OH)_2(s) + 2OH^-(aq)$

电池反应　$Cd(s) + NiO_2(s) + 2H_2O(l) \Longleftrightarrow Cd(OH)_2(s) + Ni(OH)_2(s)$

锂离子电池是 20 世纪开发成功的新型高能电池,70 年代进入实用化。这种电池的负极是金属锂,正极用 MnO_2、$SOCl_2$、$(CF_x)_n$ 等。因其具有能量高、电池电压高、工作温度范围宽、贮存寿命长等优点,已广泛应用于军事和民用小型电器中,如移动电话、便携式计算机、摄像机、照相机等,部分代替了传统电池。锂离子电池目前有液态锂离子电池(LIB)和聚合物锂离子电池(PLB)两类。其中,液态锂离子电池是指 Li^+ 嵌入化合物为正、负极的二次电池。正极采用锂化合物 $LiCoO_2$ 或 $LiMn_2O_4$,负极采用锂-碳层间化合物。锂离子电池由于工作电压高、体积小、质量轻、能量高、无记忆效应、无污染、自放电小、循环寿命长,是 21 世纪发展的理想能源。

本 章 小 结

(1) 掌握氧化、还原的概念,根据元素氧化数的变化,确定氧化剂与还原剂,利用离子-电子法配平氧化还原方程式。

(2) 原电池是将化学能直接转换成电能的装置。原电池由两个半电池组成,在两个半电池中分别发生氧化半反应和还原半反应,这些反应称为电极反应,总反应为电池反应。掌握原电池的表示方法,将化学反应设计成原电池,并由原电池符号写出相应的化学反应式。

(3) 原电池的电动势等于当外电路没有电流通过时,正极电势减去负极电势,$E = E_+ - E_-$。电动势及电极电势均受到温度、压力、浓度的影响。当系统中各物质处于标准状态下,相应的电动势及电极电势分别称为标准电动势和标准电极电势。

(4) 掌握电极电势的能斯特方程,即

$$E(\text{Ox/Red}) = E^{\ominus}(\text{Ox/Red}) - \frac{RT}{zF} \ln \frac{c^h(\text{Red})}{c^g(\text{Ox})}$$

当温度为 298.15 K 时　　$E = E^{\ominus} - \frac{0.05916}{z} \lg \frac{c^h(\text{Red})}{c^g(\text{Ox})}$

应用能斯特方程计算电极电势时要注意 pH 值、沉淀及配合物生成对电极电势的影响。

(5) 掌握电极电势的应用。

① 利用电极电势比较氧化剂、还原剂的强弱：某电对 $E^\ominus$ 的代数值越大,表示在标准状态下电极反应中氧化型物质得电子的能力越大,氧化能力越强；$E^\ominus$ 代数值小的电极表示还原型物质失电子的能力大,还原能力较强。

② 判断氧化还原反应进行的方向：只要氧化剂电对的电极电势大于还原剂电对的电极电势 $E_+ > E_-$，即电动势 $E>0$ 时,该氧化还原反应可自发进行。

③ 判断氧化还原反应进行的程度：由反应的标准平衡常数 $K^\ominus$ 来衡量,$\lg K^\ominus = \dfrac{zE^\ominus}{0.059\,16}$。

根据元素的电势图计算不同氧化数物质构成电对的标准电极电势并用来判断某物种能否发生歧化反应,当某物种的 $E^\ominus_{右} > E^\ominus_{左}$ 时,该物种可以发生歧化反应。

(6) 了解电解原理、金属腐蚀原理和化学电源基本知识。

思 考 题

1. 氧化还原反应的特征是什么？什么是氧化剂和还原剂？什么是氧化反应和还原反应？
2. 如何用离子-电子法配平氧化还原方程式？
3. 什么是氧化还原电对？
4. 如何用图式表示原电池？
5. 原电池的两个电极符号是如何规定的？如何计算电池的电动势？
6. 电对的电极电势值是否与电极反应式的写法有关？
7. 原电池的电动势与离子浓度的关系是什么？从能斯特方程中可反映出影响电极电势的因素有哪些？
8. 判断氧化还原反应方向的原则是什么？试举例说明。
9. $E^\ominus = \dfrac{RT}{nF} \ln K^\ominus$，$E^\ominus$ 是不是电池反应达到平衡时的电动势？
10. 电极电势的应用有哪些？举例说明。
11. 什么是元素电势图？有何主要用途？
12. 原电池和电解池各有何特点？举例说明(从电极名称、电极反应、电子流方向等方面进行比较)。
13. 什么叫分解电压？为什么实际分解电压高于理论分解电压？
14. 金属电化学腐蚀的特点是什么？为什么粗锌(含杂质主要是 Cu、Fe 等)比纯锌容易在硫酸中溶解？为什么在水面附近的金属比在水中的金属更容易腐蚀？
15. 金属防腐的方法有哪些？
16. 化学电源主要有哪几类？

习　题

一、选择题

1. 非金属碘在 0.01 mol·dm^{-3} 的 I$^-$ 溶液中，加入少量的 H$_2$O$_2$，I$_2$/I$^-$ 的电极电势（　）。
   A. 增大　　　　　　　B. 减小　　　　　　　C. 不变　　　　　　　D. 不能判断

2. 为求 AgCl 的溶度积，应设计电池为（　）。
   A. Ag，AgCl|HCl(aq)|Cl$_2$(p)(Pt)　　　　B. (Pt)Cl$_2$(p)|HCl(aq) ‖ AgNO$_3$(aq)|Ag
   C. Ag|AgNO$_3$(aq) ‖ HCl(aq)|AgCl,Ag　　　D. Ag,AgCl|HCl(aq)|AgCl,Ag

3. 已知碱性溶液中溴的元素电势图：
$$BrO_3^- \xrightarrow{0.54\ V} BrO^- \xrightarrow{0.45\ V} Br_2 \xrightarrow{1.07\ V} Br^-$$
   则 $E^{\ominus}$(BrO$^-$/Br$^-$)等于（　）。
   A. 1.52 V　　　　　　B. 0.76 V　　　　　　C. 1.30 V　　　　　　D. 0.61 V

4. 下列电池中，电池反应为 H$^+$ + OH$^-$ ══ H$_2$O 的是（　）。
   A. (Pt)H$_2$|H$^+$(aq) ‖ OH$^-$|O$_2$(Pt)　　　B. (Pt)H$_2$|NaOH(aq)|O$_2$(Pt)
   C. (Pt)H$_2$|NaOH(aq) ‖ HCl(aq)|H$_2$(Pt)　　D. (Pt)H$_2$(p_1)|H$_2$O(l)|H$_2$(p_2)(Pt)

5. 下列电对的电极电势与 pH 值无关的是（　）。
   A. MnO$_4^{2-}$/Mn^{2+}　　B. H$_2$O$_2$/H$_2$O　　C. O$_2$/H$_2$O$_2$　　D. S$_2$O$_8^{2-}$/SO$_4^{2-}$

二、填空题

1. 电池 Zn(s) | Zn^{2+}(c_1) ‖ Zn^{2+}(c_2) | Zn(s)，若 $c_1 > c_2$，则电池电动势为＿＿＿＿＿＿＿。若 $c_1 = c_2$，则电池电动势为＿＿＿＿＿＿＿。

2. 在 298.15 K 时，已知 Cu^{2+} + 2e$^-$ ══ Cu 标准电池电动势为 0.340 2 V，Cu$^+$ + e$^-$ ══ Cu 标准电池电动势为 0.522 V，则 Cu^{2+} + e$^-$ ══ Cu$^+$ 标准电池电动势为＿＿＿＿＿＿＿。

3. 已知：$K_{sp}^{\ominus}$(AgSCN) = 1.1×10^{-12}，$K_{sp}^{\ominus}$(AgI) = 1.5×10^{-16}，$K_{sp}^{\ominus}$(Ag$_2$C$_2$O$_4$) = 1.0×10^{-11}，$E^{\ominus}$(Ag$^+$/Ag) = 0.80 V。则下列各电极的 $E^{\ominus}$ 值高低顺序是＿＿＿＿＿＿＿。
   (1) $E^{\ominus}$(AgSCN/Ag)；　(2) $E^{\ominus}$(AgI/Ag)；　(3) $E^{\ominus}$(Ag$_2$C$_2$O$_4$/Ag)。

4. 根据下列三个电对的标准电极电势值：$E^{\ominus}$(O$_2$/H$_2$O$_2$) = 0.682 V；$E^{\ominus}$(H$_2$O$_2$/H$_2$O) = 1.77 V；$E^{\ominus}$(O$_2$/H$_2$O) = 1.23 V。可知其中最强的氧化剂是＿＿＿＿＿＿＿；最强的还原剂是＿＿＿＿＿＿＿；既可作氧化剂又可作还原剂的是＿＿＿＿＿＿＿；只能作还原剂的是＿＿＿＿＿＿＿。

三、综合题

1. 用离子-电子法配平下列方程式。
   (a) 酸性介质中：
   (1) KClO$_3$ + FeSO$_4$ ⟶ Fe$_2$(SO$_4$)$_3$ + KCl；
   (2) H$_2$O$_2$ + Cr$_2$O$_7^{2-}$ ⟶ Cr^{3+} + O$_2$；
   (3) MnO$_4^{2-}$ ⟶ MnO$_2$ + MnO$_4^-$。
   (b) 碱性介质中：
   (1) Al + NO$_3^-$ ⟶ Al(OH)$_3$ + NH$_3$；
   (2) ClO$_3^-$ + MnO$_2$ ⟶ Cl$^-$ + MnO$_4^{2-}$；

(3) $Fe(OH)_2 + H_2O_2 \longrightarrow Fe(OH)_3$。

2. 试将下列化学反应设计成电池。
   (1) $Fe^{2+}(c(Fe^{2+})) + Ag^+(c(Ag^+)) \Longrightarrow Fe^{3+}(c(Fe^{3+})) + Ag(s)$；
   (2) $AgCl(s) \Longrightarrow Ag^+(c(Ag^+)) + Cl^-(c(Cl^-))$；
   (3) $AgCl(s) + I^-(c(I^-)) \Longrightarrow AgI(s) + Cl^-(c(Cl^-))$；
   (4) $H_2(p(H_2)) + \frac{1}{2}O_2(p(O_2)) \Longrightarrow H_2O(l)$。

3. 写出下列电池中各电极上的反应和电池反应。
   (1) $Ag(s) | AgI(s) | I^-(c(I^-)) \| Cl^-(c(Cl^-)) | AgCl(s) | Ag(s)$；
   (2) $Pb(s) | PbSO_4(s) | SO_4^{2-}(c(SO_4^{2-})) \| Cu^{2+}(c(Cu^{2+})) | Cu(s)$；
   (3) $Pt | H_2(p(H_2)) | NaOH(c) | HgO(s) | Hg(l) | Pt$；
   (4) $Pt | Hg(l) | Hg_2Cl_2(s) | KCl(aq) | Cl_2(p(Cl_2)) | Pt$。

4. 当溶液中 $c(H^+)$ 增加时，下列氧化剂的氧化能力是增强、减弱还是不变？
   (1) Cl_2； (2) $Cr_2O_7^{2-}$； (3) Fe^{3+}； (4) MnO_4^-。

5. 已知下列化学反应(298.15 K)
$$2I^-(aq) + 2Fe^{3+}(aq) \Longrightarrow I_2(s) + 2Fe^{2+}(aq)$$
   (1) 用图式表示原电池；
   (2) 计算原电池的 $E^{\ominus}$；
   (3) 计算反应的 $K^{\ominus}$；
   (4) 若 $c(I^-) = 1.0 \times 10^{-2}$ mol·dm^{-3}，$c(Fe^{3+}) = \frac{1}{10}c(Fe^{2+})$，计算原电池的电动势。

6. 参考附录 G 中标准电极电势 $E^{\ominus}$ 值，判断下列反应能否进行。
   (1) I_2 能否使 Mn^{2+} 氧化为 MnO_2？
   (2) 在酸性溶液中 $KMnO_4$ 能否使 Fe^{2+} 氧化为 Fe^{3+}？
   (3) Sn^{2+} 能否使 Fe^{3+} 还原为 Fe^{2+}？
   (4) Sn^{2+} 能否使 Fe^{2+} 还原为 Fe？

7. 计算说明在 pH=4.0 时，下列反应能否自动进行。（假定除 H^+ 之外的其他物质均处于标准条件下）
   (1) $Cr_2O_7^{2-}(aq) + H^+(aq) + Br^-(aq) \longrightarrow Br_2(l) + Cr^{3+}(aq) + H_2O(l)$；
   (2) $MnO_4^-(aq) + H^+(aq) + Cl^-(aq) \longrightarrow Cl_2(g) + Mn^{2+}(aq) + H_2O(l)$。

8. 解释下列现象。
   (1) 在配制 $SnCl_2$ 溶液时，需加入金属 Sn 粒后再保存待用；
   (2) H_2S 水溶液长期放置后会变混浊；
   (3) $FeSO_4$ 溶液久放后会变黄。

9. 298.15 K 时，反应 $MnO_2 + 4HCl \Longrightarrow MnCl_2 + Cl_2 + 2H_2O$ 在标准状态下能否发生？为什么实验室可以用 MnO_2 和浓 HCl（浓度为 12 mol·dm^{-3}）制取 Cl_2？能不能用 $KMnO_4$ 代替 MnO_2 与 1 mol·dm^{-3} 的 HCl 作用制备 Cl_2？（设用 12 mol·dm^{-3} 浓盐酸时，假定 $c(Mn^{2+}) = 1.0$ mol·dm^{-3}，$p(Cl_2) = 100$ kPa）

10. Ag 不能置换 1 mol·dm^{-3} HCl 里的氢，但可以 1 mol·dm^{-3} HI 起置换反应产生 H_2，通过计算解释此现象。

11. 计算原电池 $(-)Cu|Cu^{2+}(1.0\ mol \cdot dm^{-3}) \| Ag^+(1.0\ mol \cdot dm^{-3})|Ag(+)$ 在下述情况下电动势的改变值：(1) Cu^{2+} 浓度降至 $1.0 \times 10^{-3}\ mol \cdot dm^{-3}$；(2) 加入足够量的 Cl^- 使 AgCl 沉淀。设 Cl^- 浓度为 $1.56\ mol \cdot dm^{-3}$。

12. 计算下列电池反应在 298.15 K 时的 $E^\ominus$、E、$\Delta_r G_m^\ominus$ 和 $\Delta_r G_m$，指出反应的方向。

    (1) $\frac{1}{2}Cu(s) + \frac{1}{2}Cl_2(p=100\ kPa) \rightleftharpoons \frac{1}{2}Cu^{2+}(c(Cu^{2+})=1\ mol \cdot dm^{-3}) + Cl^-(c(Cl^-)=1\ mol \cdot dm^{-3})$；

    (2) $Cu(s) + 2H^+(c(H^+)=0.01\ mol \cdot dm^{-3}) \rightleftharpoons Cu^{2+}(c(Cu^{2+})=0.1\ mol \cdot dm^{-3}) + H_2(p=90\ kPa)$。

13. 已知下列电极反应在 298.15 K 时 $E^\ominus$ 的值，求 AgCl 的 $K_{sp}^\ominus$。

    $Ag^+ + e^- \rightleftharpoons Ag(s)$， $E^\ominus(Ag^+/Ag)=0.7996\ V$

    $AgCl(s) + e^- \rightleftharpoons Ag(s) + Cl^-$， $E^\ominus(AgCl/Ag)=0.2223\ V$

14. 已知下列电极反应在 298.15 K 时 $E^\ominus$ 的值，求 $K_{稳}^\ominus([Cu(CN)_2]^-)$。

    $[Cu(CN)_2]^- + e^- \rightleftharpoons Cu + 2CN^-$， $E^\ominus = -0.896\ V$

    $Cu^+ + e^- \rightleftharpoons Cu$， $E^\ominus = 0.521\ V$

15. 已知 $[Ag(NH_3)_2]^+$ 的 $K_{稳}^\ominus = 1.12 \times 10^7$，$[Ag(S_2O_3)_2]^{3-}$ 的 $K_{稳}^\ominus = 2.88 \times 10^{13}$，试计算电对 $[Ag(NH_3)_2]^+/Ag$ 和 $[Ag(S_2O_3)_2]^{3-}/Ag$ 的标准电极电势。

16. 已知 $PbCl_2$ 的 $K_{sp}^\ominus = 1.7 \times 10^{-5}$，$E^\ominus(Pb^{2+}/Pb) = -0.1262\ V$，计算 298.15 K 时 $E^\ominus(PbCl_2/Pb)$ 的值。

17. 碘在碱性介质中的元素电势图为

    $IO^- \underset{\underline{\quad 0.56\ V \quad}}{\overline{\quad}} I_2 \xrightarrow{0.54\ V} I^-$

    求 $E^\ominus(IO^-/I_2)$，并判断 I_2 能否歧化成 IO^- 和 I^-。

18. 计算在 25 ℃ 时下列氧化还原反应的平衡常数。

    $3CuS(s) + 2NO_3^-(aq) + 8H^+(aq) \rightleftharpoons 3S(s) + 2NO(g) + 3Cu^{2+}(aq) + 4H_2O(l)$

19. 已知某原电池的正极是氢电极，负极是一个电势恒定的电极。当氢电极插入 pH=4 的溶液中，电池电动势为 0.412 V；若氢电极插入某缓冲溶液时，测得电池电动势为 0.427 V，求缓冲溶液的 pH 值。

20. 用电极反应表示下列物质的主要电解产物。

    (1) 电解 $NiSO_4$ 水溶液，阳极用镍，阴极用铁；

    (2) 电解熔融 NaCl，阳极用石墨，阴极用铁。

第 6 章 物质结构基础

世界是由物质组成的。不同的物质表现出各不相同的物理、化学性质,这是和它们各自不同的微观结构密切相关的。物质结构与性质的关系是化学中的一个基本问题。物质结构包括以下几个层次:电子与原子核如何组成原子、原子如何组成分子以及分子的空间构型。由于物质结构的近代理论涉及量子力学,本章只介绍一些重要的概念、结论及应用,如电子在核外运动的规律、分布及其与元素周期系的关系,元素性质与原子结构的关系,化学键的概念、分类以及相应的理论,如离子键理论、价键理论(包括杂化轨道理论和分子的空间构型)、分子轨道理论、配位化合物的结构(包括价键理论和晶体场理论)和金属键理论,并在此基础上讨论分子间的作用力和氢键。

6.1 原子结构

1911年物理学家卢瑟福(Rutherford)在α粒子散射实验的基础上,提出了有核原子模型。他认为原子是由带正电荷的原子核及带负电荷的电子组成,原子核在原子的中心,电子在原子核周围旋转。卢瑟福的原子模型正确地回答了原子的组成问题。然而按照经典电磁学理论,电子绕核旋转时会发射电磁波,电子的能量会越来越低,最后落到原子核上,原子毁灭。此外,绕核旋转的电子不断地放出能量,因此发射出电磁波的频率应该是连续的,即产生的应是连续光谱。上述结论与事实矛盾,原子既没有毁灭,产生的光谱也不是连续的,而是线状光谱。

6.1.1 原子结构的早期模型

研究原子结构的主要实验方法是原子光谱。当日光通过一块棱镜,可形成一个从红到紫的连续色带,这种光谱中,各单色光之间没有明显的界限,称为连续光谱。如果在一个连接着两个电极并抽高真空的玻璃管内,装入极少量的高纯氢气,通高压电使之放电,管中发出光来,产生的光通过分光棱镜,得到一组有特定波长的谱线,这些谱线是一条条被暗区隔开的光亮线条,因而称为线状光谱。氢光谱在可见光区(400~700 nm)有四条比较明显的谱线,称为巴尔麦(Balmar)线系,其波长分别是410.2、434.1、486.1、656.5 nm,如图6-1所示。除此之外,在紫外光区和红外光区还有另外三组具有一定特征波长的谱线。

瑞典物理学家里德堡(J. R. Rydbery)在仔细地研究了氢光谱以后,提出了能概

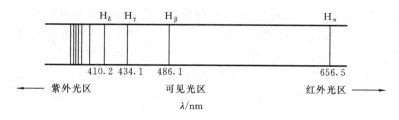

图 6-1 氢原子光谱

括谱线之间普遍联系的公式：

$$\tilde{\nu} = R_\infty \left(\frac{1}{n_1^2} - \frac{1}{n_2^2} \right) \quad (n_1 < n_2) \tag{6-1}$$

式中：$\tilde{\nu}(\tilde{\nu} = \frac{1}{\lambda})$ 为波数；R_∞ 为里德堡常数，其值为 109 737.309 cm^{-1}；n_1、n_2 为正整数，且有 $n_2 > n_1$。

为了解释氢原子光谱的规律性，1913 年，丹麦物理学家玻尔（N. Bohr）在普朗克（M. Planck）的量子论、爱因斯坦（A. Einstein）的光子学说和卢瑟福的有核原子模型的基础上，提出了氢原子结构模型。其要点如下。

（1）电子在核外只能沿着某些特定的而不是任意的圆形轨道运动。电子在这些轨道上运动的角动量必须满足量子化条件

$$M = mvr = n \frac{h}{2\pi} \quad (n = 1, 2, 3, \cdots) \tag{6-2}$$

式中：m 是电子的质量；v 是电子的运动速率；r 是原子的轨道半径；n 是量子数，只能取正整数；h 为普朗克常数，$h = 6.626 \times 10^{-34}$ J·s。

（2）电子在符合量子化条件的轨道上运动时，具有确定的能量，处于稳定状态，既不吸收能量，也不放出能量。当电子在离核最近的轨道上运动时，具有最低的能量状态，称为基态；当电子吸收外界的能量，激发到离核较远的轨道上运动时，电子所处的状态称为激发态。

（3）电子由一个轨道跃迁到另一个轨道时，才会发射或吸收能量，若能量以光辐射的形式出现，原子所发射或吸收的能量等于两个定态轨道的能量差。

$$h\nu = |E_2 - E_1| \tag{6-3}$$

式中：E_1、E_2 分别是原子中两个轨道的能量；ν 是光子的频率。

根据玻尔理论可以计算出氢原子的轨道半径 r 和能量 E。

$$r = n^2 a_0 \quad (n = 1, 2, 3, \cdots) \tag{6-4}$$

式中：n 是量子数；$a_0 = 52.9$ pm，是 $n = 1$ 时轨道的半径，称为玻尔半径。

$$E = -\frac{2.18 \times 10^{-18}}{n^2} \text{ J} \quad (n = 1, 2, 3, \cdots) \tag{6-5}$$

式中：n 是量子数。

根据玻尔理论，氢原子的电子在特定的稳定轨道上运动时，不会放出能量，因此，

通常条件下的氢原子不会发射光谱,也比较稳定。当氢原子受到外界激发时,核外电子吸收能量,从基态跃迁到高能量的轨道上运动,这时电子处于激发态,处于激发态的电子很容易重新回到低能量的轨道上,并以光的形式放出能量,光子的能量为轨道能量的差。由于轨道的能量是量子化的,即不连续的,原子放出光的频率也是不连续的,这就是氢原子光谱是线状光谱的原因。根据玻尔理论,可以从理论上证明里德堡经验公式的正确性。

$$\tilde{\nu} = \frac{E_2 - E_1}{hc} = \frac{2.18 \times 10^{-18}}{hc} \left(\frac{1}{n_1^2} - \frac{1}{n_2^2} \right)$$

玻尔理论冲破了经典物理中能量连续变化的束缚,提出了原子内电子能量具有量子化特性和量子数的重要概念,成功地解释了原子发光以及氢原子的原子结构与氢原子光谱的关系。玻尔理论只是在经典力学连续性概念的基础上,加上一些量子化条件,没有跳出经典力学的范畴,没有认识到电子运动的特殊性,即波粒二象性,致使其在解释多电子原子光谱和氢原子的精细光谱结构时遭到失败。

6.1.2 微观粒子的波粒二象性

1905年,物理学家爱因斯坦在普朗克的量子论的基础上,用光量子的概念成功地解释了光电效应。他认为光由具有一定能量 ε 和动量 p 的光子流组成,光子所具有的能量与光的频率有关。

$$\varepsilon = h\nu \tag{6-6}$$

光子所具有的动量 p 则与光的波长有关。

$$p = h/\lambda \tag{6-7}$$

两式中:左端能量 ε 和动量 p 代表粒子性;右端频率 ν 和波长 λ 代表波动性。通过普朗克常数 h 将这两种性质联系在一起,从而很好地揭示了光的性质,既具有波动性,又具有粒子性,即光的波粒二象性。

电子是一种实物粒子,这早已被实验所证实,例如电子具有质量、能量和动量,那么电子是否和光一样也具有波粒二象性呢?1924年法国物理学家德布罗意(L. de Broglie)提出:一切实物微粒都具有波粒二象性。其波长 λ 可用下式求得

$$\lambda = \frac{h}{p} = \frac{h}{mv} \tag{6-8}$$

式中:m 为实物粒子的静止质量;v 为实物粒子的速度;h 为普朗克常数;p 为实物粒子的动量。实物微粒所具有的波称为德布罗意波或物质波。

根据这个公式可以计算出电子的波长。一个电子的质量为 9.11×10^{-31} kg,若电子的运动速率为 1.0×10^6 m·s^{-1},则其波长为

$$\lambda = \frac{h}{mv} = \frac{6.626 \times 10^{-34}}{9.11 \times 10^{-31} \times 1.0 \times 10^6} \text{ m} = 7.28 \times 10^{-10} \text{ m} = 0.73 \text{ nm}$$

这个波长数值正好在 X 射线的波长范围内。

1927年,美国物理学家戴维逊(C. Davisson)和革末(L. Germer)用电子衍射实

验证实了德布罗意的假设。当他们用高速电子束照射镍单晶时,得到了与 X 射线衍射相同的衍射图案(见图 6-2),证明电子也能发生衍射现象,而且通过计算得到的电子衍射的波长,与德布罗意关系式所预测的波长完全一致。其后,又发现中子、原子、分子等也能产生衍射图案,德布罗意波也就完全得到了实验证实。

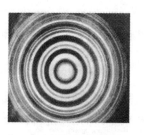

图 6-2 电子衍射

电子衍射实验证明了像电子这样的实物微粒的运动确实具有波动性,那么它是一种什么样的波呢?从衍射图像中可以看到,有些地方感光强一些,有些地方则弱一些,在底片上衍射强度大的地方,电子出现的概率大,也是波的强度大的地方,而衍射强度小的地方,电子出现的概率小,波的强度也小,即衍射强度的大小表示波的强度大小。因此,在空间任一点波的强度与粒子出现的概率成正比,这就是物质波的统计解释。粒子的波动性是与粒子的统计性规律相联系的,波的强度与粒子出现的概率成正比,所以物质波也称为概率波。

在牛顿力学中,一个宏观物体的运动,其位置和速度都是同时确定的,如炮弹、子弹和行星的运动轨道都是确定的。电子衍射实验的结果表明:具有波粒二象性的微观粒子,不可能用运动轨道来描述它们的运动状态,它们的运动遵循统计规律,不可能同时准确地测定它们的速率和位置。因此,电子等微观粒子的运动规律不能够用经典物理学来描述。

6.1.3 现代原子结构模型

1. 波函数和薛定谔方程

量子力学从微观粒子具有波粒二象性出发,认为微观粒子的运动状态可以用波函数来描述。波函数是描述微观粒子运动状态的一个数学函数,可以通过求解薛定谔方程得到。

1926 年,奥地利科学家薛定谔(E. Schrödinger)通过与经典波动力学的比较,建立了著名的薛定谔方程。

$$\frac{\partial^2 \Psi}{\partial x^2} + \frac{\partial^2 \Psi}{\partial y^2} + \frac{\partial^2 \Psi}{\partial z^2} + \frac{8\pi^2 m}{h^2}(E-V)\Psi = 0 \quad (6\text{-}9)$$

这是一个二阶偏微分方程,它的意义是:方程的每一个合理解 Ψ 代表微粒运动的一个稳定状态,能量值 E 即为该稳定状态所对应的能级。

在解薛定谔方程时,常将直角坐标(x,y,z)变换为球极坐标(r,θ,φ),它们的关系如图 6-3 所示。

$$x = r\sin\theta\cos\varphi \quad (6\text{-}10)$$
$$y = r\sin\theta\sin\varphi \quad (6\text{-}11)$$

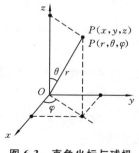

图 6-3 直角坐标与球极坐标的关系

$$z = r\cos\theta \tag{6-12}$$

波函数 $\Psi(x,y,z)$ 经变换后,成为球极坐标的函数 $\Psi(r,\theta,\varphi)$。经变量分离法处理后得

$$\Psi(r,\theta,\varphi) = R(r)\Theta(\theta)\Phi(\varphi) \tag{6-13}$$

式中:$R(r)$ 只是 r 的函数,称波函数的径向部分;$\Theta(\theta)$、$\Phi(\varphi)$ 分别是 θ、φ 的函数。这样,就可以把二阶偏微分方程变为三个只含一个变量的常微分方程。求解这三个常微分方程,可以得到无数多个解,为了使求出的解都是能满足描述微观粒子运动状态的合理波函数,必须引入不能取任意数值的参量 n、l、m 作为限制条件,n、l、m 统称为量子数。只有 n、l、m 值的允许组合得到的 $\Psi_{n,l,m}(r,\theta,\varphi)$ 才是合理的,才能用来描述电子运动的状态。因此波函数也称为原子轨道。但是,这里的轨道与玻尔的轨道概念完全不同,它指的只是电子的一种空间运动状态。

一套量子数 n、l、m 确定了一个原子轨道(波函数),因此可以直接用量子数 n、l、m 表示原子轨道。光谱学上常将 $l=0,1,2,3,\cdots$ 用 s,p,d,f,$\cdots$ 等字母表示。表 6-1 列出了 n、l、m 的取值关系、轨道名称和轨道数。

表 6-1　n、l、m 的取值关系、轨道名称和轨道数

n	l	l 符号	m	轨 道 名 称	l 相同的轨道数目	n 相同的轨道数目
1	0	s	0	1s	1	1
2	0	s	0	2s	1	4
	1	p	0	$2p_z$	3	
			±1	$2p_x$,$2p_y$		
3	0	s	0	3s	1	9
	1	p	0	$3p_z$	3	
			±1	$3p_x$,$3p_y$		
	2	d	0	$3d_{z^2}$	5	
			±1	$3d_{xz}$,$3d_{yz}$		
			±2	$3d_{xy}$,$3d_{x^2-y^2}$		

2. 原子轨道与电子云的图形

从薛定谔方程解出的合理波函数,是量子力学中描述电子运动的数学函数式,即一定的波函数表示一种电子运动的状态,但波函数本身没有明确直观的物理意义,它的物理意义是通过 $|\Psi|^2$ 来表现的。$|\Psi|^2$ 称为概率密度,是电子在核外空间中单位体积内出现概率的大小,电子云是概率密度 $|\Psi|^2$ 分布的形象化描述。

化学上惯用小黑点分布的疏密表示电子出现概率的相对大小。小黑点较密的地方表示 $|\Psi|^2$ 数值大,电子的概率密度较大,单位体积内电子出现的机会多。用这种

方法来描述电子在核外出现的概率密度大小所得到的图像称为电子云。1s 电子云是以原子核为中心的一个圆球。愈靠近核的位置,黑点愈多,表示$|\Psi|^2$愈大,即电子出现的概率密度大;离核较远的位置,黑点少,表示$|\Psi|^2$小,电子出现的概率密度小,如图 6-4 所示。电子云没有明确的边界,在离核很远的地方电子仍有出现的可能,但实际上在离核 300 pm 以外的区域,电子出现的概率可以忽略不计。应注意的是,氢原子核外只有 1 个电子,图中黑点的数目并不代表电子的数目,而只代表 1 个电子在瞬间出现的可能位置。

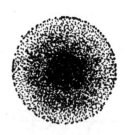

图 6-4 1s 电子云图

电子的运动状态不同,其电子云的形状也不一样。波函数可写成径向部分和角度部分的乘积:

$$\Psi(r,\theta,\varphi) = R(r)Y(\theta,\varphi) \quad (6-14)$$

为了使问题简化,可以从角度部分和径向部分两个侧面来画出原子轨道和电子云的图形。将 $Y_{l,m}$ 的数值大小随角度 θ、φ 的变化用图形表示出来即为波函数的角度分布图。图 6-5 给出了 s、p、d 各种电子运动状态的原子轨道的角度分布剖面图。

从图 6-5 中可以看出,p_x、p_y 和 p_z 图形一样,都是哑铃形,只是空间取向不同。p_x、p_y 和 p_z 分别在 x 轴、y 轴和 z 轴上出现极值。而 d 轨道都呈花瓣形,其中 d_{xy}、d_{yz}、d_{xz} 分别在 x 轴和 y 轴、y 轴和 z 轴、x 轴和 z 轴之间夹角为 $45°$ 的方向上出现极值;d_{z^2} 在 z 轴上,$d_{x^2-y^2}$ 在 x 轴和 y 轴上出现极值。图中的正、负号仅表示波函数的值在该区域是正值还是负值,并不代表电荷。

电子云的角度分布图是表示波函数的角度部分 $Y(\theta,\varphi)$ 的平方 $|Y(\theta,\varphi)|^2$ 随 θ 和 φ 变化的情况,反映了电子在核外各个方向上概率密度的分布规律。电子云的角度分布图与原子轨道角度分布图基本类似,但有两点不同,一是电子云角度分布图比轨道角度分布图略"瘦"些;二是电子云角度分布图无正、负之分,如图 6-6 所示。

电子云角度分布图只能表示电子在空间不同角度出现的概率密度的大小,不能表示电子在离核多远的区域出现概率密度的大小。电子云的径向分布图反映了电子出现的概率密度与离核远近的关系,它对了解原子的结构和性质、了解原子间的成键过程具有重要的意义。波函数 $\Psi(r,\theta,\varphi)$ 的径向部分是 $R(r)$。而一个离核距离为 r,厚度为 dr 的薄层球壳内电子出现的概率为 $4\pi r^2 |R(r)|^2 dr$。令 $D(r)=4\pi r^2 |R(r)|^2$,称为径向分布函数,它的意义是表示电子在一个以原子核为球心、r 为半径、单位厚度的球形薄壳夹层内出现的概率,反映了电子出现的概率与距离 r 的关系。

将 $D(r)$ 对 r 作图,得到电子云的径向分布图,如图 6-7 所示。从电子云的径向分布函数可知,在基态氢原子中,电子出现概率的极大值在 $r=a_0$($a_0=52.9\ \text{pm}$)处,这正好是玻尔半径。因此从量子力学的观点来理解,玻尔半径就是电子出现概率最大的球壳离核的距离。

由图 6-7 还可发现,径向分布函数峰值的个数有一定规律,有 $n-l$ 个峰。每一

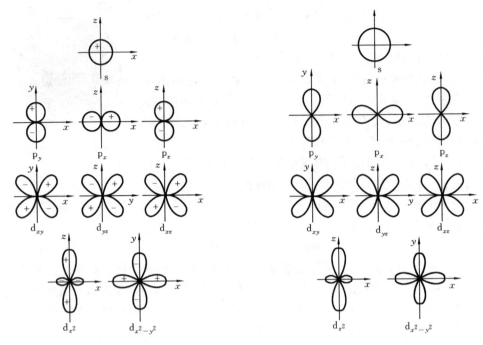

图 6-5 原子轨道角度分布示意图(剖面) 　　图 6-6 电子云角度分布示意图(剖面)

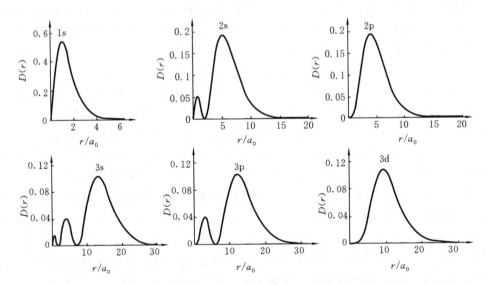

图 6-7 电子云径向分布函数示意图

个峰表示电子出现在距核 r 处的概率有一个极大值,主峰表现了这个概率的最大值。n 一定时,l 越小,径向分布函数的峰越多,电子在核附近出现的可能性越大。如 3s 和 3p,两个主峰的位置虽然相差不多,但 3s 在靠近核的位置还有一个峰,说明 3s 电子在离核较近的某个位置还有较大概率出现,这即是所谓的钻穿效应。钻穿效应对说明多电子原子的能级交错有重要意义。n 越大,主峰离核越远,电子出现的最大概率离核也越远,离核越远的电子能量越高,所以 $E_{3s} > E_{2s} > E_{1s}$。当主量子数相同,角量子数不相同时,虽然它们峰的数目不一样,但是概率最大的主峰却具有相似 r 值。这些主峰以 1s 离核最近,2s、2p 次之,3s、3p、3d 更远。因此从径向分布的角度来看,核外电子是分层分布的。

3. 四个量子数

前已述及,对原子核外三维空间运动的电子,用三个量子数表征的波函数 $\Psi_{n,l,m}$ 就可以描述电子的轨道运动状态。电子除轨道运动外,还有自旋运动,其运动状态可以由自旋磁量子数 m_s 决定。因此完整地描述一个核外电子的运动状态要用四个量子数 n、l、m、m_s。

(1) 主量子数 n。

主量子数的值只能取不等于零的正整数,即 1,2,3,… 等正整数,用它描述原子中电子出现概率最大区域离核的远近,或者说决定电子层数。例如 $n=1$ 时,表示原子中的电子所出现概率的最大区域离核最近,是离核平均距离最近的一层,$n=2$ 时,其离核的平均距离比第一层稍远,n 越大表示电子离核的平均距离越远。在光谱学上,通常用大写的字母 K、L、M、N、O、P 来表示 $n=1、2、3、4、5、6$ 的电子层。

解薛定谔方程得到的氢原子各个稳定态的能量为

$$E_n = -\frac{2.18 \times 10^{-18}}{n^2} \text{J} \tag{6-15}$$

可见,主量子数的另一个重要的意义是:n 是决定电子能量高低的主要因素,对于氢原子或类氢离子而言,n 值越大,电子的能量越高(即负值越小),但是对于多电子原子来说,核外电子的能量除了与主量子数有关外,还与原子轨道的形状有关。因此,n 值越大电子的能量越高,这句话只对氢原子和类氢离子才是正确的。

(2) 角量子数 l。

角量子数的取值从 0 到 $n-1$,即 l 只能取 0 和小于主量子数 n 的正整数,受到主量子数的限制,如 $n=1$ 时,l 只能取 0,当 $n=2$ 时,l 可以取 0 和 1。因此当 n 一定时,l 有 n 个可能的取值。按照光谱学的习惯,当 $l=0、1、2、3、4$ 时,分别用小写的字母 s、p、d、f、g 表示。

从原子光谱和量子力学计算得知,l 决定电子绕核运动的轨道角动量和电子在空间的角度分布情况,与原子轨道和电子云的形状密切有关。

对于同一个主量子数,可能有几个不同的 l 值,将同一层中 l 值相同的电子归并为同一亚层。例如 $n=1$ 时,l 只能取 0,第一电子层只存在一个亚层;当 $n=2$ 时,l 可以取 0 和 1,第二电子层有两个亚层,即 2s 和 2p 亚层。

在多电子原子中,电子的能量还与角量子数 l 有关,n 相同时,l 不同的电子具有不同的能量状态,存在着如下关系:

$$E_{ns} < E_{np} < E_{nd} < E_{nf}$$

(3) 磁量子数 m。

磁量子数 m 的取值为 $0, \pm 1, \pm 2, \pm 3, \cdots, \pm l$,这些取值意味着亚层中的电子有 $2l+1$ 个取向。磁量子数决定在外磁场作用下,电子绕核运动的轨道角动量在磁场方向上的分量,它反映了原子轨道在空间的不同取向。例如 $l=0$ 时,m 可取 0,表示 s 轨道在空间只有一种取向;$l=1$ 时,m 可取 $0, \pm 1$,说明 p 轨道在空间中存在着三种不同的取向,即有三个不同伸展方向的原子轨道 $2p_z$、$2p_x$、$2p_y$。由于电子运动的能量与磁量子数无关,这三个原子轨道具有相同的能量,具有相同能量的原子轨道称为简并原子轨道或等价原子轨道。

(4) 自旋磁量子数 m_s。

高分辨率的原子光谱实验发现氢原子由 1s→2p 跃迁得到的不是一条谱线,而是由两条靠得非常近的谱线组成的,这实际上反映出 2p 轨道分裂成两个能量相隔很近的状态。为了解释这一现象,1925 年乌仑拜克(Uhlenbeck)和古德斯米特(Goudsmit)提出了电子具有自旋运动的假设。电子除了在核外作高速运动外,还存在着自旋运动,电子的自旋运动用自旋磁量子数 m_s 来描述。电子的自旋只有两种不同的方向,自旋磁量子数 m_s 也只能取 $+\frac{1}{2}$ 和 $-\frac{1}{2}$ 两个值,通常用 ↑ 和 ↓ 表示,分别代表电子的两种不同的自旋运动状态。

综上所述,要完整全面地描述核外电子的运动状态,需要 n、l、m、m_s 四个量子数。主量子数决定电子处在哪一个电子层上,角量子数决定电子处在该电子层中的哪个亚层以及原子轨道的形状,磁量子数决定电子处在亚层的哪一个原子轨道上,自旋磁量子数决定电子在该轨道上的自旋方向。例如,若已知核外某电子的四个量子数为 $n=2, l=1, m=-1, m_s=+1/2$,那么,就可以知道这是指第二电子层 p 亚层 $2p_x$ 或 $2p_y$ 轨道上自旋方向以 $+1/2$ 为特征的一个电子。

6.1.4 核外电子的排布

对于只含一个电子的氢原子和类氢离子来说,原子内仅存在原子核与这个电子的作用,其薛定谔方程可以精确求解。但对于多电子原子来讲,不仅存在原子核与核外电子的作用,还存在电子之间的相互作用,因此多电子原子的薛定谔方程不能精确求解,只能作近似处理。

1. 屏蔽效应和钻穿效应

在讨论多电子原子的结构时,中心力场模型是一种有用的轨道近似方法。它将其他电子对指定电子排斥作用的平均效果看做是改变原子核引力场的大小,把其他电子的电子云的总和近似地看成是球形对称的,并集中于球形中心,形成一个负电中心,使得原子核作用于指定电子的核电荷由 Z 减少至有效核电荷 Z^*,这种效应称为屏蔽效应。

$$Z^* = Z - \sigma \tag{6-16}$$

式中：σ 称为屏蔽常数，相当于抵消了的正电荷数。

考虑了屏蔽效应以后，在多电子原子中，第 i 个电子的能量为

$$E_i = -\frac{(Z-\sigma)^2}{n^2} \times 2.18 \times 10^{-18} \text{ J} = -\frac{Z^{*2}}{n^2} \times 2.18 \times 10^{-18} \text{ J} \quad (n=1,2,3,\cdots)$$

(6-17)

上式说明多电子原子中原子轨道的能量取决于核电荷 Z、主量子数 n 和屏蔽常数 σ，而 σ 又与第 i 个电子所处的状态及其他电子的数目和状态有关。因此，第 i 个电子的能量与它所处轨道的量子数 (n,l) 及其余电子的数目和状态有关。当电子的主量子数相同时，其角量子数越大，受到其他电子的屏蔽作用越大，能量越高，如 $E_{4s}<E_{4p}<E_{4d}<E_{4f}$。考虑了屏蔽效应后，就可以用类似于氢原子和类氢离子的方式描述多电子原子中的电子运动状态。

在多电子原子中，原子轨道的能级高低不仅由主量子数 n 决定，还与角量子数 l 有关，这不仅可以使主量子数相同、角量子数不同的原子轨道发生能级分裂的现象，而且可能会使 n、l 均不相同的原子轨道产生能级交错的现象。产生能级交错的原因可以用电子钻穿效应给予解释。

外层电子钻到原子内部空间而更靠近原子核，降低了其余电子对它的屏蔽作用，受到更大的有效核电荷的吸引，降低了相应的能量，这种现象称为电子的钻穿效应。

电子的钻穿效应可以用电子云的径向分布图进行解释。图 6-8 是 4s 和 3d 的电子云径向分布函数图，4s 的最大峰虽然比 3d 的离核远，但是它有一些小峰离核更近，也就是说 4s 电子在离核较近的位置出现的概率较大，因此 4s 电子钻到比 3d 电子离核更近的地方，有效地回避了内层电子对它的屏蔽作用，受到较大的有效核电荷的吸引，能量较低，因而发生了 $E_{4s}<E_{3d}$ 的能级交错现象。

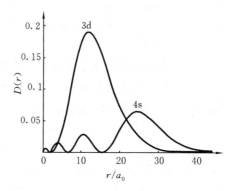

图 6-8　4s 和 3d 的电子云径向分布函数图

2. 鲍林近似能级图和能级组

1936 年，美国化学家鲍林（L. Pauling）根据光谱实验结果，提出了多电子原子中原子轨道的近似能级图（见图 6-9）。

鲍林的原子轨道近似能级图按轨道能量高低排列，能量相近的原子轨道划为一组，称为能级组，通常分为七个能级组。能级组之间的能量差别较大，同一能级组内各原子轨道间的能量差别较小。

在近似能级组中，每一个小圆圈表示一个轨道。例如，s 亚层中只有一个圆圈，表示 s 亚层中只有一个轨道，p 亚层中有三个圆圈，表示 p 亚层中有三个原子轨道，这三个轨道能量是相同的，只是在空间伸展方向不同，称为等价轨道。d 亚层有五个

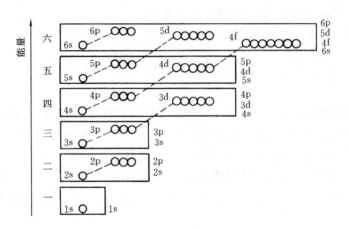

图 6-9 原子轨道近似能级图

等价原子轨道,f 亚层有七个等价原子轨道。

角量子数 l 相同的轨道,其能量次序由主量子数 n 决定,n 越大,能量越高,例如 $E_{2p}<E_{3p}<E_{4p}<E_{5p}$。主量子数 n 相同时,轨道能量随角量子数 l 的增大而增大,例如 $E_{4s}<E_{4p}<E_{4d}<E_{4f}$。存在能级交错现象,例如 $E_{4s}<E_{3d}<E_{4p}$,$E_{5s}<E_{4d}<E_{5p}$,$E_{6s}<E_{4f}<E_{5d}<E_{6p}$。

我国化学家徐光宪根据光谱实验数据,提出一个十分简便的划分多电子原子能级相对高低和能级组的准则:对于原子的外层电子而言,$(n+0.7l)$ 的值越大,能级越高;$(n+0.7l)$ 的第一位数字相同的各能级合为一组,称为能级组,例如 4s、3d 和 4p 的 $(n+0.7l)$ 值依次等于 4.0、4.4 和 4.7,能级的高低次序为 $E_{4s}<E_{3d}<E_{4p}$,第一位数字为 4,因此 4s、3d 和 4p 原子轨道组合成第四能级组。

原子轨道近似能级图仅仅反映了多电子原子中原子轨道能量的近似高低,原子轨道能量的高低顺序不是一成不变的,会随着原子序数的变化而发生变化。一般来讲,空轨道的能量排列符合原子轨道近似能级图。如果按照原子轨道近似能级图中各原子轨道的能量顺序来填充电子的话,所得的结果与光谱实验得到的原子核外电子的排布情况基本相似,所以,将原子轨道近似能级图看成是电子填充的顺序图。

3. 核外电子排布的一般规律

原子中核外电子排布要遵循以下三个原则。

(1) 能量最低原理。

在自然界中,系统的能量越低,系统就越稳定。核外电子的排布也应使整个原子的能量最低。因此,多电子原子在基态时,电子将按照原子轨道近似能级图中各能级的顺序,由低向高填充。

(2) 泡利不相容原理。

1925 年,奥地利物理学家泡利(W. Pauli)根据原子光谱实验数据并考虑到周期系中每一周期的元素的数目,提出了泡利不相容原理:在同一原子中,不可能有四个量子数完全相同的电子。如果两个电子的 n、l 和 m 都相同,则第四个量子数 m_s 一定不同,即在同一个原子轨道中最多只能容纳 2 个自旋方向相反的电子。

应用泡利不相容原理,可以推算出每一电子层和电子亚层所能容纳的最多电子数。例如 K 层,$n=1$,$l=0$,$m=0$,即只有一个 s 轨道,所以最多只能容纳 2 个电子,它们的自旋磁量子数 m_s 分别是 $+1/2$ 和 $-1/2$。又如 L 层,$n=2$,$l=1$、0。$l=1$ 时 m 可取 0、±1 三个数值,有三个原子轨道,所以 p 亚层最多只能容纳 6 个电子;$l=0$ 时 m 只取 0,有一个轨道,s 亚层最多只能容纳 2 个电子。整个 $n=2$ 的 L 层,最多能容纳 8 个电子。依次推算出 $n=3、4、5$ 的电子层最多可容纳 18、32 和 50 个电子,即每层的电子最大容量为 $2n^2$。核外电子可能的状态列于表 6-2 中。

表 6-2 核外电子可能的状态

主量子数 n	1	2		3			4			
电子层符号	K	L		M			N			
轨道角动量量子数 l	0	0	1	0	1	2	0	1	2	3
电子亚层符号	1s	2s	2p	3s	3p	3d	4s	4p	4d	4f
磁量子数 m	0	0	0 ±1	0	0 ±1	0 ±1 ±2	0	0 ±1	0 ±1 ±2	0 ±1 ±2 ±3
亚层轨道数($2l+1$)	1	1	3	1	3	5	1	3	5	7
电子层轨道数	1	4		9			16			
各层可能容纳的电子数	2	8		18			32			

由于多电子原子中出现能级交错的现象,原子最外层电子数最多不超过 8 个,次外层电子数最多不超过 18 个。

(3) 洪特规则。

在等价轨道上,电子将尽可能地分占不同的轨道,并且保持自旋平行。这是 1925 年洪特(F. Hund)根据光谱实验数据,总结出的一个规律,称为洪特规则。例如碳原子核外有 6 个电子,根据核外电子填充的原则,有 2 个电子首先填入第一层 1s 轨道上,剩下的 4 个电子填入第二电子层,其中有 2 个电子填入 2s 轨道,最后的 2 个电子将填入三个等价的 2p 轨道,但这 2 个电子在 2p 轨道上有三种可能的排布方式:

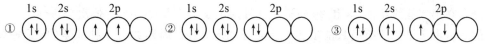

根据洪特规则,只有第一种排布才是正确的排布方式,所以碳的核外电子排布方式是第一种排布,记作 $1s^2 2s^2 2p^2$,轨道符号右上角的数字表示轨道中的电子数。

作为洪特规则的特例,等价轨道全充满(p^6、d^{10}、f^{14})、半充满(p^3、d^5、f^7)或全空(p^0、d^0、f^0)时是比较稳定的。

按照电子排布三原则和原子轨道近似能级图,就可以正确地写出大多数基态原子的核外电子的排布式。K原子核外有19个电子,第一电子层填2个电子,第二电子层有8个电子分布在2s、2p轨道上,3s、3p轨道上同样填充了8个电子,还有一个电子,由于能级交错,将填入4s轨道上,基态K原子的核外电子排布式是$1s^2 2s^2 2p^6 3s^2 3p^6 4s^1$。Cr原子核外有24个电子,按照洪特规则的特例,基态Cr原子的核外电子排布式是$1s^2 2s^2 2p^6 3s^2 3p^6 3d^5 4s^1$,而不是$1s^2 2s^2 2p^6 3s^2 3p^6 3d^4 4s^2$。Cu原子核外有29个电子,核外电子排布式是$1s^2 2s^2 2p^6 3s^2 3p^6 3d^{10} 4s^1$,而不是$1s^2 2s^2 2p^6 3s^2 3p^6 3d^9 4s^2$。尽管电子在原子轨道中的填充次序是先填充4s能级后填充3d能级,但在写核外电子排布式时,必须先写3d能级后写4s能级。

为了避免核外电子排布式过长,常把内层已经达到稀有气体的电子层结构写为"原子实",用相应的稀有气体符号加方括号来表示。例如K原子的电子排布式也可以表示为[Ar]$4s^1$;而Cr原子和Cu原子核外电子排布式则可以分别表示为[Ar]$3d^5 4s^1$和[Ar]$3d^{10} 4s^1$。

应该指出的是,根据原子轨道近似能级图和电子排布三原则排布核外电子时,所得到的结果大多数与实验结果一致,但也有少量的例外。

6.2 原子的电子结构和元素周期系

1869年俄国科学家门捷列夫(Д. И. Менделеев)提出了著名的元素周期律:按原子量大小排列的元素,在性质上呈现明显的周期性。但当时对元素周期律的科学内涵并不十分清楚,直到20世纪初原子结构理论建立后,人们最终认识到,元素周期律实质是原子核外电子的排布呈周期性变化的必然结果,原子的核外电子排布与元素的周期表之间有着非常紧密的联系。

6.2.1 原子的电子层结构与周期

元素周期表有长周期表和短周期表多种形式,通常使用的是长周期表,在长周期表中将元素划分为七个周期。

第一周期只有H和He两元素,电子分布在第一能级组仅有的一个1s轨道上,最多只能容纳2个电子,形成特短周期。

第二周期元素:从原子序数为3的Li到原子序数为10的Ne,增加的电子依次分布在第二能级组的2s和2p轨道上。外层电子分布从$2s^1$的Li依次分布到$2s^2 2p^6$的Ne,由于第二能级组只能填充8个电子,所以第二周期共有8种元素,形成短周期。

第三周期也只有8个元素,增加的电子依次分布在第三能级组3s、3p轨道上。

外层电子分布从 $3s^1$ 的 Na 到 $3s^23p^6$ 的 Ar,第三能级组也只能填充 8 个电子,仍属短周期。

第四周期元素:从原子序数为 19 的 K 到原子序数为 36 的 Kr,增加的电子分布在第四能级组 4s、3d、4p 轨道上,外层电子分布依次由 $4s^1$ 的 K 到 $4s^23d^{10}4p^6$ 的 Kr,共 18 种元素,属长周期。

第五周期元素:从原子序数为 37 的 Rb 到原子序数为 54 的 Xe,增加的电子分布在第五能级组 5s、4d、5p 轨道上,外层电子分布依次由 $5s^1$ 的 Rb 到 $5s^24d^{10}5p^6$ 的 Xe,共 18 种元素。

第六周期元素:从原子序数为 55 的 Cs 到原子序数为 86 的 Rn,增加的电子依次分布在第六能级组 6s、4f、5d、6p 轨道上,外层电子分布依次由 $6s^1$ 的 Cs 到 $6s^24f^{14}5d^{10}6p^6$ 的 Rn,共 32 种元素,属于特长周期。

第七周期元素:从原子序数为 87 的 Fr 到已发现的元素,新增加的电子分布在第七能级组 7s、5f、6d、7p 上,由于该周期已发现的元素数目少于第七能级组填充电子的最大容量(32),因而是不完全周期。

由以上分析可知,各周期元素的原子,随着核电荷数的递增,电子将依次填入各相应能级组的轨道内。周期序数等于本周期最高能级组的序数,也等于本周期元素原子的最大电子层数或等于元素原子的最大主量子数;各周期所含元素的数目与本周期最外能级组所有轨道能容纳的电子数相等。因此周期的本质是按能级组的不同对元素进行的分类。能级组与周期的关系见表 6-3。

表 6-3 周期与能级组的对应关系

周 期	原子轨道	能级组序 数	能级组轨道总数	能级组可容纳的电子总数	周期内元素数	电子层数
1(特短周期)	1s	1	1	2	2	1
2(短周期)	2s~2p	2	1+3=4	8	8	2
3(短周期)	3s~3p	3	1+3=4	8	8	3
4(长周期)	4s~3d~4p	4	1+5+3=9	18	18	4
5(长周期)	5s~4d~5p	5	1+5+3=9	18	18	5
6(特长周期)	6s~4f~5d~6p	6	1+7+5+3=16	32	32	6
7(不完全周期)	7s~5f~6d~7p	7	1+7+5+3=16	32	未完成	7

6.2.2 原子的电子层结构与族

周期表中的元素共有 18 列,划分成 16 个族:7 个主族、7 个副族、第Ⅷ族和第 0 族。族的序号使用大写的罗马数字,主族用 A 表示,副族用 B 表示。

周期表中同一族元素的电子层数虽然不同,但它们的最外层电子构型(即最外层电子层结构)相同。凡最后一个电子填充在 s 亚层或 p 亚层的元素称为主族元素。主族元素价电子数等于其族数。价电子是指原子参加化学反应时能够用于成键的电子,对主族元素来说指最外层电子。例如元素硫,核外电子排布是$[Ne]3s^23p^4$,最后一个电子填入 3p 亚层,价电子构型是 $3s^23p^4$,所以硫是第三周期第六主族的元素,或者说硫是ⅥA族元素。

凡最后一个电子填充在$(n-1)$d 亚层或$(n-2)$f 亚层的元素称为副族元素。副族元素的价电子是指最外层的 s 电子和次外层的 d 电子。ⅢB~ⅦB 族元素价电子数等于其族数。例如元素 Cr,核外电子排布是$[Ar]3d^54s^1$,价电子构型是 $3d^54s^1$,所以 Cr 是第四周期第六副族的元素,或者说铬是ⅥB族元素。ⅠB 和ⅡB族元素由于$(n-1)$d 亚层已填满电子,所以族数等于最外层电子数。

第Ⅷ族元素有三列,其价电子构型是$(n-1)d^{6\sim10}s^{0,1,2}$,价电子数是 8~10 个,因此第Ⅷ族元素中有许多元素在化学反应中的价数与其族数不符。

6.2.3 原子的电子层结构与元素的分区

元素除了按周期和族分类之外,还可以根据原子的价电子构型把周期表分为五个区(见图 6-10)。

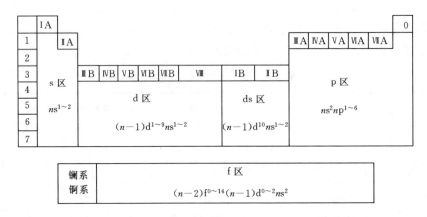

图 6-10 周期表中元素的分区

s 区元素:最后一个电子填充在 ns 原子轨道上的元素称为 s 区元素,包括ⅠA 和ⅡA 族元素,其价电子层构型为 $ns^{1\sim2}$。容易失去 1~2 个电子形成+1 或+2 价的离子,是活泼金属元素。

p 区元素:最后一个电子填充在 np 原子轨道上的元素称为 p 区元素,包括ⅢA~ⅦA族和 0 族元素,其价电子层构型为 $ns^2np^{1\sim6}$。

d 区元素:最后一个电子基本都填充在$(n-1)$d 轨道上(有个别例外),位于长式周期表的中部,包括ⅢB~ⅦB 族和Ⅷ族的元素,其价电子层构型为$(n-1)d^{1\sim9}ns^{1\sim2}$。

这些元素都是金属元素,有未充满的 d 轨道和多种氧化数。

ds 区元素:包括ⅠB和ⅡB族的元素,其价电子层构型为$(n-1)d^{10}ns^{1\sim2}$。d 区元素和 ds 区元素统称为过渡元素。

f 区元素:最后一个电子基本都填充在$(n-2)f$轨道上,所以也称为内过渡元素,包括镧系和锕系元素。其价电子层构型为$(n-2)f^{0\sim14}(n-1)d^{0\sim2}ns^2$。

6.3 元素的性质与原子结构的关系

由于原子的电子层结构的周期性,与电子层结构有关的元素的基本性质如原子半径、电离能、电子亲和能、电负性等,也呈现明显的周期性变化。

6.3.1 原子半径

原子的大小可以用"原子半径"来描述。通常人们所说的原子半径并非单个原子的真实半径,而是指原子在形成化学键或相互接触时,一个原子与另一个最邻近的同种原子核间距的一半。根据原子与原子间的作用力不同,原子半径一般分为三种:共价半径、金属半径和范德华半径。

同种元素的两个原子以共价单键相结合时,其核间距的一半称为原子的共价半径,如氢分子中两原子的核间距是 198 pm,则氢原子的共价半径为 99 pm。显然,同一元素的两个原子以共价单键、双键或叁键连接时,共价半径不同。

金属晶体中,两个邻近的金属原子的核间距的一半称为金属半径,例如:金属钠晶体中 Na 原子之间的核间距为 372 pm,所以 Na 的金属半径为 186 pm。

两个相同种类的原子,如果不是以化学键相结合,而是以范德华力相互作用,则两个原子核间最短距离的一半称为范德华半径。例如氖(Ne)的范德华半径为 160 pm。由于稀有气体只能形成单原子分子,原子之间没有形成化学键。因此,稀有气体的半径都是范德华半径。

由于原子在形成分子时,电子层总是有部分重叠,所以元素的金属半径比它的共价半径要大。例如,Na_2 在形成气态双原子分子时的共价半径为 154 pm,小于其金属半径 186 pm,而在这三种原子半径中,范德华半径是最大的,所以应用原子半径时应采用同一套数据。

表 6-4 列出了各元素的原子半径,其中金属元素的原子用金属半径(配位数为12),非金属元素的原子用单键共价半径,稀有气体的原子半径为范德华半径。

原子半径的大小主要取决于原子的有效核电荷和核外电子的层数。图 6-11 给出了原子半径的周期性变化情况。

在短周期中,从左到右随着原子序数的增加,核电荷数增加,半径逐渐缩小。但最后到稀有气体时,原子半径突然变大,这是因为稀有气体的原子半径不是共价半径,而是范德华半径。

表 6-4　元素的原子半径（单位：pm）

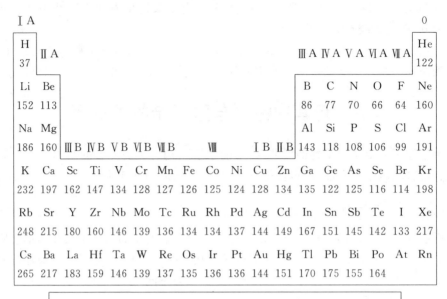

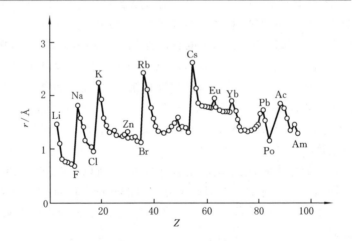

图 6-11　原子半径的周期性变化

在长周期中，从左向右，主族元素原子半径逐渐缩小；d 区过渡元素，自左向右，由于新的电子填入了次外层的 $(n-1)d$ 轨道上，对核的屏蔽作用较大，有效核电荷增加较少，核对外层电子的吸引力增加不多，因此，原子半径只是略有减小，缩小程度不大；到了 ds 区元素，由于次外层的 $(n-1)d$ 轨道已经全充满，d 电子对核电荷的抵消作用更大，超过了核电荷数增加的影响，造成原子半径反而有所增大。同短周期一样，末尾稀有气体的原子半径又突然增大。

对于镧系和锕系两个内过渡元素来说，由于电子最后主要填充在$(n-2)$f 轨道中，原子半径的变化更小。镧系和锕系元素随着原子序数的增加，原子半径在总趋势上有所缩小的现象称为镧系收缩。从镧到镥，镧系元素的原子半径总共减小了 11 pm。镧系收缩使镧系以后的铪(Hf)、钽(Ta)、钨(W)等原子半径与上一周期(第五周期)相应元素锆(Zr)、铌(Nb)、钼(Mo)等非常相似，导致了 Zr 和 Hf、Nb 和 Ta、Mo 和 W 等在性质上极为相似，难以分离。

同一主族，从上到下，由于同一族中电子层构型相同，有效核电荷相差不大，因而电子层增加的因素占主导地位，所以原子半径逐渐增加。副族元素的原子半径，从第四周期过渡到第五周期是增大的，但第五周期和第六周期同一族中的过渡元素的原子半径很相近。

6.3.2 电离能 I

基态的气态原子失去一个电子形成气态一价正离子时所需能量称为元素的第一电离能(I_1)。元素气态一价正离子失去一个电子形成气态二价正离子时所需能量称为元素的第二电离能(I_2)。第三、四电离能依此类推。随着原子逐步失去电子所形成的离子正电荷越来越大，继续失去电子变得越来越困难，所以同一元素原子的各级电离能依次增大(即 $I_1 < I_2 < I_3 < \cdots$)。例如：

$$Mg(g) - e^- \longrightarrow Mg^+(g), \qquad I_1 = 738 \text{ kJ} \cdot \text{mol}^{-1}$$
$$Mg^+(g) - e^- \longrightarrow Mg^{2+}(g), \qquad I_2 = 1\,451 \text{ kJ} \cdot \text{mol}^{-1}$$

由于原子失去电子必须消耗能量，克服核对外层电子的引力，所以电离能总为正值，SI 单位为 J·mol^{-1}，常用 kJ·mol^{-1}。通常讲的电离能，若不注明，指的是第一电离能。表 6-5 列出了各元素原子的第一电离能。

电离能可以定量地比较气态原子失去电子的难易，电离能越大，原子越难失去电子，其金属性越弱；反之金属性越强。所以它可以比较元素的金属性强弱。

电离能的大小，取决于核电荷、原子半径和原子的电子层结构。一般来说，电子层数相同(同一周期)的元素，核电荷越多，半径越小，原子核对外层电子的吸引力越大，就不易失去电子，因此，有较大的电离能。如果电子层数不同，最外层电子数相同(同一族)的元素，半径越大(电子层数越多)，核对外层电子的吸引力越小，则越易失去电子，电离能越小。图 6-12 给出了第一电离能随原子序数的变化规律。

从图 6-12 中可见：每个周期的第一个元素(氢和碱金属)第一电离能最小，最后一个元素(稀有气体)的第一电离能最大；同一周期的主族元素从左到右第一电离能并非单调地增大。例如，第二周期 B 的第一电离能比 Be 的小，出现一个锯齿形变化。这是因为 B 的最后一个电子填充在能量较高的 p 轨道上，易于失去一个电子形成 $2s^2 2p^0$ 的稳定结构；而 Be 的电子层结构是较稳定的 $2s^2 2p^0$，失去电子较困难，因而电离能相对较大。随后的 O 的第一电离能比 N 的小，又出现一个锯齿形。这是由于 N 离去的电子是相对稳定的半充满 np^3 能级，需要提供额外能量；而 O 的最后一个电

表 6-5 元素原子的第一电离能（单位：$kJ \cdot mol^{-1}$）

ⅠA												ⅢA	ⅣA	ⅤA	ⅥA	ⅦA	0
H 1312	ⅡA																He 2372
Li 520	Be 899											B 801	C 1086	N 1402	O 1314	F 1681	Ne 2081
Na 496	Mg 738	ⅢB	ⅣB	ⅤB	ⅥB	ⅦB		Ⅷ		ⅠB	ⅡB	Al 578	Si 786	P 1012	S 1000	Cl 1251	Ar 1521
K 419	Ca 590	Sc 631	Ti 658	V 650	Cr 653	Mn 717	Fe 759	Co 758	Ni 737	Cu 745	Zn 906	Ga 579	Ge 762	As 947	Se 941	Br 1140	Kr 1351
Rb 403	Sr 549	Y 616	Zr 660	Nb 664	Mo 685	Tc 702	Ru 711	Rh 720	Pd 805	Ag 731	Cd 868	In 558	Sn 709	Sb 834	Te 869	I 1008	Xe 1170
Cs 376	Ba 503	La 538	Hf 680	Ta 761	W 770	Re 760	Os 840	Ir 880	Pt 870	Au 890	Hg 1007	Tl 589	Pb 716	Bi 703	Po 812	At 912	Rn 1037

La	Ce	Pr	Nd	Pm	Sm	Eu	Gd	Tb	Dy	Ho	Er	Tm	Yb	Lu
538	528	523	530	535	543	547	592	564	572	581	589	596	603	524

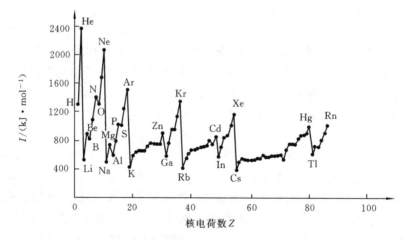

图 6-12 原子第一电离能的周期性变化

子是填充在已有一个 p 电子的 p 轨道上，由于成对电子间的排斥作用，使这个电子易于失去，形成半充满的 p^3 稳定结构。所以 O 的第一电离能较小。同样的原因，第三周期 Al 和 Mg、S 和 P 之间也出现相应的锯齿形变化。同一主族元素由上到下，由于原子半径增大，核对外层电子吸引减弱，电离能减小。

副族元素的电离能变化幅度较小且不规则。这是由于它们新增加的电子填入 $(n-1)d$ 轨道，ns 与 $(n-1)d$ 轨道的能量比较接近。副族元素中，除ⅢB外，其他副族元素从上到下,金属性有逐渐减小的趋势。

根据电离能数据可以解释元素的常见化合价。若 $I_2 \gg I_1$,则元素通常呈 +1 价;若 $I_3 \gg I_2$,则元素常呈 +2 价;若 $I_4 \gg I_3$,则元素常呈 +3 价……如 Na 元素,$I_1 = 496$ kJ·mol^{-1},$I_2 = 4\,562$ kJ·mol^{-1},$I_2 \gg I_1$,所以,钠常为 +1 价。任何元素第三电离能之后的各级电离能数值都较大,高于 +3 价的独立离子很少存在。

必须指出的是,有些原子的失电子次序与核外电子填充次序不相吻合。例如,第一过渡系列元素,电子先填充 4s 轨道,后填充 3d 轨道,而在失去电子时是先电离 4s 电子,后电离 3d 电子。如 Fe 的电子构型是 $[Ar]3d^6 4s^2$,而 Fe^{2+} 的电子构型是 $[Ar]3d^6 4s^0$。

6.3.3 电子亲和能 E_{ea}

原子结合电子的难易程度,可用电子亲和能来量度。基态的气态原子获得一个电子,形成 -1 价气态离子时所放出的能量,称为该元素的第一电子亲和能,常用 E_{ea} 表示。例如:

$$F(g) + e^- \longrightarrow F^-(g) + E_{ea}, \quad E_{ea} = 322 \text{ kJ·mol}^{-1}$$

它表示 1 mol 气态 F 得到 1 mol 电子转变为 1 mol 气态 -1 价离子时,放出的能量为 322 kJ。表 6-6 给出了元素的第一电子亲和能[①]。

表 6-6 元素的第一电子亲和能 E_{ea}(单位:kJ·mol^{-1})

ⅠA										ⅢA	ⅣA	ⅤA	ⅥA	ⅦA	0
H 72.6	ⅡA														He
Li 60	Be									B 27	C 122	N	O 141	F 328	Ne
Na 53	Mg	ⅢB	ⅣB	ⅤB	ⅥB	ⅦB	Ⅷ			Al 43	Si 134	P 72.0	S 200	Cl 349	Ar
K 48	Ca 1.78	Sc 18.1	Ti 7.6	V 51	Cr 64.3	Mn 15	Fe	Co	Ni 112	Cu 119	Zn	Ga 29	Ge 119	As 78	Se 195	Br 325	Kr
Rb 47	Sr 4.6	Y 29.6	Zr 41.3	Nb 86.2	Mo 72	Tc (53)	Ru (101)	Rh 110	Pd 54	Ag 126	Cd	In 29	Sn 107	Sb 101	Te 190	I 295	Xe
Cs 45.5	Ba (14)	La (48.2)	Hf	Ta 31	W 79	Re (14)	Os (106)	Ir 151	Pt 205	Au 223	Hg	Tl 19	Pb 35	Bi 91	Po (183)	At (270)	Rn

表中未加括号的数值为实验值,加括号的数值为理论值。正值表示放出能量。

---

① 习惯上元素的电子亲和能为正值表示放出热量,亲和能为负值表示吸收热量,与热力学的规定正好相反。

大多数元素的第一电子亲和能为正值,而第二电子亲和能为负值,这是由于负离子带负电,排斥外来电子,结合电子必须吸收能量以克服电子间的斥力。元素的电子亲和能越大,表示元素由气态原子得到电子生成负离子的倾向越大,该元素的非金属性越强。影响电子亲和能大小的因素与电离能相同,即原子半径、有效核电荷和原子的电子构型。元素的电子亲和能在周期表中的变化规律与电离能的基本相同。元素具有高电离能,则它倾向具有高的电子亲和能,但是第二周期元素的电子亲和能一般比第三周期元素的电子亲和能小,这主要是因为第二周期非金属元素的原子半径较小,电子间的斥力较大,增加一个电子形成负离子时放出的能量较小,而第三周期相应元素的原子体积相对较大,电子间的斥力较小,接受一个电子形成负离子时放出的能量相对较大。

6.3.4 元素的电负性 χ

电离能和电子亲和能分别从一个侧面反映了原子失去和得到电子的难易程度。为了比较分子中原子争夺电子的能力,1932年,鲍林(L. Pauling)引入了元素电负性的概念,他把元素的原子在化合物分子中吸引成键电子的能力定义为电负性。电负性不是一个孤立原子的性质,而是在周围原子影响下的分子中原子的性质。不同的学者从不同的角度考虑,曾提出过多种电负性标度。鲍林电负性标度(χ_p)是常用的标度之一。他把 F 的电负性指定为 4.0(后又精确为 3.98),再根据热化学数据和分子的键能,计算出各元素的相对电负性。表6-7给出了元素原子的电负性值。

表 6-7 元素原子的电负性 χ

IA	IIA	IIIB	IVB	VB	VIB	VIIB	VIII			IB	IIB	IIIA	IVA	VA	VIA	VIIA	0
H 2.2																	He
Li 0.98	Be 1.57											B 2.04	C 2.55	N 3.04	O 3.44	F 3.98	Ne
Na 0.93	Mg 1.31											Al 1.61	Si 1.91	P 2.19	S 2.58	Cl 3.16	Ar
K 0.82	Ca 1.0	Sc 1.36	Ti 1.54	V 1.63	Cr 1.66	Mn 1.55	Fe 1.83	Co 1.88	Ni 1.91	Cu 1.9	Zn 1.65	Ga 1.81	Ge 2.01	As 2.18	Se 2.55	Br 2.96	Kr
Rb 0.82	Sr 0.95	Y 1.22	Zr 1.33	Nb 1.6	Mo 2.16	Tc 2.10	Ru 2.2	Rh 2.28	Pd 2.2	Ag 1.93	Cd 1.69	In 1.78	Sn 1.96	Sb 2.05	Te 2.1	I 2.66	Xe
Cs 0.79	Ba 0.89	La~Lu 1.0~1.25	Hf 1.3	Ta 1.5	W 1.7	Re 1.9	Os 2.2	Ir 2.2	Pt 2.2	Au 2.4	Hg 1.9	Tl 1.8	Pb 1.8	Bi 1.9	Po 2.0	At 2.2	Rn
Fr 0.7	Ra 0.9	Ac 1.1	Th 1.3	Pa 1.4	U 1.7	Np~No 1.3											

周期表中,同族元素自上而下电负性减小,元素的金属性增强;同一周期元素自左向右电负性增大,元素的非金属性增强。在鲍林电负性标度中,金属元素的电负性一般在 2.0 以下,非金属元素的电负性一般在 2.0 以上。

电负性差别较大的元素之间互相化合生成离子键的倾向较强。例如,第一主族的碱金属、第二主族的碱土金属与第六主族的氧族元素、第七主族的卤素元素化合,一般形成离子型化合物,如 $NaCl$、MgO 等。电负性相同或相近的非金属元素一般形成共价键分子,如 H_2、Cl_2、CH_4 等。电负性相同或相近的金属元素一般以金属键结合,形成金属间化合物或合金。

除了鲍林的电负性标度外,密立根(R. S. Mulliken)在 1934 年也提出了一种电负性的计算方法。1957 年阿莱-罗周(Allred-Rochow)也提出了一种电负性的计算公式。这三套电负性数据都反映了原子在化合物中吸引电子的能力,虽然其数值不相同,但在电负性系列中,元素的相对位置大致相同。目前常用的是鲍林的电负性数据。

6.4 离 子 键

自然界中的物质都是由分子组成的。分子是保持物质基本化学性质的最小微粒,并且是参与化学反应的基本单元。分子的性质不但与分子的化学组成有关,还与分子的结构有关。分子的结构通常包括两方面的内容:一是分子中两个或多个原子间的强烈相互作用力,即化学键;二是分子中的原子在空间的排列,即空间构型。化学键主要有四种类型:离子键、共价键、配位键和金属键。不同的化学键形成不同类型的化合物,化学键的能量一般为几十到几百千焦耳每摩尔。

6.4.1 离子键理论

19 世纪末、20 世纪初,人们发现稀有气体具有特殊的稳定性,从而认识到 8 电子构型是一种稳定的外层电子构型。德国化学家柯塞尔(W. Kossel)解释了 $NaCl$、$CaCl_2$、CaO 等化合物的形成,并建立了离子键理论。

1. 离子键的形成

当电负性较小的金属元素的原子与电负性较大的非金属元素的原子相互接近时,金属元素原子失去电子变为正离子,非金属元素原子得到电子变为负离子,正、负离子由于静电引力相互吸引形成离子型化合物。由正、负离子间的静电引力形成的化学键称为离子键。例如 Na 与 Cl_2 形成 $NaCl$ 的过程如下:

$$n Na(g) \xrightarrow[-ne^-]{nI_1} n Na^+(g) \left. \begin{array}{c} \text{核与电子的吸引、核与核的排斥} \\ \hline \text{电子与电子的排斥达到平衡} \end{array} \right\} n[Na^+Cl^-](s)$$

$$n Cl(g) \xrightarrow[+ne^-]{nI_1} n Cl^-(g)$$

离子化合物大多以晶体形式存在,但在气体分子中也存在着离子键,例如在 NaCl 的蒸气中存在着由一个 Na^+ 和一个 Cl^- 组成的独立分子。

离子键的本质是静电作用力,在离子化合物中,离子电荷的分布可看做是球形对称的,只要空间条件许可,将尽可能多地吸引带相反电荷的离子,所以,离子键无方向性与饱和性。当正、负离子间的结合在三维空间继续延续下去时,就形成巨大的离子化合物。

形成离子键的条件是成键原子的电负性相差较大,一般电负性差值在 1.7 以上才能形成典型的离子键。但是近代实验表明,即使是电负性最低的 Cs 与电负性最高的 F 所形成的 CsF,也不纯粹是离子键,有部分共价键的性质。一般用离子性百分数来表示键的离子性相对于共价性的大小。在 CsF 中,离子性约占 92%。元素的电负性相差越大,在它们之间形成的化学键的离子性也越大。

2. 离子的特性

从离子键理论可知,组成离子化合物的基本微粒是正、负离子,影响离子化合物性质的因素主要是离子电荷、离子半径和离子的电子层构型。

(1) 离子电荷。

元素的原子失去或得到电子后所带的电荷称为离子的电荷。离子的电荷对离子间的相互作用力的影响较大,形成离子键的离子电荷越高,离子键的强度越大,因而离子化合物的熔点和沸点也高。离子的电荷不仅影响离子化合物的物理性质如熔点、沸点、颜色等,也影响离子化合物的化学性质。

(2) 离子半径。

离子半径数据有多种,如戈尔德施米特(V. M. Goldschmidr)离子半径、鲍林离子半径等。鲍林离子半径应用较普遍,其正、负离子半径有如下变化规律。

① 同一周期从左至右,主族元素正离子的离子半径随电荷数增加而减小。例如:

$$r(Na^+) > r(Mg^{2+}) > r(Al^{3+}) > r(Si^{4+})$$

② 同一主族元素,相同电荷的离子,其离子半径自上而下随电子层数增加而增大。例如:

$$r(Li^+) < r(Na^+) < r(K^+) < r(Rb^+) < r(Cs^+)$$

③ 对于同一元素,正离子半径<原子半径<负离子半径。一般正离子半径为 10~170 pm,负离子半径为 130~250 pm。

④ 同一元素原子能形成几种不同电荷的正离子时,电荷数大的离子半径小于电荷数小的离子半径。如 $r(Cr^{3+})=64$ pm,而 $r(Cr^{6+})=52$ pm。

(3) 离子的电子层构型。

离子的电子层构型是指原子失去或得到电子后所形成的外层电子构型。对简单负离子,如 F^-、Cl^-、O^{2-} 等离子的最外层都有 8 个电子,都是稳定的 8 电子构型。但正离子的电子层构型有如下几种。

① 2电子构型($1s^2$):最外层有2个电子的离子,如 Li^+ 和 Be^{2+}。

② 8电子构型(ns^2np^6):最外层有8个电子的离子,如 Na^+、K^+、Mg^{2+}、Al^{3+} 等主族元素和少数副族元素形成的离子。

③ 18电子构型($ns^2np^6nd^{10}$):最外层有18个电子的离子,如 Ag^+、Zn^{2+}、Hg^{2+} 等ⅠB、ⅡB副族元素形成的离子和 Sn^{4+}、Pb^{4+}、Tl^{3+} 等p区元素形成的高价金属离子。

④ 18+2电子构型($(n-1)s^2(n-1)p^6(n-1)d^{10}ns^2$):次外层有18个电子、最外层有2个电子的离子,如 Pb^{2+}、Sn^{2+} 等p区元素形成的低价金属离子。

⑤ 9~17电子构型($ns^2np^6nd^{1\sim9}$):最外层有9~17个电子的离子,如 Ti^{2+}、Fe^{2+}、Co^{2+} 等d区元素形成的离子。这种构型也称为不饱和构型。

6.4.2 离子的极化作用和变形性

一些离子化合物的离子电荷相同且离子半径接近,但性质差别很大。如 KCl 与 AgCl,$r(K^+)=133$ pm,$r(Ag^+)=126$ pm,离子半径很接近。但 KCl 的熔点为 1 043 K,极易溶于水;AgCl 的熔点为 728 K,极难溶于水。KCl 与 AgCl 在性质上存在差异的主要原因是键型的变异,导致键型变异的主要因素是离子化合物中广泛存在的离子极化作用。

在不受外界条件影响时,正、负离子中核外电荷的分布是球形对称的,但是在外加电场的作用下,离子的原子核和电子云发生相对位移,致使离子的电子云发生变形,这种现象称为离子的极化。

在离子化合物中,每一个离子都处在其他离子的电场中,因此离子极化现象在离子化合物中是普遍存在的,每个离子都具有使其他离子发生极化的能力,同时它又处在其他离子的电场中而被极化,即发生电子云的变形。把一种离子具有使其他离子发生极化的能力称为离子的极化力;而把离子发生电子云变形的性质称为离子的变形性。

离子极化力的强弱主要取决于以下几个因素。

(1) 离子电荷。正离子的电荷越高,极化力越强,如 $Fe^{3+}>Fe^{2+}$。

(2) 离子半径。电子构型相似、电荷相等时,正离子的半径越小,极化力越强。如 $Mg^{2+}>Ca^{2+}>Sr^{2+}>Ba^{2+}$。

(3) 离子的电子层构型。当正离子电荷相同、半径相近(如 Na^+ 和 Ag^+)时,离子极化力的大小取决于离子的外层电子结构,一般顺序为:18电子构型或18+2电子构型>9~17电子构型>8电子构型,如 $Ag^+>K^+$。

离子的变形性也与离子的结构有关,其大小主要取决于以下几方面。

(1) 具有相同电子构型的离子,变形性随正电荷减少或负电荷增加而增大,如 $Si^{4+}<Al^{3+}<Mg^{2+}<Na^+<F^-<O^{2-}$。

(2) 对于外层电子构型相同的离子,半径越大,变形性越大,如 $F^-<Cl^-<Br^-<I^-$。

(3) 离子电荷相同、半径相近时,18 电子构型、9~17 电子构型要比 8 电子构型的离子的变形性大得多,其顺序为:18 电子构型和 18+2 电子构型>9~17 电子构型>8 电子构型,如 $Ag^+>K^+$,$Hg^{2+}>Ca^{2+}$ 等。

综上所述,具有较高正电荷、半径较小的非稀有气体构型的正离子具有较强的极化力,具有较高负电荷、半径较大的非稀有气体构型的负离子最容易变形。

一般情况下,负离子的极化力较小,正离子的变形性较小。因此当正、负离子相互作用时,往往只考虑正离子对负离子的极化作用,使负离子发生变形,而忽略负离子对正离子的极化作用,使正离子发生变形。但当正离子的变形性也较大时,还必须考虑到负离子对正离子的极化作用。此时,正离子在负离子的电场作用下,发生变形,产生诱导偶极矩,这样就增加了正离子的极化能力,增加了极化能力的正离子反过来对负离子产生更强的极化作用,使负离子发生更大的变形,正、负离子相互极化,进一步加强了正、负离子间的相互极化作用,这种加强的极化作用称为附加极化作用。一般情况下,含 d 电子数越多、电子层数越多的离子,附加极化作用也越大。

6.4.3 离子极化对物质结构和性质的影响

在离子化合物中,如果正、负离子间不存在相互极化作用,则它们之间的化学键就是纯粹的离子键。但是,实际上正、负离子间总是存在一定程度的极化作用,使正、负离子的原子轨道产生一定程度的重叠,即正、负离子间的化学键存在着一定成分的共价键。离子极化作用越强,正、负离子的原子轨道的重叠程度越大,共价键成分越多,这样离子键就会逐渐过渡到共价键(见图 6-13)。

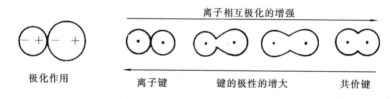

图 6-13 离子键向共价键过渡

例如,Na^+ 和 Ag^+ 电荷相同,半径相近,但由于 Na^+ 的极化力小于 Ag^+(Ag^+ 为 18 电子构型,Na^+ 为 8 电子构型),且 Ag^+ 还具有较大的变形性,故当它们与 Cl^- 结合生成 AgCl 和 NaCl 后,NaCl 仍以离子键为主,属离子型化合物,而 AgCl 则由于 Ag^+ 与 Cl^- 的相互极化作用,使其带有相当部分的共价键,离子键成分只占 25%,从而造成两者性质上的差异,如 NaCl 易溶于水而 AgCl 则很难在水中溶解。

当正、负离子间存在着非常显著的极化作用时,往往会造成晶体类型的改变。一般的结果是使离子晶体的晶型先向配位数减小的趋势转化,当键型变化后可过渡到分子晶体。例如,卤化银化合物,由于 Ag^+ 属 18 电子构型,极化力和变形性都大,随负离子 $F^-\rightarrow Cl^-\rightarrow Br^-\rightarrow I^-$ 离子半径逐渐增大,变形性也依次增大,相互极化作用也增强,离子核间距进一步缩短。AgI 晶体中实测 Ag^+ 与 I^- 的核间距为 281 pm,比理论计算值 342 pm 缩短了 61 pm,说明卤化银由 AgF 的典型的离子键逐步过渡到 AgI 的共价键。晶格类型也发生了变化。如 AgI 晶体,从理论上推测属于配位数为 6 的 NaCl 型离子晶体,但实测的结果却为 ZnS 型结构,配位数为 4,这就是离子极化的结果。表 6-8 列出了离子极化对卤化银的键长、晶型、溶解度和颜色的影响。

表 6-8 卤化银的键长、晶型、溶解度和颜色

卤 化 银	AgF	AgCl	AgBr	AgI
离子半径之和/pm	248	296	311	335
实测键长/pm	246	277	289	281
键型	离子键	过渡型	过渡型	共价键
晶体构型	NaCl 型	NaCl 型	NaCl 型	ZnS 型
溶度积	易溶	1.77×10^{-10}	5.35×10^{-13}	8.52×10^{-17}
颜色	白色	白色	淡黄色	黄色

极化作用导致键型的变化,对物质的性质也产生一定的影响,最明显的是物质在水中的溶解度降低。水是极性分子,具有较高的介电常数,可以削弱正、负离子间的静电引力,使离子键减弱,离子型化合物都可以溶于水中。但是水却不能减弱共价键的结合力,因此,当化合物的共价成分增加时,在水中的溶解度就必然会降低。

离子极化理论是对离子键理论的重要补充,但是,这个理论本身是不完善的,存在着一定的局限性。

6.5 价 键 理 论

为了解释相同的原子或电负性相差不大的原子之间的成键问题(如 H_2、H_2O 的形成),1916 年,美国化学家路易斯(G. N. Lewis)提出了共价键理论。他认为原子结合成分子时,原子间可以共用一对或几对电子,以形成类似稀有气体的稳定结构。分子中原子间通过电子的共用而形成的化学键,称为共价键。这种经典的共价键理论虽然成功地解释了性质相同或相近的原子如何组成分子,初步揭示了共价键与离子键的区别,但它没有揭示共价键的本质,没有阐明为什么电子成对就会相互吸引,也没有指明电子成对和共用的条件。直到 1927 年,德国化学家海特勒(W. Heitler)和伦敦(F. London)首先用量子力学处理 H_2 分子结构,初步揭示了共价键的本质,在此基础上建立了近代共价键理论。

6.5.1 价键理论的基本概念

1. 共价键的形成

用量子力学处理 H_2 分子的结果表明,H_2 分子的形成是两个 H 原子 1s 轨道重叠

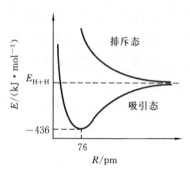

图 6-14 氢分子能量与核间距关系

的结果。如果两个 H 原子的未成对电子的自旋方向相反,当两个 H 原子互相靠近时,原子轨道相互重叠,核间电子云密度增大,形象地说,在两原子核之间构成了一个负电荷的"桥",增强了核间吸引力,使系统的能量降低。当核间距 R 达到 76 pm 时,两个原子轨道重叠最大,系统能量最低,两个 H 原子间形成了稳定的共价键,此时的能量低于单个 H 原子的能量,这种状态称为 H_2 分子的基态,如图 6-14 所示。但若核间距继续缩小,两核间的排斥力迅速增大,系统能量急剧上升,76 pm 就是 H—H 键的键长。436 kJ·mol^{-1} 是 H_2 分子的离解能,也是 H_2 分子的键能。

如果两个 H 原子的未成对电子自旋方向相同且相互接近时,原子核间因电子互相排斥,两核间电子出现的概率密度大大降低,甚至不出现电子,从而核间排斥力大大增强,系统的能量曲线迅速上升,其能量高于单个 H 原子的能量,不能形成稳定的分子,这种状态称为 H 原子的排斥态。

由上所述,共价键的本质是电性的,参加成键的两个原子都有未成对电子而且自旋方向相反,使相应的原子轨道重叠,电子云在两核间密度增大从而使系统能量降低。

2. 价键理论的基本要点

将 H_2 分子的研究结果推广到其他双原子分子和多原子分子,就形成了价键理论,其基本要点如下。

(1) 成键的两个原子必须具有自旋方向相反的未成对电子。只有满足条件的两个原子相互靠近时,才能形成稳定的共价键。若成键原子没有未成对电子,则不能形成共价键,如稀有气体原子具有 ns^2np^6 的电子层结构,无未成对电子,故只能以单原子分子存在。

(2) 形成共价键时,必须满足原子轨道最大重叠的条件,这样才能使电子对在两原子核之间出现的概率最大。原子轨道重叠越多,能量越低,形成的共价键越牢固。

6.5.2 共价键的特征

1. 共价键的饱和性

原子中一个未成对电子只能与另一个未成对电子配对成键,而一个原子的未成对电子数是一定的,所以形成共价单键的数目也是一定的,这就是共价键的饱和性。

例如，H 原子只有一个未成对电子，它只能与另一个 H 原子的未成对电子形成一个共价键，不能再与第三个 H 原子形成化学键。若参加成键的原子有两个或两个以上的自旋方向相反的单电子，可以形成两个或两个以上的共价键。如氮原子的价层电子构型为 $2s^2 2p^3$，有三个未成对电子，当与另一个 N 原子的三个未成对电子两两自旋方向相反时，可以相互配对形成共价叁键并结合成 N_2 分子。

2. 共价键的方向性

不同类型的原子轨道（s 轨道除外），其空间伸展方向不同，因此，在形成共价键时，除 s 轨道与 s 轨道成键没有方向限制外，p、d、f 原子轨道都只有沿一定方向才能实现最大重叠，形成稳定的共价键，所以，共价键必然具有方向性，同时也决定了分子的空间构型。

例如，Cl 原子的电子构型为 $3s^2 3p_x^1 3p_y^2 3p_z^2$，形成 HCl 分子时，H 原子的 1s 轨道与 Cl 原子的 $3p_x$ 轨道重叠成键。图 6-15 表示出两个轨道的几种可能的重叠方式。其中图 6-15(c) 为异号重叠，是无效重叠，不能形成共价键；图 6-15(d) 同号重叠与异号重叠相互抵消，没有成键作用；图 6-15(b) 虽是同号重叠，但与图 6-15(a) 比较，在相同核间距时，图 6-15(a) 的重叠程度最大。所以 H 原子的 1s 轨道与 Cl 原子的 $3p_x$ 轨道只能沿着 x 轴方向重叠成键。

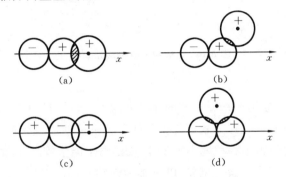

图 6-15 s 轨道与 p_x 轨道不同方向重叠示意图

由以上讨论可知，为了满足原子轨道最大重叠原理，一个原子与周围原子形成的共价键具有一定的方向，或者说共价键之间具有一定的角度（称为键角），这就是共价键的方向性。

6.5.3 共价键的类型

根据最大重叠原理，两原子结合成键时，总是尽可能沿着轨道重叠最大的方向成键。如果在空间互相垂直的三个 p 轨道都同时重叠成键时，三个 p 轨道不可能按同一方式达到最大重叠，因此，按照原子轨道重叠部分所具有的对称性把共价键分为 σ 键和 π 键。

1. σ 键

原子轨道沿核间连线方向以"头碰头"的方式重叠,重叠部分对键轴(两原子核间连线)呈圆柱形对称,以这种重叠方式形成的共价键称为 σ 键。这种键的特点是重叠程度大,键牢固,s-s 轨道重叠(如 H_2 分子中的键)、s-p_x 轨道重叠(如 HCl 分子中的键)、p_x-p_x 轨道重叠(如 Cl_2 分子中的键)都是 σ 键,如图 6-16(a)所示。

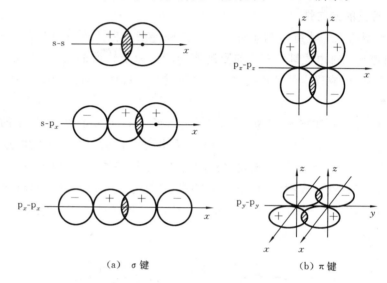

(a) σ 键　　　　　　　　　(b) π 键

图 6-16　σ 键和 π 键形成示意图

2. π 键

成键原子的原子轨道若沿原子核的连线方向以"肩并肩"的方式重叠而形成的共价键,称为 π 键。其特征是原子轨道的重叠部分关于过键轴的平面呈镜面反对称,见图 6-16(b)。π 键的轨道重叠程度小于 σ 键,成键电子能量较高,键的活动性大,不稳定,是化学反应的积极参加者。例如,以 x 轴为键轴时,p_z-p_z 及 p_y-p_y 轨道重叠形成 π 键。

若成键原子只有一个未成对电子,在形成分子时,一般只形成 σ 键;若成键原子有多个未成对电子,则两原子间只能形成一个 σ 键,其余为 π 键。因此,共价单键一般是 σ 键,在共价双键和叁键中,除 σ 键外,还有 π 键。例如,N_2 的结构中就有一个 σ 键和两个 π 键。N 原子的电子构型为 $1s^2 2s^2 2p_x^1 2p_y^1 2p_z^1$,两个 N 原子沿 x 方向相互靠近时,两个原子的 p_x 轨道以"头碰头"的方式重叠形成 σ 键,两个 p_y 轨道以"肩并肩"的方式重叠形成 π 键,还有两个 p_z 轨道也以"肩并肩"的方式重叠形成与前一个 π 键相垂直的 π 键,如图 6-17 所示。

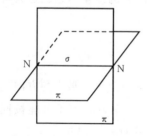

图 6-17　N_2 化学键示意图

6.6 杂化轨道理论

价键理论阐明了共价键的形成过程和本质,解释了共价键的饱和性和方向性,但也遇到了一些困难。例如:

(1) Be 原子没有未成对电子,C 原子只有 2 个未成对电子,但 $BeCl_2$、CH_4 等分子都能稳定存在;

(2) H_2O 中理论键角为 $90°$,实测为 $104°45'$;

(3) CH_4 中键角为 $109°28'$,且有 4 个相同强度的 C—H 键。

为了解决这些矛盾,1931 年鲍林在价键理论的基础上,提出了杂化轨道理论,成功地解释了以上事实。在讨论杂化轨道理论之前,先介绍几个表征键性质的物理量。

(1) 键能:是用来描述共价键强弱、共价型分子稳定程度的物理量。在 298.15 K 和 100 kPa 下,将 1 mol 基态的气态分子 AB 变为气态原子 A、B 所需要的能量,称为 AB 分子的离解能。对于双原子分子而言,离解能就是键能;但是对于多原子分子而言,键能是指键的平均离解能。

一般地,键能愈大,表示化学键愈牢固,由该键构成的分子也就愈稳定。

(2) 键长:分子中成键原子核间的平均距离称为键长。键长的数据可以通过分子光谱或 X 射线衍射的方法测得。通常键能越大,键长越短,分子越稳定。

(3) 键角:在分子中,两个相邻化学键之间的夹角称为键角。键角是反映分子空间结构的重要因素之一,键角的大小会影响分子的一些性质。

6.6.1 杂化轨道理论的基本要点

杂化轨道理论的基本要点如下。

(1) 在轨道杂化时,由于原子所处的环境发生变化,在其他原子作用下,可能会使原已成对的电子激发到空轨道而形成单电子,激发所需能量可由成键时所放出的能量予以补偿。

(2) 原子中不同类型的能量相近的 n 个原子轨道(如 s、p、d 等)可以"混合"起来重新组合成 n 个成键能力更强的新轨道,这个过程称为原子轨道的杂化,所形成的新轨道称为杂化轨道。如 1 个 s 轨道与 3 个 p 轨道组合成 4 个 sp^3 杂化轨道。

杂化轨道具有更强的方向性和成键能力,原子轨道杂化后,电子云密集于一端(见图 6-18),使其与其他原子成键时轨道重叠部分增大,形成的共价键更牢固。

杂化轨道一般只参与形成 σ 键,而 σ 键是构成分子骨架的键,因此,原子在形成分子时,所采用的杂化轨道类型对分子的立体构型起决定作用。

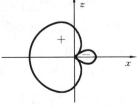

图 6-18 sp 杂化轨道示意图

6.6.2 s-p 型杂化

s-p 型杂化根据参加杂化的原子轨道的种类与数目的不同,可以组成不同类型的杂化轨道。

1. sp 杂化

原子的一个 ns 轨道和一个 np 轨道,杂化后形成两个新的 sp 杂化轨道,每一个杂化轨道都含有 $\frac{1}{2}$s 和 $\frac{1}{2}$p 轨道成分,两个 sp 杂化轨道夹角为 180°,空间构型为直线形。sp 杂化轨道如图 6-19 所示。

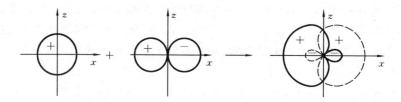

图 6-19 sp 杂化轨道

根据 sp 杂化可以解释直线型分子的形成过程和空间构型。例如,实验测定 $BeCl_2$ 分子是直线型分子,键角为 180°,两个 Be—Cl 键是完全等同的。用 sp 杂化能够说明 $BeCl_2$ 的形成过程和分子的空间构型。$BeCl_2$ 中 Be 原子的价电子层结构为 $2s^2 2p^0$,没有未成对电子,但是当 Be 与 2 个 Cl 原子相互接近形成分子时,Be 原子的 2s 电子首先激发到 2p 轨道上,然后 1 个 s 轨道与 1 个 p 轨道杂化,形成 2 个 sp 杂化轨道,杂化过程如图 6-20 所示。Be 原子的 2 个 sp 杂化轨道分别与 2 个 Cl 原子的 3p 轨道沿键轴方向重叠而形成 2 个等同的 σ 键,$BeCl_2$ 分子呈直线形结构。

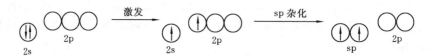

图 6-20 Be 原子轨道杂化过程示意图

Zn、Cd、Hg 等原子的价电子层都是 ns^2 电子构型,常采用 sp 杂化形成 2 个 σ 键。如 $ZnCl_2$、$HgCl_2$、$CdCl_2$ 等都是直线形分子。

2. sp^2 杂化

1 个 s 轨道和 2 个 p 轨道杂化可组成 3 个 sp^2 杂化轨道。每个 sp^2 杂化轨道含有 $\frac{1}{3}$s 轨道成分、$\frac{2}{3}$p 轨道成分。杂化轨道间的夹角为 120°,3 个 sp^2 杂化轨道呈平面三角形分布,如图 6-21 所示。因此,经 sp^2 杂化而形成的分子具有平面三角形的空间构型。

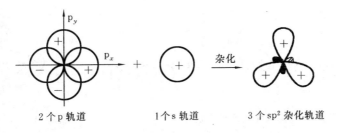

图 6-21 sp² **杂化轨道**

例如，BCl_3 分子的中心原子 B 的基态电子层结构为 $1s^2 2s^2 2p^1$，当形成 BCl_3 分子时，B 原子 2s 轨道的 1 个电子激发到空的 2p 轨道上，再进行 1 个 2s 轨道和 2 个 2p 轨道的杂化，形成 3 个等同的互为 120°夹角的 sp² 杂化轨道。3 个 Cl 的 3p 轨道未成对电子与 B 的 3 个 sp² 杂化轨道重叠形成 sp²-p 的 σ 键，结果形成呈平面三角形构型的 BCl_3 分子，如图 6-22 所示。

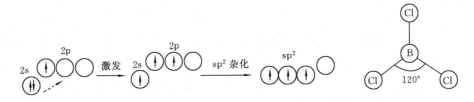

图 6-22 sp² **杂化轨道形成过程及** BCl_3 **分子的空间构型**

乙烯分子中 C 原子也采用 sp² 杂化，每个 C 原子以 2 个 sp² 杂化轨道与 H 原子的 1s 原子轨道重叠生成 4 个 C—H 键，各自的另一条 sp² 杂化轨道相互重叠形成一个 C—C 单键，这些都是 σ 键。2 个 C 原子未参加杂化的第 3 个 p 轨道上的单电子在与 3 个 σ 键(平面三角形构型)相垂直的方向上，以"肩并肩"的形式重叠形成 1 个 π 键。

碳酸根 CO_3^{2-} 的 C 原子及 NO_3^- 的 N 原子也是以 sp² 杂化轨道与 3 个 O 原子结合的。

3. sp³ **杂化**

1 个 s 轨道和 3 个 p 轨道杂化形成 4 个 sp³ 杂化轨道。每个 sp³ 杂化轨道含有 $\frac{1}{4}$ s 轨道成分和 $\frac{3}{4}$ p 轨道成分。4 个杂化轨道分别指向正四面体的四个顶点，轨道间的夹角均为 109°28′。

例如，在 CH_4 分子中，中心原子 C 的价电子层结构为 $2s^2 2p^2$。在形成 CH_4 分子的过程中，C 原子的 2s 轨道上的 1 个电子先被激发到空的 2p 轨道上，然后 1 个 2s 轨道和 3 个 2p 轨道杂化形成 4 个 sp³ 杂化轨道，每个杂化轨道上只有 1 个单电子(见图 6-23)。C 原子的 4 个 sp³ 杂化轨道分别与 4 个氢原子的 1s 轨道重叠形成 4 个(sp³-

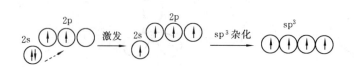
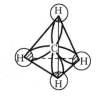

图 6-23 sp³ 杂化轨道形成过程   图 6-24 CH₄ 分子的构型

s)σ键。因此 CH_4 分子的空间构型为正四面体(见图 6-24)。

现将 sp^n 型等性杂化轨道与分子构型及成键能力递变关系归纳于表 6-9 中。

表 6-9 sp^n 杂化与分子空间构型

杂化轨道类型	sp	sp²	sp³
参与杂化的原子轨道	1 个 s,1 个 p	1 个 s,2 个 p	1 个 s,3 个 p
杂化轨道的数目	2	3	4
杂化轨道的成分	$\frac{1}{2}$s、$\frac{1}{2}$p	$\frac{1}{3}$s、$\frac{2}{3}$p	$\frac{1}{4}$s、$\frac{3}{4}$p
杂化轨道间的夹角	180°	120°	109°28′
空间构型	直线	平面三角形	正四面体
成键能力		依次增强→	
实例	BeX_2、CO_2、$HgCl_2$	BX_3、CO_3^{2-}、C_2H_4	CH_4、CCl_4、$SiCl_4$

6.6.3 s-p-d 型杂化

s 轨道、p 轨道和 d 轨道共同参与的杂化称为 s-p-d 型杂化。这里只介绍两种常见类型 sp³d 杂化和 sp³d² 杂化。

1. sp³d 杂化

1 个 s 轨道、3 个 p 轨道和 1 个 d 轨道组合成 5 个 sp³d 杂化轨道,在空间排列成三角双锥构型,杂化轨道间夹角分别为 90°和 120°。

PCl_5 分子的几何构型为三角双锥。P 原子的价层电子构型为 $3s^2 3p^3$,P 原子与 Cl 原子成键时,3s 轨道上的 1 个电子激发到空的 3d 轨道上,同时,1 个 s 轨道、3 个 p 轨道和 1 个 d 轨道杂化,形成 5 个 sp³d 杂化轨道,与 5 个 Cl 原子的 p 轨道形成 5 个 σ 键,平面的 3 个 P—Cl 键键角为 120°,垂直于平面的两个 P—Cl 键与平面的夹角为 90°(见图 6-25)。

2. sp³d² 杂化

中心原子的 1 个 s 轨道、3 个 p 轨道和 2 个 d 轨道杂化形成 6 个 sp³d² 杂化轨道,相邻轨道间的夹角为 90°,6 个杂化轨道伸向正八面体的 6 个顶点,因此,6 个 sp³d² 杂

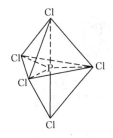
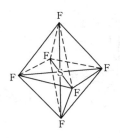

图 6-25　PCl_5 分子的空间构型　　　　图 6-26　SF_6 分子的空间构型

化轨道在空间呈正八面体排列,所形成分子的空间构型为正八面体。

SF_6 的几何构型为正八面体。中心原子 S 的价电子层构型为 $3s^2 3p^4$,成键时 S 原子的 1 个 3s 电子和 1 个 3p 电子被激发到空的 3d 轨道上,杂化后,形成 6 个 sp^3d^2 杂化轨道,分别与 6 个 F 原子的 2p 轨道重叠成键,形成正八面体的 SF_6 分子(见图 6-26)。

6.6.4　不等性杂化

前面介绍的杂化都具有相同的特点:杂化过程中形成的是一组能量相同、成键能力相同的杂化轨道,这类杂化称为等性杂化。还存在着另外一类杂化,在这类杂化中,不参加成键的孤电子对占据了杂化轨道,使得杂化轨道的能量和所含各类原子轨道的成分不完全相同。这种由于孤电子对的存在而造成不完全等同的杂化称为不等性杂化。例如,NH_3 中的 N 和 H_2O 中的 O 是采用不等性杂化成键的。

在 NH_3 分子中,中心 N 原子的价层电子构型为 $2s^2 2p^3$,成键前,2s 轨道和 2p 轨道进行 sp^3 杂化形成 4 个 sp^3 杂化轨道,其中 1 个杂化轨道被已成对的孤电子对占据,3 个未成对电子占据剩余的 3 个杂化轨道,并分别与 3 个 H 原子的 1s 轨道重叠形成 3 个共价键。被孤电子对占据的杂化轨道不参与成键,称为非键轨道。由于孤电子对的杂化轨道不参加成键,电子云较密集于 N 原子周围,使非键轨道含有较多的 s 成分(大于 $\frac{1}{4}$s),含有较少的 p 成分(小于 $\frac{3}{4}$p),孤电子对会对其他成键电子产生排斥作用,致使 3 个 N—H 键之间的夹角由四面体的 $109°28'$ 变为 $107°18'$,分子构型为三角锥形,如图 6-27 所示。

与 NH_3 分子相似,H_2O 分子中 O 也采用 sp^3 不等性杂化,形成 4 个 sp^3 杂化轨道。由于 O 原子比 N 原子多一对孤电子对,使杂化的不等性更加显著,孤电子对对成键电子对的排斥作用更大。所以 O—H 键之间的夹角被压缩到 $104°45'$,形成 V 形空间构型的 H_2O 分子,如图 6-28 所示。

除 NH_3 和 H_2O 外,NF_3、PH_3、H_2S 等分子都采用 sp^3 不等性杂化成键。

需要指出的是,用杂化轨道理论讨论问题是在已知分子的空间构型的基础上进行的,而用杂化轨道理论预测分子的空间构型却比较困难。

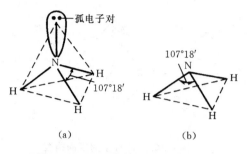
图 6-27　NH_3 分子空间构型示意图

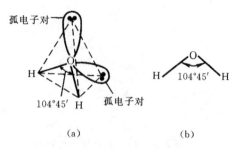
图 6-28　H_2O 分子空间构型示意图

6.7　分子轨道理论

价键理论用电子配对、杂化等概念成功地解释了共价键的形成、本质、特征以及分子的空间构型,长期以来在化学界得到了广泛的运用。但是该理论把形成共价键的电子对限制在两个相邻原子之间,强调了电子运动的定域化,缺乏对分子整体的认识,因此不能解释某些分子的性质。例如,价键理论不能说明 H_2^+ 的形成和相应价键结构;不能解释 O_2 分子具有顺磁性的实验事实。

分子轨道理论是在量子力学处理氢分子离子 H_2^+ 的基础上发展起来的。分子轨道理论强调分子的整体性,较全面地反映了分子中电子的运动状态,因而近几十年得到迅速的发展。

6.7.1　分子轨道理论的要点

1. 分子轨道的概念

分子轨道理论认为分子中的电子在整个分子范围内运动,分子中各个电子的运动状态可以用单电子波函数 Ψ 描述。单电子波函数 Ψ 称为分子轨道(简称 MO),$|\Psi^2|$ 表示分子中的电子在空间各处出现的概率密度或电子云。

2. 分子轨道的形成

分子轨道是由原子轨道线性组合而成的,n 个原子轨道线性组合后可得到 n 个分子轨道。例如,原子 a 和原子 b 的两个原子轨道 Ψ_a 和 Ψ_b 线性组合形成两个分子轨道 Ψ_1 和 Ψ_2。

$$\Psi_1 = c_1\Psi_a + c_2\Psi_b$$
$$\Psi_2 = c_1\Psi_a - c_2\Psi_b$$

Ψ_1 是成键分子轨道,其能量低于参与形成分子轨道的原子轨道的能量;Ψ_2 是反键分子轨道,其能量高于参与形成分子轨道的原子轨道的能量。有时还有非键分子轨道,其能量等于参与形成分子轨道的原子轨道的能量。

3. 分子轨道的形成条件

原子轨道线性组合形成分子轨道时,遵循能量相近原理、最大重叠原理和对称性匹配原理。

能量相近原理是指只有能量相近的原子轨道才能组合成有效的分子轨道,并且原子轨道的能量差越小越好。

最大重叠原理是指在满足对称性匹配的条件下,原子轨道的重叠程度越大,成键效应越强,形成的化学键越牢固。

对称性匹配原理是指只有具有相同对称性的原子轨道才能有效地组合成分子轨道。

4. 电子在分子轨道中的分布原则

如同电子充填原子轨道一样,电子在分子轨道中的分布也遵守以下三个原则。

(1)能量最低原理。电子总是尽可能地占据能量最低的分子轨道。

(2)泡利不相容原理。每个分子轨道最多只能容纳两个自旋相反的电子。

(3)洪特规则。对能量相同的分子轨道(如 π_{2p_y}、π_{2p_z}),电子将分占不同的分子轨道,并保持自旋平行。

6.7.2 分子轨道的类型及能级次序

根据原子轨道的组合方式的不同,可以将分子轨道分为 σ 轨道和 π 轨道。σ 分子轨道关于键轴呈圆柱形对称;π 分子轨道则关于过键轴的平面呈镜面反对称。下面讨论几种主要的原子轨道的组合方式。

s-s 组合:一个原子的 ns 轨道与另一个原子的 ns 轨道组合形成 2 个 σ 分子轨道(见图 6-29(a)),其中一个分子轨道的能量低于原子轨道的能量,是成键分子轨道,用 σ_{ns} 表示,一个分子轨道的能量高于原子轨道的能量,是反键分子轨道,用 σ_{ns}^* 表示。

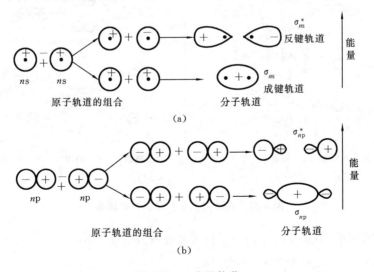

图 6-29 σ 分子轨道

p_x-p_x 组合:若键轴为 x 轴方向,一个原子的 np_x 轨道与另一个原子的 np_x 轨道线性组合形成两个 σ 分子轨道(见图 6-29(b)),成键分子轨道用 σ_{np} 表示,反键分子轨道用 σ_{np}^* 表示。

p_y-p_y、p_z-p_z 组合:当两个成键原子的 p_x 轨道组合形成 σ 分子轨道时,p_y-p_y(或 p_z-p_z)组合只能以"肩并肩"的方式形成 π 分子轨道,成键分子轨道用 π_{np_y}(或 π_{np_z})表示,反键分子轨道用 $\pi_{np_y}^*$(或 $\pi_{np_z}^*$)表示(见图 6-30)。

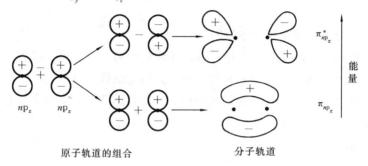

图 6-30　π 分子轨道

分子轨道理论认为:每一个分子轨道都有相应的能量,分子轨道的能级顺序目前主要是以光谱实验数据来确定的。把分子中各分子轨道按能级高低排列,得到分子轨道能级图。图 6-31 是同核双原子分子轨道能级图。

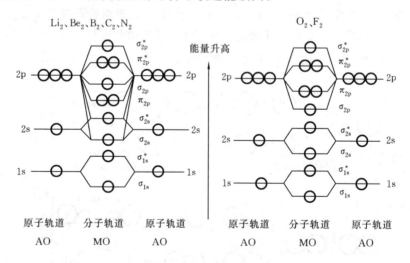

图 6-31　同核双原子分子轨道能级图

第二周期同核双原子分子的分子轨道能级有以下两种次序。

$Li_2 \sim N_2$ 分子:$\sigma_{1s} < \sigma_{1s}^* < \sigma_{2s} < \sigma_{2s}^* < \pi_{2p_y} = \pi_{2p_z} < \sigma_{2p_x} < \pi_{2p_y}^* = \pi_{2p_z}^* < \sigma_{2p_x}^*$

$O_2 \sim F_2$ 分子:$\sigma_{1s} < \sigma_{1s}^* < \sigma_{2s} < \sigma_{2s}^* < \sigma_{2p_x} < \pi_{2p_y} = \pi_{2p_z} < \pi_{2p_y}^* = \pi_{2p_z}^* < \sigma_{2p_x}^*$

分子光谱和光电子能谱的研究证明，O_2 和 F_2 分子中分子轨道的能级顺序是正常的，而第二周期中 N_2 及以前的双原子分子，由于价层的 2s 和 2p 原子轨道的能级差较小，由它们组合成分子轨道时，可能会发生 s-p 的混杂，导致 σ_{2p} 与 π_{2p} 的能级顺序颠倒。

6.7.3 双原子分子的结构

在分子轨道理论中，电子进入成键分子轨道使系统的能量降低，对成键有贡献，电子进入反键分子轨道使系统能量升高，对成键起削弱或抵消作用，因此成键分子轨道中的电子越多，分子越稳定。在分子轨道理论中，用键级来衡量分子的稳定性。分子轨道理论将键级定义为

$$键级 = \frac{1}{2}(成键轨道中的电子数 - 反键轨道中的电子数)$$

一般来说，同一周期同一区内的元素组成的双原子分子，键级越大，键的强度越大，分子越稳定。若键级为零，则表示不能形成稳定的分子。

下面用分子轨道理论讨论几个典型的同核双原子分子。

(1) H_2 分子的结构。

H 原子的电子构型为 $1s^1$，两个 H 原子的 1s 原子轨道可以线性组合成两个分子轨道。一个是能量较低的成键分子轨道 σ_{1s}，另一个是能量较高的反键分子轨道 σ_{1s}^*，H_2 分子中的 2 个电子填充在成键分子轨道 σ_{1s} 上，反键分子轨道 σ_{1s}^* 没有填充电子。由于 H_2 分子的 2 个电子均填入成键分子轨道，使系统的能量下降，形成 σ 单键，所以 H_2 能够稳定存在。其分子轨道表示式为 $(\sigma_{1s})^2$。

(2) O_2 分子的结构。

O 原子的电子层结构为 $1s^2 2s^2 2p^4$，当 2 个 O 原子相互接近时，可以线性组合成 5 个成键分子轨道和 5 个反键分子轨道。O_2 分子共有 16 个电子，依据能量最低原理、泡利不相容原理和洪特规则，电子按能级由低到高依次分布在各分子轨道上，其分子轨道式为

$$O_2:[(\sigma_{1s})^2(\sigma_{1s}^*)^2(\sigma_{2s})^2(\sigma_{2s}^*)^2(\sigma_{2p_x})^2(\pi_{2p_y})^2(\pi_{2p_z})^2(\pi_{2p_y}^*)^1(\pi_{2p_z}^*)^1]$$

由于同核双原子分子成键分子轨道的能量降低与反键分子轨道的能量升高近似相等，O_2 分子的 $(\sigma_{1s})^2$ 与 $(\sigma_{1s}^*)^2$、$(\sigma_{2s})^2$ 与 $(\sigma_{2s}^*)^2$ 能量的降低与升高相互抵消。实际上对成键有作用的是 $(\sigma_{2p_x})^2$，构成 O_2 分子中的一个 σ 单键，$(\pi_{2p_y})^2(\pi_{2p_y}^*)^1$ 和 $(\pi_{2p_z})^2(\pi_{2p_z}^*)^1$ 构成 2 个三电子 π 键。在三电子 π 键中，有 2 个电子在成键分子轨道，有 1 个电子在反键分子轨道，键能相当于半个 π 键，2 个三电子 π 键的键能相当于 1 个 π 键，与价键理论认为 O_2 分子中有两个共价键是一致的。

O_2 分子中存在着 2 个成单电子，所以 O_2 分子具有顺磁性，这已经被实验结果证明。O_2 分子具有顺磁性这是价键理论无法解释的，但是用分子轨道理论处理 O_2 分子

结构时,则是很自然地得出的结论。

(3) N_2 分子的结构。

N_2 分子由 2 个 N 原子组成,N 原子的电子层结构式为 $1s^2 2s^2 2p^3$,N_2 分子共有 14 个电子,电子填入分子轨道时也遵从能量最低原理、泡利不相容原理和洪特规则。N_2 分子的分子轨道式为

$$N_2:[KK(\sigma_{2s})^2(\sigma_{2s}^*)^2(\pi_{2p_y}=\pi_{2p_z})^4(\sigma_{2p})^2]$$

σ_{1s} 和 σ_{1s}^* 是内层电子,写分子轨道式时可以用 KK 代替。成键的 σ_{2s} 轨道与反键的 σ_{2s}^* 轨道各填满了 2 个电子,由于能量降低和升高互相抵消,对成键没有贡献。对成键有贡献的实际只是 $(\pi_{2p_y})^2(\pi_{2p_z})^2(\sigma_{2p})^2$ 三对电子,即形成 2 个 π 键和 1 个 σ 键,由于 N_2 分子中存在叁键,所以 N_2 分子具有特殊的稳定性。

6.8　配位化合物的结构

配位化合物简称配合物,是由具有空的价轨道的金属原子或离子(称为中心离子)与含有孤电子对的分子或离子(称为配位体)按一定组成和空间构型结合而成的复杂化合物。19 世纪 90 年代瑞士的青年化学家维尔纳(A. Werner)在总结前人研究成果的基础上提出了配位理论,从而奠定了配位化学的基础。

6.8.1　配位化合物的价键理论

鲍林等人在 20 世纪 30 年代初提出了杂化轨道理论,用此理论来处理配合物的形成、配合物的几何构型、配合物的磁性等问题,建立了配合物的价键理论。

1. 价键理论的基本要点

(1) 配合物的中心离子 M 与配位体 L 之间的结合,一般是靠配体单方面提供孤对电子与中心离子 M 共用,形成配键 M ← :L,简称 σ 配键。

(2) 形成配位键的必要条件是:配体 L 至少含有一对孤电子对,而中心离子 M 必须有空的价轨道。例如,在 $[Co(NH_3)_6]^{3+}$ 中是 Co^{3+} 的空轨道接受 NH_3 分子中 N 原子提供的孤电子对形成 Co←NH_3 配位键,得到了稳定的六氨合钴配离子。

(3) 在形成配合物(或配离子)时,为了增加成键能力,中心离子(或原子)M 用能量相近的空轨道(如第一过渡系金属 3d、4s、4p、4d)杂化,配位体 L 的孤电子对填到中心离子(或原子)已杂化的空轨道中形成配离子。配离子的空间结构、配位数及稳定性等主要取决于杂化轨道的数目和类型。

(4) 中心离子利用哪些空轨道进行杂化,这既与中心离子的电子层结构有关,又与配位体中配位原子的电负性有关。

2. 杂化轨道的类型与配合物的空间构型

利用配合物的价键理论可以说明配合物的形成过程和配合物的空间构型。

(1) 配位数为 2 的配合物。

氧化数为 +1 的中心离子易形成配位数为 2 的配合物。如 $[Ag(NH_3)_2]^+$, Ag^+ 的价电子轨道为 $4d^{10}5s^05p^0$。4d 轨道已全充满，只能提供 5s 和 5p 空轨道用于成键，当与 NH_3 配合时，Ag^+ 的 5s 和 1 个 5p 空轨道进行 sp 杂化，形成 2 个等价的 sp 杂化轨道，各接受一个 NH_3 中配位原子 N 的一对孤电子对形成两个配位键。sp 杂化轨道呈直线形，故 $[Ag(NH_3)_2]^+$ 配离子的空间构型为直线形，其电子分布为

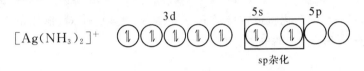

(2) 配位数为 4 的配合物。

配位数为 4 的配合物有四面体和平面正方形两种构型。以 $[Ni(NH_3)_4]^{2+}$ 和 $[Ni(CN)_4]^{2-}$ 为例说明配位数为 4 的配合物的形成过程。Ni^{2+} 的价层电子排布为

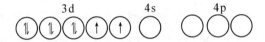

当 Ni^{2+} 与配位能力较弱的配体(如 NH_3)配位时，Ni^{2+} 提供 1 个 4s 轨道和 3 个 4p 轨道杂化，形成 4 个等价的 sp^3 杂化轨道，与四个 NH_3 分子配位成键，形成正四面体构型的 $[Ni(NH_3)_4]^{2+}$，其电子分布为

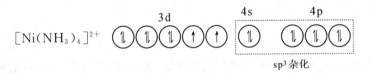

当 Ni^{2+} 与配位能力很强的配体(如 CN^-)配位时，CN^- 中的配位原子 C 的电负性较小，易给出孤电子对，对中心离子 Ni^{2+} 的影响较大，使 3d 电子发生重排，空出一个 3d 轨道。于是 1 个 3d 轨道、1 个 4s 轨道和 2 个 4p 轨道杂化，形成 4 个等性的 dsp^2 杂化轨道，与 4 个 CN^- 形成 4 个配位键。由于 dsp^2 杂化轨道最大伸展方向指向平面正方形的四个顶点，$[Ni(CN)_4]^{2-}$ 的空间构型为平面正方形，其电子分布为

(3) 配位数为 6 的配合物。

配位数为 6 的配合物绝大多数具有八面体构型，以 $[FeF_6]^{3-}$ 和 $[Fe(CN)_6]^{3-}$ 配

离子为例讨论八面体构型的配位化合物的形成过程。Fe^{3+} 的价层电子在 3d 轨道中的排布为

Fe^{3+} 在形成配位数为 6 的配合物时，可以形成两种杂化类型的配合物，当 Fe^{3+} 与 F^- 形成配离子时，Fe^{3+} 提供 1 个 4s 轨道、3 个 4p 轨道和 2 个 4d 轨道杂化，形成 6 个 sp^3d^2 杂化轨道，每个 sp^3d^2 杂化轨道各接受 F^- 提供的一对孤电子对，形成正八面体的 $[FeF_6]^{3-}$ 配离子。$[FeF_6]^{3-}$ 的电子分布为

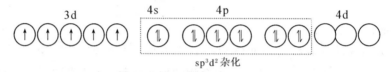

当 Fe^{3+} 与 CN^- 配合时，由于 CN^- 的作用，Fe^{3+} 的 5 个 3d 电子重排，空出了 2 个 3d 轨道。于是 2 个 3d 轨道、1 个 4s 轨道和 3 个 4p 轨道杂化形成 6 个等价的 d^2sp^3 杂化轨道，接受 6 个 CN^- 提供的 6 对孤电子对成键，形成正八面体构型的 $[Fe(CN)_6]^{3-}$ 配离子。$[Fe(CN)_6]^{3-}$ 的电子分布为

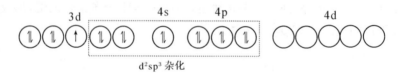

可见，在 $[FeF_6]^{3-}$ 中，Fe^{3+} 在形成配合物时，中心离子的 d 电子不发生重排，采用 ns、np、nd 轨道杂化，中心离子仅用"外层"的原子轨道，故将其称为外轨型杂化。其配合物称为外轨型配合物。

在 $[Fe(CN)_6]^{3-}$ 中 Fe^{3+} 采用 ns、np、$(n-1)d$ 轨道杂化，中心离子使用了一部分内层轨道 $(n-1)d$ 参加杂化，将其称为内轨型杂化。其配合物称为内轨型配合物。在形成配合物时，中心离子的 d 电子发生重排，未成对电子数减少，配合物的磁矩也相应减小。配合物的磁矩与未成对电子数有如下关系：

$$\mu = \sqrt{n(n+2)}\mu_B \tag{6-18}$$

式中：μ_B 为玻尔磁子。形成配合物前，Fe^{3+} 的 $\mu = \sqrt{5\times(5+2)}\mu_B$，形成配合物后，其磁矩为 $\mu = \sqrt{1\times(1+2)}\mu_B$，磁矩减小，所以内轨型配合物的磁矩一般小于自由离子的，而外轨型配合物的磁矩则不发生变化。

表 6-10 给出了中心离子常见的杂化轨道类型和配合物的空间构型。

表 6-10 中心离子常见的杂化轨道类型和配合物的空间构型

杂化轨道		配位数	配离子的空间构型		示 例
杂化方式	轨道数				
sp	2	2	直线		$[Cu(NH_3)_2]^+$ $[Ag(CN)_2]^-$ $[Ag(NH_3)_2]^+$
sp^2	3	3	平面三角形		$[HgI_3]^-$ $[CuCl_3]^{2-}$
sp^3	4	4	正四面体		$[ZnCl_4]^{2-}$ $[BF_4]^-$ $[Cd(NH_3)_4]^{2+}$ $[Ni(NH_3)_4]^{2+}$
dsp^2	4		平面正方形		$[AuF_4]^-$ $[Cu(NH_3)_4]^{2+}$ $[Ni(CN)_4]^{2-}$
dsp^3	5	5	三角双锥		$Fe(CO)_5$ $[CuCl_5]^{3-}$
sp^3d^2	6	6	正八面体		$[Ti(H_2O)_6]^{3+}$ $[FeF_6]^{3-}$ $[Mn(H_2O)_6]^{2+}$
d^2sp^3	6				$[Fe(CN)_6]^{3-}$ $[Co(NH_3)_6]^{3+}$ $[Cr(NH_3)_6]^{3+}$

6.8.2 配位化合物的晶体场理论

1929 年皮塞(H. Bethe)首先提出晶体场理论,但直到 20 世纪 50 年代成功地用晶体场理论解释金属配合物的吸收光谱后,晶体场理论才得到迅速发展。晶体场理论与价键理论不同,它不是从共价键角度考虑配合物的成键,而是一种纯粹的静电理论。

1. 晶体场理论的基本要点

(1) 在配合物中,中心离子 M 处于带电的配位体 L 形成的静电场中,二者靠静电作用结合在一起。配位体负电荷对中心离子产生的静电场称为晶体场。

(2) 中心离子的 5 个能量相同的 d 轨道受配体负电场不同程度的排斥作用,能级发生分裂,有些轨道的能量升高,有些轨道的能量降低,形成几组能量不同的轨道。

(3) 电子在分裂后的 d 轨道上重新分布,优先占据能量较低的轨道使系统的能量降低,给配合物带来了额外的稳定化能,对配合物的性质产生影响。

2. d 轨道的能级分裂

在形成配合物时,除了中心离子与配体之间的静电引力外,中心离子的 d 轨道还会受到配体的静电排斥作用。若配体组成的晶体场是均匀的球形电场,中心离子的 d 轨道不会发生分裂。在正八面体的配合物中,中心离子处在配体组成的正八面体场的中心,如图 6-32 所示。

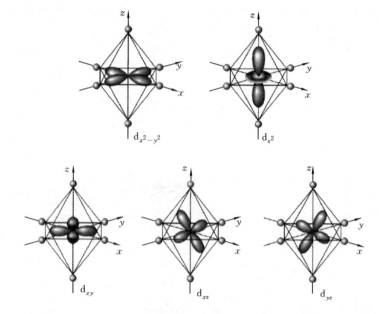

图 6-32　正八面体配合物中 d 轨道与配体的相对位置示意图

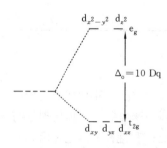

图 6-33　d 轨道在正八面体场中的分裂

当 6 个配体沿着 $\pm x$、$\pm y$、$\pm z$ 轴方向与中心离子接近时,中心离子的 d_{z^2} 和 $d_{x^2-y^2}$ 轨道的伸展方向与配体正好迎头相碰,受到配体的静电斥力较大,其能量升高较多,高于 d 轨道在球形电场中的能量;而 d_{xy}、d_{yz}、d_{xz} 3 个 d 轨道沿着两个坐标轴的夹角平分线上伸展,受配体的静电斥力较小,其能量相对较低,低于 d 轨道在球形电场中的能量。因此,中心离子 5 个简并的 d 轨道在正八面体场中分裂成两组:一组是能量较高的 d_{z^2} 和 $d_{x^2-y^2}$ 轨道,称为 e_g 轨道;另一组是能量较低的 d_{xy}、d_{yz}、d_{xz} 轨道,称为 t_{2g} 轨道,如图 6-33 所示。

在晶体场中 d 轨道分裂以后,最高能量的 d 轨道与最低能量的 d 轨道之间的能量差称为晶体场分裂能,用"Δ"表示,正八面体场中分裂能通常用 Δ_o 表示,脚标 o 表示八面体,也可以用 10 Dq(Dq 为场强参数)表示正八面体场的分裂能。

量子力学证明,一组简并轨道因静电作用而引起分裂,分裂后的能级的平均能量不变,这就是能量重心不变原则。若选取球形电场的能量作为计算的相对零点,则有

$$E(e_g) - E(t_{2g}) = \Delta_o = 10 \text{ Dq}$$
$$2E(e_g) + 3E(t_{2g}) = 0$$

将上面两式联立求解,得

$$E(e_g) = \frac{3}{5}\Delta_o = 6 \text{ Dq}, \quad E(t_{2g}) = -\frac{2}{5}\Delta_o = -4 \text{ Dq}$$

由此可见,相对于球形电场的能量而言,e_g 轨道的能量升高了 $\frac{3}{5}\Delta_o$(6 Dq);而 t_{2g} 轨道的能量降低了 $\frac{2}{5}\Delta_o$(4 Dq)。Δ_o 值可以通过实验的方法求得,单位常用 cm^{-1} 或 $kJ \cdot mol^{-1}$ 表示。晶体场分裂能是晶体场理论的重要参数,其值的大小直接影响配合物的性质。配合物的几何构型、中心离子的电荷、中心离子所在的周期和配体的性质都对分裂能产生影响。

(1) 配合物的几何构型。

在中心离子和配位体相同时,若配合物的几何构型不同,将会形成不同的晶体场,使得中心离子 d 轨道能级分裂的程度和分裂后 d 轨道的能级顺序不同,表 6-11 给出了不同晶体场中 d 轨道的不同能级和相应的分裂能。从表 6-11 中可以看到,正四面体场的分裂能(Δ_t)较小,平面正方形场的分裂能(Δ_s)相对较大,它们之间有以下关系:

$$\Delta_t = \frac{4}{9}\Delta_o$$

$$\Delta_s = 1.742\Delta_o$$

表 6-11 不同晶体场中 d 轨道的不同能级和分裂能(E/Dq)

晶体场类型	配位数	d_{xy}	d_{yz}	d_{xz}	$d_{x^2-y^2}$	d_{z^2}	Δ
正八面体	6	-4.00	-4.00	-4.00	6.00	6.00	10.00
正四面体	4	1.78	1.78	1.78	-2.67	-2.67	4.45
平面正方形	4	2.28	-5.14	-5.14	12.28	-4.28	17.42

(2) 中心离子的电荷。

配体相同时,同一中心离子所带正电荷越高,对配体的吸引力越大,配体与中心离子距离越近,晶体场对 d 电子的排斥力越强,其分裂能也越大。例如:

$[Fe(H_2O)_6]^{3+}$, $\Delta_o = 163.9 \text{ kJ} \cdot \text{mol}^{-1}$

$[Fe(H_2O)_6]^{2+}$, $\Delta_o = 124.4 \text{ kJ} \cdot \text{mol}^{-1}$

(3) 中心离子的周期。

同族同价的金属离子(M^{n+}),在配位体相同时,其 Δ 值随着中心离子在周期表中的周期数的增大而增加,即

$$\Delta(第四周期)<\Delta(第五周期)<\Delta(第六周期)$$

例如:

$$\Delta([Co(NH_3)_6]^{3+})<\Delta([Rh(NH_3)_6]^{3+})<\Delta([Ir(NH_3)_6]^{3+})$$

随着 d 轨道主量子数增大,d 轨道的伸展程度增大,因而受到配体的作用增强,所以,分裂能依次增大。

(4) 配位体的性质。

对于给定的中心离子而言,分裂能的大小与配体有关。从正八面体配合物的光谱实验得出的配体对分裂能的影响由强到弱的顺序如下:

$CO、CN^->-NO_2(硝基)>en(乙二胺)>NH_3>EDTA> H_2O>C_2O_4^{2-}> F^->SCN^-\approx Cl^->Br^->I^-$

这一顺序称光谱化学序列。从配位原子来看,一般规律是:碳>氮>氧>卤素。在序列前面的配位体(如 CO、CN^-、$-NO_2$)分裂能较大,叫强场配位体;后面的配位体(如 F^-、Cl^-、Br^-、I^- 等)分裂能较小,叫弱场配位体;中间的为中强场配位体,但它们与强场和弱场配位体之间并没有明显的界限。

光谱化学序列只是从实验中总结出的一般规律,实际上有许多不符合这些规律的例子。

3. 配合物的自旋态

在正八面体场中,中心离子的 d 轨道分裂成两组(t_{2g} 和 e_g),d 电子在这两组轨道中的分布仍要遵守能量最低原理、泡利不相容原理和洪特规则。

当中心离子有 1~3 个电子时,d 电子只能排在能量较低的 t_{2g} 轨道上,且保持平行自旋,只有一种排布方式,其电子排布方式分别为 $(t_{2g})^1(e_g)^0$、$(t_{2g})^2(e_g)^0$ 和 $(t_{2g})^3(e_g)^0$。

当中心离子有 4~7 个电子时,d 电子有两种可能的排布方式:一种是 d 电子尽可能地分占不同的 d 轨道,且保持较多的自旋平行的未成对电子,这样的配合物称为高自旋配合物;另一种是 d 电子尽可能地排布在能量最低的 d 轨道上,保持较少的自旋平行的未成对电子,这种配合物称为低自旋配合物。对于配合物而言,究竟采取何种排布方式,这取决于分裂能 Δ_o 和电子成对能 P 的相对大小。电子成对能 P 是指当轨道中已排布一个电子,另一个电子进入而与前一个电子成对时所需要克服的能量。

当 $P>\Delta_o$ 时,电子配对所需要的能量较高,将尽可能占据较多的 d 轨道,形成高自旋配合物;当 $P<\Delta_o$ 时,电子进入 e_g 轨道所需要的能量较高,因此保持较少的未成对电子数,形成低自旋配合物。例如,Fe^{2+} 的电子成对能为 17 600 cm^{-1},Fe^{2+} 可以分别与 H_2O 和 CN^- 配位,形成具有八面体构型的配离子 $[Fe(H_2O)_6]^{2+}$ 和 $[Fe(CN)_6]^{4-}$。$[Fe(H_2O)_6]^{2+}$ 的分裂能为 10 400 cm^{-1},$[Fe(CN)_6]^{4-}$ 的分裂能为

33 000 cm^{-1}。[Fe(CN)$_6$]$^{4-}$有 $P<\Delta_o$，是低自旋配合物，其电子排布为$(t_{2g})^6(e_g)^0$；而[Fe(H$_2$O)$_6$]$^{2+}$有 $P>\Delta_o$，是高自旋配合物，其电子排布为$(t_{2g})^4(e_g)^2$。

d 电子数为 8～10 的中心离子形成的配合物，d 电子也只有一种排布方式。表 6-12 给出了正八面体配合物 d 电子的自旋态。

从表 6-12 中可以看到，只有在中心原子电子组态为 d^4～d^7 的配合物中，d 电子存在着两种不同的排布方式，配体为强场者（如 NO$_2^-$、CN$^-$ 和 CO 等）形成低自旋配合物，配体为弱场者（如 X$^-$、H$_2$O 等）形成高自旋配合物。第五、六周期的过渡金属离子的 4d、5d 轨道的空间范围较 3d 大，容纳一对电子时的斥力较小，即电子成对能相对较小，且分裂能较大，所以第五、六周期的过渡金属离子较同族第三周期的金属离子更易形成低自旋配合物。

表 6-12　正八面体配合物 d 电子的自旋态

d 电子数	弱　场 ($P>\Delta_o$)		单电子数	强　场 ($P<\Delta_o$)		单电子数
	t_{2g}	e_g		t_{2g}	e_g	
1	↑		1	↑		1
2	↑ ↑		2	↑ ↑		2
3	↑ ↑ ↑		3	↑ ↑ ↑		3
4	↑ ↑ ↑	↑	4	↑↓ ↑ ↑		2
5	↑ ↑ ↑	↑ ↑	5	↑↓ ↑↓ ↑		1
6	↑↓ ↑ ↑	↑ ↑	4	↑↓ ↑↓ ↑↓		0
7	↑↓ ↑↓ ↑	↑ ↑	3	↑↓ ↑↓ ↑↓	↑	1
8	↑↓ ↑↓ ↑↓	↑ ↑	2	↑↓ ↑↓ ↑↓	↑ ↑	2
9	↑↓ ↑↓ ↑↓	↑↓ ↑	1	↑↓ ↑↓ ↑↓	↑↓ ↑	1
10	↑↓ ↑↓ ↑↓	↑↓ ↑↓	0	↑↓ ↑↓ ↑↓	↑↓ ↑↓	0

（弱场栏标注"高自旋"，强场栏标注"低自旋"）

4. 晶体场稳定化能和配合物的稳定性

在晶体场的作用下，中心离子 d 轨道发生能级分裂，电子优先进入能量较低的 d 轨道，导致系统的能量降低。d 电子进入分裂后的 d 轨道所产生的配合物总能量的下降值，称为晶体场稳定化能，用符号 CFSE(crystal field stabilization energy)表示。

晶体场稳定化能与中心离子的 d 电子数目有关，也与配体所形成的晶体场的强弱有关。正八面体配合物的晶体场稳定化能可按下式计算：

$$\text{CFSE} = (-4\text{Dq}) \times n(t_{2g}) + 6\text{Dq} \times n(e_g)$$

式中：$n(t_{2g})$是 t_{2g}能级上的电子数；$n(e_g)$是 e_g能级上的电子数。晶体场稳定化能越负，配合物越稳定。例如当中心离子为 d^6 组态，形成高自旋配合物，电子排布为 $(t_{2g})^4(e_g)^2$ 时，其 CFSE 的计算如下：

$$\text{CFSE} = 4 \times (-4\text{Dq}) + 2 \times 6\text{Dq} = -4\text{Dq}$$

而当中心离子为 d^6 组态，形成低自旋配合物，电子排布为 $(t_{2g})^6(e_g)^0$ 时，其 CFSE 的

计算为
$$\mathrm{CFSE}=6\times(-4\mathrm{Dq})=-24\mathrm{Dq}$$

由计算可知,后者总能量下降比前者多,表明低自旋的配位化合物更稳定。表 6-13 列出了 $d^1 \sim d^{10}$ 构型离子的正八面体配合物在弱场和强场中的稳定化能。

表 6-13　过渡金属离子在八面体场中的 CFSE

弱场				强场			
d^n	结构	未成对电子数	CFSE	d^n	结构	未成对电子数	CFSE
d^1	t_{2g}^1	1	$-4\mathrm{Dq}$	d^1	t_{2g}^1	1	$-4\mathrm{Dq}$
d^2	t_{2g}^2	2	$-8\mathrm{Dq}$	d^2	t_{2g}^2	2	$-8\mathrm{Dq}$
d^3	t_{2g}^3	3	$-12\mathrm{Dq}$	d^3	t_{2g}^3	3	$-12\mathrm{Dq}$
d^4	$t_{2g}^3 e_g^1$	4	$-6\mathrm{Dq}$	d^4	t_{2g}^4	2	$-16\mathrm{Dq}$
d^5	$t_{2g}^3 e_g^2$	5	$0\mathrm{Dq}$	d^5	t_{2g}^5	1	$-20\mathrm{Dq}$
d^6	$t_{2g}^4 e_g^2$	4	$-4\mathrm{Dq}$	d^6	t_{2g}^6	0	$-24\mathrm{Dq}$
d^7	$t_{2g}^5 e_g^2$	3	$-8\mathrm{Dq}$	d^7	$t_{2g}^6 e_g^1$	1	$-18\mathrm{Dq}$
d^8	$t_{2g}^6 e_g^2$	2	$-12\mathrm{Dq}$	d^8	$t_{2g}^6 e_g^2$	2	$-12\mathrm{Dq}$
d^9	$t_{2g}^6 e_g^3$	1	$-6\mathrm{Dq}$	d^9	$t_{2g}^6 e_g^3$	1	$-6\mathrm{Dq}$
d^{10}	$t_{2g}^6 e_g^4$	0	$0\mathrm{Dq}$	d^{10}	$t_{2g}^6 e_g^4$	0	$0\mathrm{Dq}$

从表 6-13 中可以得到以下几点。

(1) 在弱场中,构型为 d^0、d^5、d^{10} 的离子的配合物的晶体场稳定化能为零,构型为 d^3、d^8 的配合物的晶体场稳定化能最大(绝对值);在强场中,晶体场稳定化能为零的是构型为 d^0、d^{10} 的配合物,最大的是构型为 d^6 的配合物。

(2) 当中心离子相同时,低自旋配合物的晶体场稳定化能较大,高自旋配合物的晶体场稳定化能较小,表明低自旋配合物较高自旋配合物稳定。

(3) 当中心离子的电荷相同,配位体相同时,晶体场稳定化能与中心离子的 d 电子数有如下关系:

弱场 $d^0 < d^1 < d^2 < d^3 > d^4 > d^5 < d^6 < d^7 < d^8 > d^9 > d^{10}$

强场 $d^0 < d^1 < d^2 < d^3 < d^4 < d^5 < d^6 > d^7 > d^8 > d^9 > d^{10}$

5. 配合物的吸收光谱与颜色

过渡金属离子的配合物大多具有颜色,例如,$[Cu(H_2O)_4]^{2+}$ 为蓝色,$[Co(H_2O)_6]^{2+}$ 为粉红色,$[V(H_2O)_6]^{3+}$ 为绿色,$[Ti(H_2O)_6]^{3+}$ 为紫红色等。

过渡金属离子具有未充满电子的 d 轨道,在形成配合物时发生能级分裂,配合物的分裂能为 10 000~30 000 cm^{-1},正好处于可见光的能量范围内。在低能级轨道上的 d 电子吸收与分裂能相当的可见光,跃迁到高能级 d 轨道,这种跃迁称为 d-d 跃迁。配合物显示的颜色是吸收光的互补色。

例如,Ti^{3+} 的电子组态为 $3d^1$,形成正八面体的水合离子时,排布在能量较低的

t_{2g} 轨道上的 1 个 3d 电子,可以吸收可见光而发生 d-d 跃迁。$[Ti(H_2O)_6]^{3+}$ 在可见光区 20 300 cm^{-1}(波长为 492 nm)处有一最大吸收峰(见图 6-34)。这个吸收峰对应于 $[Ti(H_2O)_6]^{3+}$ 的 d 电子发生 d-d 跃迁所吸收的能量,即 $[Ti(H_2O)_6]^{3+}$ 配合物的分裂能。由于 d-d 跃迁吸收蓝绿色的光,所以配合物 $[Ti(H_2O)_6]^{3+}$ 呈现出吸收光的互补色紫红色。

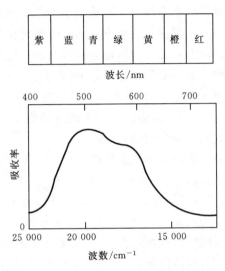

图 6-34 $[Ti(H_2O)_6]^{3+}$ 的吸收光谱

分裂能与光频率的关系是

$$E(e_g) - E(t_{2g}) = \Delta_o = h\nu = hc/\lambda$$

式中:h 为普朗克常数;c 为真空中的光速;ν 为频率;λ 为波长。通过测量配合物的吸收光谱,可以计算配合物的分裂能。

配体的场强愈强,则分裂能愈大,d-d 跃迁时吸收光的能量就愈大,即吸收光波长愈短。根据分裂能 Δ 的大小,可以判断配合物的颜色。

电子组态为 d^{10} 的离子(如 Zn^{2+}、Ag^+ 等),d 轨道上已充满电子,没有空轨道,它们的配合物不可能产生 d-d 跃迁,因而它们的配合物没有颜色。对于 d^0 构型的中心离子来讲,由于 d 轨道中没有电子,不存在 d-d 跃迁,因此形成的配合物基本都是无色的。例如 Mg^{2+}、Ca^{2+}、Al^{3+} 等形成的配合物均无色。应该注意的是,物质具有颜色的原因是多种多样的,不能把 d-d 跃迁看成是产生颜色的唯一原因。

6.9 金属与金属键

周期表中,除了 22 个非金属元素外,其余均为金属元素。常温下,除汞是液态以外,其他金属单质都是晶态固体。金属具有特殊的金属光泽,良好的导电、导热性和机械加工性能等。多数金属具有较高的密度、硬度、熔点和沸点。金属的通性表明金属具有相似的内部结构和相同的化学键。存在于金属原子间的化学键为金属键。目前有两种理论说明金属键的本质。

6.9.1 自由电子理论

金属键的自由电子理论认为金属原子的价电子与核的联系比较松弛,容易失去电子而形成金属正离子。从金属原子脱离下来的电子不是在某一些原子或离子附近运动,而是在整个金属晶体中自由地运动,称为自由电子。把金属原子或离子联系在一起的化学键称为金属键。金属晶体由金属原子、离子和自由电子构成。

金属键中共用电子属于整个金属,没有方向性和饱和性。在金属中,每个原子在空间范围允许的条件下,将与尽可能多的原子形成金属键,因此,金属的结构一般总是按最紧密的方式堆积起来,具有较大的密度。

根据自由电子理论可以定性地解释金属的通性。金属中的自由电子可吸收可见光被激发到较高能级,然后又以光的形式发射出来,使金属呈现银白色光泽;在外电场的作用下,金属中的自由电子作定向流动而形成电流,使金属导电。金属中的电子因受金属正离子和原子的吸引而使运动受到阻碍,使金属具有一定的电阻。温度升高,金属原子和离子的振动加快,振幅增大,电子流动受到的阻力增大,因此金属的电阻一般随温度升高而增大。温度降低,金属导电率增加。当金属的某一部分受热时,金属原子和离子的振动加剧,通过自由电子的运动把能量传递给邻近的原子和离子,使热扩散到金属的其他部分,金属整体温度很快升高并趋于均匀,因此,金属具有良好的导热性。金属采用紧密堆积的结构,在外力作用下,金属内部各层间发生相对滑动而不破坏金属键,使金属具有良好的机械加工性能。

6.9.2 能带理论

将分子轨道理论运用到金属键中,形成了金属键的能带理论。

能带理论认为:整块金属是一个巨大的分子系统,金属中 n 个原子的每一种能量相等的原子轨道,通过线性组合,得到 n 个分子轨道,分子轨道各能级间隔极小,形成一个能带。例如,Li 原子的电子层结构为 $1s^2 2s^1$,若金属 Li 由 n 个 Li 原子组成,则 n 个 Li 原子的 n 个 1s 原子轨道组合成 n 个分子轨道,形成一个 1s 能带,由于每一个能级上可以分布 2 个电子,Li 的 $2n$ 个 1s 电子恰好充满 1s 能带,这种充满电子的能带称为满带(见图 6-35);n 个 Li 原子的 n 个 2s 轨道也可以组合成 n 个分子轨道,形成一个 2s 能带。由于 2s 原子轨道上只有一个电子,在 2s 能带中只一半的分子轨道充满电子,另一半是空的分子轨道,能带中各分子轨道间的能级间隔很小,电子只要吸收微小的能量就能跃迁到能带内能量稍高的空轨道上,在电场的作用下,这些电子可以定向运动,从而具有导电的能力,所以将这种能带称为导带(见图 6-35)。

正如原子中各个能级间有能量差一样,金属中各能带之间也存在着能量差,使相

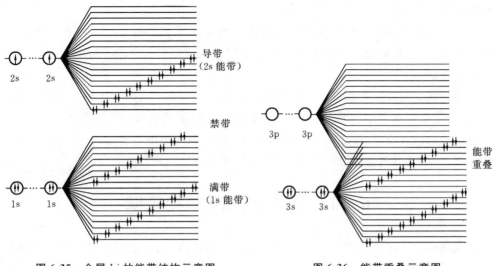

图 6-35　金属 Li 的能带结构示意图　　　图 6-36　能带重叠示意图

邻能带之间都有带隙,在带隙之中电子不能停留,是电子的禁区,称为禁带(见图 6-35)。

有些金属由于相邻分子轨道能量相差很小,使导带与满带重叠,禁带消失,从而使满带变成了导带。例如,金属 Mg 的价电子层结构为 $1s^22s^22p^63s^2$,金属 Mg 的 3s 能带是满带,由于金属 Mg 的 3s 原子轨道与 3p 原子轨道的能量相差较小,使 3s 能带与 3p 能带发生了部分重叠,如图 6-36 所示,3s 能带上的电子很容易激发到空的 3p 能带,而形成一个新的导带。

按能带中充填电子情况和禁带宽度不同,可把物质分为导体、半导体和绝缘体(见图 6-37)。

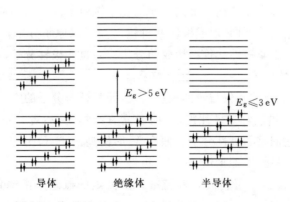

图 6-37　导体、半导体和绝缘体的能带结构示意图

导体一般都有导带或者满带能够与空带发生部分重叠,导带中的电子在外电场作用下定向流动,这些电子在导体中担负了导电的作用,因此,金属的导电性取决于

导带的结构特征。

绝缘体没有导带,只有满带和空带,并且禁带宽度 $E_g > 8.0 \times 10^{-19}$ J(5 eV),在满带中的电子,很难获得足够的能量越过禁带进入到相邻的空带,不能形成导带,故不能导电。

半导体也只有满带和空带,但禁带宽度很窄,$E_g \leqslant 4.8 \times 10^{-19}$ J(3 eV),在一般条件下,满带中的电子不能跃入空带,故不能导电。但在光照和加热的条件下,满带中的电子可以跃入空带,使之变为导带而导电。电子获得的能量越高,跃入空带的电子数越多,导电性就越强,所以半导体的导电性随着温度的升高而升高。

6.10 分子间作用力和氢键

发生在分子之间的相互作用力称为分子间作用力,也叫范德华力。分子间作用力是一种较弱的相互作用力,其结合能一般只有几千焦每摩尔到几十千焦每摩尔。分子间作用力对物质的熔点、沸点、溶解度等物理性质有很大的影响。

6.10.1 分子间作用力

1. 键的极性与分子的极性

在任何分子中都有带正电荷的原子核和带负电荷的电子,对于每一种电荷都可以设想其集中于一点,该点叫电荷重心。正、负电荷重心相重合的分子是非极性分子,不重合的是极性分子。

分子的极性与化学键的极性不完全一致。化学键的极性主要取决于成键原子电负性的大小。同核双原子分子(如 H_2、O_2、N_2 及卤素分子)中,成键原子的电负性相同,所形成的化学键为非极性共价键。如果化学键由不同元素的原子(如 HCl 等)组成,由于它们的电负性不同,形成极性共价键。对于双原子分子,分子的极性与键的极性是一致的,即由非极性共价键构成的分子一定是非极性分子,由极性共价键构成的分子一定是极性分子。

多原子分子的极性不仅与键的极性有关,而且还与分子的空间构型有关。例如,CO_2、CH_4 分子中,虽然都是极性键,但前者是直线构型,后者是正四面体构型,键的极性相互抵消,它们是非极性分子。而在 V 形构型的 H_2O 分子和三角锥形构型的 NH_3 分子中,键的极性不能抵消,它们是极性分子。

分子极性的大小常用偶极矩来衡量。偶极矩的概念是由德拜(Debye)在 1912 年提出来的,他将偶极矩 μ 定义为分子中正、负电荷重心间距离(d)和正电荷重心或负电荷重心上的电量(q)的乘积:

$$\mu = d \cdot q$$

偶极矩 μ 是一个矢量,规定其方向从正指向负,其值可由实验测得。偶极矩的单位为库仑·米(C·m)。μ大于零的分子是极性分子，μ值越大，分子的极性越强；$\mu=0$的分子为非极性分子。

2. 分子间作用力

分子间作用力按产生的原因和特性，可分为取向力、诱导力和色散力三种。

(1) 取向力。

极性分子具有偶极，当两个极性分子相互接近时，异极相吸，同极相斥，使分子产生相对的转动，而成为异极相邻的定向分布，极性分子的这种运动称为取向，由永久偶极的取向而产生的分子间吸引力称为取向力。取向力只存在于极性分子和极性分子之间。

取向力的本质是静电引力，其大小取决于极性分子的偶极矩，μ越大，取向力越大。此外，取向力还与热力学温度和分子间的距离有关。

(2) 诱导力。

当极性分子与非极性分子相互接近时，由于极性分子的永久偶极产生的电场作用对非极性分子产生了诱导作用，使非极性分子原来重合的正、负电荷重心发生相对位移，这一过程叫分子的极化。由极化作用而形成的偶极叫诱导偶极。极性分子的永久偶极与诱导偶极的相互作用力叫诱导力。除了极性分子与非极性分子间存在诱导力外，极性分子与极性分子间、离子与分子间、离子与离子间也存在着诱导力。诱导力的大小与极性分子的偶极矩和被诱导分子的变形性有关。一般地，极性分子的偶极矩越大，诱导力越大；被诱导分子的变形性越大，诱导力越大。分子的体积越大，电子越多，变形性越大，越易产生诱导偶极。热力学温度和分子间的距离也会对诱导力产生影响。

(3) 色散力。

色散力是所有分子间都存在着的一种作用力。

当分子相互接近时，由于分子中电子和原子核在不断地运动，常会发生电子云和原子核之间的相对位移，使分子中正、负电荷重心瞬时地不重合而产生瞬时偶极。虽然瞬时偶极存在的时间极短，但不断地重复出现，使分子间始终存在由瞬时偶极造成的吸引力即色散力。在极低的温度下，O_2、N_2甚至稀有气体都可以液化，就证明了非极性分子间色散力的存在。实际上，各种不同分子间、分子与离子间、离子与原子间都存在着色散力。色散力的大小取决于分子的变形性。一般相对分子质量越大，分子的体积越大，分子的变形性就越大，色散力越大。色散力存在于所有分子间，而且往往是主要的，只有当分子的极性很大时，取向力才是主要的。

取向力、诱导力和色散力都是存在于分子间的一种静电引力，统称分子间作用力（或范德华力）。它通常表现为分子间近距离的吸引力，作用范围只有几皮米，其作用能只有几千焦每摩尔到几十千焦每摩尔，比化学键小1~2个数量级，没有方向性和饱和性。在非极性分子间只有色散力存在；在极性分子和非极性分子间存在着诱导力和色散力；在极性分子间这三种力均存在，如表6-14所示。

表 6-14　分子间作用力的分配情况/(kJ·mol⁻¹)

分　子	色散力	诱导力	取向力	总　和
H_2	0.17	0.000	0.000	0.17
Ar	8.49	0.000	0.000	8.49
CO	8.74	0.0084	0.0029	8.75
HI	25.86	0.1130	0.025	25.98
HBr	21.92	0.502	0.686	23.09
HCl	16.82	1.004	3.305	21.13
NH_3	14.94	1.548	13.31	29.58
H_2O	8.996	1.929	36.38	47.28

　　分子间力对物质的性质有较大影响。例如,对分子晶体而言,当物质熔化或汽化时,分子间力越大,熔化热和汽化热越大,物质的熔、沸点越高。对结构相似的同系物,色散力随相对分子质量的增加而增加,故熔、沸点依次升高。所以稀有气体、卤素等物质的熔点和沸点都随相对分子质量的增大而升高。

6.10.2　氢键

　　H 原子与电负性很大、半径很小的原子 X(如 F、O、N)以共价键结合形成分子时,密集于两核间的电子云强烈地偏向 X 原子,H 原子几乎变成了"裸露"的质子,能与另一个电负性大、半径较小的原子 Y(如 F、O、N)中的孤电子对产生定向的吸引作用。这种 H 原子与 Y 原子间的定向吸引力叫做氢键。通常用 X—H⋯Y 表示氢键。X 和 Y 可以是同种元素,也可以是不同的元素。图 6-38 是水分子间的氢键示意图。从氢键的形成可以看出形成氢键必须具备的条件是：①分子中有一个与电负性很大的原子 X 形成共价键的氢原子；②有一个电负性大、半径小且有孤电子对的 X 或 Y 原子。F、O、N 等原子的电负性很大,半径小,有孤电子对,可以形成氢键。Cl 原子虽然电负性较大,但半径也较大,形成的氢键较弱。元素的电负性愈大,半径愈小,形成的氢键愈强。氢键强弱次序如下：

$$F-H\cdots F > O-H\cdots O > O-H\cdots N > N-H\cdots N$$

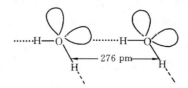

图 6-38　水分子间的氢键示意图

氢键与范德华力的主要区别是氢键具有饱和性和方向性。所谓饱和性是指 H 原子与 X 原子结合后只能与一个 Y 原子形成氢键。这是因为 H 原子体积比 X、Y 原子小得多，当形成 X—H⋯Y 后，第三个电负性大的原子再靠近 H 原子时，它所受到 X 和 Y 原子电子云的排斥力大于 H 原子对它的吸引力，使得 X—H⋯Y 上的 H 不能再和第三个电负性大的原子形成氢键，故氢键具有饱和性。氢键的方向性是指 Y 原子与 X—H 形成氢键时，以 H 原子为中心的三个原子 X—H⋯Y 应尽可能在同一条直线上，这样可使 X 和 Y 原子之间距离最远，两个原子的电子云之间的斥力最小，系统最稳定。

氢键可分为分子间氢键和分子内氢键两种类型。在 X—H⋯Y 结构中，如果 X 和 Y 处于两个分子中，即一个分子的 X—H 与另一个分子的 Y 原子间形成的氢键叫分子间氢键，如水分子中存在的氢键；如果 X 和 Y 处于同一个分子中，即一个分子的 X—H 键与其内部的一个 Y 原子间形成的氢键叫分子内氢键，例如在邻-硝基苯酚中存在分子内氢键(见图 6-39)。

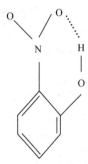

图 6-39　分子内氢键

氢键的形成对物质的性质有各种不同的影响。分子间形成氢键时，分子产生较强的结合力，当物质从固态转化为液态或由液态转化为气态时，不仅需要克服分子间作用力，还需提供足够的能量破坏氢键，因而使物质的熔点、沸点升高。例如，在卤化氢中，HF 的相对分子质量最小，分子间力也最小，因此其熔、沸点应该最低，但事实上却最高。这就是由于 HF 能形成氢键，而 HCl、HBr、HI 却不能。当液态 HF 气化时，除了需克服分子间作用力外，必须破坏氢键，需要消耗较多能量，所以沸点较高。水分子的沸点高也是这一原因。分子内氢键使物质的熔、沸点降低。

如果溶质分子和溶剂分子间能形成氢键，将有利于溶质分子的溶解。例如，乙醇和乙醚都是有机化合物，前者能溶于水，而后者则不溶，主要是乙醇分子中的羟基和水分子形成氢键，而在乙醚分子中不具有形成分子间氢键的条件。同样，NH_3 分子易溶于水也是形成氢键的结果。若溶质分子内部形成分子内氢键，则它在极性溶剂中溶解度降低，在非极性溶剂中溶解度增大。如邻-硝基苯酚和对-硝基苯酚，二者在水中的溶解度之比为 0.39∶1，而在苯中溶解度之比为 1.93∶1，这主要是由于前者硝基中的氧与邻位的酚羟基中的氢形成了分子内氢键。

氢键在蛋白质和核酸分子结构中普遍存在，对生命过程起着重要作用。例如，在蛋白质的二级结构中，由于氢键的作用，维持了主肽链与附近氨基酸残基的空间关系，因而使蛋白质保持一定的生物活性。

本 章 小 结

人类对于物质世界的认识是逐步深化的，经历了从经典物理→旧量子论→量子力学的发展过程。20世纪初卢瑟福(Rutherford)在α粒子散射实验的基础上,提出了有核原子模型。为了解释氢原子光谱,玻尔(N. Bohr)建立了氢原子模型。然而旧量子论并没有认识到微观粒子的运动规律。

电子等微观粒子具有能量量子化、波粒二象性和统计性的特性,不能用经典物理学来描述其运动状态,只能用波函数描述其运动规律。

波函数就是原子轨道,它是薛定谔方程的一个合理的解。当主量子数 n、角量子数 l 和磁量子数 m 都有确定的数值时,确定了一个波函数或电子的一种运动状态,也确定了原子轨道的能量、基本形状和空间取向等特征。完整地描述电子的运动状态还需要自旋磁量子数 m_s。

波函数没有确定的物理意义,而波函数的平方则表示电子在核外空间某单位体积内出现的概率密度。电子云是概率密度分布的图形。了解电子云和波函数的角度分布图,对理解共价键的方向性具有较大的帮助。

在氢原子中,能级的高低只与主量子数有关;而对于多电子原子,能级不仅与主量子数有关,还与角量子数有关,其原因是多电子原子存在着屏蔽效应和钻穿效应。

根据原子轨道近似能级图,按能量最低原理、泡利不相容原理和洪特规则进行基态原子的核外电子排布;根据原子核外电子层构型可以了解元素在周期表中的位置,也可以将周期表分为5个区。

元素的一些性质,如原子半径、电离能等都按周期表呈有规律的变化。

分子是构成物质的最小基本单位。它是由原子之间通过化学键结合而成的,典型的化学键是离子键、共价键和金属键。

离子键是正、负离子通过静电引力形成的化学键。离子的电荷、离子半径和离子构型等离子特征对离子键的强度产生影响。由于在离子化合物中存在离子极化,使离子化合物由离子键向共价键过渡,影响到离子化合物的一系列物理化学性质。

通过共用电子对而形成的化学键称为共价键。共价键理论目前主要有价键理论和分子轨道理论。价键理论的要点是电子配对和原子轨道的最大重叠。杂化轨道理论是价键理论的补充,根据不同的杂化类型,可以解释分子的空间构型。成键原子的原子轨道在满足成键三原则的条件下,可以线性组合成分子轨道,这是分子轨道理论的基本要点,据此可以说明同核双原子分子的形成和氧分子具有顺磁性的实验事实。有两种理论来说明金属键的形成和本质,一种是金属键的自由电子理论,另一种是金属键的能带理论,它们都可以说明金属的特征。

配合物是由中心离子与配体之间通过配位键结合形成的一类化合物,配合物的价键理论和晶体场理论分别从不同的角度说明了配合物的形成规律以及性质。价键理论从轨道杂化出发,说明了配合物的空间构型,用不同的杂化类型,讨论了内轨型配合物和外轨型配合物,解释了配合物的磁性和稳定性。晶体场理论是纯粹的静电理论,它认为中心离子的d轨道在晶体场中会发生能级分裂,d电子在分裂后的d轨道上重新分布,会对配合物的稳定性和磁性产生影响,并用d-d跃迁来说明配合物的吸收光谱和颜色。

　　分子间普遍存在着分子间力(或范德华力),它包括取向力、诱导力和色散力。分子间力的大小会对物质的某些物理性质产生影响。某些分子之间或分子内部的某些基团之间在一定的条件下,会形成具有方向性和饱和性的氢键,它对分子的结构和性质有影响,尤其是在生物体内。

<h2 style="text-align:center">思 考 题</h2>

1. 氢光谱为什么是线状光谱? 谱线的波长与能级间能量差有什么关系?
2. 简要说明玻尔理论的基本论点。讨论玻尔理论的成功与不足。
3. 微观粒子具有哪些运动特性? 如何用实验证实这些特性?
4. 原子轨道、概率密度和电子云等概念有何联系和区别?
5. n、l、m 三个量子数有何物理意义? 它们的组合方式有何规律?
6. 下列说法是否正确? 应如何改正?
    (1) s 电子绕核旋转,其轨道为一圆圈,而 p 电子是走 ∞ 字形。
    (2) 主量子数为 1 时,有自旋相反的两条轨道。
    (3) 主量子数为 3 时,有 3s、3p、3d、3f 四条轨道。
7. 什么叫屏蔽效应? 什么叫钻穿效应? 如何解释多电子原子中的能级交错(如 $E_{5s}<E_{4d}$)现象?
8. 多电子原子的核外电子排布应遵循哪些原则?
9. 元素的周期与能级组之间存在着何种对应关系? 简要说明核外电子层结构与周期和族的关系。
10. 长式周期表是如何分区的? 各区元素的电子层结构特征是什么?
11. 简单说明电离能和电负性的含义及其在周期系的一般变化规律。
12. 试以 NaCl 为例,简要说明离子键的形成、本质和特点。
13. 金属阳离子有几种电子构型? 阳离子的极化作用与电子构型有何关系?
14. 结合 HCl 的形成,说明共价键形成的条件。共价键为什么有饱和性和方向性?
15. 什么叫 σ 键? 什么叫 π 键? 两者有何区别?
16. 简述杂化轨道理论的基本要点。有哪几种类型的杂化轨道?
17. 何为等性杂化? 何为不等性杂化?
18. 简述分子轨道理论的基本论点。什么是成键分子轨道? 什么是反键分子轨道?
19. 用分子轨道理论如何解释氧分子具有顺磁性的事实?
20. 试用金属键的自由电子理论解释金属的光泽、导电性、导热性和延展性。
21. 试用金属键的能带理论解释导体、半导体和绝缘体。
22. 何为内轨型配合物? 何为外轨型配合物?
23. 晶体场理论的基本要点是什么? 与价键理论相比有何优点?
24. 简要说明分子间作用力的类型和存在范围。
25. 简要说明氢键的形成条件、类型以及对物质性质的影响。
26. 下列说法中哪些是不正确的? 请说明理由。

(1) sp^2 杂化轨道是由某个原子的 1s 轨道和 2p 轨道混合形成的。
(2) 中心原子中的几个原子轨道杂化时必定形成数目相同的杂化轨道。
(3) 在 CCl_4、$CHCl_3$ 和 CH_2Cl_2 分子中,碳原子都采用 sp^3 杂化,因此这些分子都是正四面体形。
(4) 原子在基态时没有未成对电子就一定不能形成共价键。

27. 举例说明下列说法是否正确。
(1) 非极性分子中只有非极性键。
(2) 同类分子,分子越大,分子间力也就越大。
(3) 一般来说,分子间作用力中,色散力是主要的。
(4) 所有含氢化合物的分子之间,都存在着氢键。
(5) 相同原子间的叁键键能是单键键能的 3 倍。

习 题

一、选择题

1. 在氢原子中,其 2s 和 2p 轨道能量之间的关系为( )。
A. $E_{2s} > E_{2p}$ B. $E_{2s} = E_{2p}$ C. $E_{2s} < E_{2p}$ D. 无法确定

2. 下面几种描述核外电子运动的说法中,较正确的是( )。
A. 电子绕原子核做圆周运动
B. 电子在离核一定距离的球面上运动
C. 电子在核外一定的空间范围内运动
D. 现在还不可能正确描述核外电子运动

3. BCl_3 分子的空间构型是平面三角形,而 NCl_3 分子的空间构型是三角锥形,则 NCl_3 分子中 N 原子是采用( )成键的。
A. sp^3 杂化   B. 不等性 sp^3 杂化   C. sp^2 杂化   D. sp 杂化

4. 关于分子间力的说法,正确的是( )。
A. 大多数含氢化合物间都存在氢键
B. 分子型物质的沸点总是随相对分子质量增加而增大
C. 极性分子间只存在取向力
D. 色散力存在于所有相邻分子间

5. 下列配位化合物中高自旋的是( )。
A. $[Co(NH_3)_6]^{3+}$ B. $[Co(NH_3)_6]^{2+}$
C. $[Co(NO_2)_6]^{3-}$ D. $[Co(CN)_6]^{4-}$

6. 下列配离子中无色的是( )。
A. $[Cu(NH_3)_4]^{2+}$ B. $[Cu(en)_2]^{2+}$
C. $CuCl_4^{2-}$ D. $[Cd(NH_3)_4]^{2+}$

二、填空题

1. 原子序数为 25 的元素,其基态原子核外电子排布为_____,这是因为遵循了_____。基态原子中有____个成单电子,最外层价电子的量子数为____,次外层上价电子的磁量子数分别为_____,自旋磁量子数为_____。

2. 某元素的最高氧化数为+5,原子的最外层电子数为2,原子半径是同族元素中最小的,则该元素的价电子构型为_____,属于_____区元素,原子序数为_____。该元素氧化数为+3的阳离子的电子排布式为_____,属于_____电子构型的离子。

3. 与离子键不同,共价键具有_____特征。共价键按原子轨道重叠方式不同分为_____和_____,其中重叠程度大,键能也大的原子轨道重叠结果是对于键轴_____。

4. 配合物 $K_3[Fe(CN)_5(CO)]$ 中配离子的电荷为_____,配离子的空间构型为_____,配位原子为_____,中心离子的配位数为_____,d 电子在 t_{2g} 和 e_g 轨道上的排布方式为_____,中心离子所采取的杂化轨道方式为_____,该配合物属_____,磁性为_____。

三、综合题

1. 氢光谱中四条可见光谱线的波长分别为 656.5 nm、486.1 nm、434.1 nm 和 410.2 nm(1 nm= 10^{-9} m)。根据 $\nu=c/\lambda$,计算四条谱线的频率。

2. 如果电子的速度是 7×10^5 m·s^{-1},那么该电子束的德布罗意波长应该是多少?

3. (1)计算一个基态氢原子电离时所需要的能量;(2)计算 1 mol 基态氢原子电离时所需要的能量。

4. 下列各组量子数哪些是不合理的?为什么?
   (1) $n=1$、$l=1$、$m=0$;   (2) $n=2$、$l=2$、$m=1$;
   (3) $n=3$、$l=0$、$m=0$;   (4) $n=3$、$l=1$、$m=1$;
   (5) $n=2$、$l=0$、$m=1$;   (6) $n=2$、$l=3$、$m=2$

5. 下列各组量子数中哪些是许可的?哪些是不许可的?简述理由。
   (1) $n=1$、$l=0$、$m=0$、$m_s=0$;   (2) $n=2$、$l=2$、$m=2$、$m_s=1/2$;
   (3) $n=3$、$l=2$、$m=2$、$m_s=-1/2$;   (4) $n=3$、$l=0$、$m=-1$、$m_s=1/2$;
   (5) $n=2$、$l=-1$、$m=0$、$m_s=1/2$;   (6) $n=2$、$l=0$、$m=-2$、$m_s=1$。

6. 分别写出下列元素的电子排布式,并指出它们在周期表中的位置(周期、族、区)和未成对电子数。
   $_{10}$Ne、$_{17}$Cl、$_{24}$Cr、$_{56}$Ba、$_{80}$Hg。

7. 写出符合下列电子结构的元素,并指出它们在周期表中的位置。
   (1) 3d 轨道全充满,4s 上有 2 个电子的元素。
   (2) 外层具有 2 个 s 电子和 1 个 p 电子的元素。

8. 下列原子的电子层结构哪些属于基态?哪些属于激发态?哪些是不正确的?
   (1) $1s^22s^12p^2$;   (2) $1s^22s^22p^63s^23p^3$;   (3) $1s^22s^22p^43s^1$;
   (4) $1s^22s^12d^1$;   (5) $1s^22s^22p^83s^1$;   (6) $1s^22s^22p^63s^23p^63d^54s^1$。

9. 已知某原子的电子结构式是 $1s^22s^22p^63s^23p^63d^{10}4s^24p^2$。
   (1) 该元素的原子序数是多少?
   (2) 该元素属第几周期、第几族?是主族元素还是过渡元素?

10. 填充下表:

原子序数	价层电子构型	周期	族	区	金属性
15					
20					
27					
48					
58					

11. 写出下列各离子的电子层结构式及未成对电子数。
As^{3-}、Cr^{3+}、Bi^{3+}、Cu^{2+}、Fe^{2+}。

12. 试解释下列事实：
(1) 氮的第一电离能大于氧的第一电离能；
(2) 锆和铪的化学性质非常相似。

13. 请指出下列离子的离子构型。
Al^{3+}、Fe^{2+}、Bi^{3+}、Cd^{2+}、Mn^{2+}、Sn^{2+}。

14. 比较下列各对离子中离子极化力的大小。
(1) K^+ 和 Ag^+；(2) K^+ 和 Li^+；(3) Cu^{2+} 和 Ca^{2+}；(4) Ti^{2+} 和 Ti^{4+}。

15. 用离子极化的观点解释下列各物质溶解度依次减小的事实。
AgF、$AgCl$、$AgBr$、AgI。

16. PCl_3 的空间构型是三角锥形，键角略小于 $109°28'$，$SiCl_4$ 是四面体形，键角为 $109°28'$，试用杂化轨道理论加以说明。

17. 试用杂化轨道理论判断下列各物质是以何种杂化轨道成键，并说明各分子的形状及是否有极性。
PH_3、CH_4、NF_3、BBr_3、SiH_4。

18. N 和 P 是同族元素，为什么 P 有 PF_3 和 PF_5，而 N 只有 NF_3？

19. 根据分子轨道理论，写出下列分子或离子的分子轨道表达式，计算其键级。
He_2^+、Cl_2、Be_2、B_2、N_2^+。

20. 写出 O_2^+、O_2、O_2^-、O_2^{2-} 各分子或离子的分子轨道电子排布式，计算其键级，比较其稳定性大小，并说明其磁性。

21. 判断下列分子哪些是极性分子，哪些是非极性分子。
Ne、Br_2、HF、NO、H_2S、CS_2、$CHCl_3$、CCl_4、BF_3、NF_3。

22. 判断下列各组物质间存在什么形式的分子间作用力。
(1) 硫化氢；(2) 甲烷；(3) 氯仿；(4) 氨水；(5) 溴水。

23. 判断下列物质哪些存在氢键，如果有氢键形成请说明氢键的类型。
$C_2H_5OC_2H_5$、HF、H_2O、H_3BO_3、HBr、CH_3OH、邻-硝基苯酚

24. 试判断下列各组物质熔点的变化顺序，并简单说明。
(1) SiF_4、$SiCl_4$、$SiBr_4$、SiI_4；
(2) PF_3、PCl_3、PBr_3、PI_3。

25. Ni^{2+} 与 CN^- 生成反磁性的正方形配离子 $[Ni(CN)_4]^{2-}$，与 Cl^- 却生成顺磁性的四面体形配离

子$[NiCl_4]^{2-}$,请用价键理论解释该现象。

26. 已知配合物的磁矩,请指出中心离子的杂化类型、配离子的空间构型,以及是内轨型配合物还是外轨型配合物。
    (1) $[Cr(C_2O_4)_3]^{3-}$, $\mu=3.38\mu_B$;   (2) $[Co(NH_3)_6]^{2+}$, $\mu=4.26\mu_B$;
    (3) $[Mn(CN)_6]^{4-}$, $\mu=2.00\mu_B$;   (4) $[Fe(edta)]^{2-}$, $\mu=0.00\mu_B$。

27. 已知$[CoF_6]^{3-}$和$[Co(CN)_6]^{3-}$的磁矩分别为$5.3\mu_B$和$0.0\mu_B$,试用晶体场理论说明中心离子d电子分布情况及高低自旋状况。

28. 已知:

	$[Co(NH_3)_6]^{2+}$	$[Co(NH_3)_6]^{3+}$	$[Fe(H_2O)_6]^{2+}$
$P/(kJ \cdot mol^{-1})$	269.1	212.9	179.4
$\Delta_o/(kJ \cdot mol^{-1})$	116.0	275.1	124.4

计算各晶体场稳定化能。

29. 试解释下列配离子颜色变化的原因。
    $[Cr(H_2O)_6]^{3+}$ 紫色;$[Cr(NH_3)_3(H_2O)_3]^{3+}$ 浅红色;$[Cr(NH_3)_6]^{3+}$ 黄色。

第7章 单质及无机化合物

人类在文明的形成、发展过程中,经历了对化学元素的发现、认识和利用的漫长而曲折的过程。随着科学技术的发展,人们对新材料、新能源的要求更加迫切。元素的单质及其化合物的某些物理和化学性质在现代工程技术领域受到人们更多的关注和研究。在前面已讨论过的化学热力学与平衡、物质结构理论基础上,本章重点讨论元素的单质及其化合物的一些物理、化学性质及其有关的变化规律。

7.1 元素的存在状态和分布

人类对化学元素的认识和利用,经历了漫长而曲折的过程。随着化学元素不断被发现,人们对化学元素的认识不断完善。

元素是具有相同核电荷数(质子数)的原子的总称。各元素间的区别在于原子核内的质子数不同。只要原子核内的质子数相同,不论核内的中子数是否相同,核外的电子数是否相同,都属于同一元素。

具有确定质子数和中子数的微粒称为核素。氢原子(H)的核和氘原子(D)的核都是核素,它们属于同一元素,但不是同一核素。质子数相同而中子数不同的核素互为同位素。同一元素的同位素在周期表中占有相同位置,例如氢原子和氘原子的核内都只有一个质子,氢原子核内没有中子,而氘原子核内有一个中子,它们互为同位素,在周期表中占有相同的位置。

大多数天然元素都是由几种同位素以一定的比例组成的混合物,例如氧是由 99.758% $^{16}_{16}O$、0.037 3% $^{17}_{16}O$ 和 0.203 9% $^{18}_{16}O$ 组成。同位素的原子核虽有差别,但它们的核外电子数和化学性质相同。因此,同位素均匀地混合在一起,存在于自然界的各种矿物资源中,并且不能用一般的化学方法将它们分离。通常所说的元素的相对原子质量实际上是同位素相对原子质量的平均值。

元素在自然界中的存在形式有两大类:单质和化合物。

元素的种类、数量和分布随着地球的演变在不断地变化。现今的地球由地壳、地幔和地核三部分组成,直径为 6 470 km。地球的表面被岩石、海水(或河流)和大气所覆盖,经探明其中分布有 94 种元素。

构成地壳的元素,主要是氧、硅、铝、铁、钙、钠、钾、镁等,这些元素占地壳总量的 99.5%。元素在地壳中的平均含量称为"丰度"。地壳中元素的分布表现出明显的不均匀性,分布最多的氧和分布最少的氡,其丰度之比为 $1\times10^{17}:1$。由于元素的分布是极不均匀的,1923 年苏联地球化学家费尔斯曼(А. Е. Ферсман)建议用 Clarke 值来表示地壳中化学元素的平均含量,元素的 Clarke 值可以用质量百分比表示,也可以用原子百分比表示,甚至可以用元素所占的空间百分比表示。例如氧的质量 Clarke 值为 47.2%,原子 Clarke 值为 58.0%,体积 Clarke 值为 91.77%。由此可见,地壳是由体积较大的 O^{2-} 组成,其余元素几乎只占 O^{2-} 堆砌时所留下的孔隙。

元素的 Clarke 值可以表示元素在地壳中的丰度,同时也决定矿物的种数。Clarke 值非常低的元素不能形成矿物,而 Clarke 值高的元素则可以形成多种矿物。例如钙的 Clarke 值为 2.96,形成 397 种矿物,锶的 Clarke 值为 3.4×10^{-2},只有 27 种矿物。

按元素的丰度大小和应用的时间先后,一般将元素分为普通元素和稀有元素。通常稀有元素分为以下几类:

轻稀有金属　Li,Rb,Cs,Be;

高熔点稀有金属　Ti,Zr,Hf,V,Nb,Ta,Mo,W,Re;

分散稀有元素　Ga,In,Tl,Ge,Se,Te;

稀有气体　He,Ne,Ar,kr,Xe,Rn;

稀土金属　Sc,Y,Lu 和镧系元素;

铂系元素　Ru,Rh,Pd,Os,Ir,Pt;

放射性稀有元素 Fr,Ra,Tc,Po,At,Lr 和锕系元素。

图 7-1 是周期表中各元素在地壳中的主要存在形式。在自然界中,以氧化物形式存在的元素称为亲石元素;以硫化物形式存在的元素称为亲硫元素。

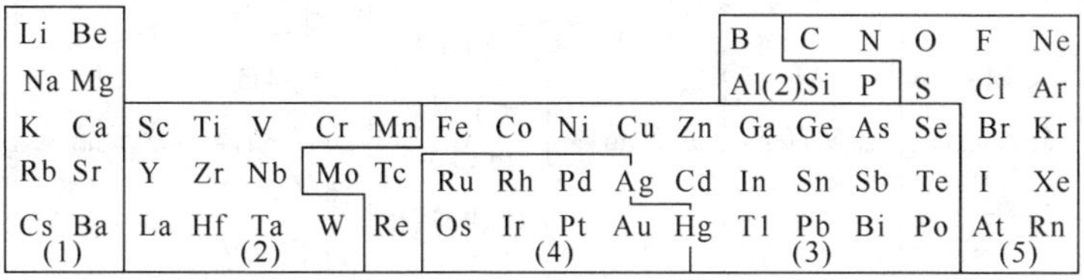

Li	Be												B	C	N	O	F	Ne
Na	Mg												Al(2)	Si	P	S	Cl	Ar
K	Ca	Sc	Ti	V	Cr	Mn	Fe	Co	Ni	Cu	Zn	Ga	Ge	As	Se	Br	Kr	
Rb	Sr	Y	Zr	Nb	Mo	Tc	Ru	Rh	Pd	Ag	Cd	In	Sn	Sb	Te	I	Xe	
Cs	Ba	La	Hf	Ta	W	Re	Os	Ir	Pt	Au	Hg	Tl	Pb	Bi	Po	At	Rn	
(1)		(2)					(4)			(3)						(5)		

图 7-1　周期表中各元素在地壳中的主要存在形式

(1) 以卤化物、含氧酸盐存在,电解还原法制备其单质;

(2) 以氧化物或含氧酸盐存在,电解还原或化学还原法制备其单质;

(3) 主要以硫化物形态存在,先在空气中氧化成氧化物,而后还原成单质;

(4) 能以单质存在于自然界;

(5) 以阴离子存在,有些以单质存在于自然界。

7.2　主族元素单质的性质

主族元素是由 s 区和 p 区元素组成,共有 44 个元素,其中一半即 22 个元素是非金属元素。在长周期表的右侧,从硼元素向下方画折线延伸到砹,这条斜线将所有的化学元素分为金属和非金属元素。而这条线两侧的硼、硅、砷、硒、碲、锗和锑等元素的物理性质介于金属与非金属之间,称为半金属或准金属。因此,主族元素在性质上差异很大,既有典型的金属元素,又有典型的非金属元素。

7.2.1 单质的晶体结构与物理性质

单质的物理性质由原子结构、分子结构和晶体结构决定。对于主族金属元素而言,由于其价电子数较少,难以通过共用电子对的方式形成稳定的并具有稀有气体结构的双原子分子或多原子小分子,只能以金属键结合形成大分子。因此,主族金属元素的单质基本上是金属晶体,如表 7-1 所示。

表 7-1 主族及零族元素单质的晶体类型

ⅠA	ⅡA	ⅢA	ⅣA	ⅤA	ⅥA	ⅦA	0
H_2 分子晶体							He 分子晶体
Li 金属晶体	Be 金属晶体	B 近原子晶体	C 金刚石 原子晶体 石墨 层状晶体	N_2 分子晶体	O_2 分子晶体	F_2 分子晶体	Ne 分子晶体
Na 金属晶体	Mg 金属晶体	Al 金属晶体	Si 原子晶体	P_4 白磷 分子晶体 黑磷 P_x 层状晶体	S_8 斜方硫 单斜硫 分子晶体 弹性硫 S_x 链状晶体	Cl_2 分子晶体	Ar 分子晶体
K 金属晶体	Ca 金属晶体	Ga 金属晶体	Ge 原子晶体	As_4 黄砷 分子晶体 灰砷 As_x 层状晶体	Se_8 红硒 分子晶体 灰硒 Se_x 链状晶体	Br_2 分子晶体	Kr 分子晶体
Rb 金属晶体	Sr 金属晶体	In 金属晶体	Sn 灰锡 原子晶体 白锡 金属晶体	Sb_4 黑锑 分子晶体 灰锑 Sb_x 层状晶体	Te 灰碲 链状晶体	I_2 分子晶体	Xe 分子晶体

续表

ⅠA	ⅡA	ⅢA	ⅣA	ⅤA	ⅥA	ⅦA	0
Cs 金属晶体	Ba 金属晶体	Tl 金属晶体	Pb 金属晶体	Bi 层状晶体 （近于金属晶体）	Po 金属晶体	At	Rn 分子晶体

从表 7-1 中可以看出，金属单质的晶体结构类型较为简单，基本上都为金属晶体。但非金属单质的晶体结构类型较为复杂，有的是原子晶体，有的为过渡型晶体（链状或层状），有的是分子晶体。周期系最右边的非金属和稀有气体全部都是分子晶体。非金属单质晶体结构类型较为复杂，与非金属元素的价电子层结构有关。非金属元素的价电子数较多，倾向于得到电子，它们的单质大多数都是由2个或2个以上的原子以共价键结合成分子。有些元素和原子又常能以不同的数目和结合方式组合成不同结构的单质。

仔细分析非金属单质结构，可以发现某元素在单质分子中的共价（单）键数与该元素在周期表的族数（N）有关，即在单质中的共价（单）键数等于 $8-N$。氢元素的则为 $2-N$。稀有气体的共价键数为 $8-8=0$，其结构单元为单原子分子，这些单原子分子以范德华力形成分子晶体。第ⅦA族的卤素原子的共价键数为 $8-7=1$，以共价单键形成双原子分子，然后以范德华力形成分子晶体。第ⅣA族原子的共价键数为 $8-4=4$，原子通过 sp^3 杂化轨道形成共价单键，而后结合成巨型分子，所以，碳族元素的单质较多的是形成原子晶体。总之非金属元素的单质结构大致可以分为三类。第一类是小分子物质，如单原子的稀有气体和双原子分子如卤素 X_2、O_2、N_2、H_2 等，在通常情况下它们是气体，其固体为分子晶体。第二类为多原子分子，如 P_4、S_8、As_4 等，在通常情况下是固体，为分子晶体。第三类为巨型分子，例如金刚石、晶体硅和硼等均为原子晶体，这一类也包括无限的"链状分子"（如 Te）和无限的"层状分子"（如石墨），但是它们属于过渡型晶体。

总的看来，在周期表中，同一周期元素的单质，从左到右，一般是由典型的金属晶体经过原子晶体最后过渡到分子晶体。同一族元素的单质则通常是由原子晶体或分子晶体过渡到金属晶体。不同类型的晶体结构，导致主族元素单质的物理性质有很大的区别，尤其单质的熔点、沸点、密度、硬度等与单质的晶体结构有很大的关系。除此以外，晶格结点上的微粒的种类不同，对单质的物理性质也有较大的影响。在周期表中，同一周期元素单质的熔点、沸点、硬度、密度等物理性质都是随着有效核电荷的增加、价电子数的增加而增大。当到达周期表的中部时，熔点、沸点、硬度、密度达到最大值，其后随着有效核电荷和价电子数的增加而降低，这种变化规律显然是与单质的晶体结构的变化规律有很大的关系。例如，第三周期最左边的三个元素钠、镁、铝都是典型的金属晶体，随着这三种元素的原子半径逐渐减小和有效核电荷及价电子数逐渐增加,三种金属晶体的结点上微粒间的作用力将逐渐增加,因而单质的熔点、沸点、硬度、密度等也逐渐增大。非金属元素硅的单质以 sp^3 杂化轨道相结合形成具有金刚石结构的原子晶体,整个晶体以共价键结合,晶格结合较牢固,使得硅在这一周期中具有最高的熔点、沸点、硬度和密度。但随后的元素原子以共价键结合形成原子晶体的可能性减小,只能以共价键形成多原子小分子或双原子分子,然后以分子间力结合成分子晶体。从硅到磷(以及其后的硫、氯、氩),由于单质的晶体结构从原子晶体变到分子晶体,晶体中粒子间的作用力变小,单质的熔点、沸点、硬度和密度急剧降低。

许多金属单质都是电和热的良导体,而绝大多数的非金属单质是电和热的不良导体,位于周期表 p 区对角线附近的单质元素具有半导体性质。在主族元素中,导电性最强的是金属铝。而在所有的元素中,导电性最好的是银,其次是铜。金属的导电性随着温度的降低而增加。当温度接近绝对零度时,有许多金属的电阻会变为零,成为超导体。例如,铅在 7.19 K,钒在 5.03 K 时产生超导电性。

有些金属不仅在电场的作用下可以导电,而且在光照射下也能导电。当金属的第一解离势很小时,光照就可以使电子从金属的表面逸出而产生电流,这种现象称为光电效应。钾、铷、铯等金属具有这种特性,因而它们常用作光电管的材料。

硼、硅、锗、锡、砷、硒、碲等元素的单质具有半导体的性质。半导体的导电能力介于导体和绝缘体之间。与导体不同,半导体的导电能力随着温度的升高或受光照射而变大。这是由于满带中的电子在加热或光照的条件下获得能量,跃迁到能量较高的空带,使空带有了电子而成为导带。温度越高,导带中的电子密度越大,半导体的电导率也越大。

绝缘体与半导体的区别也不是绝对的。绝缘体在通常情况下不导电,但是在高温或高电压下,绝缘体也可以变为导体。零族元素单质(稀有气体)在高电压下,由于原子中电子被激发而发出各种光,并导电。在不导电的氧化物中掺入一些杂质元素,也可以使氧化物变为半导体。

7.2.2 单质的化学性质

单质的化学性质通常表现为氧化还原性。金属单质的突出特性是易失去电子而表现为还原性,而非金属单质除了容易得到电子表现为氧化性外,有些还具有一定的还原性。下面通过单质与氧(空气)、水、酸、碱的作用,简单说明单质氧化还原性的一般规律。

1. 金属单质的还原性

s 区金属单质均为活泼金属,它们都能与氧反应生成相应的氧化物。s 区金属与氧结合能力的变化规律与金属性的变化规律一致,金属性最强的铯和铷能在空气中自燃,钾、钠在空气中的氧化速度也比较快,而锂的氧化速度相对较慢。与同周期碱金属元素相比,碱土金属在空气中的氧化速度较慢。s 区金属在空气中燃烧除了能生成正常的氧化物（Li_2O、BeO、MgO 等）外，还可以生成过氧化物：
$$2Na+O_2 =\!\!=\!\!= Na_2O_2$$
钾、铷、铯、钙、锶、钡在过量的氧气中还能生成超氧化物：
$$K+O_2 =\!\!=\!\!= KO_2$$

p 区金属的还原性一般远比 s 区金属小，在常温下锡、铅、锑、铋等与空气不发生反应，只有在加热时才能与氧作用，生成相应的氧化物。铝较活泼，易与氧结合，但铝能在空气中迅速生成一层致密的氧化物保护膜，阻止铝进一步与氧反应，因此铝在空气中很稳定。

除了铍和镁由于表面生成一层致密的氧化物保护膜，不能与水反应外，其他的 s 区金属均能与水反应，放出氢气：
$$2K+2H_2O =\!\!=\!\!= 2KOH+H_2\uparrow$$
$$Ca+2H_2O =\!\!=\!\!= Ca(OH)_2+H_2\uparrow$$
s 区金属都能够置换出酸中的氢。

p 区金属在常温下一般不与纯水作用，除铋、锑外，都能从稀 HCl 和稀 H_2SO_4 中置换出氢气。

主族大多数金属均不能与碱反应，只有两性金属元素铝、铍、锗、锡等既能与酸反应，又能与碱反应：
$$2Al+6HCl =\!\!=\!\!= 2AlCl_3+3H_2\uparrow$$
$$2Al+2NaOH+2H_2O =\!\!=\!\!= 2NaAlO_2+3H_2\uparrow$$

2. 非金属单质的氧化还原性

F_2、Cl_2、Br_2 和 O_2 等是非常活泼的非金属单质，具有很强的氧化性，可以与绝大多数金属发生反应，生成相应的卤化物和氧化物，同时也可以与很多非金属反应，使这些非金属表现出一定的还原性。非金属与氧作用的差别较大，除了白磷在空气中会自燃外，硫、红磷、碳、硅、硼等在常温下均不与氧反应，只有在加热时才能与氧结合，甚至燃烧，生成相应的氧化物 SO_2、P_2O_5、CO_2、SiO_2、B_2O_3 等。高温时，氢气与氧气反应生成 H_2O，并放出大量的热，可用于焊接钢板、铝板以及不含碳的合金等。N_2 和稀有气体的化学性质较为惰性，在通常的条件下，不与氧气反应，它们可以作为防止单质或化合物与氧气反应的保护性气体。

N_2、P_4、S_8、O_2 等在高温下不与 H_2O 反应，硼、碳、硅等虽在较低温度下不与 H_2O 反应，但是在较高温度下，可以发生反应：
$$C+H_2O =\!\!=\!\!= CO\uparrow+H_2\uparrow$$
$$Si+3H_2O =\!\!=\!\!= H_2SiO_3+2H_2\uparrow$$
卤素在常温下，能够与 H_2O 反应：
$$2F_2+2H_2O =\!\!=\!\!= 4HF+O_2$$
Cl_2、Br_2、I_2 与 H_2O 发生歧化反应，反应的趋势和程度依次减小。

$$X_2 + H_2O = HX + HXO \qquad (X = Cl, Br, I)$$

非金属单质一般不与稀 HCl 和稀 H_2SO_4 作用,但是硫、磷、碳、硼等单质能被浓热的 HNO_3 或 H_2SO_4 氧化成相应的氧化物或含氧酸。

$$C + 2H_2SO_4(热、浓) = CO_2\uparrow + 2SO_2\uparrow + 2H_2O$$
$$S + 2HNO_3(浓) = H_2SO_4 + 2NO\uparrow$$

不少的非金属单质能与浓的强碱作用。

$$Cl_2 + 2NaOH = NaCl + NaClO + H_2O$$
$$3Cl_2 + 6NaOH = 5NaCl + NaClO_3 + 3H_2O$$
$$3S + 6NaOH = 2Na_2S + Na_2SO_3 + 3H_2O$$
$$P_4 + 3NaOH + 3H_2O = 3NaH_2PO_2 + PH_3$$
$$Si + 2NaOH + H_2O = Na_2SiO_3 + 2H_2\uparrow$$
$$2B(无定形) + 2NaOH + 2H_2O = 2NaBO_2 + 3H_2\uparrow$$

C、N_2、O_2、F_2 无上述反应。

7.2.3 稀有气体

氦(He)、氖(Ne)、氩(Ar)、氪(Kr)、氙(Xe)、氡(Rn)这六个元素位于周期表的最右边一列,统称为稀有气体。

1868年,法国天文学家简森(P. C. Janssen)和英国天文学家洛克耶尔(J. N. Lockyer)在观察日全食时,在太阳光谱中看到一条橙黄色的谱线,而当时地球上所有已发现元素的光谱中,没有这条谱线,他们发现了一个新元素,取名为氦(原意为太阳)。1894年英国物理学家瑞利(J. M. S. Rayleigh)和雷姆赛(W. Ramsay)在比较从空气和从含氮化合物中制得的氮气的密度时,发现其密度值存在着微小的差异,他们认为这种差别可能是由于从空气中制得的氮中含有尚未被发现的比氮重的气体。于是他们精确地分离空气,得到了不活泼的元素——氩(原意为懒惰)。随后他们又从空气中发现了与氩的性质相似的三种元素:氖、氪、氙。1900年道恩(Dorn)从镭的蜕变产物中发现了氡,它不存在于空气中,是一种放射性元素。这样,氦、氖、氩、氪、氙、氡构成了周期系中的氦族元素,即稀有气体。

除了氦原子的电子层只有2个电子外,其余稀有气体原子的最外电子层都有8个电子。它们都具有稳定的电子层结构。其化学性质非常不活泼,不与其他元素化合,它们自身也难以结合形成双原子分子,因此,它们以单原子分子的形式存在。

氖、氩、氪、氙等稀有气体几乎全部依靠空气的液化、精馏而提取,氦主要从含氦的天然气中获得。每 1000 m³ 干燥的空气中含氩 93.40 dm³、氖 18.18 dm³、氦 5.24 dm³、氪 1.14 dm³ 和氙 0.086 dm³。氡是一种放射性元素,其半衰期为 3.823 天。氡是镭的裂变产物,镭是提取氡的唯一原料。

表 7-2 列出了稀有气体的一些物理性质。在稀有气体分子间存在着微弱的色散

表 7-2 稀有气体的一些物理性质

性　　质	氦 He[1]	氖 Ne	氩 Ar	氪 Kr	氙 Xe	氡 Rn
原子序数	2	10	18	36	54	86
外层电子构型	$1s^2$	$2s^2 2p^6$	$3s^2 3p^6$	$4s^2 4p^6$	$5s^2 5p^6$	$6s^2 6p^6$
相对原子质量	4.002 6	20.179 7	39.948	83.80	131.29	(222)
范德华半径/pm	140	154	188	202	216	—
第一解离能/(kJ·mol^{-1})	2 372	2 081	1 521	1 351	1 170	1 037
正常沸点/K	4.215	27.07	87.27	119.8	165.05	211.15
ΔH_m(蒸发)/(kJ·mol^{-1})	0.09	1.8	6.3	9.7	13.7	18.0
气-液-固三相点/K	无	24.55	83.76	115.95	161.30	202.1
临界温度/K	5.25	44.5	150.85	209.35	289.74	378.1
溶解度[2]/(cm^3·kg^{-1})(H$_2$O)	8.61	10.5	33.6	59.4	108.1	230
封入放电管内放电时的颜色	黄	红	红或蓝	黄-绿色	蓝-绿色	—

[1] 氦的熔点 1.00 K(压力为 25.05×101.325 kPa)。
[2] 指稀有气体的分压值为 101.325 kPa、293 K 时的值。

力,并且分子间的色散力随着原子序数的增加而增加,稀有气体的熔点、沸点和临界温度都很低,并且随着原子序数的增加而呈有规律的变化。氦的沸点是所有物质中最低的,液态氦是最冷的一种液体,借助于液态氦,可以使温度达到 0.001 K。在科学上常利用液态氦来研究低温时物质的行为。稀有气体都难以液化,但液化后,却非常容易固化。

稀有气体在光学、冶炼、医学、原子反应堆及飞船等领域得到广泛的应用。氦是除氢外最轻的气体,可以用来代替氢气充气球、飞船等;氦气与氧气混合配制成"人造空气"供给潜水员在深水工作时呼吸之用,又常用于医治支气管气喘和窒息等疾病;在原子能反应堆中,氦是一种理想的冷却剂。氖在电场下激发能产生美丽的红光,可用于霓虹灯和其他一些信号装置中。氩在工业上是一种防护气体,用在电焊接和不锈钢的生产中防止金属氧化;用做电灯泡的填充气体时,可延长灯泡的寿命和增加亮度。氪和氙都具有几乎是连续的光谱,适宜作电光源的填充气体,例如高压长弧灯(俗称"人造小太阳")是利用氙在电场的激发下能发出强烈白光的性质。

长期以来,稀有气体被认为不与任何物质作用,化合价为零,过去把它们称为惰性气体。1962 年,在加拿大工作的英国科学家巴特列(N. Bartlett)制备出了氙的化合物,证明惰性气体并不惰性,因此现在把惰性气体改称为稀有气体。

表 7-3 列出了氙的一些主要化合物。

表 7-3　氙的一些主要化合物

氧化态	Ⅱ	Ⅳ	Ⅵ	Ⅷ
化合物	XeF_2	XeF_4 $XeOF_2$	XeF_6 Na_2XeF_8 $XeOF_4$ XeO_2F_2 XeO_3 $CsXeF_7$	XeO_4 $Na_4XeO_8 \cdot 8H_2O$ $Ba_2XeO_6 \cdot 15H_2O$

7.3　过渡元素概论

周期表中的第ⅢB族至第ⅡB族共10个竖行、31个元素（不包括镧以外的镧系元素和锕以外的锕系元素以及104～109号的人造元素）称为过渡元素，它们位于周期表的中部。这些过渡元素按周期分为三个系列，即位于第四周期的第一过渡系列，第五周期的第二过渡系列和第六周期的第三过渡系列。过渡元素在原子结构上的共同特征是随着核电荷增加，电子依次填充在次外层的d轨道，而最外层仅有1～2个电子，其价电子层结构的通式为$(n-1)d^x ns^{1\sim 2}$（$x=1\sim 10$）。除ⅠB、ⅡB族元素的$(n-1)d$轨道充满电子外，其他过渡元素都具有未充满电子的d轨道。由于过渡元素具有相似的电子层结构，它们具有许多共同的性质。

(1) 它们都是金属，硬度较大，熔点、沸点较高，导热、导电性能好，易形成合金。

(2) 除少数例外，它们都有多种氧化态，例如Mn的氧化态可以从 -3 到 7。

(3) 除ⅠB、ⅡB族的某些离子外，它们的水合离子常呈现一定的颜色。

(4) 它们易形成配位化合物。

7.3.1　过渡元素的通性

过渡元素单质都是金属，都具有金属所特有的密堆积结构，表现出典型的金属性，如过渡元素单质一般都具有银白色光泽，具有良好的延展性、机械加工性和导热性、导电性，在冶金或许多工业部门中有着广泛的应用。过渡元素与碱金属、碱土金属相比较，在物理性质上存在着较大的区别。在过渡金属晶体中除外层s电子参与成键外，还有部分d电子参与金属键的形成，因此，过渡金属单质一般具有较大的密度和硬度，熔点、沸点较高。在同一周期内，从左到右，过渡元素原子的未成对价电子数增多，到ⅥB族，可以提供6个未成对电子参与金属键的形成，使金属核间距缩短，相互间的作用力大，结果形成较强的金属键。所以在各过渡系列中，铬族元素的单质具有最高的熔点、最大的硬度。例如铬的硬度仅次于金刚石。

各周期从左到右，随着原子序数的增加，过渡元素的原子半径缓慢减小，到铜族元素前后又出现原子半径增大的现象，产生这种变化的原因是，d轨道未充满，对核电荷的屏蔽较差,因而从左到右有效核电荷依次增加,半径依次减小。当$(n-1)$d 轨道完全充满后,d^{10}结构有较大的屏蔽作用,导致有效核电荷减小,原子半径随之增加。随着原子半径的变化,过渡金属单质的密度也发生类似的变化。

具有较多的氧化态是过渡元素显著特征之一(见表 7-4)。由于$(n-1)$d 轨道与 ns 轨道的能量相近,除了 ns 电子参加成键外,$(n-1)$d 电子也可以部分或全部参加成键,所以过渡金属都有多种氧化态,一般是从+2 变到与族数相同的最高氧化态。在同一周期,过渡元素氧化态的变化具有一定的规律性,从左到右,随着价电子数的增加,氧化态先是逐渐升高,当$(n-1)$d 电子数超过 5 时,氧化态又逐渐降低。在同一族中,第一过渡系易形成低氧化态化合物,而第二、三过渡系元素则趋向于形成高氧化态化合物,即从上到下,高氧化态化合物趋于稳定。这一点与 p 区ⅢA、ⅣA、ⅤA 族元素氧化态的变化趋势正好相反。

表 7-4 第一过渡系元素的氧化值[1]

元素	价电子构型	氧 化 数					
Sc	$3d^1 4s^2$	+3					
Ti	$3d^2 4s^2$	+2	+3	+4			
V	$3d^3 4s^2$	+2	+3	+4	+5		
Cr	$3d^5 4s^1$	+2	+3	+6			
Mn	$3d^5 4s^2$	+2	+3	+4	+5	+6	+7
Fe[2]	$3d^6 4s^2$	+2	+3	(+6)			
Co	$3d^7 4s^2$	+2	+3				
Ni	$3d^8 4s^2$	+2	(+3)				
Cu	$3d^{10} 4s^1$	+1	+2				
Zn	$3d^{10} 4s^2$	+2					

[1] 表中画短线的是稳定氧化物,加括号者是不稳定的。
[2] 据 1987 年 12 月报道,苏联科学工作者合成了 8 价铁的化合物。

过渡元素单质的活泼性具有较大的差别,其活泼性可以根据标准电极电势判断。表 7-5 列出了第一过渡系金属的标准电极电势。从表 7-5 可以看到,第一过渡系金属除铜以外,其标准电极电势值均为负值,它们都可以从非氧化性酸中置换出氢气。在同一周期,从左到右,其标准电极电势值逐渐增大,其金属活泼性逐渐减弱,但由于原子半径的变化比较缓慢,因而它们在化学性质上的变化也比较缓慢,使它们的化学性质彼此相差并不大。铜的标准电极电势在第一过渡系金属中是最大的,这与铜的电子层构型有关。铜的价电子层结构为$3d^{10}4s^1$,电离 2 个电子使稳定的$3d^{10}$全充满构型变为$3d^9$成为+2 离子时需要较大的能量。

表 7-5　第一过渡系金属的标准电极电势

元　素	Sc	Ti	V	Cr	Mn	Fe	Co	Ni	Cu	Zn
$E_A^{\ominus}(M^{2+}/M)/V$	—	−1.63	−1.2	−0.91	−1.03	−0.45	−0.28	−0.26	+0.34	−0.76

在同一族中,从上到下,金属活泼性减小(ⅢB族除外),因此,第五、六周期的金属都不活泼,只能与氧化性酸在加热情况下才能发生反应。例如,钼只与热硝酸或热的浓硫酸反应,而铌、铑、钽、锇和铱与王水都很难发生反应。这是由于在同一族中,从上到下,原子半径增加不大,而有效核电荷却增加较多,核对电子的吸引力增强,特别是第三过渡系受镧系收缩的影响,其原子半径几乎等于第二过渡系的同族元素的原子半径,所以其化学性质显得更不活泼。

过渡元素的离子有未充满的$(n-1)d$轨道,以及能量相近的空的ns、np轨道,这些轨道可以接受配位体的孤对电子,形成配位键。同时,由于过渡元素的离子半径较小,核电荷较大,对配位体具有较强的吸引力,过渡元素的离子或原子具有较强的形成配合物的倾向。

过渡元素的水合离子都具有颜色,这也与过渡元素离子的d轨道未充满电子有关。在可见光的照射下,水合离子发生d-d跃迁,导致水合离子具有颜色。由于晶体场分裂能不同,产生d-d跃迁所需的能量也不同,亦即吸收可见光的波长不同,因而显示不同的颜色。

过渡元素的物理、化学性质决定了它们是现代工程材料中最重要的金属。含有少量铬和锰的合金钢,具有抗张强度高、硬度大、耐腐蚀的特点;金属钛质轻,耐腐蚀,用于航空、造船工业。此外,过渡元素还有一些是现代电气真空技术上不可缺少的材料,例如,钽能发射电子,在电气真空技术中用作电极材料;钛、锆、铌、钽等吸收氧气、氮气和二氧化碳的能力很强,常用作电气真空工业中的消气剂。

7.3.2　重要的过渡元素

1. 钛及其化合物

钛(Titanium,Ti)是第一过渡系ⅣB族元素,价电子层结构为$3d^2 4s^2$,在形成化合物时,主要的氧化数为+4,也有+3。由于钛在自然界中的分布比较分散、冶炼比较困难而被称为稀有元素,但是,钛在地壳中的丰度并不小,是仅次于铁的过渡元素。钛的矿物主要是钛铁矿和金红石矿(TiO_2)。我国四川地区有极丰富的钛铁矿资源。世界上已探明的钛储量中约有一半分布在我国。

钛是银白色金属,外观似钢,具有六方紧密堆积晶格。钛具有较高的熔点、较小的密度、很强的机械强度和耐腐蚀等特点,广泛应用于飞机制造业、化学工业、国防工业。钛或者钛合金的密度与人的骨骼相近,与体内有机物不起化学反应,且亲和力强,被称为"生命金属"。

由于单质钛的制取在很长时间内存在困难,在20世纪40年代末,钛才开始在工业上得到应用。目前,钛的制取是先将钛铁矿制备成 TiO_2,然后,将 TiO_2 在氯气流中与碳一起加热,使其转化成液态 $TiCl_4$,再用蒸馏分离法将 $TiCl_4$ 提纯;最后在氩气气氛中于镀钼的铁坩埚内用镁金属将 $TiCl_4$ 还原为金属钛。

$$TiCl_4 + 2Mg = Ti + 2MgCl_2$$

钛的重要化合物有 TiO_2、$TiCl_4$、$TiOSO_4$(硫酸氧钛)和偏钛酸盐如 $FeTiO_3$ 等。

TiO_2 俗称钛白,在自然界中有三种晶型:金红石型、锐钛型和板钛矿型。钛白是钛工业中产量最大的精细化工产品,钛矿的 90% 以上用于生产钛白。钛白是迄今为止公认的最好的白色颜料,具有折射率高、着色力强、遮盖力大、化学性能稳定、耐化学腐蚀性及抗紫外线作用等良好性能,因而广泛用于油漆、造纸、塑料、橡胶、陶瓷和日用化工领域。

纯的 TiO_2 为白色难熔固体,受热变黄,冷却又变白,难溶于水,可溶于热的浓硫酸。

$$TiO_2 + H_2SO_4 = TiOSO_4 + H_2O$$

从溶液中析出的 $TiOSO_4$ 是一种白色粉末。在 $TiOSO_4 \cdot H_2O$ 晶体中不存在单个的 TiO^{2+},而是钛原子间通过氧原子而结合起来的链状聚合物,在晶体中这些长链彼此之间由 SO_4^{2-} 连接起来。

$TiCl_4$ 是以共价键为主的化合物,在常温下是无色液体,有刺激性气味,遇水或潮湿的空气极易与水发生酸碱反应:

$$TiCl_4 + 3H_2O = H_2TiO_3 + 4HCl$$

根据这一性质,$TiCl_4$ 常用作烟雾剂、空中广告等。

在酸性介质中,Ti(Ⅳ)化合物与 H_2O_2 反应生成比较稳定的橘黄色配合物:

$$TiO^{2+} + H_2O_2 = [TiO(H_2O_2)]^{2+}$$

利用此反应可进行钛的比色分析。加入氨水则生成黄色的过氧钛酸 H_4TiO_5 沉淀,这是定性检验钛的灵敏方法。

$TiCl_4$ 是钛的重要化合物,用途广泛,它不仅是生产海绵钛、氧化钛白的重要中间产品,而且是制备有机钛化合物、含钛电子陶瓷、低压法聚丙烯的催化剂、石油开采压裂液、发烟剂的主要原料。

在酸性介质中,Ti(Ⅳ)可以被金属铝还原为紫红色的 Ti^{3+}:

$$3TiO^{2+} + 6H^+ + Al = 3Ti^{3+} + Al^{3+} + 3H_2O$$

Ti^{3+} 具有较强的还原性,可以将 Fe^{3+} 还原为 Fe^{2+}:

$$Ti^{3+} + Fe^{3+} + H_2O = TiO^{2+} + Fe^{2+} + 2H^+$$

这个反应是定量测定钛的基础。

2. 钒及其化合物

钒(Vanadium,V)是 ⅤB 族的第一个元素。钒的价层电子构型为 $3d^34s^2$,能够形成氧化数为 +2、+3、+4、+5 的化合物。钒在自然界中的分布非常分散,制备困难,也归于稀有金属。钒在自然界中的矿物有六十多种,但是具有工业开采价值的很少,主要有绿硫钒矿(V_2S_5)、铅钒矿($Pb_5[VO_4]_3Cl$)、钒云母($KV_2[AlSi_3O_{10}](OH)_2$)和钒酸钾铀矿($K_2[UO_2]_2[VO_4]_2 \cdot 3H_2O$)等。

金属钒外观呈银灰色,硬度比钢大,熔点高,塑性好,有延展性,具有较高的抗冲击性能、良好的焊接性和传热性以及耐腐蚀性能。钒主要用于制造钒钢,当钒在钒钢中的含量达到 $0.1\% \sim 0.2\%$ 时,可使钢质紧密,提高钢的韧性、弹性、强度、耐腐性和抗冲击性。因此,钒钢广泛用作结构钢、弹簧钢、工具钢、装甲钢和钢轨等。

钒的主要化合物有五氧化二钒 V_2O_5、偏钒酸盐 MVO_3、正钒酸盐 M_3VO_4 和多钒酸盐。

V_2O_5 是钒的重要化合物之一,是制备其他钒化合物的主要原料。它是橙黄色至砖红色固体,由偏钒酸铵分解制备:

$$2NH_4VO_3 \xrightarrow{\triangle} V_2O_5 + 2NH_3 + H_2O$$

V_2O_5 是以酸性为主的两性氧化物,既可溶于强碱,又可溶于强酸:

$$V_2O_5 + 2NaOH == 2NaVO_3 + H_2O$$

$$V_2O_5 + H_2SO_4 == (VO_2)_2SO_4 + H_2O$$

V_2O_5 具有一定的氧化性,可以与浓盐酸反应,生成钒(IV)盐和氯气:

$$V_2O_5 + 6HCl == 2VOCl_2 + Cl_2 + 3H_2O$$

在酸性介质中,V_2O_5 和钒酸盐可以与 H_2O_2 反应,生成红色的过氧化物 $[VO_2]^{3+}$,这个反应可以定量地测定钒。

钒形成简单阳离子的倾向随着氧化态的升高而减小,不同氧化态的钒离子在水溶液中的形式呈多样性。

钒酸盐的形式是多种多样的,简单的正钒酸根(VO_4^{3-})只存在于强碱性溶液($pH \geqslant 13$)中,为四面体结构。向正钒酸盐溶液中逐渐加入酸,随着 pH 值的逐渐减小,单钒酸根逐渐脱水缩合为多钒酸根。pH 值越小,缩合程度越大,颜色由淡黄色变为深红色。当 pH 值约为 2 时,有砖红色 V_2O_5 水合物析出;当 pH 值约为 1 时,上述水合物溶解,形成淡黄色的 VO_2^+。钒酸盐的形式与 pH 值的关系如表 7-6 所示。

表 7-6 钒酸盐的形式与 pH 值的关系

pH 值	$\geqslant 13$	$\geqslant 8.4$	$3 \sim 8$	~ 22	~ 2	<1
主要离子	VO_4^{3-}	$V_2O_7^{4-}$	$V_3O_9^{3-}$	$V_{10}O_{28}^{6-}$	$V_2O_5 \cdot xH_2O$	VO_2^+
$n(V):n(O)$	1:4	1:3.5	1:3	1:2.8	1:2.5	1:2

钒酸根离子在溶液中的缩合平衡,除了与 pH 值有关外,还与钒酸根离子的浓度有关。

3. 铬及其化合物

铬(Chromium,Cr)是第四周期 VIB 族元素。铬的价层电子构型为 $3d^5 4s^1$,6 个价电子可以全部或部分参加成键,故铬可以呈现 +2、+3、+4、+5、+6 等多种氧化态,其中以+3和+6最为常见。铬在自然界主要以铬铁矿 $Fe(CrO_2)_2$ 形式存在。由于其原子价电子层中有六个电子可以参与形成金属键,其原子半径也较小,因此,铬的熔点、沸点在第四周期中最高。在所有的金属中,铬具有最大的硬度。

铬是银白色金属,具有良好的光泽,抗蚀性强,常用于金属表面的镀层和冶炼合金。铬镀层的最大优点是耐磨、耐腐蚀又极光亮;在钢中添加铬,可增强钢的耐磨性、耐热性和耐腐蚀性能,含铬18%的钢称为不锈钢。

常温下,铬的表面因形成致密的氧化膜在空气中或水中都相当稳定。若失去保护膜,铬能够缓慢地溶解于稀盐酸或稀硫酸中。高温下,铬能与卤素、硫、氮、碳等直接化合。

常见的铬酸盐是 K_2CrO_4 和 Na_2CrO_4,它们都是黄色的晶体物质。当黄色铬酸溶液被酸化时,转变为橘红色的重铬酸盐。

$$2CrO_4^{2-} + 2H^+ \rightleftharpoons Cr_2O_7^{2-} + H_2O$$

平衡的移动与溶液的 pH 值有关,在酸性介质中,平衡右移,溶液中 $Cr_2O_7^{2-}$ 占优势,在碱性介质中,平衡左移,CrO_4^{2-} 占优势。

重铬酸钾和重铬酸钠是 Cr(Ⅵ) 的最重要的化合物。它们都是橙红色晶体。$K_2Cr_2O_7$ 不含结晶水,可以用重结晶的方法得到极纯的盐,常用作基准的氧化试剂。$Cr_2O_7^{2-}$ 在酸性溶液中是强氧化剂:

$$Cr_2O_7^{2-} + 14H^+ + 6e^- \rightleftharpoons 7H_2O + 2Cr^{3+}, \quad E^\circ = +1.232 \text{ V}$$

$Cr_2O_7^{2-}$ 可以将 Fe^{2+} 氧化为 Fe^{3+},是重铬酸钾法定量测定铁的基本反应。

$$Cr_2O_7^{2-} + 6Fe^{2+} + 14H^+ \rightleftharpoons 2Cr^{3+} + 6Fe^{3+} + 7H_2O$$

在重铬酸盐的酸性溶液中加入少量的乙醚和过氧化氢溶液,并摇荡,生成溶于乙醚的过氧化铬 $CrO(O_2)_2$,乙醚层呈现蓝色。

$$Cr_2O_7^{2-} + 4H_2O_2 + 2H^+ \rightleftharpoons 2CrO(O_2)_2 + 5H_2O$$

这是检验 Cr(Ⅵ) 和过氧化氢的一个灵敏反应。

4. 锰及其化合物

锰(Manganess,Mn)是第四周期ⅦB族元素,广泛分布于地壳中,最重要的矿物是软锰矿 $MnO_2 \cdot H_2O$,其次是黑锰矿 Mn_3O_4 和水锰矿。近年来在深海海底发现有一种特殊的锰矿"大洋锰结核"。

锰的物理化学性质比较像铁,是一种活泼金属,在空气中金属锰的表面生成一层氧化物保护膜,粉状锰易被氧化。把金属锰放入水中,因其表面生成氢氧化锰,可阻止锰对水的置换作用。锰与强酸反应生成 Mn(Ⅱ)盐和氢气:

$$Mn + 2H^+ \rightleftharpoons Mn^{2+} + H_2 \uparrow$$

锰与冷的浓 H_2SO_4 的反应很慢。

锰和卤素直接化合生成卤化锰 MX_2,加热时,锰与硫、碳、氮、硅、硼等生成相应的化合物。如:

$$3Mn + N_2 \xrightleftharpoons{>1\,200\,℃} Mn_3N_2$$

但它不能直接与氢气反应。

锰的价电子层构型为 $3d^54s^2$，可形成氧化态为 +2、+3、+4、+5、+6、+7 的多种化合物，其中较为常见的是 Mn(Ⅱ)、Mn(Ⅳ)、Mn(Ⅵ) 和 Mn(Ⅶ) 四种氧化态。在这些氧化态中，酸性条件下 Mn(Ⅱ) 比较稳定，这和 Mn(Ⅱ) 离子的 d 电子是半充满有关。锰的常见化合物列于表 7-7。

表 7-7 锰的常见化合物

氧化态	+2		+4		+6		+7	
氧化物	MnO	灰绿色	MnO_2	棕黑色			Mn_2O_7	红棕色液体
氢氧化物	$Mn(OH)_2$	白色	$Mn(OH)_4$	棕色	H_2MnO_4	绿色	$HMnO_4$	紫红色
主要盐类	$MnCl_2$	淡红色			K_2MnO_4	绿色	$KMnO_4$	紫黑色
	$MnSO_4$	淡红色						

Mn(Ⅱ) 是锰的最稳定的氧化态，Mn(Ⅱ) 的强酸盐如卤化锰、硝酸锰、硫酸锰都是易溶盐，而碳酸锰、磷酸锰、硫化锰不溶于水。在酸性溶液中，Mn^{2+} 相当稳定，只有强氧化剂如 $NaBiO_3$、$(NH_4)_2S_2O_8$、PbO_2 等才能将 Mn(Ⅱ) 氧化。

$$2Mn^{2+} + 5NaBiO_3 + 14H^+ \xrightarrow{\triangle} 2MnO_4^- + 5Bi^{3+} + 5Na^+ + 7H_2O$$

而在碱性溶液中，Mn(Ⅱ) 具有较强的还原能力。

最常见的 Mn(Ⅳ) 化合物是棕黑色的 MnO_2。由于 Mn(Ⅳ) 处于中间氧化态，所以 Mn(Ⅳ) 既具有氧化性，又具有还原性。MnO_2 可以与浓盐酸反应，生成氯气，这是实验室制备氯气的方法。

$$MnO_2 + 4HCl(浓) = MnCl_2 + Cl_2\uparrow + 2H_2O$$

最重要的 Mn(Ⅵ) 化合物是锰酸钾 K_2MnO_4，它是深绿色晶体，溶于水中呈绿色。锰酸盐只能存在于强碱性溶液中，在酸性和中性溶液中，易发生歧化反应：

$$3K_2MnO_4 + 2H_2O = 2KMnO_4 + MnO_2\downarrow + 4KOH$$

$KMnO_4$ 是 Mn(Ⅶ) 的最重要的化合物，是紫黑色晶体，易溶于水，溶液呈高锰酸根离子的特征紫色。高锰酸根离子在酸性、中性和碱性溶液中均有氧化性，但在不同的介质中，其还原产物各不相同，例如：

酸性介质　　$2MnO_4^- + 5SO_3^{2-} + 6H^+ = 2Mn^{2+} + 5SO_4^{2-} + 3H_2O$

近中性介质　$2MnO_4^- + 3SO_3^{2-} + H_2O = 2MnO_2 + 3SO_4^{2-} + 2OH^-$

碱性介质　　$2MnO_4^- + SO_3^{2-} + 2OH^- = 2MnO_4^{2-} + SO_4^{2-} + H_2O$

因此 $KMnO_4$ 与还原剂反应时，Mn(Ⅶ) 转变成何种氧化态，与溶液的酸碱性有着密切的关系。

5. 铁、钴、镍及其化合物

铁、钴、镍（Iron、Cobalt、Nickel）是第四周期第Ⅷ族元素。它们的物理性质和化学性质都比较相似，因此把它们统称为铁系元素。它们都是有光泽的银白色金属，都有强磁性，许多铁、钴、镍合金是很好的磁性材料，也可以用来做形状记忆合金。依铁、钴、镍顺序，其原子半径逐渐减小，密度依次增大，熔点和沸点比较接近。

铁、钴、镍在高温下分别与氧、硫、氯等非金属作用，生成相应的氧化物、硫化物和氯化物。铁能溶于盐酸和稀 H_2SO_4；而钴、镍在 HCl 和稀 H_2SO_4 中比 Fe 溶解慢。冷的浓 HNO_3 可以使铁、钴、镍表面钝化；冷的浓 H_2SO_4 可以使铁的表面钝化。

铁系元素的价电子层构型为 $3d^{6\sim8}4s^2$。3d 轨道上的电子已超过 5 个，d 电子全部参加成键的可能性逐渐减小，它们的共同氧化态为 +2 和 +3。但是，在很强的氧化剂作用下，铁可以呈现 +6 氧化态的高铁酸盐，如 K_2FeO_4，它的氧化性强于 $KMnO_4$，遇水即分解。

在 Fe^{2+}、Co^{2+}、Ni^{2+} 的水溶液中，加入 NaOH 可以得到相应的 $Fe(OH)_2$（白色）、$Co(OH)_2$（粉红色）和 $Ni(OH)_2$（绿色）沉淀。这些氢氧化物在空气中的稳定性明显不同，$Fe(OH)_2$ 很容易被空气中的氧所氧化，当 $Fe(OH)_2$ 全部被氧化时，则转化为红棕色的 $Fe(OH)_3$ 沉淀；$Co(OH)_2$ 也能被空气中的氧所氧化，但速度比较慢；而 $Ni(OH)_2$ 在空气中比较稳定，只有用较强的氧化剂如 Cl_2、NaClO 等才能将 $Ni(OH)_2$ 氧化。

$$2Ni(OH)_2 + Cl_2 + 2NaOH = 2Ni(OH)_3 + 2NaCl$$

$Fe(OH)_3$ 与盐酸发生一般的酸碱中和反应而溶解，而 $Co(OH)_3$ 和 $Ni(OH)_3$ 则可以将浓盐酸氧化成 Cl_2。

$$2Co(OH)_3 + 6HCl = 2CoCl_2 + Cl_2\uparrow + 6H_2O$$

表明 Co^{3+} 和 Ni^{3+} 在酸性介质中有强的氧化性。而 Fe^{3+} 的氧化性相对较弱，但在酸性溶液中，它仍然是一个中等强度的氧化剂，可以将 H_2S、Sn^{2+}、I^-、Fe、Cu 等氧化，自身被还原为 Fe^{2+}。工业上，在铁板上刻字和在铜板上制造印刷电路，就是应用了 Fe^{3+} 的氧化性。

$$2Fe^{3+} + Fe = 3Fe^{2+}$$
$$2Fe^{3+} + Cu = 2Fe^{2+} + Cu^{2+}$$

铁、钴、镍离子都具有未充满的 d 轨道，能形成众多的配合物。铁能与 F^-、CN^-、SCN^-、Cl^- 等离子形成配合物，如深红色的 $[Fe(CN)_6]^{3-}$、无色的 $[FeF_6]^{3-}$、黄色的 $[Fe(CN)_6]^{4-}$、浅绿色的 $[Fe(H_2O)_6]^{2+}$、血红色的 $[Fe(SCN)_n]^{3-n}$ 等。

Fe^{3+} 与 SCN^- 反应，生成血红色的 $[Fe(SCN)_n]^{3-n}$ 配合物，这个反应非常灵敏，常用来鉴定和定量测定 Fe^{3+}。Fe^{3+} 与 $[Fe(CN)_6]^{4-}$ 反应和 Fe^{2+} 与 $[Fe(CN)_6]^{3-}$ 反应分别生成深蓝色的难溶化合物普鲁士蓝和滕士蓝，可以分别用来鉴定 Fe^{3+} 和 Fe^{2+}。

$$Fe^{3+} + [Fe(CN)_6]^{4-} + K^+ = KFe[Fe(CN)_6]\downarrow（普鲁士蓝）$$
$$Fe^{2+} + [Fe(CN)_6]^{3-} + K^+ = KFe[Fe(CN)_6]\downarrow（滕士蓝）$$

普鲁士蓝和滕士蓝实际上是同一种物质 $KFe[Fe(CN)_6]$。

与水合离子在水溶液中稳定性明显不同的是，在水溶液中 Co(Ⅱ) 的配合物没有

Co(Ⅲ)的配合物稳定,$[Co(NH_3)_6]^{2+}$容易被空气中的氧气氧化为$[Co(NH_3)_6]^{3+}$。

$$4[Co(NH_3)_6]^{2+} + O_2 + 2H_2O = 4[Co(NH_3)_6]^{3+} + 4OH^-$$

这是由于形成配离子后电极电势发生了变化:

$$Co^{3+} + e^- = Co^{2+}, \quad E^{\ominus} = 1.92 \text{ V}$$

$$[Co(NH_3)_6]^{3+} + e^- = [Co(NH_3)_6]^{2+}, \quad E^{\ominus} = 0.06 \text{ V}$$

Co(Ⅱ)配合物大都具有较强的还原性,在水溶液中稳定性较差,在丙酮和乙醚中较稳定。

Ni^{2+}可与丁二酮肟生成鲜红色的螯合物沉淀

$$2\begin{matrix} H_3C-C=N-OH \\ H_3C-C=N-OH \end{matrix} + Ni^{2+} \longrightarrow \begin{matrix} \text{鲜红色螯合物结构} \end{matrix} + 2H^+$$

鲜红色

这个反应可以用来检测Ni^{2+}。

在人体必需的微量元素中,铁的生物功能最重要且含量最高,约占人体总量的0.006%。人体缺铁会患贫血症。铁也是体内某些酶和许多氧化还原体系所不可缺少的元素。钴的生物功能直到发现维生素B_{12}才知晓。维生素B_{12}是一种含Co(Ⅲ)的复杂配合物,有多种生理功能,它参与机体红细胞中血红蛋白的合成,能促使血红细胞成熟,缺少维生素B_{12},红细胞就生长不正常,即会出现"恶性贫血"。虽然维生素B_{12}具有十分重要的作用,但人体中过量的无机钴盐也是有毒的,它会引起红细胞增多,严重时导致心力衰竭。

6. 铜、银、锌、汞及其化合物

铜(Copper)族包括铜、银、金三种元素,是周期表中的第ⅠB族。铜、银是亲硫元素,主要以硫化物、氯化物、氧化物等存在于自然界,如黄铜矿($CuFeS_2$)、辉铜矿(Cu_2S)、孔雀石($CuCO_3 \cdot Cu(OH)_2$)、赤铜矿(Cu_2O)、闪银矿(Ag_2S)、角银矿(AgCl)等。

紫红色的铜和银白色的银都具有密度较大,熔点和沸点较高,传热性、导电性和延展性好等共同特征,并且都易与其他金属形成合金。

锌、汞(Zinc、Mercury)是第ⅡB族元素,也是亲硫元素,在自然界中主要以硫化物形式存在,其主要矿物有闪锌矿(ZnS)、菱锌矿($ZnCO_3$)和辰砂(HgS)。

纯锌是银白色金属,质软,熔点较低(419 ℃),为六方密堆积结构。锌的主要用途是作防腐镀层和制造合金。在所有金属中,汞的熔点最低,是常温下唯一为液态的金属。汞容易与其他金属形成合金,汞形成的合金称为"汞齐",在冶金工业中,利用汞的这种性质来提取贵金属,如金、银等。

铜、银的化学性质均不活泼,在常温下,铜不与干燥空气中的氧作用,但在含有 CO_2 的潮湿空气中会生成一层"铜绿" $Cu(OH)_2 \cdot CuCO_3$,而银不发生此反应。

$$2Cu + O_2 + H_2O + CO_2 =\!=\!= Cu(OH)_2 \cdot CuCO_3$$

银对硫有较大的亲和作用,当银与含有 H_2S 的空气接触时,其表面因生成一层 Ag_2S 而发暗。铜、银的活泼性很差还表现在与酸作用时不能置换出氢。但它们能与氧化性酸(如浓硫酸、硝酸)反应而溶解。

$$3Cu + 8HNO_3(稀) =\!=\!= 3Cu(NO_3)_2 + 2NO\uparrow + 4H_2O$$

$$Cu + 2H_2SO_4(浓) \xrightarrow{\triangle} CuSO_4 + SO_2\uparrow + 2H_2O$$

在潮湿的空气中,锌表面易生成一层致密的碱式碳酸盐 $Zn(OH)_2 \cdot ZnCO_3$,起保护作用,而使锌有防腐的性能。与铝相似,锌具有两性,可溶于酸,也溶于碱。与铝不同的是,锌还能与氨水形成配离子而溶于氨水。

$$Zn + 2OH^- + 2H_2O =\!=\!= [Zn(OH)_4]^{2-} + H_2\uparrow$$

$$Zn + 4NH_3 + 2H_2O =\!=\!= [Zn(NH_3)_4](OH)_2 + H_2\uparrow$$

汞只能与氧化性酸反应:

$$3Hg + 8HNO_3(稀) =\!=\!= 3Hg(NO_3)_2 + 2NO\uparrow + 4H_2O$$

铜的特征氧化数是+2,也存在着+1氧化态的化合物,而银的特征氧化数则是+1。在水溶液中能以简单的水合离子稳定存在的只有 Cu^{2+}、Ag^+。大部分 $Cu(\mathrm{II})$ 盐均可溶于水,在水溶液中因发生 d-d 跃迁而呈现颜色。$Ag(\mathrm{I})$ 盐除 AgF、$AgNO_3$ 外,大多数都难溶于水。$Cu(\mathrm{I})$ 主要以难溶盐或配合物存在,一般为白色或无色。

$Cu(\mathrm{II})$ 和 $Ag(\mathrm{I})$ 的氢氧化物都难溶于水,性质很不稳定。$AgOH$ 一经生成,立即脱水,生成 Ag_2O 和 H_2O;$Cu(OH)_2$ 在加热时容易脱水变为黑色的 CuO。$Cu(OH)_2$ 微显两性,以碱性为主,易溶于酸,溶于浓碱时形成的四羟基合铜离子,可以被葡萄糖还原成暗红色的 Cu_2O。

$$2Cu^{2+} + 4OH^- + C_6H_{12}O_6(葡萄糖) =\!=\!= Cu_2O\downarrow + C_6H_{12}O_7(葡萄糖酸) + 2H_2O$$

医学上用此反应检验糖尿病。

Cu_2O 对热稳定,加热到熔化也不分解,而 CuO 加热至 1 000 ℃ 时分解为 Cu_2O 和氧。Ag_2O 在 300 ℃ 时就分解为单质银和氧。

$Cu(\mathrm{II})$ 一般形成配位数为 4 的配合物,在这些配合物中,中心离子 Cu^{2+} 以 dsp^2 杂化([$Cu(NH_3)_4$]$^{2+}$)或 sp^3 杂化([$CuCl_4$]$^{2-}$)与配体形成配位键。它们均是顺磁性物质。

在 $CuSO_4$ 溶液中,加入适量的氨水可以得到浅蓝色的碱式硫酸铜沉淀,继续加入过量的氨水时,沉淀溶解生成深蓝色[$Cu(NH_3)_4$]$^{2+}$ 离子。

$$2Cu^{2+} + SO_4^{2-} + 2NH_3 \cdot H_2O =\!=\!= Cu_2(OH)_2SO_4\downarrow + 2NH_4^+$$

$$Cu_2(OH)_2SO_4 + 2NH_4^+ + 6NH_3 \cdot H_2O =\!=\!= 2[Cu(NH_3)_4]^{2+} + SO_4^{2-} + 8H_2O$$

[$Cu(NH_3)_4$]$^{2+}$ 溶液具有溶解纤维素的能力。在溶解了纤维素的溶液中加入酸,纤

维素又可以沉淀析出。此性质可以用于制造人造丝。

Cu(Ⅰ)和 Ag(Ⅰ)都非常容易形成配位数为 2 的配合物,在这些配合物中,中心离子均以 sp 杂化形成配位键,几何构型为直线型。由于形成稳定的配合物,如 $[Cu(CN)_2]^-$、$[Ag(CN)_2]^-$ 等,铜、银的活泼性增强。例如,在含有 KCN 或 NaCN 的碱性溶液中,铜、银能被空气中的氧所氧化。

$$4Cu+O_2+2H_2O+8CN^- = 4[Cu(CN)_2]^- +4OH^-$$

$$4Ag+O_2+2H_2O+8CN^- = 4[Ag(CN)_2]^- +4OH^-$$

同一元素的不同氧化态之间,可以相互转化。Cu(Ⅱ)和 Cu(Ⅰ)之间的转化问题更加复杂一些,这是由于 Cu^+ 具有 d^{10} 结构,有一定程度的稳定性。在无水条件下 Cu(Ⅰ)是稳定的,但是在水溶液中却不稳定,容易发生歧化反应。

$$2Cu^+ = Cu+Cu^{2+}$$

在水溶液中,Cu^{2+} 较 Cu^+ 稳定。这是由于 Cu^{2+} 的电荷高,半径小,因而具有较大的水合能的缘故。Cu(Ⅱ)和 Cu(Ⅰ)的稳定条件存在着相对的关系,根据平衡移动的原理,在有还原剂存在时,设法降低 Cu(Ⅰ)的浓度,可使 Cu(Ⅱ)转化为 Cu(Ⅰ)。由于 Cu(Ⅰ)的化合物大部分难溶于水,且在水溶液中 Cu(Ⅰ)易生成配离子,这两种途径均能使水溶液中 Cu(Ⅰ)的浓度大大降低,从而使 Cu(Ⅰ)转化为难溶物或配离子而能够稳定存在。例如,把 Cu^{2+} 与浓盐酸和铜屑共煮,可以得到 $[CuCl_2]^-$ 配离子:

$$Cu^{2+}+4HCl(浓)+Cu \xrightarrow{\triangle} 2[CuCl_2]^- +4H^+$$

Cu^{2+} 也可以直接与 I^- 作用生成难溶的 CuI:

$$2Cu^{2+}+4I^- = 2CuI\downarrow +I_2$$

在水溶液中,凡能使 Cu(Ⅰ)生成难溶物或稳定配离子时,则可由 Cu(Ⅱ)和 Cu 或其他还原剂反应,使 Cu(Ⅱ)转化为 Cu(Ⅰ)的化合物。它们充分反映了氧化还原反应、沉淀反应或形成配离子对平衡转化的影响。

锌和汞的特征氧化数均为+2,汞还存在着+1 氧化数的化合物,但以双聚离子形式存在,如 Hg_2Cl_2。在锌盐溶液中,加入适量的碱,生成白色的氢氧化锌沉淀,氢氧化锌具有两性,既可以溶于酸中,又可溶于过量的碱中。在汞盐溶液中,加入碱只能得到黄色的氧化汞沉淀,这是由于生成的氢氧化汞极不稳定,立即脱水的缘故。

$HgCl_2$ 为直线型的共价分子,熔点 280 ℃,易升华,因而俗称升汞,略溶于水,有剧毒,其稀溶液有杀菌作用,可作为外科消毒剂。Hg_2Cl_2 也是直线型分子,呈白色,难溶于水,少量的无毒,因味略甜而称为甘汞,医药上用作泻药。Hg_2Cl_2 见光分解,因此应保存在棕色瓶中。

Hg_2Cl_2 和氨水反应,可以得到 $HgNH_2Cl$(氨基氯化汞)和 Hg:

$$Hg_2Cl_2+2NH_3 = HgNH_2Cl\downarrow(白色)+Hg\downarrow(黑色)+NH_4Cl$$

而锌盐与过量的氨水反应,得到的却是无色的配离子 $[Zn(NH_3)_4]^{2+}$。

7.4 镧系元素与锕系元素

7.4.1 镧系元素

原子序数为57~71共15个元素统称为镧系元素(用Ln表示)。它们位于周期表中第六周期的同一格内,且其物理和化学性质等十分相似。其电子层结构特征是随着原子序数的增加,电子依次填入外数第三层4f轨道,其次外层和最外层电子数基本保持不变。所以也将镧系元素称为第一内过渡元素。电子层结构为 $4f^{n-1}5d^1 6s^2$ 或 $4f^n 6s^2$。由于4f电子位于内层,不易参与成键,4f电子对镧系元素的化学性质影响不大。所以镧系元素在化学性质上非常相似。

15个镧系元素以及与其性质相似的钪(Sc)和钇(Y)共17个元素总称为稀土元素(用RE表示)。稀土元素在地壳中的分布较分散,且性质十分相似,提取和分离比较困难,人们对它们的研究起步较晚。

镧系元素的原子半径与离子半径随着原子序数的增加而逐渐缩小的现象称为镧系收缩。镧系收缩在化学上是十分重要的现象,镧系收缩使它后面各族过渡元素的原子半径和离子半径,分别与相应同族上面一个元素的原子半径和离子半径极为相近。这样导致了锆和铪、铌和钽、钼和钨、锝和铼等各对元素的化学性质相似,造成了各对元素分离的困难。

在冶金工业中镧系元素常用作还原剂、脱氧剂、脱硫剂、吸氧剂、石墨球化剂,还用于除去钢中的有害杂质。镧系元素在无线电真空技术中用作脱气剂。镧系元素也是某些新型材料中不可缺少的部分。

7.4.2 锕系元素

锕系元素(用An表示)是指原子序数为89~103共15种元素的总称,它们都是放射性元素。

同镧系元素一样,锕系元素的电子也是最后填入外数第三层的f轨道上,由于锕系元素的电子是填充在5f轨道上,所以锕系元素也称为第二内过渡元素。铀以后的超铀元素,除镎(Np)和钚(Pu)在地球上有少量发现外,其他都是人造元素。钍和铀是锕系元素中发现最早和地壳中存在量较多的两种放射性元素。同镧系元素的价电子层构型相似,锕系元素新增加的电子填充在5f轨道上,且随着原子序数增加,原子半径和离子半径递减,即也有锕系收缩现象。

锕系元素单质是银白色金属,密度大,熔点也较高,化学性质活泼,易与氧、卤素、酸等反应,在空气中燃烧时形成最高氧化数的氧化物。它们能与水反应放出氢气,在一般条件下不与碱反应。其水合离子大多数都有颜色。

铀的常见的化合物是 UF_6、UCl_6、$UO_2(NO_3)_2$ 和 UO_3 等。UO_3 是橙黄色的固体,

常以水合物的形式存在于铀矿中。UF_6 是卤化铀中最重要的化合物之一。在室温下 UF_6 是白色的易挥发固体,在 101 325 Pa、565 ℃时升华。利用 $^{238}UF_6$ 和 $^{235}UF_6$ 蒸气扩散速度的差异,可使 ^{238}U 和 ^{235}U 分离,达到富集核燃料 ^{235}U 的目的。

钍的化合物以 +4 氧化态为最重要,如 ThO_2、$Th(NO_3)_4$ 等。钍是白色的粉末,强烈灼烧过的 ThO_2 几乎不溶于酸,但能溶于 HNO_3 和 HF 所组成的混合酸中。ThO_2 在有机合成工业中作催化剂,制造钨丝时作为添加剂。

7.5　氧化物和氢氧化物

氧是典型的非金属元素,位于周期表中的第二周期第ⅥA族,其价电子层结构为 $2s^2 2p^4$,有获得 2 个电子达到稀有气体稳定电子层结构的趋势。除了在 OF_2 中氧的氧化数是 +2 外,氧的常见氧化数是 -2。按照分子轨道理论,O_2 分子中有一个 σ 键和两个三电子 π 键,分子中有两个未成对电子,表现为顺磁性。

除了大多数稀有气体外,所有的元素都能与氧生成二元氧化物。氧化物的制备方法有以下几种。

(1) 单质在空气中或纯氧中直接化合,可以得到常见价态的氧化物。

(2) 金属或非金属单质与氧化剂作用生成相应的氧化物,如:

$$3Sn + 4HNO_3 \longrightarrow 4NO\uparrow + 3SnO_2 + 2H_2O$$

$$3P + 5HNO_3 + 2H_2O \longrightarrow 3H_3PO_4 + 5NO\uparrow$$

(3) 氢氧化物或含氧酸盐的热分解,例如:

$$CaCO_3 \longrightarrow CaO + CO_2\uparrow$$

$$2Pb(NO_3)_2 \longrightarrow 2PbO + 4NO_2\uparrow + O_2\uparrow$$

$$2Al(OH)_3 \longrightarrow Al_2O_3 + 3H_2O$$

7.5.1　氧化物的物理性质

氧化物的物理性质由它的分子结构和晶体结构决定,氧化物的晶体结构在一定的程度上与氧和其他元素间的化学键性质有关。按照氧化物的键型,可以将氧化物分为离子型氧化物和共价型氧化物。

活泼金属(如碱金属、碱土金属)与氧形成的氧化物都是离子型氧化物,它们形成离子晶体,具有较高的熔点、沸点。如 BeO 的熔点为 2 530 ℃,MgO 的熔点为 2 852 ℃。非金属元素与氧靠共价键结合,形成共价型氧化物,但共价型氧化物并不一定都是分子晶体,有些共价型氧化物如 NO、P_2O_5、As_2O_3、SO_2 等是分子晶体,具有较低的熔点、沸点,有些共价型氧化物则形成原子晶体(例如 SiO_2、B_2O_3),熔点较高,SiO_2 的熔点为 1 986 K。金属活泼性不太强的金属氧化物,是离子型与共价型之间的过渡型化合物。

氧化物晶体结构的特征也反映在硬度上,离子型或偏离子型的氧化物大多数硬度较大,属于原子晶体的共价型氧化物也有较大的硬度。表 7-8 列出了一些氧化物的硬度(莫尔硬度,金刚石为 10)。

表 7-8 一些氧化物的硬度

氧化物	MgO	TiO_2	Fe_2O_3	SiO_2	Al_2O_3	Cr_2O_3
硬度	5.5~6.5	5.5~6	5~6	6~7	7~9	9

Al_2O_3、Cr_2O_3、Fe_2O_3、MgO 等熔点高,对热稳定性大,具有较大的硬度,常用作磨料。

BeO、MgO、CaO、Al_2O_3、ZrO_2 等都是难熔的氧化物,它们的熔点一般在 1 500~3 000 ℃之间,常用作耐高温材料(即耐火材料)。由纯氧化物构成的耐火材料的缺点是强度较差,如果在耐火氧化物中加入一些耐高温金属(如 Al_2O_3 中加入 Cr、ZrO_2 中加入 W 等)磨细、混合后,加压成形,再烧结,就能得到既具有金属强度,又具有陶瓷的耐高温等特性的材料,即金属陶瓷。

纯净的氧化物晶体是绝缘体,但在氧化物晶体中掺入少量的其他物质就可以使该氧化物具有半导体的性质。例如在 SnO_2 晶体中掺入少量的 Sb,则可以使 SnO_2 具有导电性。应当指出,有时同一组成的氧化物,由于晶体结构不同,可以具有不同的物理性质,甚至不同的化学性质。例如,氧化铝常见的有两种变体 α-Al_2O_3(俗称刚玉)和 γ-Al_2O_3(活性氧化铝),它们的组成一样,都属于离子晶体,但是它们的性质却有很大的不同,前者密度大,硬度大,几乎不溶于酸、碱,表现为化学惰性,而后者密度小,质地软,易与酸、碱反应,相对而言化学性质较活泼。

7.5.2 氧化物的酸碱性及其变化规律

氧化物的分类方法有许多种,最重要的是按照氧化物的酸碱性进行分类。根据氧化物与酸碱反应的不同,可以将氧化物分为以下四类。

(1) 酸性氧化物。主要是一些非金属氧化物和高价态的金属氧化物,与碱反应生成盐和水,与水作用生成含氧酸,例如 SO_3、Cl_2O_7 等。

(2) 碱性氧化物。主要是碱金属和碱土金属(Be 除外)的氧化物,易与酸反应生成盐和水,与水作用生成氢氧化物,例如 Na_2O、CaO、MgO 等。

(3) 两性氧化物。既能与酸反应,又能与碱反应分别生成相应的盐和水,主要是 P 区金属的氧化物,例如 Al_2O_3、PbO_2、Sb_2O_3 等。

(4) 中性氧化物。既不能与酸反应,也不能与碱反应,也难溶于水,例如 CO、N_2O、NO 等。

氧化物 R_xO_y 的酸碱性与 R 的金属性或非金属性的强弱有关,即与 R 在周期表中的位置有关,同时也与 R 的氧化数有关。一般情况下 R 的金属性越强,其氧化物的碱性越强。R 的非金属性越强,其氧化物的酸性越强。氧化物的酸碱性递变规律与元素的金属活泼性、非金属活泼性的递变规律是相对应的。

在同一族元素中,从上到下,相同氧化数氧化物的酸性逐渐减弱,碱性逐渐增强。例如第ⅤA族元素氧化数为+3的氧化物,N_2O_3和P_2O_3是酸性的,As_2O_3和Sb_2O_3是两性的,而Bi_2O_3则是碱性的。

在同一周期中,从左到右,各元素最高氧化数的氧化物的酸性逐渐增强,碱性逐渐减弱,例如第三周期各元素最高氧化数氧化物的酸碱性递变顺序如下:

碱性递增 ←————————————————————————————

Na_2O	MgO	Al_2O_3	SiO_2	P_2O_5	SO_3	Cl_2O_7
碱性强	碱性中强	两性	酸性弱	酸性中强	酸性强	酸性最强

————————————————————————————→ 酸性递增

如果元素有几种不同的氧化态,其氧化物的酸碱性不相同。一般说来,高氧化数氧化物的酸性比低氧化数氧化物的酸性强。

在一定条件下,酸性氧化物、碱性氧化物和两性氧化物之间,可以相互发生反应,生成相应的盐,例如在炼铁时,往往需要加入 CaO 以除去杂质 SiO_2,原因是发生了以下反应:

$$CaO + SiO_2 = CaSiO_3$$

7.5.3 氢氧化物的酸碱性

元素氧化物的水合物,无论是酸性、碱性或两性,都可以看成是氢氧化物,即可以用一个简单的通式 $R(OH)_x$ 来表示,x 是元素 R 的氧化值。当 R 的氧化值较高时,氧化物的水合物易脱去一部分水分子,变成含水较少的化合物。例如 HNO_3(由 $N(OH)_5$ 脱去两个 H_2O 分子)、正磷酸 H_3PO_4(由 $P(OH)_5$ 脱一个 H_2O 分子)。氧化物的水合物 $R(OH)_x$ 是酸性、碱性还是两性,与其解离方式有关。碱性氢氧化物进行碱式解离,解离出 OH^-,酸性氢氧化物(即含氧酸)则采取酸式解离,解离出 H^+,若为两性则既可以进行碱式解离,又可以进行酸式解离。即

碱式解离   R—O—H ⟶ $R^+ + OH^-$

酸式解离   R—O—H ⟶ $RO^- + H^+$

R—O—H 究竟以何种方式解离,与中心离子 R 的氧化数和半径有关。当中心离子的氧化数高,半径小时,R 的静电引力强,它同与之相连的氧原子争夺电子的能力强,结果 O—H 键被削弱得较多,R—O—H 便以酸式解离为主;相反,若中心离子的氧化数较低,半径较大,中心离子 R 对氧原子电子的吸引力较小,O—H 键相对较强,则在水分子的作用下,易进行碱式解离。因此,可以用中心离子的离子势进行半定量的判断。离子势 φ 是指 R 阳离子的电荷数 Z 与离子半径 r(pm)的比值,即

$$\varphi = Z/r$$

用离子势 φ 判断氧化物的水合物酸碱性的半定量的经验式为

$\sqrt{\varphi} < 0.22$,   R—O—H 进行碱式解离,碱性

$0.22 < \sqrt{\varphi} < 0.32$，　　　　R—O—H 为两性氢氧化物

$\sqrt{\varphi} > 0.32$，　　　　　　R—O—H 进行酸式解离，酸性

在中心离子 R 的电子构型相同时，$\sqrt{\varphi}$ 值越小，碱性越强。例如 Mg^{2+} 的半径为 65 pm，$\sqrt{\varphi} = \sqrt{2/65} = 0.175$；$N^{5+}$ 的半径为 10 pm，$\sqrt{\varphi} = 0.67$；Be^{2+} 的半径为 31 pm，$\sqrt{\varphi} = 0.254$。所以 $Mg(OH)_2$ 是碱性氢氧化物，HNO_3 是酸，而 $Be(OH)_2$ 则是两性氢氧化物。

由于氧化物的水合物的酸碱性主要与中心离子 R^{x+} 的电荷和离子半径有关，因此可以用 $\sqrt{\varphi}$ 的大小来说明氧化物的水合物酸碱性的递变规律。表 7-9 列出了主族元素最高氧化数氧化物的水合物的酸碱性。

表 7-9　主族元素最高氧化数氧化物的水合物的酸碱性

ⅠA	ⅡA	ⅢA	ⅣA	ⅤA	ⅥA	ⅦA
酸性增强 →						
LiOH	$Be(OH)_2$	H_3BO_3	H_2CO_3	HNO_3	—	—
（中强碱）	（两性）	（弱酸）	（弱酸）	（强酸）		
NaOH	$Mg(OH)_2$	$Al(OH)_3$	H_2SiO_3	H_3PO_4	H_2SO_4	$HClO_4$
（强碱）	（中强碱）	（两性）	（弱酸）	（中强酸）	（强酸）	（极强酸）
KOH	$Ca(OH)_2$	$Ga(OH)_3$	$Ge(OH)_4$	H_3AsO_4	H_2SeO_4	$HBrO_4$
（强碱）	（中强碱）	（两性）	（两性）	（中强酸）	（强酸）	（极强酸）
RbOH	$Sr(OH)_2$	$In(OH)_3$	$Sn(OH)_4$	$H[Sb(OH)_6]$	H_4TeO_4	H_5IO_6
（强碱）	（中强碱）	（两性）	（两性）	（弱酸）	（弱酸）	（极强酸）
CsOH	$Ba(OH)_2$	$Tl(OH)_3$	$Pb(OH)_4$			
（强碱）	（强碱）	（强碱）	（两性）			
← 碱性增强						

（左侧：碱性增强 ↓；右侧：酸性增强 ↓）

从表 7-9 中可以看到同一周期，从左到右，最高氧化数氧化物的水合物酸性增强，碱性减弱，这显然与 R 具有的氧化数自左向右由 +1 增大到 +7，半径逐渐减小，离子势 $\sqrt{\varphi}$ 值依次增大的变化顺序是一致的。

副族的变化趋势与主族相似，只是要缓慢一些，例如，第四周期中第 Ⅲ～ⅦB 族元素最高氧化数氧化物的水合物酸碱性递变顺序如下：

碱性增强 ←

$Sc(OH)_3$	$Ti(OH)_4$	HVO_3	H_2CrO_4 或 $H_2Cr_2O_7$	$HMnO_4$
氢氧化钪	氢氧化钛	偏钒酸	铬酸　　重铬酸	高锰酸
碱	两性	弱酸	中强酸	强酸

→ 酸性增强

同一主族中，R^{x+} 的电荷数相同，但离子半径从上到下依次增大，因此 $\sqrt{\varphi}$ 值依次减小，其氧化物的水合物的碱性增强，酸性减弱。

同一副族从上到下，相同氧化态的氧化物的水合物的酸性减弱，碱性增强。

利用上述观点同样可以说明同一元素不同氧化数的氢氧化物或含氧酸的酸碱性变化情况。一般地，高氧化态的酸性较强，低氧化态的碱性较强。例如：

碱性增强 ←──

| $Mn(OH)_2$ | $Mn(OH)_3$ | $Mn(OH)_4$ | H_2MnO_4 | $HMnO_4$ |
| 碱性 | 弱碱 | 两性 | 弱酸 | 强酸 |

──→ 酸性增强

随着中心离子 R^{x+} 的氧化数增加，半径依次减小，R^{x+} 吸引氧原子的电子云的能力增强，导致 O—H 键减弱较多，故酸式解离的能力增强。

综上所述，R 的电荷数（氧化态）和半径对氧化物的水合物的酸碱性起着十分重要的作用。一般地，当 R 为低氧化数（小于或等于+3）的金属元素（主要是 s 区和 d 区元素）时，其氧化物的水合物多为碱性；当 R 为较高氧化数（+3~+7）的非金属或金属性较弱的元素（主要是 p 区和 d 区元素）时，其氧化物的水合物多呈酸性；当 R 为中间氧化数（+2~+4）的一般金属元素（p 区、d 区元素）时，其氧化物的水合物常显两性，例如 Zn^{2+}、Sn^{2+}、Al^{3+}、Cr^{3+}、Ti^{4+}、Mn^{4+} 等的氢氧化物，均是两性氢氧化物。

应用离子势来判断氧化物的水合物的酸碱性只是一个经验规则，还存在着不少例外。例如，$Zn(OH)_2$ 是两性氢氧化物，但是按照 Zn^{2+} 的电荷和半径（74 pm）得到的 $\sqrt{\varphi}$ 值为 0.16，应该是强碱性氢氧化物。

7.6 卤 化 物

氟、氯、溴、碘、砹等五个元素统称为卤素，是一类典型的非金属元素。这五个元素中除砹具有放射性外，其他元素都是普通元素，位于元素周期表的ⅦA族。

卤素的价电子构型是 ns^2np^5，最外层有 7 个电子，易得到一个电子成为 ns^2np^6 的稀有气体的稳定结构。所以卤素单质都表现出较强的氧化性，且在化合物中通常表现为-1 氧化数，除 F 外，其他卤素还可以表现+1、+3、+5、+7 氧化态。在所有卤素的化合物中，卤素与电负性小的元素所形成的二元化合物（卤化物）最为普遍，在各类卤素的化合物中占有重要地位。

7.6.1 卤化物的物理性质

除了氦、氖、氩三个稀有气体外，其他元素都能与卤素形成卤化物。由于单质氟具有很强的氧化性，元素形成氟化物时，可以形成最高氧化态的氟化物，如 SF_6、IF_7 等。相对地，单质碘的氧化性较低，元素形成碘化物时，往往表现较低的氧化态，如 CuI，有些元素甚至不能生成碘化物。

卤化物可以看成是氢卤酸的盐，卤化物的种类和数量都较多，若按键型划分，则可以划分为两大类:离子型卤化物和共价型卤化物。卤化物的键型与成键元素的电负性、原子或离子半径以及金属离子的电荷有关,一般说来,易形成低氧化态的金属元素,如碱金属、碱土金属(铍除外)、大多数镧系元素和某些低氧化态的 d 区元素的卤化物基本上是离子型卤化物,例如 $NaCl$、$CaCl_2$、$LaCl_3$、$NiCl_2$ 等。离子型卤化物在固态时是离子晶体,它们具有较高的熔点、沸点和低挥发性,熔融和溶于水中能够导电。

由非金属元素以及高氧化态的金属元素与卤素生成的卤化物通常都是共价型卤化物。共价型卤化物在常温下有些是气体(例如 SiF_4),有些是液体(如 $TiCl_4$ 等),有的则是易升华的固体(如 $AlCl_3$)。固体状态的共价型卤化物为分子晶体,它们的熔点、沸点较低,易挥发,熔融时不导电,非常容易与水发生酸碱反应。

在同一周期中,从左到右,随元素的电荷数依次增加,离子半径依次减小,正离子的极化能力增大,使卤素的变形性加大,其卤化物的共价性依次增加,卤化物的键型就从离子型逐渐过渡到共价型。同族元素,自上而下,离子半径依次增大,正离子的极化能力减弱,卤化物的共价成分依次减小,离子键成分逐渐增加,卤化物的晶体结构由分子晶体逐渐过渡到离子晶体,其熔点、沸点增大。

同一种元素可以与卤素形成不同的卤化物。卤离子从 F^- 到 I^- 半径依次加大,负离子的变形性逐渐加大,卤化物的共价成分逐渐变大,从氟化物到碘化物,卤化物的结构和性质呈现规律性的变化,但是对于不同键型的卤化物,其变化规律并不完全一样。对于典型的离子型卤化物,例如 NaF、$NaCl$、$NaBr$、NaI,虽然其负离子的半径依次增大,其卤化物的离子键成分依次减小,但是这四种卤化物仍属于离子型化合物,其固体属于离子晶体。它们的熔点、沸点随着负离子半径的增加而逐渐降低,原因是离子晶体的熔点、沸点的高低取决于晶格能的大小,而晶格能与正、负离子的半径之和成反比。

对于典型的共价型卤化物而言,它们都是分子晶体,其熔点、沸点都按氟化物、氯化物、溴化物和碘化物的顺序升高,原因是卤化物的相对分子质量按照氟化物、氯化物、溴化物和碘化物的顺序递增,其分子间力依次增大。

对于有些元素的卤化物,从氟化物到碘化物,随着负离子的半径增加,变形性加大,其晶体结构由离子晶体变化到分子晶体(见表 7-10)。

表 7-10 卤化铝的性质和结构

卤 化 物	AlF_3	$AlCl_3$	$AlBr_3$	AlI_3
熔点/℃	1 313	466(加压)	320.5	464
沸点/℃	1 533	951(升华)	541	655
键型	离子型	过渡型	共价型	共价型

同一元素形成不同氧化态的卤化物时,高氧化态离子的电荷多,半径小,有较强的极化能力,必然使其卤化物具有更高的共价成分,同一元素高氧化态的卤化物较低

氧化态的卤化物具有较低的熔点、沸点。

不同氧化态的非金属卤化物都是共价型卤化物,分子间力主要是色散力,其熔点、沸点随相对分子质量的增大而升高。高氧化态的卤化物的熔点、沸点比低氧化态的卤化物的熔点、沸点高,例如 PCl_3 的熔点为 $-93.6\ ℃$,而 PCl_5 的熔点则为 $167\ ℃$。

大多数卤化物易溶于水,只有氯、溴、碘的银盐(AgX)、铅盐(PbX_2)、亚铜盐(CuX)等是难溶的。氟化物的溶解度与其他卤化物的溶解情况不一样。例如 CuF_2 不溶于水,而其他 CuX_2 可溶于水,AgF 可溶于水,而其他 AgX 则不溶于水。卤化物在水中的溶解情况可以用极化理论解释。

7.6.2 卤化物的化学性质

1. 卤化物的热稳定性

卤化物的热稳定性是指它们受热时是否容易分解的性质,大多数卤化物是很稳定的。碱金属的卤化物在加热时很难发生分解,而有些卤化物则非常容易分解。例如:

$$ZrI_4 = Zr + 2I_2$$
$$PCl_5 = PCl_3 + Cl_2$$
$$CCl_4 = C + 2Cl_2$$

2. 卤化物与水的酸碱反应

依据酸碱质子理论,卤化物的正离子在水溶液中以水合正离子的形式存在,能够与水发生酸碱反应,而卤化物的负离子则可以作为质子碱,接受水给出的质子,卤化物在水中的这种现象,在阿仑尼乌斯酸碱理论中称为水解。这是卤化物十分重要的化学性质,在实践中,常利用卤化物的这种性质。例如,用溶胶-凝胶法制备膜、玻璃等。有时则必须避免卤化物与水发生酸碱反应,例如配制 $SnCl_2$ 水溶液。

卤化物中的负离子是氢卤酸的共轭碱,除氢氟酸外,氢卤酸都是强酸,因此由活泼金属(镁除外)组成的氯化物、溴化物和碘化物都不可能与水发生相应的酸碱反应,只有氟化物中的氟离子才能够与水发生相应的酸碱反应,使溶液呈弱碱性。

$$F^- + H_2O = HF + OH^-$$

许多活泼性较差的金属卤化物和非金属卤化物都会与水发生不同程度的酸碱反应,根据其产物的不同,可分为以下三种类型。

(1) 生成碱式盐或卤氧化物。

这是最常见的一种类型,通常是由于阳离子与水发生不完全酸碱反应而产生的。例如:

$$MgCl_2 + H_2O = Mg(OH)Cl \downarrow + HCl$$
$$SnCl_2 + H_2O = Sn(OH)Cl \downarrow + HCl$$

在一般条件下,这类卤化物要达到与水完全反应比较困难。如果在分级酸碱反应的过程中,中间产物是容易脱水的碱式卤化物,则反应将生成卤氧化物沉淀,而不发生进一步的酸碱反应。例如：

$$SbCl_3 + H_2O \Longrightarrow SbOCl\downarrow + 2HCl$$

$$BiCl_3 + H_2O \Longrightarrow BiOCl\downarrow + 2HCl$$

对于易与水发生酸碱反应的卤化物，在配制其溶液时，应预先加入相应的酸，以防止其与水发生酸碱反应而产生沉淀。

(2) 生成氢氧化物。

有许多金属卤化物与水发生酸碱反应的最终产物是相应的氢氧化物沉淀，但这些酸碱反应往往需要加热以促使反应进行完全。例如：

$$AlCl_3 + 3H_2O \Longrightarrow Al(OH)_3\downarrow + 3HCl$$

$$FeCl_3 + 3H_2O \Longrightarrow Fe(OH)_3\downarrow + 3HCl$$

$$ZnCl_2 + 2H_2O \Longrightarrow Zn(OH)_2\downarrow + 2HCl$$

(3) 生成两种酸。

许多非金属卤化物和高氧化数的金属卤化物，与水发生的酸碱反应进行得非常完全，生成相应的含氧酸和氢卤酸。例如：

$$BCl_3 + 3H_2O \Longrightarrow H_3BO_3 + 3HCl$$

$$PCl_5 + 4H_2O \Longrightarrow H_3PO_4 + 5HCl$$

$$SnCl_4 + 3H_2O \Longrightarrow H_2SnO_3 + 4HCl$$

$$TiCl_4 + 3H_2O \Longrightarrow H_2TiO_3 + 4HCl$$

$$SiF_4 + 3H_2O \Longrightarrow H_2SiO_3 + 4HF$$

这类卤化物遇到潮湿的空气时就会产生烟雾，这是由于它们与水具有很强的反应性。军事上制备烟幕剂就是利用这个性质。

7.7 硫 化 物

硫是氧的同族元素，具有与氧相似的价电子层结构，也容易获得两个电子，形成 -2 价的离子，并能够与金属或非金属形成相应的硫化物。

7.7.1 硫化物的溶解性

许多金属离子都可以在溶液中与 H_2S 或 S^{2-} 反应，生成相应的硫化物。除碱金属和 NH_4^+ 的硫化物可溶于水，碱土金属的硫化物微溶于水外，其他金属的硫化物均难溶于水，且都有颜色。硫化物中 S^{2-} 具有较大的半径，容易发生变形，在与金属离子结合时，由于离子极化作用，使金属硫化物中 M—S 键含有较多的共价性，因而很多硫化物都难溶于水。金属离子的极化作用越大，其硫化物的溶解度越小。由于不同金属离子的极化作用有较大的区别，各种硫化物的溶解度之间的差别非常大。

氢硫酸是很弱的二元酸，存在如下的解离：

$$H_2S \Longrightarrow H^+ + HS^-, \quad K_1^\ominus = 1.07 \times 10^{-7}$$

$$HS^- \rightleftharpoons H^+ + S^{2-}, \qquad K_2^\ominus = 1.26 \times 10^{-13}$$

在饱和硫化氢水溶液中,存在如下关系:

$$[c(H^+)/c^\ominus]^2 [c(S^{2-})/c^\ominus] = 1.35 \times 10^{-21}$$

通过调节溶液的酸度,可以达到控制溶液中 S^{2-} 浓度的目的。这样,适当地控制溶液的酸度,利用 H_2S 能将溶液中的不同金属离子分组分离。根据难溶于水的硫化物在酸中的溶解情况,可以将硫化物分为以下几组。

(1) 不溶于水、溶于稀盐酸的硫化物。如 ZnS、MnS、FeS 等。此类硫化物的 $K_{sp}^\ominus$ 一般都大于 10^{-24},只需要用稀盐酸,就可以使 S^{2-} 浓度降低而使硫化物溶解。显然向含有这些金属离子的酸性介质中通入 H_2S,将不会产生硫化物沉淀。

(2) 不溶于水和稀盐酸、可溶于浓盐酸的硫化物。属于这一类的硫化物主要是 SnS、SnS_2、PbS、Bi_2S_3、Sb_2S_3、Sb_2S_5、CdS 等。它们的 $K_{sp}^\ominus$ 一般在 $10^{-30} \sim 10^{-25}$ 之间,此类硫化物通过增加 H^+ 浓度, S^{2-} 的浓度降低,同时金属离子与大量的 Cl^- 生成配合物,降低了金属离子的浓度,使得金属离子浓度与 S^{2-} 浓度的乘积小于硫化物的 $K_{sp}^\ominus$,使硫化物溶解,例如:

$$PbS + 4HCl(浓) = [PbCl_4]^{2-} + H_2S + 2H^+$$

将 H_2S 通入到这些金属离子的溶液中,可以产生硫化物沉淀。

(3) 不溶于水和盐酸、可溶于氧化性酸的硫化物。属于这一类硫化物的主要有 CuS、Ag_2S、Cu_2S 等。此类硫化物的 $K_{sp}^\ominus$ 小于 10^{-30}。由于溶解度非常小,仅通过提高溶液的 H^+ 浓度已不可能将 S^{2-} 浓度降低到使硫化物溶解的数值。若在 1 L 溶液中,使 0.1 mol CuS 完全溶解,所需的 H^+ 浓度将高达 10^6 mol·dm^{-3},这是不可能达到的。必须使用氧化性酸如 HNO_3,将溶液中的 S^{2-} 氧化成单质硫,从而使硫化物溶解。例如:

$$3CuS + 8HNO_3 = 3Cu(NO_3)_2 + 3S\downarrow + 2NO\uparrow + 4H_2O$$

(4) 仅溶于王水的硫化物。属于这类硫化物的有 HgS。HgS 的溶解度非常小,其 $K_{sp}^\ominus$ 为 4.0×10^{-53},极其少量的 S^{2-} 就可产生 HgS 沉淀。单独用 HNO_3 将 S^{2-} 氧化成单质硫,还不可能使溶液中的正、负离子浓度的乘积小于其 $K_{sp}^\ominus$,只有同时降低负离子浓度和正离子浓度,才可能使 HgS 溶解。王水可以将 S^{2-} 氧化为 S,大量存在的 Cl^- 可以与 Hg^{2+} 配合生成 $[HgCl_4]^{2-}$,使 S^{2-} 浓度和 Hg^{2+} 浓度同时降低,导致 HgS 溶解。

$$3HgS + 2HNO_3 + 12HCl = 3H_2[HgCl_4] + 3S + 2NO + 4H_2O$$

易溶于或微溶于水的硫化物,如 Na_2S,S^{2-} 在水中很容易与水发生酸碱反应,使溶液呈碱性。工业上常用价格较便宜的 Na_2S 代替 NaOH 作为碱使用,故硫化物俗称"硫化碱"。

由于 S^{2-} 的碱性比水强,易与水溶液中的 H^+ 结合,使得某些金属的硫化物不能存在于水溶液中。例如:

$$Al_2S_3 + 6H_2O = 2Al(OH)_3 + 3H_2S\uparrow$$

$$Cr_2S_3 + 6H_2O \Longrightarrow 2Cr(OH)_3 + 3H_2S\uparrow$$

Al_2S_3 和 Cr_2S_3 通常用粉末状金属与硫粉直接反应来制备。

7.7.2 硫化物的还原性

硫化物很容易被氧化。这一性质对于寻找硫化物矿床很有意义。当黄铁矿(FeS_2)因地壳变动或风化剥蚀而暴露于地表时，在含氧的地下水作用下，会发生如下反应：

$$4FeS_2 + 15O_2 + 2H_2O \Longrightarrow 2Fe_2(SO_4)_3 + 2H_2SO_4$$

生成的 $Fe_2(SO_4)_3$ 在适当的条件下，可与水中的 OH^- 作用，生成红棕色的 $Fe(OH)_3$ 沉淀。

$$Fe_2(SO_4)_3 + 6H_2O \Longrightarrow 2Fe(OH)_3\downarrow + 3H_2SO_4$$

$Fe(OH)_3$ 经过脱水，转变为红棕色的沉积物，称为"铁帽"，这种"铁帽"已经成了金属硫化物矿床的一种重要标志。同理，孔雀石(碱式碳酸铜 $CuCO_3\cdot Cu(OH)_2$)可作为寻找黄铜矿($CuFeS_2$)的标志，而铅矾矿($PbSO_4$)下面往往有方铅矿(PbS)存在。测量地下水的 pH 值，可以为寻找硫化物矿提供证据。若某处地下水的 pH 值降低许多，周围可能会存在硫化物矿，因为硫化物矿被氧化后生成的 H_2SO_4 会使周围的土壤呈显著的酸性。

7.7.3 硫化物的酸性

有些硫化物具有一定的酸性，可溶于 Na_2S 溶液，生成硫代酸盐。

$$SnS_2 + Na_2S \Longrightarrow Na_2SnS_3(硫代锡酸钠)$$
$$Sb_2S_3 + 3Na_2S \Longrightarrow 2Na_3SbS_3(硫代亚锑酸钠)$$
$$HgS + Na_2S \Longrightarrow Na_2HgS_2(硫代汞酸钠)$$

生成的硫代酸盐可以看成是相应的含氧酸盐中的氧被硫取代的产物。所有的硫代酸盐都只能在中性或碱性介质中存在，遇酸生成不稳定的硫代酸，硫代酸立即分解为相应的硫化物沉淀和硫化氢：

$$Na_2SnS_3 + 2HCl \Longrightarrow SnS_2\downarrow + H_2S\uparrow + 2NaCl$$
$$2Na_3SbS_3 + 6HCl \Longrightarrow Sb_2S_3\downarrow + 3H_2S\uparrow + 6NaCl$$
$$Na_2HgS_2 + 2HCl \Longrightarrow HgS\downarrow + H_2S\uparrow + 2NaCl$$

7.8 含氧酸及其盐

盐类是无机化合物中极为重要的一类化合物，它们是由金属阳离子与酸根阴离子组成，可以分为含氧酸盐和非含氧酸盐两大类。前面已经对卤化物和硫化物等非含氧酸盐作了介绍，下面讨论含氧酸及其盐。

7.8.1 含氧酸的酸性

为了定量或半定量说明含氧酸的酸性强度,鲍林针对中心离子对含氧酸强度的影响,提出了两条半定量的规则。

规则一:对于多元酸而言,其逐级解离常数之间存在以下关系:

$$K_1^\ominus : K_2^\ominus : K_3^\ominus \approx 1 : 10^{-5} : 10^{-10}$$

例如,H_3PO_4 的三级解离常数分别为

$$K_1^\ominus = 7.08 \times 10^{-3}, \quad K_2^\ominus = 6.3 \times 10^{-8}, \quad K_3^\ominus = 4.17 \times 10^{-13}$$

规则二:无机含氧酸都可以表示为

$$RO_m(OH)_n$$

其中,m 为非羟基氧原子的数目。无机含氧酸的强度与 m 的数值有关:

m	化学式	酸性	$K_1^\ominus$
0	$R(OH)_n$	弱酸	$\leqslant 10^{-7}$
1	$RO(OH)_n$	中强酸	10^{-2}
2	$RO_2(OH)_n$	强酸	约 10^3
3	$RO_3(OH)_n$	极强酸	约 10^8

例如,H_2SO_3 可以写成 $SO(OH)_2$,根据规则二,可以推测 H_2SO_3 的 $K_1^\ominus$ 约为 1.0×10^{-2},运用规则一可以推算 $K_2^\ominus$ 为 1.0×10^{-7},而实测值分别为 1.5×10^{-2} 和 1.0×10^{-7},可见两者是相当接近的。

鲍林规则是由大量实验事实总结出来的,它指出了含氧酸强度的基本规律,但由于影响含氧酸强度的因素较多,也存在例外。

7.8.2 含氧酸及其盐的热稳定性

许多盐受热会发生分解反应,由于盐的性质不同,分解产物的类型、分解反应的难易有很大的区别。对于含氧酸盐而言,其热分解反应可以粗略地分为非氧化还原反应和氧化还原反应,下面分别讨论。

1. 非氧化还原的热分解

含氧酸盐的这种热分解的特点是在分解过程中没有电子转移,构成含氧酸盐的元素的氧化态在分解前后并未发生变化。这类热分解包括含氧酸盐的脱水反应、含氧酸盐的分解反应和含氧酸盐的缩聚反应,它们的产物分别为无水含氧酸盐或碱式盐、氧化物或酸和碱缩聚多酸盐。这几类热分解的分解方式不同,反应规律相异,在这里主要讨论含氧酸盐热分解为氧化物的规律。

含氧酸盐是碱性氧化物与酸性氧化物反应或酸与碱反应的产物,加热含氧酸盐时,含氧酸盐可以分解为相应的氧化物或酸和碱。例如:

$$CaCO_3 \xrightarrow{1\ 170\ K} CaO + CO_2 \uparrow$$

$$CuSO_4 \xrightarrow{923 \text{ K}} CuO + SO_3 \uparrow$$

$$(NH_4)_2SO_4 \xrightarrow{\triangle} NH_3 \uparrow + NH_4HSO_4$$

在无水含氧酸盐热分解反应中,这是最常见的一种类型。碱金属、碱土金属和具有单一氧化态金属的硅酸盐、硫酸盐和磷酸盐常按这种类型发生热分解反应。各种含氧酸盐的分解温度相差很大,这不仅与金属阳离子的性质有关,而且与含氧酸根有关。一般地,当含氧酸根相同时,含氧酸盐的分解温度在同一族中随金属离子半径的增大而递增(见表 7-11)。

表 7-11 一些碳酸盐的热分解温度

	$BeCO_3$	$MgCO_3$	$CaCO_3$	$SrCO_3$	$BaCO_3$
分解温度/℃	约 100	402	814	1 098	1 277

不同金属离子与相同含氧酸根所组成的盐,其热稳定性的相对大小有如下变化顺序:

碱金属盐＞碱土金属盐＞过渡金属盐＞铵盐

表 7-12 列出了一些碳酸盐和硫酸盐的热分解温度。从表 7-12 中还可以看到当阳离子相同时,含氧酸盐的热稳定性通常是硫酸盐高于碳酸盐。

表 7-12 一些碳酸盐和硫酸盐的热分解温度

	$NaCO_3$	$CaCO_3$	$ZnCO_3$	$(NH_4)_2CO_3$	Na_2SO_4	$CaSO_4$	$ZnSO_4$	$(NH_4)_2SO_4$
分解温度/℃	1 800	899	350	58	不分解	1 450	930	100

2. 氧化还原的热分解

如果组成含氧酸盐的金属离子或含氧酸根具有一定的氧化还原性,加热时,其电子的转移就能够导致含氧酸盐的分解。这类分解反应不仅有电子的转移,而且电子的转移发生在含氧酸盐的内部,是自身氧化还原反应。这类自身氧化还原反应在含氧酸盐的热分解反应中比较普遍,而且也很复杂。

当具有一定的还原性的阳离子和具有一定的氧化性的含氧酸根组成的含氧酸盐发生热分解反应时,往往发生的是阴离子将阳离子氧化的反应。例如:

$$NH_4NO_2 \xrightarrow{443 \text{ K}} N_2 \uparrow + 2H_2O \text{(实验室制备 } N_2 \text{ 的方法)}$$

$$(NH_4)_2Cr_2O_7 \xrightarrow{423 \text{ K}} Cr_2O_3 + N_2 \uparrow + 4H_2O$$

$$2NH_4ClO_4 \xrightarrow{483 \text{ K}} N_2 \uparrow + Cl_2 \uparrow + 2O_2 \uparrow + 4H_2O$$

若阳离子具有氧化性,而阴离子有还原性,则发生如下反应:

$$2AgNO_3 \xrightarrow{431 \text{ K}} 2Ag + 2NO_2 \uparrow + O_2 \uparrow$$

$$Ag_2SO_3 \xrightarrow{\text{红热}} 2Ag + SO_3 \uparrow$$

$$HgSO_4 \xrightarrow{红热} Hg + O_2 \uparrow + SO_2 \uparrow$$

阳离子氧化阴离子的反应,在含氧酸盐的热分解反应中较为少见,主要是银和汞的含氧酸盐发生这类反应。

当加热阳离子较稳定而阴离子不稳定的含氧酸盐时,较易发生阴离子的自身氧化还原反应,尤其是加热成酸元素为第ⅥB、ⅦB族的高氧化态的含氧酸盐时,通常采用这种分解方式。例如:

$$2NaNO_3 \xrightarrow{\triangle} 2NaNO_2 + O_2$$

$$2KClO_3 \xrightarrow{MnO_2,\triangle} 2KCl + 3O_2$$

$$2KMnO_4 \xrightarrow{燃烧} K_2MnO_4 + MnO_2 + O_2$$

$$4Na_2Cr_2O_7 \xrightarrow{673\ K} 4Na_2CrO_4 + 2Cr_2O_3 + 3O_2$$

对于成酸元素的氧化数处于中间氧化态的含氧酸盐,若阳离子为碱金属离子或较活泼的碱土金属离子,加热时,阴离子发生歧化反应。例如:

$$3NaClO \xrightarrow{348\ K} 2NaCl + NaClO_3$$

$$4KClO_3 \xrightarrow{673\ K} KCl + 3KClO_4$$

$$4Na_2SO_3 \xrightarrow{强热} Na_2S + 3Na_2SO_4$$

在上述反应中,成酸元素氯和硫发生了歧化反应,其生成的含氧酸根离子比分解的含氧酸根离子稳定。

从以上讨论可知,同一金属离子与不同酸根所形成的盐,其稳定性取决于对应酸的稳定性。一般地,酸较不稳定,其对应的盐也较不稳定,酸较稳定,其盐也较稳定,并且正盐的稳定性大于酸式盐。

7.8.3 含氧酸及其盐的氧化还原性

氧化还原性是含氧酸及其盐的一个重要性质,氧化还原性与成酸元素的性质有较大关系。由非金属性很强的元素形成的含氧酸及其盐,往往具有强的氧化性。例如,卤素的含氧酸及其盐、氮的含氧酸及其盐等。由非金属性较弱的元素形成的含氧酸及其盐则无氧化性。例如,碳酸及其盐、硼酸及其盐、硅酸及其盐等。成酸元素的氧化值对含氧酸的氧化还原性也有影响。具有中间氧化数的含氧酸及其盐,大多既具有氧化性,又具有还原性。例如:

$$SO_3^{2-} + 2H_2S + 2H^+ = 3S \downarrow + 3H_2O$$

$$2MnO_4^- + 5SO_3^{2-} + 6H^+ = 2Mn^{2+} + 5SO_4^{2-} + 3H_2O$$

$$2NO_2^- + 4H^+ + 2I^- = 2NO \uparrow + I_2 \downarrow + 2H_2O$$

$$2MnO_4^- + 5NO_2^- + 6H^+ = 2Mn^{2+} + 5NO_3^- + 3H_2O$$

有些具有中间氧化数的含氧酸容易发生歧化反应,例如 $HClO$、$HClO_3$ 等。

$$3HClO \Longrightarrow 2HCl + HClO_3$$
$$8HClO_3 \Longrightarrow 4HClO_4 + 2Cl_2\uparrow + 3O_2\uparrow + 2H_2O$$

过渡元素高氧化数的含氧酸及其盐也具有氧化性。例如 $H_2Cr_2O_7$、$HMnO_4$ 等是常用的氧化剂。

$$MnO_4^- + 5Fe^{2+} + 8H^+ \Longrightarrow Mn^{2+} + 5Fe^{3+} + 4H_2O$$
$$K_2Cr_2O_7 + 14HCl(浓) \Longrightarrow 2KCl + 2CrCl_3 + 3Cl_2\uparrow + 7H_2O$$

有些含氧酸及其盐具有很强的氧化性,例如:

$$H_5IO_6 + H^+ + 2e^- \Longrightarrow IO_3^- + 3H_2O, \quad E^\ominus = 1.644 \text{ V}$$
$$S_2O_8^{2-} + 2e^- \Longrightarrow 2SO_4^{2-}, \quad E^\ominus = 2.0 \text{ V}$$

可以在酸性介质中将 Mn^{2+} 氧化成 MnO_4^-:

$$5H_5IO_6 + 2Mn^{2+} \Longrightarrow 5HIO_3 + 2MnO_4^- + 6H^+ + 7H_2O$$
$$2Mn^{2+} + 5S_2O_8^{2-} + 8H_2O \xrightarrow{Ag^+,\triangle} 2MnO_4^- + 10SO_4^{2-} + 16H^+$$

含氧酸及其盐在水溶液中的氧化还原性,可以用标准电极电势 $E^\ominus$ 来衡量,$E^\ominus$ 值越正,表明氧化型物质的氧化能力越强,$E^\ominus$ 值越负,其还原型物质的还原能力越强。各种含氧酸及其盐的氧化还原性的相对强弱的变化规律及其原因比较复杂。同一元素的不同氧化数的含氧酸及其盐,其氧化还原性各不相同。例如 HNO_3 与 HNO_2 的氧化性就有很大的差别。同一含氧酸及其盐,在不同条件下,其氧化还原性强弱也不完全相同。含氧酸及其盐的氧化还原性有以下规律。

(1) 含氧酸及其盐的氧化能力与溶液的 pH 值有较大的关系,溶液中的 pH 值越小,含氧酸及其盐的氧化能力越强;在碱性介质中,其氧化能力较弱,有些低价态的含氧酸及其盐甚至具有还原性。

有些反应在不同 pH 值的介质中,其反应方向发生变化。在强酸性介质中,下列反应向右进行,当 pH 值增大时则向左进行。

$$AsO_4^{3-} + 2H^+ + 2I^- \Longrightarrow AsO_3^{3-} + I_2 + H_2O$$
$$NaBiO_3 + 6H^+ + 2Cl^- \Longrightarrow Bi^{3+} + Na^+ + Cl_2 + 3H_2O$$

(2) 同一周期主族元素和同一周期的过渡元素最高氧化数的含氧酸的氧化性随着原子序数的增加而增强。例如:H_2SiO_3 和 H_3PO_4 几乎没有氧化性,H_2SO_4 只有在高温和浓度大时,才有氧化性,而 $HClO_4$ 则为强氧化剂。同类型低氧化态的含氧酸也有这种倾向。如 $HClO_3$ 的氧化性大于 H_2SO_3。过渡元素也是如此。如 $HMnO_4$ 的氧化性强于 $H_2Cr_2O_7$。

(3) 同族主族元素最高氧化数含氧酸的氧化性从上到下呈现出锯齿状变化(见图 7-2)。

(4) 同一副族元素含氧酸及其盐的氧化性则是随着原子序数的增加而略有下降(见图 7-2),次卤酸氧化性的变化趋势与此相似。

(5) 当成酸元素具有相同的氧化数且处于同一周期时,主族元素的含氧酸的氧

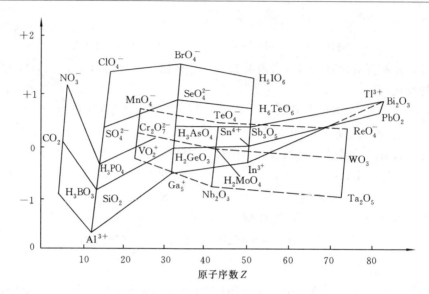

图 7-2 各元素含氧酸(包括酸酐)氧化还原性的周期性

化性强于副族元素的含氧酸。例如,BrO_4^- 的氧化性大于 MnO_4^- 的,SeO_4^{2-} 的氧化性大于 $Cr_2O_7^{2-}$ 的。

(6) 同一元素不同氧化数的含氧酸,若浓度相同,还原的产物相同,则高氧化数含氧酸的氧化性比低氧化数的弱。例如:

$$HClO > HClO_3 > HClO_4$$
$$HNO_2 > HNO_3(稀)$$

一般地,浓酸的氧化性大于稀酸,含氧酸的氧化性大于含氧酸盐的氧化性。

7.8.4 含氧酸盐的溶解性

含氧酸盐属于离子化合物,绝大部分钠盐、钾盐、铵盐以及酸式盐均溶于水。除了碱金属(Li 除外)和 NH_4^+ 的碳酸盐溶于水外,其他的碳酸盐均难溶于水。其中以 Ca^{2+}、Sr^{2+}、Ba^{2+}、Pb^{2+} 的碳酸盐最难溶。

大多数硫酸盐可溶于水,但 Pb^{2+}、Ba^{2+}、Sr^{2+} 的硫酸盐难溶于水,Ca^{2+}、Ag^+、Hg^{2+}、Hg_2^{2+} 的硫酸盐微溶于水。硝酸盐和氯酸盐几乎全都溶于水,且溶解度随温度的升高而迅速增大,但 $KClO_3$ 微溶于水。

磷酸盐、硅酸盐、硼酸盐、砷酸盐、铬酸盐等除 K^+、Na^+ 和 NH_4^+ 盐外,其他的均难溶于水。

盐类溶解性是一个非常复杂的问题,到目前为止,只有一些经验规律。例如,负离子半径较大时,盐的溶解度常随金属的原子序数的增大而减小;相反,负离子半径较小时,盐的溶解度常随金属的原子序数增大而增大。一般来讲,盐中正、负离子半径相差较大时,其溶解度较大;盐中正、负离子半径相近时,其溶解度较小。影响含氧酸盐溶解度的因素很多,主要因素是分子结构、晶格能与水合能的相对大小等。

7.8.5 硅酸盐

地壳的95%是硅酸盐,它们在自然界中分布非常广泛。长石、云母、黏土、石棉、滑石等都是天然硅酸盐,它们的化学式非常复杂,通常把它们看成是SiO_2和金属氧化物构成的复合氧化物。例如:

正长石　　$K_2O \cdot Al_2O_3 \cdot 6SiO_2$ 或 $K_2Al_2Si_6O_{16}$；

白云母　　$K_2O \cdot 3Al_2O_3 \cdot 6SiO_2 \cdot 2H_2O$ 或 $K_2H_4Al_6(SiO_4)_6$；

石棉　　　$CaO \cdot 3MgO \cdot 4SiO_2$ 或 $Mg_3Ca(SiO_3)_4$；

石榴石　　$3CaO \cdot Al_2O_3 \cdot 3SiO_2$ 或 $Ca_3Al_2(SiO_4)_3$。

在工业上用石英砂(SiO_2)与碳酸钠在反射炉中煅烧,可以得到玻璃态的硅酸钠熔体,溶于水成黏稠溶液,俗称水玻璃,它的用途很广,在建筑工业中用作黏合剂。木材和织物经水玻璃浸泡后,可以防火、防腐。水玻璃还可以用作软水剂和洗涤剂的添加物,也是制造硅胶和分子筛的原料。

除了碱金属硅酸盐外,其余硅酸盐都不溶于水。硅酸是一个弱酸,可溶性硅酸盐的水溶液都呈碱性。当在SiO_3^{2-}溶液中加入NH_4^+时,有H_2SiO_3沉淀生成和NH_3放出。

$$SiO_3^{2-} + 2NH_4^+ \Longrightarrow H_2SiO_3 \downarrow + 2NH_3 \uparrow$$

水玻璃与酸作用,生成的硅酸可以逐渐缩合形成多硅酸的胶体溶液,并逐渐生成含水量较大、软而透明、有弹性的硅酸凝胶,将硅酸凝胶脱水,可以得到一种吸附剂——硅胶。硅胶对极性物质如水等具有较强的吸附能力。其吸附作用主要是物理吸附,可以再生反复使用。

硅酸盐的结构虽然很复杂,但都是以硅氧四面体作为基本结构单元。硅位于正四面体的中心,四个氧原子处于正四面体的四个顶点(见图7-3)。

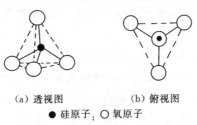

(a) 透视图　　(b) 俯视图
● 硅原子；○ 氧原子

图 7-3　SiO_4^{4-}负离子的四面体结构示意图

硅氧四面体通过不同的连接方式,构成不同结构的硅酸根阴离子,再结合某些金属阳离子,便得到不同结构的硅酸盐。硅酸盐结构的复杂性,不仅仅是由于硅氧四面体的连接方式不同,而导致了大量不同结构的硅酸盐,还由于硅酸盐中的Si^{4+}可以部分被半径相近的Al^{3+}取代,形成大量不同结构的铝硅酸盐,例如长石、沸石、高岭石等都是结构不同的铝硅酸盐。

有些铝硅酸盐晶体具有很空旷的硅氧骨架,在结构中有许多孔径均匀的孔道和内表面很大的孔穴,能起吸附剂的作用,直径比孔道小的分子能进入孔穴,直径比孔道大的分子被拒之门外,起着筛选分子的作用,故称为分子筛。许多天然沸石(一类铝硅酸盐)都可以用作分子筛。

在对天然沸石的结构进行大量研究后,现在已能够人工合成具有不同孔道半径和结构的多种分子筛。目前,分子筛在工业生产中广泛地用于干燥、吸收、净化气体和石油产品的催化裂化,还可作为催化剂载体。

本 章 小 结

本章简述了元素的存在状态和分布,在地壳中除了少数元素如稀有气体、氧、氮、硫、碳、金、铂系元素等可以单质存在外,其余元素均以化合态存在。然后重点叙述了单质及无机化合物的性质,主要有如下几点。

(1) 简述了主族元素单质的晶体结构和性质,主族金属元素的单质基本上是金属晶体,非金属单质的晶体结构类型较为复杂,有的是原子晶体,有的为过渡型晶体(链状或层状),有的是分子晶体。不同的晶体类型决定了其具有不同的物理性质和化学性质。主族金属单质具有还原性,主族非金属单质具有氧化还原性,稀有气体的化学性质非常不活泼,一般不与其他元素化合。

(2) 重点阐述了第一过渡系的 Ti、V、Cr、Mn、Fe、Co、Ni、Cu、Ag、Zn、Hg 等过渡元素的化学性质。

(3) 简述了镧系和锕系元素的结构和性质。

(4) 分析了氧化物和氢氧化物的酸碱性的变化规律:在同一周期中,从左到右,各元素最高氧化数的氧化物的酸性逐渐增强,碱性逐渐减弱。

(5) 讨论了卤化物的物理性质和化学性质。同一周期从左到右,随着金属活泼性的减弱,卤化物的热稳定性有减小的趋势。同一元素不同的卤化物的稳定性按 F→I 的顺序递减,即同一元素的氟化物热稳定性最好,碘化物最不稳定。卤化物与水的酸碱反应可分为三种类型:生成碱式盐或卤氧化物、生成氢氧化物和生成两种酸。

(6) 阐述了硫化物在不同介质中具有不同的溶解度,其溶解性分为四类:不溶于水、溶于稀盐酸的硫化物,例如,ZnS、MnS、FeS 等;不溶于水和稀盐酸、可溶于浓盐酸的硫化物,主要是 SnS、SnS_2、PbS、Bi_2S_3、Sb_2S_3、Sb_2S_5、CdS 等;不溶于水和盐酸、可溶于氧化性酸的硫化物,主要有 CuS、Ag_2S、Cu_2S 等;仅溶于王水的硫化物,属于这类硫化物的有 HgS。

(7) 叙述了含氧酸及其盐的性质:含氧酸的强度、含氧酸及其盐的氧化还原性的变化规律和含氧酸盐的热稳定性。

思 考 题

1. 什么叫丰度？如何表示？
2. 请指出地壳中含量最多的10种元素。
3. 元素在自然界有哪几种存在形式？举例说明之。
4. 简述同一周期、同一族元素物理性质的周期性变化规律。
5. 什么叫镧系收缩？它对第三过渡系元素有何影响？
6. 镧系元素、锕系元素和稀土元素分别包括哪些元素？
7. 从原子的电子层结构比较镧系元素和锕系元素的异同。
8. 稀土元素主要有哪些用途？
9. 比较下列各组物质的物理性质，并作简要解释。
    (1) $MgCl_2$、$BaCl_2$ 的熔点；$BeCl_2$、CCl_4 的熔点；
    (2) SiF_4、SiI_4 的热稳定性；
    (3) AlF_3、$AlCl_3$、$AlBr_3$ 熔融态时的导电性；
    (4) CCl_4、PCl_5、SF_6 与水的酸碱反应。
10. 指出下列氧化物酸碱性。
    K_2O、Li_2O、BeO、BaO、B_2O_3、CO、Fe_2O_3、Mn_2O_7、FeO、ZnO。
11. 试用鲍林规则判断下列含氧酸的强弱。
    H_2CrO_4、$HClO$、HNO_2、H_3PO_4、H_2SO_4、H_3AsO_4、H_3BO_3、$HMnO_4$。
12. 应用离子势如何判断氧化物的水合物的酸碱性？
13. 我国古代有一条找铁的经验"上有赭者，下必有铁"，试说出它的科学依据。
14. 元素氯化物的晶体类型、熔点、沸点等性质的一般变化情况如何？它们的熔点、硬度等性质与晶体类型有何联系？试举例说明。

习 题

一、选择题

1. 在下列卤化物中，共价性最强的是(　　)。
    A. LiF　　　　　　B. RbCl　　　　　　C. LiI　　　　　　D. BeI_2
2. 金属钙在空气中燃烧生成(　　)。
    A. CaO　　　　　　B. CaO_2　　　　　　C. CaO 及 CaO_2　　　　　　D. CaO 及少量 Ca_3N_2
3. 下列各组化合物中，均难溶于水的是(　　)。
    A. $BaCrO_4$、LiF　　　　　　B. $Mg(OH)_2$、$Ba(OH)_2$
    C. $MgSO_4$、$BaSO_4$　　　　　　D. $SrCl_2$、$CaCl_2$
4. 下列化合物与水反应放出 HCl 的是(　　)。
    A. CCl_4　　　　　　B. NCl_3　　　　　　C. $POCl_3$　　　　　　D. Cl_2O
5. 在常温下，Cl_2、Br_2、I_2 与 NaOH 作用正确的是(　　)。
    A. Br_2 生成 NaBr、NaBrO　　　　　　B. Cl_2 生成 NaCl、NaClO

C. I_2 生成 NaI、$NaIO$ D. Cl_2 生成 $NaCl$、$NaClO_3$

二、填空题

1. 对比 HF、H_2S、HI 和 H_2Se 的酸性，其中最强的酸是＿＿＿＿＿＿＿＿＿＿，最弱的酸是＿＿＿＿＿＿＿＿＿＿。

2. 臭氧分子中，中心原子氧采取＿＿＿＿＿＿＿＿＿＿杂化，分子中除生成＿＿＿＿＿＿＿＿＿＿键外，还有一个＿＿＿＿＿＿＿＿＿＿＿＿＿＿＿＿＿＿键。

3. 在 $Sn(II)$ 的强碱溶液中加入硝酸铋溶液，发生变化的化学方程式为＿＿。

4. 用 $NaBiO_3$ 做氧化剂，将 Mn^{2+} 氧化为 MnO_4^- 时，要用 HNO_3 酸化，而不能用 HCl，这是因为＿＿＿。

5. 在 $Sn(OH)_2$、$Pb(OH)_2$、$Sb(OH)_3$、$Bi(OH)_3$、$Mn(OH)_2$ 和 $Cr(OH)_3$ 中，两性氢氧化物是＿＿＿＿＿＿＿＿＿＿＿＿＿＿＿＿＿＿＿＿＿＿＿＿＿，碱性氢氧化物是＿＿＿＿＿＿＿＿＿＿＿＿＿＿＿＿＿＿＿＿＿＿。

三、综合题

1. 解释下列现象。

    (1) Mg 的外层电子结构是 $3s^2$，Ti 的外层电子结构是 $4s^2$，二者都是两个电子，Mg 只有 $+2$ 氧化态，而 Ti 却有 $+2$、$+3$、$+4$ 氧化态。

    (2) K^+ 和 Ca^{2+} 无色，而 Fe^{2+}、Mn^{2+}、Ti^{2+} 都有颜色。

    (3) Li 与 H_2O 的反应比 Na 与 H_2O 的反应慢得多。

2. 完成并配平下列反应方程式。

    (1) $Cu + HNO_3$ (稀) $\longrightarrow$

    (2) $Cl_2 + H_2O \longrightarrow$

    (3) $I_2 + NaOH \longrightarrow$

    (4) $S + NaOH \longrightarrow$

    (5) $P + NaOH \longrightarrow$

    (6) $C + H_2SO_4$ (浓) $\longrightarrow$

3. 用反应方程式表示 $NaCl$、$NaBr$、KI 分别和浓 H_2SO_4 的反应，指出它们的区别，并说明原因。

4. 重铬酸铵受热时，按下式分解

    $(NH_4)_2Cr_2O_7 =\!=\!= N_2 + Cr_2O_3 + 4H_2O$

    此分解过程与哪种铵盐相似？说明理由。

5. 写出下列卤化物与水作用的反应方程式。

    $MgCl_2$、BCl_3、$SiCl_4$、$BiCl_3$、$SnCl_2$。

6. 写出 PCl_3、SiF_4 与水反应的方程式，与 $BiCl_3$、$SnCl_4$ 同水的酸碱反应的反应方程式相比较有什么区别？

7. 指出下列各组酸的酸度强弱次序。

    (1) $HBrO_4$、$HBrO_3$、$HBrO$；

    (2) H_2AsO_4、H_2SeO_4、$HBrO_4$；

    (3) $HClO_4$、H_4SiO_4、H_3PO_4。

8. 试写出 $SiCl_4$ 和 NH_3 制造烟幕弹的方程式。

9. 分别比较下列各组物质的热稳定性。

(1) $MgHCO_3$、$MgCO_3$、H_2CO_3；

(2) $(NH_4)_2CO_3$、$CaCO_3$、Ag_2CO_3、K_2CO_3、NH_4HCO_3；

(3) $MgCO_3$、$MgSO_4$、$Mg(ClO_4)_2$。

10. 根据离子势判断下列氢氧化物为酸性、碱性或两性。

$Mg(OH)_2$、$Fe(OH)_2$、$Be(OH)_2$、$LiOH$、$B(OH)_3$、$Fe(OH)_3$、$Sn(OH)_4$。

11. 解释下列问题。

(1) 为什么 AlF_3 的熔点高达 1 290 ℃，而 $AlCl_3$ 的熔点却只有 190 ℃（加压下）？

(2) 为什么盛烧碱溶液的瓶塞不用玻璃塞，而盛浓 H_2SO_4、HNO_3 的瓶塞不用橡胶塞？

(3) 氢氟酸为什么不直接盛在玻璃瓶中，而要盛在内涂石蜡的玻璃瓶或塑料瓶中？

(4) H_2S 水溶液为什么不宜长期存放？

12. 完成并配平下列反应方程式。

(1) $TiO_2 + H_2SO_4(浓) \longrightarrow$

(2) $TiO^{2+} + Zn + H^+ \longrightarrow$

(3) $NH_4VO_3 \xrightarrow{\triangle}$

(4) $VO^{2+} + MnO_4^- + H^+ \longrightarrow$

(5) $V_2O_5 + HCl(浓) \longrightarrow$

(6) $Cr^{3+} + Br_2 + OH^- \longrightarrow$

(7) $K_2Cr_2O_7 + H_2S \longrightarrow$

(8) $Cr^{3+} + S^{2-} + H_2O \longrightarrow$

(9) $Mn^{2+} + NaBiO_3 + H^+ \longrightarrow$

(10) $MnO_4^- + H_2O_2 + H^+ \longrightarrow$

(11) $Fe^{3+} + H_2S \longrightarrow$

(12) $Co^{2+} + SCN^-(过量) \xrightarrow{丙酮}$

(13) $Ni(OH)_2 + Br_2 + OH^- \longrightarrow$

13. 写出下列有关反应式，并解释反应现象。

(1) $ZnCl_2$ 溶液中加入适量 NaOH 溶液，再加入过量 NaOH 溶液；

(2) $CuSO_4$ 溶液中加入少量氨水，再加入过量氨水；

(3) $HgCl_2$ 溶液中加入适量 $SnCl_2$ 溶液，再加入过量 $SnCl_2$ 溶液；

(4) $HgCl_2$ 溶液中加入适量 KI 溶液，再加入过量 KI 溶液。

14. 用适当的方法区别下列各对物质。

(1) $MgCl_2$ 和 $ZnCl_2$；　　　　　(2) $HgCl_2$ 和 Hg_2Cl_2；

(3) $ZnSO_4$ 和 $Al_2(SO_4)_3$；　　　(4) CuS 和 HgS；

(5) AgCl 和 $HgCl_2$；　　　　　　(6) ZnS 和 Ag_2S；

(7) Pb^{2+} 和 Cu^{2+}；　　　　　　(8) Pb^{2+} 和 Zn^{2+}。

第8章 化学与社会

经过数百年的努力,化学家合成了许多存在于自然界中的天然化合物和开发出大量自然界中不存在的化合物,这些天然和合成化合物构成了当今五彩缤纷物质世界的物质基础。人类的衣、食、住、行以及工业、农业、医药、卫生、环境等各行各业都与化学学科有着密切的关系,因此人们称化学是一门中心科学。本章主要就能源、环境、新材料和生命等热点问题作初步介绍。

8.1 化学与能源

能源品种繁多,按其来源可以分为三大类:一是来自地球以外的太阳能,除太阳的辐射能之外,煤炭、石油、天然气、风能等都间接来自太阳能;第二类来自地球本身,如地热能、原子核能;第三类则是由月球、太阳等天体对地球的引力而产生的能量,如潮汐能。

自然界中存在的可以直接取得且不必改变其基本形态的能源,如煤炭、天然气、地热、水能等称为一次能源。由一次能源经过加工或转换成另一种形态的能源产品,如电力、焦炭、汽油、柴油、煤气等属于二次能源。

煤炭、石油和天然气在地壳中是经千百万年形成的,这些能源短期内不可能再生。水能、风能、太阳能、生物质能、地热能和海洋能等属于可再生能源,它们资源潜力大、环境污染低、可永续利用,是有利于人与自然和谐发展的重要能源。

20世纪70年代以来,可持续发展思想逐步成为国际社会共识,可再生能源的开发利用受到世界各国高度重视,许多国家将开发利用可再生能源作为能源战略的重要组成部分,提出了明确的可再生能源发展目标,制定了鼓励可再生能源发展的法律和优惠政策,可再生能源得到迅速发展,成为各类能源中增长最快的领域。

2006年全球能源消费总量为108.785亿吨油当量,部分国家能源消费统计见表8-1。统计显示,目前虽然核能、水电能等能源比例在逐步加大,但石油、煤炭和天然气仍然在能源格局中处于主体地位。中国的煤炭在一次能源消费的比例高达70%,远远超过28%的全球平均水平。

表 8-1　2006 年部分国家能源消费统计

国家	石油	天然气	煤炭	核能	水力
美国	40.4%	24.4%	24.4%	8.1%	2.8%
德国	37.6%	23.9%	25.1%	11.5%	1.9%
俄罗斯	18.2%	55.2%	16.0%	5.0%	5.6%
日本	45.2%	14.6%	22.9%	13.2%	4.1%
中国	21.1%	3.0%	69.7%	0.7%	5.5%
世界平均	35.8%	23.7%	28.4%	5.8%	6.3%

8.1.1　煤

煤是储量最丰富的化石燃料，中国约占 12%，仅次于美国和俄罗斯，处于第三位。

煤是由远古时代的植物经过复杂的生物化学、物理化学和地球化学作用转变而成的一类具有高碳氢比的有机交联聚合物与无机矿物所构成的复杂混合物。煤炭有机大分子由许多结构相似但又不相同的结构单元组成。结构单元的核心是缩合程度不同的稠环芳香烃及一些脂环烃和杂环化合物，大分子在三维空间交联成网络状结构，一些小分子以氢键或范德华力与其相连，无机矿物被有机大分子所填充和包埋。煤的结构示意模型见图 8-1。

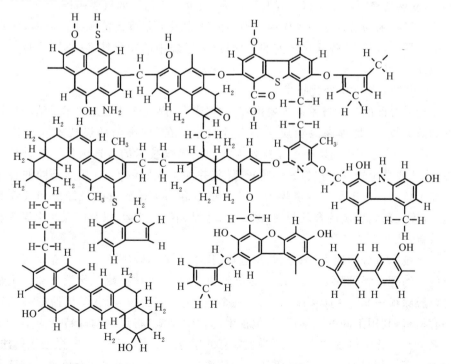

图 8-1　煤的结构示意图

组成煤的主要元素有碳、氢、氧、氮和硫,它们占煤炭有机组成的99%以上。煤按其变质程度由低到高可分为泥炭、褐煤、烟煤和无烟煤四大类。各种煤的元素组成和发热量见表8-2。

表 8-2　煤的元素组成和发热量

煤　种	C/(%)	H/(%)	O/(%)	N/(%)	S/(%)	发热量/(MJ·kg^{-1})
泥炭	约50	5.3~6.5	27~34	1~3.5	微量~10%	8~10
褐煤	50~70	5~6	16~27	1~2.5		10~17
烟煤	70~85	4~5	2~15	0.7~2.2		21~29
无烟煤	85~95	1~3	1~4	0.3~1.5		21~25

中国是世界第一大煤炭生产与消费国。直接烧煤对环境污染相当严重,产生的二氧化硫(SO_2)、氮氧化物(NO_x)等是造成酸雨的罪魁,大量CO_2的产生是全球气温变暖的祸首。据2000年《中国环境状况公报》资料显示,全国废气中SO_2、烟尘排放总量分别为1 995万吨、1 165万吨,导致酸雨的覆盖面积已达国土面积的30%。燃煤造成的SO_2及总颗粒物的排放量分别约占85%和70%,造成的经济损失每年高达1 000亿元以上。为了解决这些问题,合理利用和综合利用煤资源的办法不断出现和推广,发展洁净煤技术是提高煤利用效率、减少环境污染的重要途径。

洁净煤技术的目的是使煤作为一种能源达到最大限度潜能利用的同时,实现释放污染物最少,可分为煤炭燃烧前的净化技术、燃烧中的净化技术、燃烧后的净化技术、煤炭的转换技术等。

(1) 煤炭燃烧前的净化技术。

煤炭燃烧前的净化技术的主要内容是"选煤"。煤炭洗选加工技术是洁净煤技术发展的源头技术,是提高煤炭质量的有效技术。在《中国洁净煤技术九五计划和2010年发展规划》中,选煤和型煤被列为我国洁净煤技术的首选项目。选煤是应用物理、化学或微生物等方法将原煤脱灰、降硫并加工成质量均匀、用途不同的各品种煤的加工技术。选煤是工业燃煤大大减少烟尘和SO_2排放量的最经济和有效的途径,它直接关系到煤炭的合理利用、深加工、环保、节能、节运,以及产煤用煤企业的经济效益、社会效益和环境效益。

选煤技术可分为四类:筛分、物理选煤、化学选煤、细菌脱硫。筛分是把煤分成不同粒度。物理选煤可除去60%以上的灰分和50%的黄铁矿硫。化学法和微生物脱硫可以脱除煤中99%的矿物硫及90%的全硫(包括有机硫)。化学法脱硫多数针对煤中有机硫,利用不同的化学反应(包括生物化学反应)将煤中的硫转变为不同形态而使之分离。化学脱硫法有十几种,主要有碱熔融法、异辛烷萃取法、微波辐射法、生物化学法等。相对而言,化学选煤法脱硫效率最高,而且还能去除有机硫。细菌脱硫技术的难度在于生物化学过程往往反应太慢,微生物对温度又过于敏感,加上煤不溶于水,迫使煤粒直径要求非常细,增加能耗。

煤炭燃烧前的洁净技术还包括型煤加工、制成水煤浆等。

(2) 煤炭燃烧中的净化技术。

煤炭燃烧中的净化技术主要是采用先进的燃烧器,即通过改进电站锅炉、工业锅炉和炉窑的设计和燃烧技术,减少污染物排放,并提高效率。

流化床燃烧技术是燃烧中洁净煤技术的重要课题。流化床锅炉脱硫是一种炉内燃烧脱硫工艺,以石灰石为脱硫吸收剂,燃煤和石灰石自锅炉燃烧室下部送入,从炉底鼓风使床层悬浮,石灰石受热分解为氧化钙和二氧化碳。气流使燃煤、石灰颗粒在燃烧室内强烈扰动形成流化床,从而提高燃烧效率,燃煤烟气中的 SO_2 与氧化钙接触发生化学反应被脱除。为了提高吸收剂的利用率,将未反应的氧化钙、脱硫产物及飞灰送回燃烧室循环利用。钙硫比达到 2~2.5 时,脱硫率可达 90% 以上。较低的燃烧温度(830~900 ℃)使 NO_x 生成量大大减少。流化床燃烧与采用煤粉炉加烟道气净化装置的电站相比,SO_2 和 NO_x 可减少 50% 以上,无需烟气脱硫装置。

在煤的洁净燃烧技术方面,燃煤的燃气-蒸气联合循环技术的发展最令人瞩目,它有可能较大幅度地提高燃煤电厂的热效率,并使污染问题获得解决。它是高效的联合循环和洁净的燃煤技术相结合的一种先进发电系统。

(3) 煤炭燃烧后的净化技术。

燃煤锅炉排放的烟尘、SO_2、NO_x 是空气污染的主要原因。已有的常规煤粉炉发电厂,可用烟气净化技术减少 SO_2 和 NO_x 的排量。烟道气净化包括 SO_2、NO_x 和颗粒物控制。烟气脱硫有干式和湿式两种方法。干法是用浆状石灰石喷雾,与烟气中的 SO_2 反应,生成硫酸钙,水分被蒸发,干燥颗粒用集尘器收集。湿法是用石灰水淋洗烟气,SO_2 变成亚硫酸钙或硫酸钙的浆状物。烟气脱氮有多种方法,日本等国已采用干式氨选择性催化剂还原法,烟气通过催化剂,在 300~400 ℃下加入氨,使 NO_x 分解成无害的氮和蒸汽。目前已广泛采用静电除尘器进行烟气除尘,除尘效率已达 99% 以上。

(4) 煤炭的转换技术。

煤炭的转换技术的主要内容是煤炭汽化和煤炭液化。

煤炭汽化就是以煤为原料,以空气或氧气和水蒸气为汽化介质,在一定的高温下,与煤中的可燃物质(炭、氢等)发生反应,经过不完全的氧化过程,使煤转化成为含有 CO、H_2 和甲烷等可燃成分的混合气体——煤气。其优点是在燃烧前脱除硫组分。粗煤气中的 H_2S 可在气体冷却后通过化学吸收或物理吸附脱除,高温下也可用金属氧化物吸附。这些工艺可脱硫 99%。还可在汽化器中加石灰石固硫,这样也可脱硫 90%。

从广义上说,由煤制取煤气,一般有三种方法:煤的完全汽化(产品以煤气为主)、煤的温和汽化(或称低温干馏,产品以半焦为主)、煤的高温干馏(产品以焦炭为主)。

煤炭液化是将固体煤在适宜的反应条件下转化为洁净的液体燃料,工艺上可分为直接液化和间接液化两类。

煤的直接液化是把煤直接转化成液体产品。煤和石油都是由碳、氢、氧等元素组成的有机物,但煤的平均表观分子质量大约是石油的 10 倍,煤的含氢量比石油低得多。煤加热裂解,使大分子变小,然后在催化剂的作用下加氢($450\sim480$ ℃,$12\sim30$ MPa)可以得到多种燃料油。实际工艺涉及裂解、缩合、加氢、脱氧、脱氮、脱硫、异构化等多种化学反应。煤的直接液化技术虽已基本成熟,但直接液化的操作条件苛刻,对煤种的依赖性强,适合于大吨位生产的直接液化工艺目前尚未商业化。

煤的间接液化是先使煤汽化得到 CO 和 H_2 等气体小分子,然后在一定的温度、压力和催化剂的作用下合成各种烷烃、烯烃、乙醇和乙醛等。它是德国化学家于 1923 年首先提出的。煤炭间接液化的操作条件温和,几乎不依赖于煤种。典型的煤炭间接液化的合成过程在 250 ℃、$1.5\sim4.0$ MPa 下操作,合成的产品不含硫、氮等污染物,且不含芳香烃。目前还有少数缺油富煤的国家采用这种方法。

8.1.2 石油

自从 1883 年发明了汽油发动机和 1893 年发明了柴油机以来,石油获得了"工业血液"的美称。自 20 世纪 50 年代开始,在世界能源消费结构中,石油跃居首位。

石油是由远古时代沉积在海底和湖泊中的动植物遗体,经千百万年的漫长转化过程而形成的碳氢化合物的混合物。直接从地下开采出来的石油称为原油,原油及其加工所得的液体产品总称为石油。

石油是含有 $1\sim50$ 个碳原子的碳氢化合物的混合物,按质量计,其碳和氢分别占 $84\%\sim87\%$ 和 $12\%\sim14\%$,主要成分为直链烷烃、支链烷烃、环烷烃和芳香烃。石油中的固态烃类称为蜡。此外,石油中还含有少量由碳、氢、氧、氮和硫组成的杂环化合物。原油中硫含量变化很大,在 $0\sim7\%$ 之间,主要以硫醚、硫酚、二硫化物、硫醇、噻吩、噻唑及其衍生物的形式存在。氮含量远低于硫,为 $0\sim0.8\%$,以杂环系统的衍生物形式存在,如噻唑类、喹啉类等。此外,石油中还含有其他的微量元素。

石油中所含化合物种类繁多,必须经过多步炼制,才能使用,主要炼制过程有分馏、裂化、重整、精制等。

(1) 分馏。烃的沸点随碳原子数增加而升高。在加热时,沸点低的烃类先汽化,经过冷凝先分离出来,温度升高时,沸点较高的烃再汽化、冷凝,借此可以把沸点不同的化合物进行分离,这种方法叫分馏,所得产品叫馏分。分馏过程在一个高塔里进行,分馏塔里有精心设计的层层塔板,塔板间有一定的温差,以此得到不同的馏分。分馏先在常压下进行,获得低沸点的馏分,然后在减压状况下获得高沸点的馏分。每个馏分中还含有多种化合物,可以进一步再分馏。表 8-3 列举了石油分馏主要产品及用途。

表 8-3　石油分馏主要产品及用途

	温度范围/℃	分馏产品名称	烃分子中所含碳原子数	主要用途
气体		石油气	$C_1 \sim C_4$	化工原料,气体燃料
轻油	30～180	溶剂油 汽油	$C_5 \sim C_6$ $C_6 \sim C_{10}$	溶剂,汽车、飞机用液体燃料
轻油	180～280	煤油	$C_{10} \sim C_{16}$	液体燃料,溶剂
轻油	280～350	柴油	$C_{17} \sim C_{20}$	重型卡车、拖拉机、轮船用燃料,各种柴油机用燃料
重油	300～500	润滑油 凡士林	$C_{18} \sim C_{30}$	机械、纺织等工业用的各种润滑油,化妆品、医药业用的凡士林
重油	300～500	石蜡	$C_{20} \sim C_{30}$	蜡烛,肥皂
重油	300～500	沥青	$C_{30} \sim C_{40}$	建筑业,铺路
重油	＞500	渣油	＞C_{40}	做电极,金属铸造燃料

(2) 裂化。用加热蒸馏的办法所得轻油只占原油的 1/3～1/4。但社会需要大量的分子量小的各种烃类,采用催化裂化法,可以使碳原子数多的碳氢化合物裂解成各种小分子的烃类。裂解产物成分很复杂,从 C_1 到 C_{16} 都有,既有饱和烃又有不饱和烃,经分馏后分别使用。

(3) 重整。在一定的温度、压力下,汽油中的直链烃在催化剂表面上进行结构的重新调整,转化为带支链的烷烃异构体。重整可以得到抗震性更好的汽油及价值更高的化工原料。

(4) 精制。这是提高油品质量的过程。蒸馏和裂解所得的汽油、煤油、柴油中都混有少量含氮或含硫的杂环有机物,在燃烧过程中生成的 NO_x 及 SO_2 等酸性氧化物会污染空气,当环保问题日益受关注时,对油品中氮、硫含量的限制也就更加严格。现行的办法是用催化剂在一定温度和压力下使 H_2 和这些杂环有机物起反应生成 NH_3 或 H_2S 而分离,留在油品中的只是碳氢化合物。

石油加工产品中最重要的燃料是汽油。汽油质量用"辛烷值"表示。在汽缸里汽油燃烧时有爆震性,会降低汽油的使用效率。据研究,抗震性能最好的是异辛烷,将其辛烷值定为 100,抗震性最差的是正庚烷,将其辛烷值定为零。若汽油辛烷值为 85,即表示它的抗震性能与 85% 异辛烷、15% 正庚烷的混合物(并非一定含 85% 异辛烷)相当,商品上称为 85 号汽油。汽油中若加入少量四乙基铅 $Pb(C_2H_5)_4$,可以提高辛烷值的标号。但四乙基铅有毒,汽油燃烧后放出的尾气中所含微量的铅化合物已成为公害,自 20 世纪 70 年代起从环境保护的角度考虑,各国纷纷提出要求使用无铅汽油,有些汽车的设计规定必须使用无铅汽油,以减少对环境的污染。

石油不仅是重要的燃料资源,还是一种宝贵的化工原料,石油化工就是以它为母体发展起来的。石油化学工业以石脑油(一部分石油轻馏分的泛称)等石油产品为原料,首先经裂解转化为乙烯、丙烯、丁烯等,然后进一步精加工成为聚烯烃及一些重要的精细化工原料。在许多国家和地区中,石油化学工业的发展速度一直高于工业发展平均速度和国民经济增长速度。国际上常用乙烯及三大合成材料(即塑料、合成纤维、合成橡胶)来衡量石油化学工业的发展水平。

8.1.3 天然气

天然气是蕴藏在地层中的可燃性碳氢化合物气体,其成因和形成历史与石油相同,二者可能伴生,但一般埋藏部位较深。据国际经验,每吨石油大概伴有 1 000 m^3 的天然气。天然气的主要成分是甲烷,但也含有相对分子质量较大的烷烃,如乙烷、丙烷、丁烷、戊烷等,其中还含有 SO_2、H_2S 及微量稀有气体。碳原子数超过 5 的组分在地下高温环境中,以气态开采出来,但在标准态下是液体。天然气中各组分的含量常随相对分子质量的增大而下降。

天然气是最"清洁"的燃料,燃烧产物 CO_2 和 H_2O 都是无毒物质,并且热值很高(56 $kJ \cdot g^{-1}$),管道输送也很方便。我国最早开发使用天然气的是四川盆地,20 世纪末和 21 世纪初,在陕、甘、宁地区的长庆油田和新疆的塔里木盆地发现了特大型气田。

可燃冰是天然气的水合物,它是一种白色固体物质,外形像冰雪,有极强的燃烧力,可作为上等能源。可燃冰由水分子和燃气分子(主要是甲烷分子)组成,此外还有少量的 H_2S、CO_2、N_2 和其他烃类气体。在低温(-10~10 ℃)和高压(10 MPa 以上)条件下,甲烷气体和水分子能够合成类冰固态物质。这种天然水合物的气体储载量可达其自身体积的 100~200 倍,1 m^3 的固态水合物包容有约 180 m^3 的甲烷气体。这意味着水合物的能量密度是煤的 10 倍,是传统天然气的 2~5 倍。世界上绝大部分的天然气水合物分布在海洋里,储存在海底下 500~1 000 m 的水深范围以内。海洋里天然气水合物的资源量约为 1.8×10^8 m^3,是陆地资源量的 100 倍。

我国从 1999 年开始启动天然气水合物海上勘查。2007 年在南海北部成功钻获天然气水合物实物样品,使我国成为继美国、日本、印度之后第四个通过国家级研发计划采到天然气水合物实物样品的国家。

8.1.4 燃料电池

燃料电池是由燃料、氧化剂、电极和电解质组成的。燃料电池是利用燃料和氧化剂之间的氧化还原反应,将化学能直接转化为电能,从而大大提高能量的转换率。

当前广泛应用于航天飞行的是氢-氧燃料电池。在这种电池中,H_2 通过电极上的细微空隙进行扩散;阳极上 O_2 通过浸有氧化钴、铂或银为催化剂的一个多孔碳电极进行扩散。阳极和阴极用一种电解质(如 NaOH 或 KOH 溶液)分隔开。H_2 通过阳极扩散,以氢原子的形式被吸附在电极的表面上,它同电解质溶液中的 OH^- 反应生成水。在阳极产生的电子通过外电路流到阴极。通过阴极扩散的 O_2 被吸附在电极表面,并被还原为 OH^-。OH^- 从氧电极(阴极)经电解质溶液迁移到氢电极(阳极),从而完成一个循环。

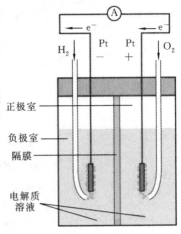

图 8-2 氢-氧燃料电池

例如图 8-2 所示的氢-氧燃料电池

$(-)Pt \mid H_2(g) \mid KOH(aq) \mid O_2(g) \mid Pt(+)$

负极　　$H_2(g) + 2OH^-(aq) \longrightarrow 2H_2O(l) + 2e^-$

正极　　$O_2(g) + 2H_2O(l) + 4e^- \longrightarrow 4OH^-(aq)$

总反应　　$2H_2(g) + O_2(g) = 2H_2O(l)$

只要对电池系统维持一定的温度、一定的电解质浓度,不断地供给燃料和氧化剂,且不让反应的生成物——水在电池内部滞留,就可以从电池中源源不断地得到电能,同时,从电池中排出来的水经过净化后,可以供宇航员饮用。为了满足宇宙飞船的实际需要,需将几十个这样的单电池串联起来,组成电池组,再将几个电池组并联起来,为飞船供电。

除碱性氢-氧燃料电池外,还有磷酸型燃料电池、高温固体氧化物燃料电池、熔融碳酸盐燃料电池、醇类燃料电池等,在电力站开发、航天飞船、驱动电力车等众多方面有很好的发展前景。

8.1.5　核能

原子核虽然在体积上只占原子的极小部分,但却集中了几乎全部原子的质量。根据爱因斯坦质能方程 $E = mc^2$,原子核中蕴藏着巨大的能量。同等质量的物质发生核反应放出的能量要比发生化学反应放出的能量大数百万倍。

原子核由中子和质子组成,但是任何一个原子核的质量总是小于组成该核的全部中子和质子的质量的和,这一质量之差对应的能量称为原子核的结合能。结合能是原子核结合紧密程度的度量,结合能越大(生成该核时释放出的能量越大),原子核结合越紧密。当平均结合能较小的原子核转化成平均结合能较大的原子核时,就可释放核能。中等质量核素的平均结合能最大,而轻或重核素的平均结合能较小。当把轻核素聚合成较重的核素(例如把氢聚合成氦)或把重核素分裂成较轻的核素(例如把铀分裂成钼和锡)时,将伴随着释放能量,这就是通常所说的聚变和裂变。

$^{235}_{92}U$ 原子核受高能中子轰击时,分裂为质量相差不多的两种核素,同时又产生几个中子,还释放大量的能量。利用中子激发所引起的核裂变,是人类迄今为止大量释放原子能的主要形式。1 kg 铀裂变放出的能量相当于 250 万 kg 煤燃烧所放出的能量。

$^{235}_{92}U$ 裂变过程中,每消耗 1 个中子,就能产生几个中子,产生的中子又能使其他 $^{235}_{92}U$ 发生裂变,同时再产生几个中子,如此反复,就会形成一系列的爆炸式的链式反应,释放出巨大能量(见图 8-3)。

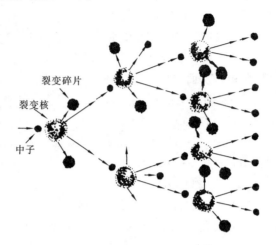

图 8-3 中子诱发的裂变形成链式反应

如果人们设法控制链式反应中中子的增长速度,使其维持在某一数值,链式反应就会连续地缓慢放出能量,这就是核反应堆或核电站的工作原理。核电站的中心是核燃料和控制棒组成的反应堆,其关键设计是在核燃料中插入一定量的控制棒。控制棒是用能吸收中子的材料制成的,如硼、镉、铪等材料,利用它吸收中子的特性控制链式反应进行的程度。$^{235}_{92}U$ 裂变时所释放的能量可将循环水加热至 300 ℃,产生的高温水蒸气推动发电机发电。

核电有很多优越性:单位质量的能量输出高,资源充分,废物的绝对量少,可以集中管理、处置,短期内对环境的危害也相对较小。综合考虑,核能将成为今后能源开发利用的一个重要方向。

8.1.6 太阳能和氢能

1. 太阳能

地球上最根本的能源是太阳能。太阳每年辐射到地球表面的能量为 50×10^{18} kJ,相当于目前全世界能量消费的 1.3 万倍,因此利用太阳能的前景非常诱人。太阳能的利用方式是光热转化或光电转化。

太阳能的热利用是通过集热器进行光热转化的。集热器也就是太阳能热水器,它的板芯是由涂了吸热材料的铜片制成的,封装在玻璃钢外壳中。铜片只是导热体,进行光热转化的是吸热涂层,这是特殊的有机高分子化合物。封装材料既要有高透光率,又要有良好的绝热性。随涂层、材料、封装技术和热水器的结构设计等不同,终端使用温度较低的在 100 ℃以下,可供生活热水、取暖等;中等温度在 100～300 ℃之间,可供烹调、工业用热等;高温的可达 300 ℃ 以上,可以供发电站使用。

太阳能也可通过光电池直接变成电能,这就是太阳能电池。太阳能电池具有安全可靠、无噪声、无污染、不需燃料、无需架设输电网、规模可大可小等优点,但需要占用较大的面积。已有使用价值的太阳能电池种类不少,多晶硅、单晶硅(掺入少量硼、砷)、碲化镉(CdTe)、硒化铜铟(CuInSe)等都是制造太阳能电池的半导体材料。太阳能发电作为一种高成本、高投入的产业,处于技术商业化的初级阶段,发达国家一直通过各种优惠扶持政策来推动太阳能电池的普及。

近年来,我国也对太阳能的开发利用给予了高度的重视。中国已是世界上最大的太阳能热水器生产国和消费国。北京 2008 年奥运会提出了"绿色奥运、科技奥运、人文奥运"的理念。北京奥运村使用的生活热水主要依靠太阳能,奥运会主场馆"鸟巢工程"首次采用太阳能电,其中太阳能发电系统总装机容量为 130 kW。

2. 氢能

氢能是指以氢及其同位素为主体的反应中或氢状态变化过程中所释放的能量。氢能包括氢核能和氢化学能,这里主要讨论由氢与氧化剂发生化学反应而放出的化学能。

氢作为二次能源进行开发,与其他能源相比有明显的优势:燃烧产物是水,是清洁能源;氢是地球上取之不尽、用之不竭的能量资源;1 kg H_2 燃烧能释放出 142 MJ 的热量,它的热值高,约是汽油的 3 倍,煤的 5 倍;研究中的氢-氧燃料电池还可以高效率地直接将化学能转变为电能,具有十分广泛的发展前景。

氢能源的开发应用必须解决三个关键问题:廉价氢的大批量制备、氢的储运和氢的合理有效利用。

大规模制氢,目前主要有水煤气法、天然气或裂解石油气制氢。但作为氢能系统,此非长久之计,因为其原料来源有限。由水的分解来制取氢气主要包括水的电解、热分解和光分解。水的电解和热分解有能耗大、热功转化效率低、热分解温度高等缺点,不是理想的制氢的方法。

对化学家来讲,研究新的经济上合理的制氢方法是一项具有战略性的研究课题。目前,有人提出太阳-氢能系统。简单地说,太阳能转化为电,并电解水生产氢,然后用管道输送氢供燃料电池发电。这是一种最理想的清洁和可循环的系统。

光分解水制取氢的研究已有一段历史。目前也找到一些好的催化剂,如钙和联吡啶形成的配合物,它所吸收的光能正好相当于水分解成氢和氧所需的能量。另外二氧化钛和含钙的化合物也是较适用的催化剂。酶催化水解制氢将是一种有前景的方法,目前已经发现一些微生物,通过氢化酶诱发电子与水中 H^+ 结合起来,生成 H_2。总之,光分解水制氢一旦成功突破,将使人类彻底解决能源危机的问题。

氢的输运和储存是氢能开发利用中极为重要的技术。常用储氢的方法有高压气体储存、低压液氢储存、非金属氢化物储存及金属储氢材料的固体储存等。

8.1.7 生物质能

生物质是指由光合作用而产生的各种有机体,它是太阳能以化学能形式储存在生物中的一种能量形式。生物质能是一种以生物质为载体的能量,直接或间接地来源于植物的光合作用。全部绿色植物每年所吸收的 CO_2 约 7×10^{11} 吨,合成有机物约 5×10^{11} 吨。因此生物质能是一种极为丰富的能量资源,也是太阳能的最好储存方式。

目前生物质能的利用大多是直接燃烧,热量利用率很低,并且对环境有较大的污染。把生物质能作为新能源来考虑,要将它们转化为可燃性的液态或气态化合物,即把生物能转化为化学能,然后再利用燃烧放热。农牧业废料、高产作物(如甘蔗、高粱、甘薯等)、速生树木(如赤杨、刺槐、桉树等),经过发酵或高温热分解等方法可以制造甲醇、乙醇等液体燃料。乙醇是一种绿色能源,乙醇以 20% 的比例和汽油混合,不需要对汽油发动机作任何改造,可以大大减少对石油的依赖。

一些生物质若在密闭容器内经高温干馏也可以生成 CO、H_2、甲烷等可燃性气体,这些气体可用来发电。生物质还可以在厌氧条件下生成沼气,汽化的效率虽然不高,但其综合效益很好。沼气含有 60%~70% 甲烷,热值是 23 000~27 600 $kJ\cdot m^{-3}$,作为燃料不仅热值高,并且干净,是一种很好的能源。沼渣、沼液是优质速效肥料,同时又处理了各种有机垃圾,清洁了环境。

8.2 化学与环境

环境是指与某一中心事物有关(相适应)的周围客观事物的总和,中心事物是指被研究的对象。对人类社会而言,环境就是影响人类生存和发展的物质、能量、社会、自然因素的总和。人类生存的自然环境主要为地球的表层(包括陆地和海洋)及大气层,通常划分为大气圈、水圈、土圈、岩石圈、生物圈五个部分。

全球环境或区域环境中出现不利于人类生存和发展的各种现象,称为环境问题。人类对环境问题有一个认识过程。20 世纪 60 年代,人们只把环境问题作为污染来看待,认为环境问题就是大气污染、水污染、噪声污染、土壤污染。我国当时早期的环境管理就是"以污染控制为中心",早期的环境管理实际上就是"三废管理"。1972 年联合国在瑞典斯德哥尔摩的"人类环境"会议上将环境污染和生态破坏提升到同一高度看待,提出"环境问题不仅表现在对水、大气、土壤等的污染,而且表现在生态的破坏和资源枯竭"。1987 年,联合国世界环境与发展委员会发表了《我们共同的未来》,提出可持续发展概念。1992 年,联合国环境与发展大会强调和正式确立了可持续发展的思想,并形成了当代的环境保护的主导意识。

8.2.1 大气化学

1. 大气的污染物

人类生活在大气圈中,依靠空气中的氧气而生存。人可几天不进食,不喝水,但断绝空气几分钟生命就难以维持,这充分表明空气对维持生命的重要性。清洁的空气则是人类健康的重要保证。

大气中总是含有一些对人体有害的物质,如 CO、NO_x、SO_2 等,它们被视为大气污染物。大气污染的定义起源于对有害影响的观察,即若大气污染物达到一定浓度,并持续足够的时间,达到对公众健康、动植物、材料、大气特性或环境美学产生可以测量的影响,就是大气污染。

按其形成过程的不同,大气污染物可以分成一次污染物和二次污染物。一次污染物又称原发性污染物,指由污染源直接排放到环境中的污染物。二次污染物又称续发性污染物,指由一次污染物在环境中发生变化形成的物理、化学性状与以前不同的新污染物,其毒性通常强于一次污染物。

当前主要的大气污染物有五种:粉尘、碳氧化物(CO、CO_2)、硫氧化物(SO_2、SO_3,以 SO_x 表示)、氮氧化物(NO、NO_2,以 NO_x 表示)、碳氢化合物。其他的大气污染物还有硫化氢、氟化物等。一般情况下,大气污染物中,粉尘和 SO_2 约占 40%,CO 约占 30%,CO_2、NO_2 及其他废气约占 30%。大气中主要气体污染物如表 8-4 所示。

表 8-4 大气中主要气体污染物

类别	一次污染物	二次污染物
含硫化合物	SO_2、H_2S	SO_3、H_2SO_4、MSO_4
含氮化合物	NO、NH_3	NO_2、HNO_3、MNO_3
碳氢化合物	$C_1 \sim C_5$	醛、酮、臭氧、过氧乙酰硝酸酯等
碳的氧化物	CO、CO_2	无
卤素化合物	HF、HCl	无

2. 大气环境问题及其防治

大气污染物进入大气,造成大气环境问题。下面讨论几个广受重视的问题。

(1) 酸雨。

酸雨定义为 pH 值小于 5.6 的雨雪或其他形式的大气降水。酸雨中的酸主要成分是 H_2SO_4 和 HNO_3,它们占总酸量的 90% 以上。至于这两种酸的比例如何,则取决于燃料的构成。由于我国一次能源当中煤占 70%,所以我国酸雨属煤烟型,其中 H_2SO_4 占大多数。

酸雨的形成是一个复杂的大气化学和大气物理过程,主要是由废气中的 SO_x 和 NO_x 造成的。硫的氧化物主要指 SO_2 和 SO_3,主要来自化石燃料(煤、石油)的燃烧,同时,化学工业和金属冶炼也排放大量硫的氧化物。

酸雨的危害是严重的。由于酸雨的侵蚀,世界上很多著名的大理石雕像和石灰石建筑物遭到破坏。酸雨严重腐蚀金属,危害钢铁桥梁、建筑物、交通工具、铁路等。酸雨造成某些地区湖泊河流逐渐酸化,铝等有害金属溶入水中,鱼类减少。强酸度的降水、雾和高浓度的 SO_2 等直接危害森林和农作物。酸雨造成土壤酸化,使钙、镁、钾等营养元素流失,抑制有机物降解和固氮作用,使土壤贫瘠化;另一方面,又将铝等有害元素活化,进入土壤溶液,被树木根部吸收后转化为 $Al(OH)_3$ 等,堵住根内传输管道。

H_2SO_4 和 HNO_3 雾直接危害人体呼吸系统、眼睛和皮肤。酸雨使湖河、土壤酸化,溶出铅、镉、汞等重金属,如进入饮用水,也将对人类健康造成严重威胁。

由于酸雨的前体物和 NO_x 主要来自矿物燃料的燃烧,所以节约能源可以减少它们的排放。

治理 SO_2 包括洁净煤技术、燃料脱硫(目前主要是重油脱硫)和烟气脱硫等。重油脱硫采用加氢催化脱硫法,使重油中有机硫化物中的 C—S 键断裂,硫变成简单的气体 H_2S 或固体化合物,从重油中分离出来。烟气脱硫可分为干法和湿法两种。湿法是把烟气中的 SO_2 和 SO_3 转化为液体或固体化合物,从而将其从烟气中分离出来,主要包括碱液吸收法、氨吸收法和石灰吸收法等。干法脱硫是采用固体粉末或非水液体作为吸收剂或利用催化剂进行烟气脱硫,主要有吸附法、吸收法和催化氧化法。

治理 NO_x 的途径是:①排烟脱氮,分干法(催化还原法、吸附法)和湿法(直接吸收法、氧化吸收法、氧化还原吸收法、液相吸收还原法、络合吸收法);②改善燃烧方法和设备,控制 NO_x 的产生。对汽车尾气中的 NO,目前广泛采用的是以 Pt-Rh 负载于 Al_2O_3 制成的蜂巢状载体上的整体催化剂,使汽车尾气中的烃类、CO 和 NO 同时去除。

(2) 温室效应加剧。

地球大气层中的 CO_2 和水蒸气等允许部分太阳辐射(短波辐射)透过并到达地面,使地球表面温度升高;同时,大气又能吸收太阳和地球表面发出的长波辐射,仅让很少的一部分热辐射散失到宇宙空间。由于大气吸收的辐射热量多于散失的,最终导致地球保持相对稳定的气温,这种现象称为温室效应。温室效应是地球上生命赖以生存的必要条件。

但是由于人口激增、人类活动频繁,化石燃料的燃烧量猛增,加上森林面积因滥砍乱伐而急剧减少,导致了大气中 CO_2 和各种气体微粒含量不断增加,致使 CO_2 吸收及反射回地面的长波辐射能增多,引起地球表面气温上升,造成了温室效应加剧,气候变暖。因此 CO_2 量的增加,被认为是大气污染物对全球气候产生影响的主要原因。但是温室气体并非只有 CO_2,主要的温室气体有 CO_2、CH_4、N_2O、CFC(氟利昂)、O_3 等能吸收红外线的多原子分子。

随着工业发展和城市人口增加,生产生活中 CO_2 排放量逐年增加,同时伴随着植被大量被破坏。近百年来,大气中 CO_2 浓度以每年 $0.7 \sim 0.8 \, \mu L \cdot L^{-1}$ 的速率增加,现已达到 320～330 μL·L^{-1}。有人做过计算,至 2050 年,若 CO$_2$ 排放量增加一倍,地球平均气温将上升 1.5～4.5 ℃,会导致两极冰雪融化,海平面上升,沿海低地将被淹没,使气候带发生移动,造成洪涝、干旱及生态系统的变化,对人类的生产、生活产生巨大影响。

要防止全球变暖,应从控制温室气体的排放入手。目前治理 CO$_2$,最有效的方法是控制 CO$_2$ 的排放量。造成温室效应的气体中,50% 是 CO$_2$,而其中的 80% 是由于燃烧煤和石油所致。另外,已有资料证明,发展核电厂可以减少产生酸雨对环境的危害和减少释放温室气体。世界范围内核能的应用已避免了每年 4.5 亿吨 CO$_2$、700 万吨 NO$_x$ 及 1.4 亿吨 SO$_2$ 的释放。

1997 年 12 月,在日本京都召开的《联合国气候变化框架公约》缔约方会议通过了旨在限制发达国家温室气体排放量以抑制全球变暖的《京都议定书》。它规定:至 2010 年,发达国家 CO$_2$ 等 6 种温室气体的排放量,总体上要比 1990 年减少 5.2%。至 2005 年 8 月,已有 142 个国家相继签署了该议定书,其中包括美国等发达国家。我国于 1998 年签署并于 2002 年核准了该议定书。

(3) 臭氧层的损耗。

在高层大气(离地面 15～24 km)中,由氧吸收太阳紫外线辐射而生成可观量的臭氧(O$_3$)。光子首先将氧分子分解成氧原子,氧原子与氧分子反应生成 O$_3$。

长期自然情况下,平流层中的 O$_3$ 的生成与损耗是同时进行的,保持动态平衡。但是由于人类排放的水蒸气、氟氯烃、氮氧化物等污染物进入大气后,它们会加速 O$_3$ 的破坏,导致臭氧层变薄。

近年来不断测量的结果已证实臭氧层已经开始变薄,乃至出现空洞。1985 年,发现南极上方出现了面积与美国大陆相近的臭氧层空洞,1989 年又发现北极上空正在形成的另一个臭氧层空洞。此后发现空洞并非固定在一个区域内,而是每年在移动,且面积不断扩大。

O$_3$ 能吸收波长在 220～330 nm 范围内的紫外光,从而防止这种高能紫外线对地球上生物的伤害。臭氧层变薄和出现空洞,就意味着有更多的紫外线到达地面。紫外线对生物具有破坏性,对人的皮肤、眼睛,甚至免疫系统都会造成伤害,强烈的紫外线还会影响鱼虾类和其他水生生物的正常生存,乃至造成某些生物灭绝,会严重阻碍各种农作物和树木的正常生长,又会使由 CO$_2$ 量增加而导致的温室效应加剧。

1985 年 9 月 16 日,联合国大会签订《保护臭氧层维也纳公约》。1987 年签订《关于减少消耗臭氧层物质的蒙特利尔议定书》。联合国大会确定自 1995 年起,每年的 9 月 16 日为"国际保护臭氧层日"。

8.2.2 水的环境化学

水是世界上分布最广的资源之一,也是人类赖以生存和发展必不可少的物质,但是世界上可供人类利用的淡水资源很少。地球表面有 70.8% 为海洋所覆盖,占地球总水量的97.3%,淡水只占2.7%,可供人类使用的淡水资源仅占地球总水量的0.64%。此外,人类排放的大量污染物还造成了这些淡水资源的污染,水质下降。因此水资源保护十分重要。

1. 水体污染

水体污染是指水体因某种物质的介入而导致其物理、化学、生物或放射性等特性的改变,从而影响水的有效利用,危害人体健康或破坏生态环境,造成水质恶化的现象。水体污染会严重危害人体健康,据世界卫生组织报道,全世界75%左右的疾病与水有关。

水体污染可分为化学型、物理型和生物型污染三种类型。化学型污染是指由于向水体中排放酸、碱、有机和无机污染物质造成的水体污染;物理型污染是指排入水体的泥沙、悬浮性固体物质、有色物质、放射性物质及高于常温的水造成的水体污染;生物型污染指随污水排入水体的病原微生物造成的水体污染。

化学水污染根据具体污染源可分为六类。

(1) 无机污染物质:水中酸、碱浓度异常的一种水污染现象。天然水的pH值常为6.5~8.5,当pH值小于6.5或大于8.5时,表示水体受到酸类或碱类污染,水的自然缓冲作用遭到破坏,使水体的自净能力受到阻碍,消灭和抑制细菌及微生物的生长,对水中生态系统产生不良影响,使水生生物的种群发生变化,鱼类减产,甚至绝迹。酸、碱性水质还可以腐蚀水中各种设备及船舶。污染水体的无机污染物质有酸、碱和无机盐类。污染水体的酸主要来自矿山排水及人造纤维、酸法造纸、酸洗废液等工业废水;污染水体的碱主要来源是碱法造纸、化学纤维、制碱、制革、炼油等工业废水。

(2) 无机有毒物质:污染水体的无机有毒物质主要是重金属等有潜在长期影响的物质,主要有汞、镉、铅、砷、铜、锌等。天然水体中,微量的重金属就可产生毒性效应,一般产生毒性的含量范围为$(1\sim10)\times10^{-6}$ kg·dm^{-3},毒性强的汞、镉则为$(0.001\sim0.01)\times10^{-6}$ kg·dm^{-3}。重金属污染物一般具有潜在危害性,水中的微生物难以使之分解消除(可称为降解作用),经过水中食物链被富集,人若摄入将会在人体内积蓄,引起慢性中毒。如发生在日本富山县的骨疼病,是因为当地人长期食用含镉废水污染的稻米,使镉在骨骼、肝、肾等部位累积的结果。重金属污染物的毒害不仅与其摄入机体内的数量有关,而且与其存在形态有密切关系,不同形态的同种重金属化合物其毒性可以有很大差异。例如废水中Cr^{6+}具有较强的致癌性,其毒性比Cr^{3+}高出100倍。

(3) 有机有毒物质:大多数为难降解有机物或持久性有机物,如多元(环)有机化合物(如苯并芘)、有机氯化合物(如多氯联苯、六六六)、有机重金属化合物(如有机汞)等。这些物质在水中的残留时间长,有蓄积性,可造成人体慢性中毒、致癌、致畸等生理危害。发生在日本的水俣病就是当地渔民食用了被化工厂排出的甲基汞污染了的鱼类,导致毒素在大脑中积累,造成严重的中枢神经中毒。

(4) 需氧物质污染：废水中含有蛋白质、油脂、纤维素等有机物质，它们可以通过微生物的生物化学作用分解而消耗水中的溶解氧，因而被称为需氧污染物。其污染程度一般用生化需氧量 BOD（水中有机物在被生物分解的生物化学过程中所消耗的溶解氧量）、化学需氧量 COD（一定条件下，水中有机物质被化学氧化剂氧化过程中所消耗的氧量）、总需氧量 TOD（一定量水样中能被氧化的有机和无机物质燃烧成稳定的氧化物所需氧量）、总有机碳 TOC（一定量水样中有机碳总含量）四种指标衡量水体中有机物的耗氧量。天然水体中溶解氧含量一般为 $5\sim10$ mg·dm^{-3}。当大量耗氧有机物排入水体后，使水中溶解氧急剧减少，水体出现恶臭，破坏水生生态系统，对渔业生产的影响甚大。

(5) 植物营养物质：生活污水和某些工业废水、农用排水及含洗涤剂的污水中，经常含有一定量的氮、磷等植物营养物质，如氨氮、硝酸盐、亚硝酸盐、磷酸盐以及农田排水中残余的氮和磷的有机化合物，它们是植物生长、发育的养料。若排入量过多，水体中的营养物质会促使藻类大量繁殖，耗去水中大量的溶解氧，影响鱼类的生存，严重时，湖泊可被繁殖植物及其残骸淤塞，成为沼泽甚至干地，这种现象称为水体营养污染或水体富营养化。

(6) 油类污染物质：主要指石油对水体的污染，如烷烃、环烷烃、芳香烃等。在石油的开采、炼制、储运、使用过程中，原油和各种石油制品进入环境而造成污染。石油或其制品进入海洋等水域后，由于石油比水轻又不溶于水，覆盖在水面上形成薄膜层，阻碍了大气中氧在水中的溶解，妨碍水生植物的光合作用；其分解和氧化作用会消耗水中大量的溶解氧，致使海水缺氧；同时石油会覆盖或堵塞生物的表面和微细结构，抑制生物的正常运动，且阻碍小动物正常摄取食物、呼吸等活动。

水体中各种污染源排放的污染物质往往都不是单一物质，各类污染源所具有的特点也不尽相同。生活污水中的物质组成多为无毒的无机盐类、需氧有机物类、病原微生物类及洗涤剂等。工业废水的悬浮物含量高，酸碱变动范围大，生化需氧量 BOD 和化学需氧量 COD 高，含酚、氰、油、农药、染料、重金属等多种有毒有害成分。而农村污水主要含有农业牲畜粪便、农药、化肥，有机质、植物营养素及病原微生物含量高并含有难分解有机物质。

2. 污水治理

为了防止水体污染，必须对各种废水和污水进行处理，达到国家规定的排放标准后再行排放。

废水处理程度可分为一级、二级和三级处理。一级处理采用物理方法，主要是用以除去废水中大部分粒径在 0.1 mm 以上的大颗粒物质（固体悬浮物）。经一级处理后的废水一般还达不到排放标准，故通常作为预处理阶段。二级处理是采用生物处理方法（又称微生物法）及某些化学法（主要是化学絮凝法或称混凝法），用以去除水中的可降解有机物和部分胶体污染物。经过二级处理后的水一般可达到农灌标准和废水排放标准。三级处理可采用化学法（化学沉淀法、氧化还原法等）、物理化学法

（吸附、离子交换、萃取、电渗析、反渗透法等），这是以除去某些特定污染的一种"深度处理"方法。

化学方法处理污水，具有设备简单、操作方便的特点，常用处理废水的化学方法见表 8-5。

表 8-5　常用处理废水的化学方法

方　法	原　　理	设备及材料	处　理　对　象
混凝	向胶状混浊液中投加电解质，凝聚水中胶状物质，使之和水分开	混凝剂有硫酸铝、聚合氯化铝、聚合硫酸铁、聚硅氯化铁、高分子化合物等	含油废水、染色废水、煤气站废水、洗毛废水等
中和	酸碱中和，pH 值达中性	石灰、石灰石、白云石等中和酸性废水，CO_2 中和碱性废水	硫酸厂废水（用石灰中和）、印染废水等
氧化还原	投加氧化（或还原）剂，将废水中物质氧化（或还原）为无害物质	氧化剂有空气（O_2）、漂白粉、氯气、臭氧等	含酚、氰化物、硫、铬、汞废水，印染、医院废水等
电解	在废水中插入电极板，通电后，废水中带电离子变为中性原子	电源、电极板等	含铬含氰（电镀）废水、毛纺废水
萃取	将不溶于水的溶剂投入废水中，使废水中的溶质溶于此溶剂中，然后利用溶剂与水的相对密度差，将溶剂分离出来	萃取剂有醋酸丁酯、苯、N-503 等；设备有脉冲筛板塔、离心萃取机等	含酚废水等
吸附（包含离子交换）	将废水通过固体吸附剂，使废水中溶解的有机或无机物吸附在吸附剂上，通过的废水得到处理	吸附剂有活性炭、煤渣、土壤等，还需吸附塔和再生装置	染色、颜料废水，还可吸附酚、汞、铬、氰以及除色、臭、味等，用于深度处理

不同的处理方法有其自身的特点和适应的处理对象，需合理地选择和采用。对成分复杂的废水，化学沉淀法往往难以达到排放或回用的要求，则需与其他处理方法联合使用。

8.2.3　化学与可持续发展

20 世纪以来，随着科学技术的进步和社会生产力的极大提高，人类创造了前所未有的物质财富,加速推进了世界文明发展的进程。但与此同时,人口猛增,资源过度消耗,生态环境受到严重污染和破坏,严重阻碍着社会经济的发展和人民生活质量的提高,甚至威胁着人类的未来。

人类在改造自然的过程中,长期以来都是以高投入、高消耗作为发展的手段,对自然资源往往重开发、轻保护,重产品质量和产品效应,轻社会效应和长远利益,违背自然规律,忽视对污染的治理,造成了生态危机,因而遭到自然的频繁报复。如臭氧空洞的出现、全球气温上升、土地沙漠化、生物物种锐减、水资源的污染等。特别是农药和化肥的污染,其范围如此之广,以致南极的企鹅和北极苔原地带的驯鹿都受到了影响。

随着环境问题逐渐成为全球关注的焦点,各传统学科和新兴学科几乎无一例外地向环境领域渗透,不同程度地参与环境问题研究。化学向环境领域渗透诞生了环境化学学科。环境化学是研究化学污染物及对生态系统可能带来影响的化学物质在自然环境中的化学变化规律的科学,包括对环境污染的化学分析监测、环境中化学污染的机理、应用化学和物理方法防治污染及其化学原理的研究等。环境化学的特点是在微观的原子、分子水平上,来阐明和研究宏观的环境现象与环境变化的化学原因、过程机制及其防治途径,其核心是研究环境中的化学转化与化学效应。

1990年前后,美国科学家提出绿色化学的概念。绿色化学是贯彻可持续发展战略的一个重要组成部分,绿色化学又称环境无害化学、洁净化学,即用化学技术和方法把对人类的健康和安全及对生态环境有害的原材料、产物的使用和生产减少到最低。从绿色化学的目标来看,有两个方面必须重视:一是开发以"原子经济性"为基本原则的新化学反应过程;二是改进现有的化学工业,减少和消除污染。

我国的环境保护决不能走其他工业发达国家走过的"先污染,后治理"的老路。我国已经确定了"经济建设、城乡建设、环境建设同步规划、同步实施、同步发展,实现经济效益和环境效益相统一"的环境保护战略方针,以达到协调、稳定、持续的发展。

8.3 化学与新材料

材料发展的历史从生产力的侧面反映了人类社会发展的文明史。材料的重要性已被人们充分地认识,能源、信息和材料已被公认为当今社会发展的三大支柱。

人类对材料的认识和利用,经历了一个漫长的探索、发展的历史过程。从天然物中取得所需的材料,石器、骨器等成为人类利用的第一代材料。随着金属冶炼技术的发展,青铜、钢铁、各种合金材料等金属成为主导材料。20世纪初发展起来的高分子材料,扩大了材料的品种和范围,推动了许多新技术的发展,使人类进入了合成材料的时代。近几十年来,新型无机非金属材料异军突起,发展极快,在材料世界中,和金属材料、有机高分子材料形成三足鼎立之势。在此基础上,第四代材料——复合材料应运而生,在能源开发、电子技术、空间技术、国防工业和环境工程等领域中大显身手。第五代材料——智能化材料也在研究和开发之中,这类材料本身具有感知、自我调节和反馈的能力,即具有敏感(能感知外界作用)和驱动(对外界作用做出反应)的双重功能。

材料可按不同的方法分类。若按材料的成分和特性分类,可将材料分为金属材料、无机非金属材料、高分子材料和复合材料四大类。若按用途分类,可将材料分为结构材料和功能材料两大类。另外,也可把材料分为传统材料和新型材料。本节根据不同的性能和应用介绍几种新型材料。

8.3.1 信息功能材料

1. 半导体材料

半导体材料是介于导体和绝缘体之间,电导率为 $10^{-5} \sim 10^4$ S·m^{-1} 的固体材料。用半导体材料制成的各类器件,特别是晶体管、集成电路,已经成为现代电子和信息产业乃至整个科技工业的基础。

与金属依靠自由电子导电不同,半导体材料是靠电子和空穴两种载流子的移动来实现导电的。处于元素周期表 p 区的金属与非金属的交界处的大多数元素单质都具有一定的半导体性质,但最有实用价值、最优越的单质半导体是 Si 和 Ge。理想的 Si 和 Ge 的晶体结构属于金刚石型,每个原子的 4 个价电子参与形成 4 个共价键,价带充满了电子,导带是空的,没有任何可自由移动的载流子,在外加能量(如热能、电磁辐射能和光能)的作用下,半导体价带中的电子受激发后从满价带跃迁到空导带中,跃迁电子可在导带中自由运动,传导电子的负电荷。同时,在满价带中留下与跃迁电子数相同的空穴,空穴带正电荷,在价带中空穴可按电子运动相反的方向运动而传导正电荷。因此,半导体的导电来源于电子和空穴的运动,这种半导体称为本征半导体,其导电能力较弱。

在本征半导体中掺入微量杂质形成的半导体,称为杂质半导体,有较好的导电能力。杂质半导体分为 N 型和 P 型两种,N 型参与导电的是自由电子,P 型参与导电的为空穴。P 型(空穴型)半导体和 N 型(电子型)半导体结合在一起,在结合处由载流子的扩散作用,建立一薄层电场,它只能让单方向电流通过,这层电场叫阻挡层,也叫 PN 结。PN 结是制造半导体二极管、三极管和集成电路的基础。

半导体的导电能力受杂质含量和温度等外界条件的影响很大,利用这一特性可以制成许多半导体器件,如半导体发光管、摄像器件和激光、微波半导体器件等。

信息产业以集成电路为基础,集成电路的关键在于半导体材料和封装材料与技术。目前硅是最主要的半导体材料(在 95% 以上),在今后二三十年内也不会有很大改变。但对硅材料的要求却愈来愈高,晶片尺寸愈大,质量要求愈高。

除元素半导体外,还有化合物半导体,目前性能最好的是 GaAs 半导体。硅半导体的工作温度仅为 150 ℃,而 GaAs 的工作温度可达 250 ℃以上。GaAs 是仅次于硅的一种ⅢA~ⅤA族半导体材料,由于其具有比硅优异的性能和受激发光的特点,对发展高密度、高速度芯片有利,在今后会得到更高速度的发展。在 GaAs 中掺入碲后可得 N 型半导体,掺入锌或镉时,得到 P 型半导体。近年来发现的多孔硅及在硅单晶上形成的纳米 SiC 都是可发光的半导体材料,有可能在光电子学中得到应用。

2. 光导纤维

光通信是当代新技术革命的重要内容,也是信息社会的重要标志。光导纤维的特点在于容量大、保密性强、不受干扰、节约资源、中继线网络距离长,是信息高速公路的关键技术。

光导纤维一般由两层组成,里面一层称为内芯,直径几十微米,但折射率较高;外面一层称包层,折射率较低。从光导纤维一端入射的光线,经内芯反复折射而传到末端,由于两层折射率的差别,使进入内芯的光始终保持在内芯中传输着。

光导纤维从材料的组成看,有石英玻璃光纤和多组分玻璃光纤。目前,国内外所制造的光纤绝大部分都是高纯二氧化硅玻璃光纤。为降低石英光纤的内部损耗,现都采用化学气相反应沉积法,以 $SiCl_4$ 为原料制取高纯度的石英预制棒,再拉成丝,制成低损耗石英光纤(目前损耗已接近理论值 $100 \text{ dB} \cdot \text{m}^{-1}$)。

除无机非金属光导纤维以外,有机光导纤维损耗虽较高($1 \times 10^5 \sim 2 \times 10^5 \text{ dB} \cdot \text{m}^{-1}$),但由于其柔软、可操作性强而广泛用于医学诊断,特别适合制作各种人体内窥镜,如胃镜、膀胱镜、直肠镜、子宫镜等,对诊断医治各种疾病极为有利。

3. 记录材料

记录材料多种多样,分为磁、光与磁光记录材料几大类。

磁记录材料发展最早,目前仍占很重要位置。计算机硬盘是通过磁介质来存储信息的。最早的磁头是采用锰铁氧体制成的。铁氧体是由铁和其他一种或多种金属组成的复合氧化物。如尖晶石型铁氧体的化学式为 $MeFe_2O_4$ 或 $MeO \cdot Fe_2O_3$,其中 Me 是离子半径与二价铁离子(Fe^{2+})相近的二价金属离子(如 Mn^{2+}、Zn^{2+}、Cu^{2+}、Ni^{2+}、Mg^{2+}、Co^{2+} 等)或平均化学价为二价的多种金属离子组。按铁氧体的性质及用途又可分为软磁、硬磁、旋磁、矩磁、压磁、磁泡等铁氧体。铁氧体软磁材料的磁头通过电磁感应的方式读写数据,然而,随着信息技术发展对存储容量的要求不断提高,这类磁头难以满足实际需求。

1998 年左右,巨磁阻磁头开始被大量应用于硬盘当中。所谓巨磁阻效应,是指磁性材料的电阻率在有外磁场作用时较之无外磁场作用时存在巨大变化的现象。巨磁阻是一种量子力学效应,它产生于层状的磁性薄膜结构。这种结构是由铁磁材料和非铁磁材料薄层交替叠合而成。当铁磁层的磁矩相互平行时,载流子与自旋有关的散射最小,材料有最小的电阻。当铁磁层的磁矩为反平行时,与自旋有关的散射最强,材料的电阻最大。上、下两层为铁磁材料,中间夹层是非铁磁材料。铁磁材料磁矩的方向是由加到材料的外磁场控制的,因而较小的磁场也可以得到较大电阻变化的材料。

光存储材料是一种借助光束作用写入、读出信息的材料,又称为光记录高分子材料。写入时光盘的存储介质与聚焦的激光束相互作用,产生物理或化学作用,形成记录点,当光再次照射时形成反差,产生读出信号。光记录材料可以分为只读型和读写型。只读型光记录材料由光盘基板和表面记录层构成,用于永久性保留信息,价格低廉,可以大批量复制生产;读写型光记录材料由光盘基板与光敏材料复合而成,记录的信息可以在激光作用下改写,用于临时性信息记录,价格较贵。光存储材料是目前使用最广、高密度、低价格信息记录材料之一。

磁光存储作为一种光存储和磁存储并存的存储方式,既有光存储的大容量,又有磁存储的可擦重写、自由插换和与硬磁盘相接近的平均存取速度的优点。另外,磁光盘具有保存时间长、可靠性高、使用寿命长、误码率小等优异性能。磁光存储信息写入过程是热磁写入,即以聚焦激光加热存储介质,使之达到补偿温度或居里温度,同时加一外磁场来使记录磁畴翻转;而读出过程是利用磁光克尔效应来读出的。磁光存储材料成分为 GdCo、GdTbFe、TbFeCo 或 Co 与 Pt 薄膜重叠。

8.3.2 结构新材料

结构新材料向高比强度、高比刚度、耐高温、耐腐蚀、耐磨损方向发展。为满足航空、航天及国防的需要,节约资源和能源,提高工业生产力,必须高度重视结构材料的发展。

1. 金属材料

金属材料由于生产已具有相当规模,生产、设计和使用已有成熟的技术和经验,性能价格比和可靠性都较高,因而人们想尽一切办法在现有基础上进行改进和创新。

(1) 铝锂合金。若把锂掺入铝中,就可生成铝锂合金。由于锂的密度比铝还低,如果含锂 2%~3%,可使密度降低 10%,刚度提高 10%。因此用铝锂合金制造飞机,可使飞机质量减轻 15%~20%,并能降低油耗和提高飞机性能。在一架波音 747 中,铝合金近 20 吨,若采用铝锂合金可产生很大的经济效益;卫星的收益就更大。

(2) 高温合金。喷气发动机的关键部件为高温合金涡轮叶片和涡轮盘,其工作温度决定着发动机的功能和燃效。喷气发动机工作时,从大气中吸入空气,经压缩后在燃烧室与燃料混合燃烧,然后被压向涡轮。涡轮叶片和涡轮盘以每分钟上万转的速度高速旋转,燃气被喷向尾部并由喷筒喷出,从而产生强大的推力。在组成涡轮的零件中,叶片的工作温度最高,受力最复杂,也最容易损坏,因此极需新型高温合金材料来制造叶片。一般选用镍基和钴基高温合金作材料制造叶片,随着加工工艺和技术的不断进步,取得愈来愈好的效果。

(3) 非晶态合金。熔融状态的合金缓慢冷却得到的是晶态合金,因为从熔融的液态到晶态需要时间使原子排列有序化。如果将熔融状态的合金以极高的速度骤冷,不给原子有序化排列的时间,把原子瞬间冻结在像液态一样的无序排列状态,得到的是非晶态合金。这种结构与玻璃的结构极为相似,所以常把非晶态合金称为金属玻璃。

非晶态合金整体呈现均匀性和各向同性,因而具有优良的力学性能。晶态合金变形时，通过位错引起结晶面滑动，非晶态合金的变形是由于原子的集体移动所致，因此，非晶态合金对变形的抵抗力大，即强度大，韧性高，其抗拉强度及硬度为相应晶态合金的5～10倍，是一种很有发展潜力的结构材料。由于尚不能制造出大块的非晶态合金材料，使其应用受到限制，但可作为复合材料中的增强体。目前非晶态合金已经用于玻璃钢、轮胎、高压管道及火箭外壳等的增强纤维。此外，由于非晶态合金中原子是无序排列，没有晶界，不存在晶体滑移、位错、层错等缺陷，使合金具有高电阻率、高磁导率、高抗腐蚀性等优异性能，已在多方面获得应用。

2. 结构陶瓷

结构陶瓷因其具有耐高温、高硬度、耐磨损、耐腐蚀、低膨胀系数、高导热性和质轻等优点，被广泛应用于能源、石油化工等领域。结构陶瓷材料主要包括氧化物系统、非氧化物系统及氧化物与非金属氧化物的复合系统，如 ZrO_2、Al_2O_3、莫来石（$Al_2O_3 \cdot SiO_2$ 系）、Si_3N_4、SiC、Sialon（赛隆）等。

(1) ZrO_2 增韧陶瓷。在 ZrO_2 陶瓷制造过程中，为了预防其在晶形转变中因发生体积变化而产生开裂，必须在配方中加入适量的 CaO、MgO、Y_2O_3、CeO 等金属氧化物作为稳定剂，以维持 ZrO_2 高温立方相，这种立方固熔体的 ZrO_2 称为全稳定 ZrO_2。ZrO_2 陶瓷具有密度大、硬度高、耐火度高、化学稳定性好的特点，尤其是其抗弯强度和断裂韧性等性能，在所有陶瓷中更是首屈一指。在绝热内燃机中，相变增韧 ZrO_2 可用作汽缸内衬、活塞顶等零件，在转缸式发动机中用作转子，原子能反应堆工程中用作高温结构材料。

(2) Si_3N_4 陶瓷。Si_3N_4 陶瓷是共价化合物，在 Si_3N_4 结构中，N 与 Si 原子间力很强，所以 Si_3N_4 在高温下很稳定。Si_3N_4 用作结构材料具有下列特性：硬度大，强度高，热膨胀系数小，高温蠕变小；抗氧化性能好，可耐氧化到 1 400 ℃；抗腐蚀性好，能耐大多数酸的侵蚀；摩擦系数小，与加油的金属表面相似。目前 Si_3N_4 已成为制作新型热机、耐热部件及柴油机的主要材料，也用在机械工业和化学工业中。

(3) Sialon 陶瓷。Sialon 陶瓷是 Si_3N_4-Al_2O_3-SiO_2-AlN 系列化合物的总称，其化学式为 $Si_{6-x}Al_xN_{8-x}O_x$，x 是 O 原子置换 N 原子数。Sialon 由 Si、Al、O、N 四种元素组成，但其基体仍为 Si_3N_4。Sialon 陶瓷因在 Si_3N_4 晶体中，溶入了部分金属氧化物，使其相应的共价键被离子键取代，因而具有良好的烧结性能。Sialon 陶瓷具有常温及高温强度大、化学稳定性优异、耐磨性强、密度不大等诸多优良性能，因此用途广泛，如做磨具材料、金属压延或拉丝模具、金属切削刀具及热机或其他热能设备部件、轴承等滑动件等。

3. 工程塑料

工程塑料是高分子材料中具有高强度（如 50 MPa）、高模量、高使用温度（大于 150 ℃）或有特殊功能（导电、导光、吸波、磁性）的材料。工程塑料作为化工高新技术和新型材料，近年来已被广泛采用，以塑代钢、以塑代木已成为国际流行趋势。工程塑料的分类见表 8-6。

表 8-6　工程塑料的分类

类别		聚合物
通用工程塑料		尼龙、聚甲醛、聚碳酸酯、改性聚苯醚、热塑性聚酯、超高相对分子质量聚乙烯、甲基戊烯聚合物、乙烯醇共聚物等
特种工程塑料	非交联型	聚砜、聚醚砜、聚苯硫醚、聚芳酯、聚酰亚胺、聚醚醚酮、氟树脂等
	交联型	聚氨基双马来酰胺、聚三嗪、交联聚酰亚胺、耐热环氧树脂等

工程塑料与金属材料相比有许多优点：容易加工；生产效率高；节约能源；绝缘性能好；质量轻，相对密度为 1.0~1.4，比铝轻一半，比钢轻 3/4；耐磨、耐腐蚀，是良好的工程机械更新换代产品。如聚甲醛的力学、机械性能与铜、锌相似，用它做汽车上的轴承，使用寿命比金属的长一倍。又如聚碳酸酯，它不但可代替某些金属，还可代替玻璃、木材和合金等，做各种仪器的外壳、自行车车架、飞机的挡风玻璃和高级家具等。聚四氟乙烯具有优异的绝缘性能，抗腐蚀性特别好，能耐高温和低温，可在 -200~$250\ ℃$ 范围内长期使用，在宇航、冷冻、化工、电器、医疗器械等工业部门都有广泛的应用。

4. 复合材料

复合材料是一种多相多组分材料，通过分子间的优化设计和复合加工技术，可以在性能、应用范围方面更易于满足高技术领域发展的需求。不同材料的复合是改善性能、节约资源的有效途径。树脂基、金属基、陶瓷基及碳碳复合材料称为先进复合材料。

以高分子、碳、陶瓷或金属纤维强化的树脂基材料是先进复合材料中比较成熟的一类材料，复合后可以大幅度提高树脂的比强度和比刚度。玻璃钢是由玻璃纤维与聚酯类树脂复合而成的材料。在制造玻璃钢时，可将直径为 5~10 μm 的玻璃纤维制成纱、带材或织物加到树脂中，也可以把玻璃纤维切成短纤维加入基体。玻璃钢具有优良的性能（强度高、质量轻、耐腐蚀、抗冲击、绝缘性好），已经广泛用于飞机、汽车、船舶、建筑和家具等行业。碳纤维复合材料已大量应用于制造航天飞行器外壳或火箭喷管的耐烧蚀材料。碳纤维复合材料也有可能代钢用于汽车，如此一辆车可减重半吨以上，而且单位质量吸收能量的能力比钢大 2.5 倍，有利于降低汽车的振动。目前制备碳纤维的方法是将聚丙烯腈合成纤维在 200~300 ℃ 的空气中加热使其氧化，然后在 1 000~1 500 ℃ 的惰性气体中碳化，即可得到强度很高的碳纤维。用沥青为原料也可制成碳纤维，成本比用聚丙烯腈降低约 50%。碳纤维原料来源广、成本低、性能好，是很有发展前途的增强材料。

金属基复合材料是金属用陶瓷、碳纤维、晶须或颗粒增强的一类材料，从而大幅度提高比强度或比刚度。金属基复合材料一般都在高温下成形，因此要求增强材料的耐热性要高，主要使用硼纤维、碳纤维、碳化硅纤维和氧化铝纤维作为增强材料，其中碳纤维是金属基复合材料中应用最广泛的增强材料。基体金属用得较多的是铝、镁、钛及某些合金。

随着对高温高强材料的要求愈来愈高,人们转向研制陶瓷基复合材料。基体陶瓷大体有 Al_2O_3、$MgO \cdot Al_2O_3$、SiO_2、$Al_2O_3 \cdot ZrO_2$、Si_3N_4、SiC 等,增强材料有碳纤维、碳化硅纤维和碳化硅晶须。所谓晶须就是由晶体生长形成的针状短纤维。陶瓷复合增强主要是为了提高韧性,当然也是提高强度的一种手段。通过纤维复合,断裂韧性大为提高,而且纤维增强陶瓷基复合材料抗疲劳能力强,几乎不存在缺口敏感性。由纤维增强陶瓷做成的陶瓷瓦片,用黏接剂贴在航天飞机机身上,使航天飞机能安全地穿越大气层回到地球上。

碳碳复合材料是由碳纤维增强的碳基体组成。早在 20 世纪 50 年代末就开始研制碳纤维编织物再黏结碳化而成为碳碳复合材料,现已发展到多向编织。由于这种材料导热性好、膨胀系数小、比热容大、辐射系数大,因而它有很好的抗热震性能及抗烧蚀能力,为导弹弹头及火箭喷管的理想材料,也是航天飞机鼻锥帽和机翼前缘材料。由于质轻、耐高温、热容量大、摩擦性好,碳碳复合材料可用作客机及军用机刹车材料,也是航空发动机涡轮叶片的重要候选材料;在民用方面,可作生物材料、模具材料等。

8.3.3 能源材料

1. 太阳能光电转换材料

太阳能光电转换材料是指通过光电效应将太阳能转换为电能的材料。其工作原理是:将相同的材料或两种不同的半导体材料做成 PN 结电池结构,当太阳光照射到 PN 结电池结构材料表面时,通过 PN 结将太阳能转换为电能。

太阳能光电技术要求价廉、长寿命、转换效率高的材料。已使用的光电转换材料以单晶硅、多晶硅和非晶硅为主。用单晶硅制作的太阳能电池,转换效率达 20%,但其成本高,主要用于空间技术。多晶硅制成的太阳能电池,虽然光电转换效率不高(约 12.7%),但光吸收系数高,价格低廉,已获得大量应用。此外,化合物半导体材料,如 $CdTe$、$GaAs$ 等,也得到研究和应用。

太阳能利用的主要障碍是光电池成本高。多晶硅电池采用熔化浇铸、定向凝固方法制造,有可能在现有基础上降低成本 30%,向实用化推进一步。若要使成本大幅度下降,需大力加强基础研究,改变制造工艺,制造硅膜太阳能电池和发电系统。

2. 储氢材料

氢若作为常规能源必须解决氢的储存和输送问题,储氢技术是氢能利用走向实用化、规模化的关键。

1968 年美国布鲁海文国家实验室首先发现镁-镍合金具有吸氢特性,1969 年荷兰 philips 实验室发现钐-钴合金($SmCo_5$)能大量吸收氢,随后又发现镧-镍合金($LaNi_5$)在常温下具有良好的可逆吸放氢性能,从此储氢材料作为一种新型储能材料引起了人们极大的关注。

储氢合金是利用金属或合金与氢形成氢化物而把氢储存起来。金属都是密堆积的结构,结构中存在许多四面体和八面体空隙,可以容纳半径较小的氢原子。在储氢合金中,一个金属原子能与2个、3个甚至更多的氢原子结合,生成金属氢化物。金属氢化物既容易形成,稍稍加热又容易分解,室温下吸、放氢的速度快,使用寿命长和成本低。但不是每一种储氢合金都能作为储氢材料,具有实用价值的储氢材料要求储氢量大。目前正在研究开发的储氢合金主要有三大系列:镁系储氢合金如 MgH_2、Mg_2Ni 等;稀土系储氢合金如 $LaNi_5$,为了降低成本,用混合稀土 Mm 代替 La,推出了 MmNiMn、MmNiAl 等储氢合金;钛系储氢合金如 TiH_2、$TiMn_{1.5}$ 等。

储氢合金用于氢动力汽车的试验已获得成功。随着石油资源逐渐枯竭,氢能源终将代替汽油、柴油驱动汽车,并一劳永逸消除燃烧汽油、柴油产生的污染。储氢合金的用途不限于氢的储存和运输,它在氢的回收、分离、净化及氢的同位素的吸收和分离等其他方面也有具体的应用。

根据技术发展趋势,今后储氢研究的重点是在新型高性能规模储氢材料上。镁系合金虽有很高的储氢密度,但放氢温度高,吸放氢速度慢,因此研究镁系合金在储氢过程中的关键问题,可能是解决氢能规模储运的重要途径。

3. 超导材料

自从 1911 年 H. K. Onnes 发现了超导现象以来,超导体一直吸引着国际上众多从事物理学、化学、材料科学、电子学和电工学等领域研究工作的学者。

所谓超导电性,是指固体物质在某一温度(这个温度称为临界温度 T_c)以下,外部磁场不能穿透到材料内部,材料的电阻消失的现象。最初发现低温超导材料要用液氦做制冷剂才能呈现超导态,在应用上受到很大的限制。目前已发现数十种氧化物超导体,最高临界转变温度已达到 153 K。几个主要的超导陶瓷体系有:Y-Ba-Cu-O 系、La-Ba-Cu-O 系、La-Sr-Cu-O 系和 Ba-Pb-Bi-O 系等。

高温超导体的研究方兴未艾,人们殷切地期待着室温超导材料的出现。一旦室温超导体达到实用化、工业化,将对现代文明社会中的科学技术产生深刻的影响。在电系统方面可以用于输配电,由于电阻为零,所以完全没有能量损耗。大容量发电机的关键部件是线圈和磁体,线圈冷却是难题,如果用超导材料制造超导发电机,线圈根本不会发热,冷却难题迎刃而解,而且功率损失可减少 50%。在交通运输方面可以制造磁悬浮高速列车。利用超导陶瓷的约瑟夫逊效应可望制成超小型、超高性能的第五代计算机。所谓约瑟夫逊效应是指被一真空或绝缘介质层(厚度约为 10 nm)隔开的两个超导体之间会产生超导电子隧道效应。利用其抗磁性,在环保方面可以进行废水净化和除去毒物。

8.3.4 纳米材料

纳米材料是指颗粒尺度为纳米量级的材料,颗粒尺寸一般在 1~100 nm 之间。

这样的系统既非典型的微观系统,亦非典型的宏观系统,是一种介观系统,具有传统材料所不具备的物理、化学性能,表现出独特的光、电、磁和化学特性。纳米材料的特殊结构主要有四大效应。

(1) 体积效应。当纳米材料的尺寸与德布罗意波长相当或更小时,周期性的边界条件将被破坏,磁性、内压、光吸收、化学活性、催化活性及熔点等都较普通粒子发生了很大的变化,这就是纳米材料的体积效应。体积效应为实用技术开拓了新领域。例如,纳米尺度的强磁性颗粒(Fe-Co 合金、氧化铁等),当颗粒尺寸为单磁畴临界尺寸时,即把它做成粒径为 20~30 nm,它的磁性要比原来高 1 000 倍。纳米微粒的熔点可远低于块状金属。例如 2 nm 的金颗粒熔点为 600 K,块状金的熔点为 1 337 K,此特性为粉末冶金工业提供了新工艺。

(2) 表面效应。表面效应是指纳米粒子表面原子数与总原子数之比,随粒径的变小而急剧增大后所引起的性质上的变化。表 8-7 所示为纳米微粒尺寸与表面原子数的关系。

表 8-7 纳米微粒尺寸与表面原子数的关系

粒径/nm	包含的原子总数/个	表面原子所占比例/(%)
20	2.5×10^5	10
10	3.0×10^4	20
5	4.0×10^3	40
2	2.5×10^2	80
1	30	99

表面原子数的增加、原子配位的不足必然导致纳米结构表面存在许多缺陷。从化学角度来看,表面原子所处的键合状态或键合环境与内部原子有很大的差异,常常处于不饱和状态,导致纳米材料具有极高的表面活性,很容易与其他原子结合。纳米颗粒表现出来的高催化活性、高反应性和易于团聚等均与此有关。

(3) 量子尺寸效应。所谓量子尺寸效应是指当粒子尺寸下降到一定程度时,费米能级附近的电子能级由准连续变为离散能级的现象。随着尺寸的减小,半导体纳米粒子的电子态由体相材料的连续能带过渡到具有分立结构的能级,表现在光学吸收光谱上,就是从没有结构的宽吸收过渡到具有结构的吸收特性。量子尺寸效应导致纳米颗粒的光、电、磁、声、热等性质与宏观特性有着显著的差异。例如,温度为 1 K 时,直径小于 14 nm 的银纳米颗粒会变成绝缘体。

(4) 宏观量子隧道效应。微观粒子具有贯穿势垒的能力称为隧道效应。近年来,人们发现一些宏观量,例如,微粒的磁化强度、量子相干器件中的磁通量等亦具有隧道效应,称为宏观量子隧道效应。宏观量子隧道效应的研究对基础研究及应用都有着重要意义。它限定了磁带、磁盘进行信息储存的时间极限。

上述的体积效应、表面效应、量子尺寸效应和宏观量子隧道效应是纳米材料的基本特性,使纳米材料呈现许多奇异的物理、化学性质,出现一些"反常现象"。例如,金属为导体,但纳米金属由于量子尺寸效应在低温会呈现电绝缘性;一般 $PbTiO_3$、$BaTiO_3$ 和 $SrTiO_3$ 等是典型铁电体,但当其尺寸进入纳米级(~5 nm)时,由多畴变成单畴,显示极强的顺磁效应。必须注意的是,如果仅仅是尺度达到纳米,而没有特殊性能的材料,则不能称为纳米材料。

纳米材料的应用目前处于开始阶段,但却显示出方兴未艾的应用前景。纳米材料的研究目前是一个广阔的领域,需开展深入系统的研究,使之价廉又具有广阔的用途。

8.4 化学与生命

化学与人的生命和健康从来都是紧密联系在一起的,所有生命科学的成就无一不包含着化学研究的贡献。用化学术语解释生物学的能力,或者从化学的观点来理解生命,是与我们对生命机理的基本认识密切相关的。21世纪是生命科学的世纪,在分子水平对生命机理细节的认识将揭开生命的秘密。化学科学的进步对疾病的预防、诊断和治疗将是必不可少的。

8.4.1 生命中的化学元素

人体内含有60多种元素,其中维持其正常的生物功能所不可缺少的那些元素为必需元素,又称为生命元素。碳、氢、氧、氮约占总量的96%,构成有机物质,其余4%的各元素总称为无机盐或矿物质。按元素在体内的含量不同,又分为常量元素和微量元素。人体内矿物质含量大于体重的0.01%的各种元素,称为常量元素,有钙、磷、镁、钾、钠、硫、氯7种。含量低于0.01%的元素称为微量元素,目前已被公认的必需微量元素有14种,它们是铁、碘、锌、铜、钴、铬、锰、钼、硒、镍、锡、硅、氟和钒。

钙是人体内含量最多的一类无机盐,正常人体内含约1 200 g钙,其中99%集中于骨骼、牙齿中,0.1%的钙存在于细胞外液,全身软组织含钙量总共占0.6%~0.9%。钙对保证骨骼的正常生长发育和维持骨健康起着至关重要的作用。分布在体液和其他组织中的钙,虽然还不到体内总钙量的1%,但在机体内生理活动和生物化学过程中起着重要的调节作用。离子钙参与调节神经、肌肉兴奋,影响毛细血管通透性,参与调节多种激素。我国居民钙摄入量普遍偏低,仅达推荐摄入量的50%左右。因此,钙缺乏症是较为常见的营养性疾病,主要表现为儿童佝偻病、老年人的骨质疏松症。奶和奶制品是钙的重要来源,不但含量丰富而且吸收率高。豆类、坚果类、小鱼、小虾等也是钙的较好来源。维生素D对钙的吸收有影响,因此需注意多晒太阳,以促进维生素D的合成,改善钙的吸收利用。

磷是人体内除钙以外含量最多的无机盐。正常人体含磷600~900 g,80%集中于骨骼和牙齿。磷在骨及牙齿中的存在形式主要是无机磷酸盐,构成机体支架和承担负重作用。磷是组成核酸、磷蛋白、磷脂和多种酶的成分。若发生磷缺乏,会影响骨质钙化,发生佝偻病。磷在食物中分布很广,一般不会由于膳食原因引起营养性磷缺乏。

镁在成人身体内的含量为 20~30 g,其中 70% 与钙一起结合成为磷酸盐和碳酸盐,存在于骨骼和牙齿中,其余 25% 分布于软组织,5% 分布于体液中。镁是骨细胞结构必需的元素,对促进骨骼生长和维持骨骼的正常功能具有重要作用。镁与钙使神经肌肉兴奋和抑制作用相同。镁缺乏可致血清钙下降,神经肌肉兴奋性亢进。镁普遍存在于各种食物中,绿叶蔬菜、粗粮、坚果含镁较丰富,肉类、淀粉类食物及牛奶中的镁含量属中等。一般人不会缺镁。

钠约占人体质量的 0.15%,主要存在于细胞外液中,对细胞外液渗透压的调节与维持体内水量的恒定极其重要。钾约占人体质量的 0.35%,其中约 98% 存在于细胞内,对维持细胞内渗透压起重要作用。钠、钾平衡是维持细胞内外水分恒定的根本条件,钠摄入量过多可导致高血压。氯离子也是细胞外液中维持渗透压的主要离子。当氯离子浓度变化时,细胞外液的钠离子浓度也随之变化,以维持阴、阳离子的平衡。钠普遍存在于食物中,一般动物性食物钠含量高于植物性食物,但人体钠的主要来源为食盐,以及加工过程中加入的钠或含钠的复合物,如酱油、腌制肉、酱咸菜、发酵豆制品等。蔬菜和水果是钾最好的来源。氯来源广泛,特别是从食盐摄入的量往往大于正常需要水平。

微量元素在体内的含量极少,但都具有重要的生理功能。人体缺乏某种微量元素会导致疾病,如缺铁导致贫血,缺锌使免疫力下降并影响发育和智力,缺碘发生甲状腺肿大等。表 8-8 归纳了已被公认的 14 种必需微量元素及其主要生理功能。

表 8-8 一些微量元素的主要生理功能

元 素	符 号	功 能
氟	F	骨骼的成长
硅	Si	在骨骼、软骨形成的初期阶段
钒	V	促进牙齿的矿化
铬	Cr	促进葡萄糖的利用,与胰岛素的作用机制有关
锰	Mn	酶的激活
铁	Fe	组成血红蛋白、细胞色素、铁-硫蛋白等
钴	Co	维生素 B_{12} 的成分
镍	Ni	酶的激活及蛋白组分,膜构造与功能
铜	Cu	铜蛋白的组分,铁的吸收和利用
锌	Zn	许多酶的活性中心,胰岛素的组分
硒	Se	清除自由基,与肝功能、肌肉代谢有关
钼	Mo	某些氧化还原酶的活性组分
锡	Sn	存在于核酸的组成中,和蛋白质的生物合成有关
碘	I	甲状腺素的成分

人体所需要的各种元素都是从食物中得到补充。由于各种食物所含的元素种类和数量不完全相同,所以平衡膳食是达到合理营养的手段。在平时的饮食中,要做到粗、细粮结合和荤素搭配,不偏食,不挑食,就能基本满足人体对各种元素的需要。

8.4.2 氨基酸、蛋白质、酶

蛋白质是生物体内最重要的物质之一,与核酸共同构成了生命的物质基础。蛋白质是一类含氮的生物大分子,其含氮量占生物组织中一切含氮物质的绝大部分。蛋白质结构复杂,功能多样,但经酸、碱或蛋白酶催化水解,可以得到各种氨基酸。因此氨基酸是蛋白质的基本组成单位。

1. 氨基酸

氨基酸是含有氨基($-NH_2$)和羧基($-COOH$)的有机化合物。目前从各种生物体中发现的氨基酸已有 180 多种,从蛋白质水解产物中分离出来的常见氨基酸有 20 种,称为蛋白质氨基酸,其余氨基酸被称为非蛋白质氨基酸。蛋白质氨基酸中,除脯氨酸外,其余 19 种氨基酸在结构上的共同特点是氨基处于与羧基相邻的 α-碳原子上,因而称为 α-氨基酸,结构通式如图 8-4 所示。式中 R 是每种氨基酸的特性基团。20 种氨基酸的中英文名称、缩写及 R 基团的结构列于表 8-9。

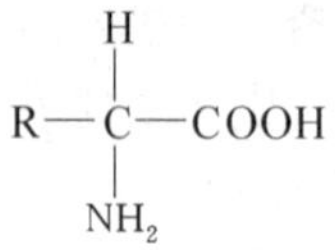

图 8-4 α-氨基酸的结构通式

表 8-9 20 种氨基酸的中英文名称、缩写及 R 基团的结构

中文名称	英文名称	符号与缩写	R 基团的结构
丙氨酸	Alanine	A 或 Ala	CH_3-
精氨酸	Arginine	R 或 Arg	$HN=C(NH_2)-NH-(CH_2)_3-$
天冬酰胺	Asparagine	N 或 Asn	$H_2N-CO-CH_2-$
天冬氨酸	Aspartic acid	D 或 Asp	$HOOC-CH_2-$
半胱氨酸	Cysteine	C 或 Cys	$HS-CH_2-$
谷氨酰胺	Glutamine	Q 或 Gln	$H_2N-CO-(CH_2)_2-$
谷氨酸	Glutamic acid	E 或 Glu	$HOOC-(CH_2)_2-$
甘氨酸	Glycine	G 或 Gly	$H-$
组氨酸	Histidine	H 或 His	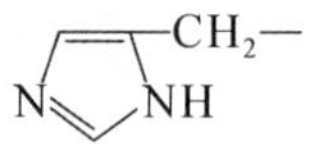 咪唑-CH_2-
异亮氨酸	Isoleucine	I 或 Ile	$CH_3-CH_2-CH(CH_3)-$
亮氨酸	Leucine	L 或 Leu	$(CH_3)_2-CH-CH_2-$

续表

中文名称	英文名称	符号与缩写	R基团的结构
赖氨酸	Lysine	K 或 Lys	$H_2N-(CH_2)_4-$
蛋氨酸	Methionine	M 或 Met	$CH_3-S-(CH_2)_2-$
苯丙氨酸	Phenylalanine	F 或 Phe	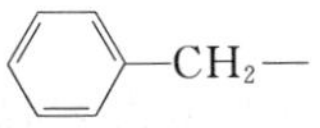 ⌬—CH_2-
脯氨酸	Proline	P 或 Pro	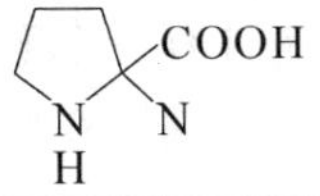 (吡咯烷环)COOH
丝氨酸	Serine	S 或 Ser	$HO-CH_2-$
苏氨酸	Threonine	T 或 Thr	$CH_3-CH(OH)-$
色氨酸	Tryptophan	W 或 Trp	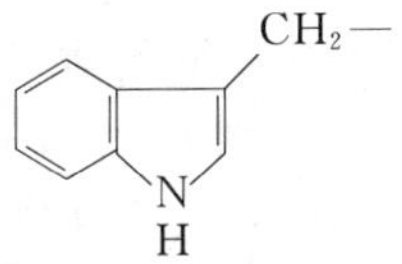 (吲哚环)$-CH_2-$
酪氨酸	Tyrosine	Y 或 Tyr	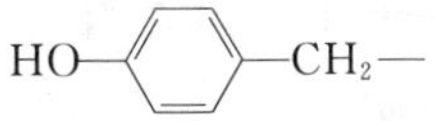 $HO-$⌬$-CH_2-$
缬氨酸	Valine	V 或 Val	$CH_3-CH(CH_2)-$

从结构上看,除甘氨酸外,所有 α-氨基酸的 α-碳原子都与 4 个不相同的基团相连,这样的碳原子称为不对称碳原子或手性中心,通常用"C^*"表示。相应的分子称为手性分子。手性分子具有旋光性,能使偏振光平面向左或向右旋转。有旋光性的氨基酸都有 D-型和 L-型两种立体异构体,书写时将羧基写在 α-碳原子的上端,则氨基在左边的为 L-型,氨基在右边的为 D-型,图 8-5 所示为丙氨酸的两种构型。从蛋白质水解得到的 α-氨基酸都属于 L-型的。自然界中很多分子都是手性分子,而且化合物是否具有生理活性,与其分子的构型有很大关系。

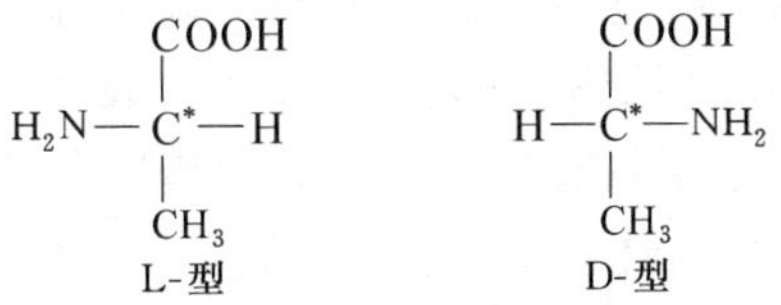

$$H_2N-\underset{CH_3}{\overset{COOH}{C^*}}-H \qquad H-\underset{CH_3}{\overset{COOH}{C^*}}-NH_2$$
$$\text{L-型} \qquad\qquad \text{D-型}$$

图 8-5 丙氨酸的两种构型

氨基酸既是酸又是碱,既可以和酸反应,也可以和碱反应。氨基酸在结晶形态或在水溶液中,并不是以游离的羧基或氨基形式存在,氨基是以质子化形式($-NH_3^+$)存在,羧基是以解离状态($-COO^-$)存在。

2. 肽和肽键

一个氨基酸的羧基和另一个氨基酸的氨基脱水缩合而成的化合物称为肽,氨基酸之间脱水后形成的酰胺键称为肽键。

$$H_2N-\underset{\underset{H}{|}}{\overset{\overset{R_1}{|}}{C}}-\overset{O}{\overset{\|}{C}}-\boxed{OH + H}-N-\underset{\underset{H}{|}}{\overset{\overset{R_2}{|}}{C}}-COOH \xrightarrow{-H_2O} H_2N-\underset{\underset{H}{|}}{\overset{\overset{R_1}{|}}{C}}-\boxed{\overset{O}{\overset{\|}{C}}-\underset{\underset{H}{|}}{N}}-\underset{\underset{H}{|}}{\overset{\overset{R_2}{|}}{C}}-COOH$$

肽键

多肽中的氨基酸由于脱水已经不是原来完整的分子,称为氨基酸残基。一条多肽链通常在一端含有一个游离的末端氨基,在另一端含有一个游离的末端羧基。习惯上总是把氨基末端写在肽链的左边,而把羧基末端写在肽链的右边。最简单的肽由两个氨基酸残基组成,称为二肽,其中包含一个肽键。多个氨基酸残基所生成的肽称为多肽。

肽键是蛋白质分子中的主要共价键,性质比较稳定。X 射线衍射分析证实,肽键 C—N 具有双键性质而不能自由旋转,连接肽键两端的 C=O、N—H 和与之相连的两个 α-碳原子(C_a) 都处于一个平面内,此刚性结构的平面称为肽平面或酰胺平面。肽平面内的 C=O 与 N—H 呈反式排列。这是由于氮电子离域形成了包括肽键的羰基氧、羰基碳和酰胺氮在内的 O—C—N 大 π 键。

3. 蛋白质

蛋白质的基本结构是由氨基酸残基构成的多肽链,再由一条或一条以上的多肽链按一定的方式组合成具有特定结构的生物活性分子。随着肽链数目、氨基酸的组成及其排列顺序不同就形成了不同的蛋白质。蛋白质的结构有不同的层次,人们为了认识的方便通常将其分为一级结构、二级结构、三级结构及四级结构。

蛋白质的一级结构指肽链中氨基酸的排列顺序。蛋白质的一级结构是最根本的,它包含决定蛋白质高级结构的因素。各种肽链的主链结构都是一样的,只是侧链 R 基的顺序即氨基酸残基顺序不同。例如,胰岛素是一级结构首先被揭示的蛋白质,胰岛素分子由 51 个氨基酸残基组成,它由两条肽链组成:一条称为 A 链,是 21 肽;另一条称为 B 链,是 30 肽。A 链和 B 链由两对二硫键连接起来。在 A 链内还有一个由二硫键形成的链内小环(见图 8-6)。我国科学家根据胰岛素的氨基酸顺序于 1965 年 9 月用人工方法合成了具有生物活性的牛胰岛素,第一次成功地完成了蛋白质的全合成,为生物化学的发展作出了重大贡献。

蛋白质的空间结构或高级结构是指蛋白质的空间构象,包括二、三和四级结构。蛋白质特定的生理功能是由它特定的空间构象决定的。

蛋白质的二级结构是指蛋白质分子中多肽链本身的折叠方式。二级结构的基本类型有 α-螺旋、β-折叠、β-转角和无规卷曲,这里只介绍 α-螺旋。

α-螺旋是蛋白质中最常见、含量最丰富的二级结构。α-螺旋中每隔 3.6 个氨基酸残基螺旋上升一圈,沿螺旋轴方向上升 0.54 nm。二级结构是通过骨架上的羰基和酰胺基团之间形成的氢键维持的。α-螺旋中氨基酸残基的侧链伸向外侧,相邻的

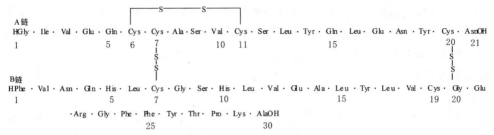

图 8-6 牛胰岛素的化学结构

螺圈之间由肽键上的 N—H 中的氢和它后面（N 端）第四个残基上的 C=O 中的氧形成链内氢键，氢键的取向几乎与中心轴平行。

并不是所有的氨基酸都能形成 α-螺旋。氢原子参与肽键的形成后，再没有多余的氢原子形成氢键，所以多肽链顺序上有脯氨酸残基时，肽链就拐弯，不再形成 α-螺旋。血红蛋白和肌红蛋白含有大量的 α-螺旋，而另一些蛋白质如铁氧还蛋白则不含任何的 α-螺旋。

蛋白质的三级结构是指在二级结构的基础上，多肽链进一步盘曲或折叠，形成包括主、侧链在内的专一性空间排布。在蛋白质分子中，一条多肽链往往是通过一部分 α-螺旋、一部分 β-折叠、一部分 β-转角和一部分无规则卷曲形成紧密的球状构象。三级结构主要是靠氨基酸侧链之间的疏水相互作用、氢键、范德华力和盐键（离子键）维持的。此外共价二硫键在稳定某些蛋白质的构象方面也起着重要作用。在蛋白质分子中，大多数非极性侧链总是埋在分子的内部形成疏水核；而大多数极性侧链总是暴露在分子的表面，形成亲水区。极性基团的种类、数目与排布决定了蛋白质的功能。

目前蛋白质的三级结构知道的还不多，四级结构还很少涉及。

4. 酶

生物的生长发育、繁殖、遗传、运动、神经传导等生命活动都与酶的催化过程紧密相关，可以说，没有酶的参与，生命活动一刻也不能进行。

酶的两个最显著特性是极高的催化效率和高度的专一性。酶催化反应的反应速度比非酶催化反应高 $10^{10} \sim 10^{14}$ 倍。高度专一性是指酶对催化的反应和反应物有严格的选择性，一种酶只能催化一种或一类反应，作用于一种或一类物质。如淀粉酶只能催化淀粉糖苷键水解，蛋白酶只能催化蛋白质肽键水解，脂肪酶只能催化脂肪的酯键水解。酶作用的专一性，是酶最重要的特点之一，也是和一般催化剂最主要的区别。酶的高度专一性通常可用酶分子的几何构型给予解释。关于这个问题有两个假说。

（1）锁与钥匙模型：认为整个酶分子的天然构象是具有刚性结构的，酶表面具有特定的形状，底物分子或底物分子的一部分像钥匙那样，专一地楔入酶的活性中心部位。这个学说强调指出只有固定的底物才能楔入与它互补的酶表面，可以较好地解释酶的立体异构专一性。但是该模型无法解释酶既可以催化一个反应的正反应，也可以催化其逆反应。

(2) 诱导契合模型：认为酶表面并没有一种与底物互补的固定形状，而只是由于底物的诱导才形成了互补形状。当酶与底物分子接近时，酶蛋白受底物分子的诱导，其构象发生有利于底物结构的变化，酶与底物在此基础上互补契合，进行反应。近年来 X 射线衍射分析的实验结果支持这一假说，证明了酶与底物结合时，确实有显著的构象变化。

到目前为止已经发现的大多数酶都是蛋白质，可以根据其组成分为单纯蛋白酶和结合蛋白酶两类。后者由酶蛋白和辅因子（分为辅基和辅酶）组成。酶的辅因子包括金属离子及复杂的小分子有机化合物，它们本身无催化作用，但参与氧化还原或起运载体等作用。

8.4.3 核酸

1. 核酸的组成

核酸是生物高分子，它的基本构成单位是核苷酸。核苷酸由核苷和磷酸组成，而核苷又是由碱基和戊糖组成的。依含有戊糖的类型不同，核酸可分为脱氧核糖核酸（DNA）和核糖核酸（RNA），它们含有的戊糖分别为 D-核糖和 D-2-脱氧核糖（见图 8-7）。

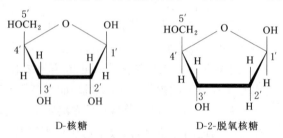

图 8-7　D-核糖和 D-2-脱氧核糖的结构式

有机碱基是含氮的杂环化合物，因呈碱性故称为碱基。组成核酸的碱基共有 5 种：腺嘌呤（A）、鸟嘌呤（G）、胞嘧啶（C）、胸腺嘧啶（T）、尿嘧啶（U）。它们的结构式见图 8-8。

图 8-8　碱基的结构式

DNA 和 RNA 的组成见表 8-10。

核苷由戊糖和碱基脱水缩合而成，糖与碱基之间的连接键是 N—C 键。核苷的碱基与糖环平面互相垂直。在 DNA 和 RNA 中，碱基都是与戊糖的 1′-位碳原子相连。核苷酸是核苷的磷酸酯，磷酸连在糖的 5′-或 3′-位形成磷酸酯键。5′-腺嘌呤核

表 8-10 DNA、RNA 的基本化学组成

核酸的成分	DNA	RNA
酸	磷 酸	磷 酸
戊 糖	D-2-脱氧核糖	D-核糖
碱 基	腺嘌呤(A) 鸟嘌呤(G) 胞嘧啶(C) 胸腺嘧啶(T)	腺嘌呤(A) 鸟嘌呤(G) 胞嘧啶(C) 尿嘧啶(U)

苷酸和 3′-胞嘧啶脱氧核苷酸的结构式如图 8-9 所示。

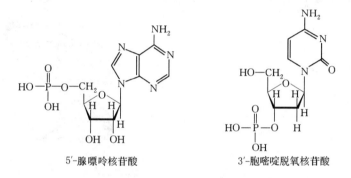

5′-腺嘌呤核苷酸   3′-胞嘧啶脱氧核苷酸

图 8-9 5′-腺嘌呤核苷酸和 3′-胞嘧啶脱氧核苷酸的结构式

2. 核酸的结构

核酸的一级结构是指构成核酸的每个核苷酸之间连接的状态及核苷酸排列的顺序。DNA 和 RNA 都是由数量极其庞大的核苷酸,通过 3′-及 5′-磷酸二酯键连接起来的没有分支的长链。核酸大分子的主链由糖和磷酸构成。图 8-10 表示 DNA 核苷酸链的一个小片段。

基于 DNA 中的腺嘌呤的数目与胸腺嘧啶的数目相等,胞嘧啶的数目和鸟嘌呤的数目相等的实验事实和 DNA 的 X 射线衍射资料,沃森(Watson)和克里克(Crick)于 1953 年建立了一个 DNA 的二级结构模型——DNA 双螺旋结构模型(见图 8-11)。DNA 分子是由两条方向相反的平行多聚脱氧核苷酸链构成的,一条链的方向是 5′→3′,另一条链则是 3′→5′,两条链的主链都是右手螺旋,有一共同的螺旋轴,双螺旋直径为 2 nm。两条链的糖-磷酸主链在外侧,碱基在内侧以氢键相连。腺嘌呤一定与胸腺嘧啶成对,鸟嘌呤一定与胞嘧啶成对,A 和 T 间以两个氢键配对,G 和 C 间以三个氢键配对。碱基对的平面约与螺旋轴垂直,相邻碱基对平面间的距离是 0.34 nm,相邻核苷酸彼此夹角为 36°,双螺旋每旋转一周有 10 对核苷酸,高度为 3.4 nm。

DNA 双螺旋结构在生理状态下是很稳定的。维持这种稳定性的主要因素是碱基堆积力。嘌呤与嘧啶形状扁平,呈疏水性,分布于双螺旋结构内侧。大量碱基层层

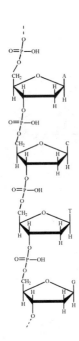

图 8-10　DNA 中四核苷酸片段

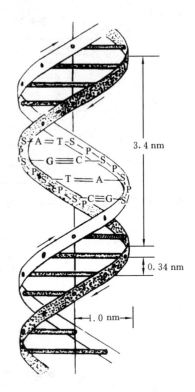

图 8-11　DNA 分子双螺旋结构模型

堆积,两相邻碱基的平面十分贴近,于是使双螺旋结构内部形成一个强大的疏水区,与介质中的水分子隔开。另外,大量存在于 DNA 分子中的其他弱键在维持双螺旋结构的稳定上也起一定作用,如互补碱基对间的氢键(见图 8-12)、磷酸基团上的负电荷与介质中的阳离子之间的离子键、范德华力。

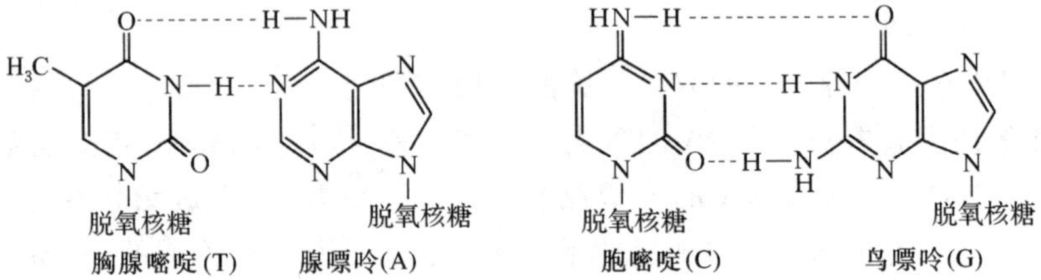

图 8-12　DNA 中互补碱基对间的氢键

　　根据碱基互补原则,当一条核苷酸的序列被确定以后,即可推知另一条互补链的序列。碱基互补原则具有极其重要的生物学意义,DNA 复制、转录、反转录等的分子基础都是碱基互补。这是一个能够在分子水平上阐述遗传的基本特征的 DNA 二级结构。它是分子遗传学诞生的标志。

　　RNA 与 DNA 在结构上有明显的差异。天然 RNA 并不像 DNA 那样都是双螺旋结构,而是单链线形分子,只有局部区域由于 RNA 单链分子通过自身回折使得互补的碱基对相遇形成氢键结合成为双螺旋结构,碱基不遵守严格的数量比例关系。

3. DNA 的复制与基因表达

DNA 是遗传的物质基础,负责遗传信息的储存、发布。生物体的遗传信息以密码的形式编码在 DNA 分子上,表现为特定的核苷酸排列顺序,并通过 DNA 的复制由亲代传递给子代。DNA 分子的复制,首先是从它的一端氢键逐渐断开。当双螺旋的一端已拆开为两条单链时,各自可以作为模板,从细胞核内吸取与自己碱基互补的游离核苷酸(A 吸取 T,C 吸取 G),进行氢键的结合,在复杂的酶系统的作用下,逐渐连接起来,各自形成一条新的互补链,与原来模板单链互相盘旋在一起,两条分开的单链恢复为双链 DNA 分子,与原来的完全一样。由于每个子代 DNA 的一条链来自亲代,另一条则是新合成的,故称之为半保留复制。DNA 的半保留复制对保持生物遗传的稳定具有非常重要的作用。

基因是 DNA 双螺旋链的具有遗传效应的特定核苷酸序列的总称,是生物性状遗传的基本功能单位,每个基因中可以含有成百上千个脱氧核苷酸。每个 DNA 分子含有很多基因,这些基因按一定顺序排列。

基因表达是指遗传信息从 DNA 传递给 RNA,再从 RNA 传递给蛋白质的转录和翻译的过程,即是生物学中的"中心法则",见图 8-13。

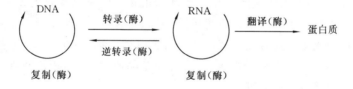

图 8-13 中心法则

所谓转录,就是以 DNA 的一条链为模板合成出与其核苷酸顺序相对应的信使 RNA 的过程。而翻译则是在核糖体和转移 RNA 以及一些酶的作用的控制下,从 DNA 得来的核苷酸顺序合成出具有特定氨基酸顺序的蛋白质肽链的过程。信使 RNA 能决定蛋白质分子中的氨基酸种类和排列次序,即信使 RNA 分子中的四种核苷酸(碱基)的序列能决定蛋白质分子中的 20 种氨基酸的序列。实验证明,信使 RNA 分子上的三个碱基能决定一个氨基酸。科学家把信使 RNA 链上决定一个氨基酸的相邻的三个碱基叫做一个"密码子",亦称三联体密码。构成 RNA 的碱基有四种,每三个碱基决定一个氨基酸,因此碱基的组合有 64 种,即 64 种密码子。同一种氨基酸可以由几个不同的密码子来决定。UAA、UAG、UGA 三个密码子不能决定任何氨基酸,是蛋白质合成的终止密码子。

DNA 的自我复制以及基因的表达是很严格的,但 DNA 复制过程中也发生频率极低的突变。一般基因突变会产生不利的影响,被淘汰或是死亡,但基因突变也是生物进化的重要因素之一。

4. 基因工程

DNA 双螺旋结构的阐明和遗传密码的破译，使得人们认识到掌握所有生物命运的东西就是 DNA 和它所包含的基因。于是，科学家设想采用人工方法把生物的遗传物质 DNA 分离出来，在体外进行切割、拼接和重组，以改变生物基因类型和获得特定基因产物，这就是 DNA 重组技术，又称基因工程。1972 年，美国科学家保罗·伯格首先实现了 DNA 体外重组技术，标志着生物技术的核心技术——基因工程技术的开始。

基因工程技术取得的成果是多方面的，已广泛应用于医、农、林、牧、渔等产业。研究成果最显著的是基因工程医药。干扰素、白细胞介素、生长因子、肿瘤坏死因子、人生长激素、集落刺激因子、促红细胞生成素等一系列基因工程人体活性多肽已生产和上市。应用基因工程技术获得了细菌、病毒和寄生虫的系列无毒副作用新疫苗。人类疾病都直接或间接与基因相关，在基因水平上对疾病进行诊断和治疗，则既可达到病因诊断的准确性和原始性，又可使诊断和治疗工作达到特异性强、灵敏度高、简便快速的目的，即基因诊断和基因治疗。目前基因诊断作为第四代临床诊断技术已被广泛应用于对遗传病、肿瘤、心脑血管疾病、病毒细菌寄生虫病和职业病等的诊断；基因治疗开始用于治疗基因缺陷引起的疾病，目前已试用于肿瘤、血友病、地中海贫血病、艾滋病和某些心血管病的治疗。转基因植物和转基因动物的研究也取得了喜人的成果。应用基因工程技术在改善植物品质、雄性不育、延缓果实成熟、改变花色和表达药用蛋白或多肽等方面选育出了一批转基因植物。克隆羊和克隆牛等的问世大大促进了基因工程技术在动物速生、改善动物品质、提高动物抗病性、筛选新药以及人体器官移植等方面的研究。

科学研究证明，一些困扰人类健康的主要疾病，例如心脑血管疾病、糖尿病、肝病、癌症等都与基因有关。依据已经破译的基因序列和功能，找出这些基因并针对相应的病变区位进行药物筛选，甚至基于已有的基因知识来设计新药，就能"有的放矢"地修补或替换这些病变的基因。为了深入认识许多困扰人类的重大疾病的发病机制，阐明种族和民族的起源与演进以及进一步揭示生命的奥秘，1986 年美国生物学家、诺贝尔奖获得者 Dulhecco 首先倡议，全世界的科学家联合起来，从整体上研究人类的基因组，分析人类基因组的全部序列，以获得人类基因所携带的全部遗传信息，此即人类基因组计划。

人类基因组计划是于 1990 年正式启动的，美、英、法、德、日等五个国家共同参与了这一旨在为 30 多亿个碱基对构成的人类基因组精确测序，破译人类全部遗传信息的庞大计划。该计划被誉为可与"曼哈顿原子弹计划"、"阿波罗登月计划"相媲美的伟大系统工程，是人类第一次系统、全面地解读和研究人类遗传物质 DNA 的全球性合作计划。我国于 1999 年正式加入该计划，承担了 1‰ 人类基因组（约三千万个碱基）的测序任务。2003 年美国国家人类基因组研究所宣布，人类基因组序列图绘制成功,人类基因组计划的所有目标全部实现。这标志着人类基因组计划胜利完成和后基因组时代正式来临。

基因组序列测定完成是破解人类遗传奥秘的历史性开端,但是获得基因组的结构信息只是认识基因组的第一步,弄清基因相应的功能及实际应用才是关键所在。没有基因的功能分析,基因的序列不过是 4 种核苷酸的排列组合,只有了解基因的功能,人类基因组全序列这部"天书"才真正有意义。目前人类基因有 90% 的功能尚不明确,功能基因的研究是后基因组时代的关键。功能基因组学在后基因组时代占有重要位置,其研究成果直接给人类健康带来福音。

本 章 小 结

本章初步介绍了与化学密切相关的能源、环境、新材料和生命等热点问题。

(1) 介绍了煤、石油、天然气、燃料电池、核能、太阳能和氢能、生物质能等能源。

煤炭是储量最丰富的化石燃料,直接烧煤对环境污染相当严重,发展洁净煤技术是提高煤利用效率、减少环境污染的重要途径。石油炼制的主要过程有分馏、裂化、重整、精制等。天然气是清洁燃料,且热值很高。

燃料电池将化学能直接转变为电能,大大提高了能量的转换率,有很好的发展前景。核电的单位质量的能量输出高,资源充分,废物的绝对量少,短期内对环境的危害也相对较小,将成为今后能源开发利用的一个重要方向。太阳能的利用方式是光热转化或光电转化。氢能是清洁能源,热值高,开发应用必须解决三个关键问题:廉价氢的大批量制备、氢的储运和氢的合理有效利用。生物质能作为新能源,要转化为化学能,然后再利用燃烧放热。

(2) 主要的大气污染物有粉尘、碳氧化物、硫氧化物、氮氧化物、碳氢化合物等。大气环境问题主要有酸雨、温室效应加剧、臭氧层损耗等。化学水污染根据具体污染源可分为六类。常用处理废水的化学方法有混凝、中和、氧化还原、电解、萃取、吸附等。

(3) 根据不同的性能和应用介绍几种新型材料。信息功能材料包括半导体材料、光导纤维、记录材料等;结构新材料包括金属材料、结构陶瓷、工程塑料、复合材料等,向高比强度、高比刚度、耐高温、耐腐蚀、耐磨损方向发展;能源材料包括太阳能光电转换材料、储氢材料、超导材料等;纳米材料具有传统材料所不具备的物理、化学性能,表现出独特的光、电、磁和化学特性,有体积效应、表面效应、量子尺寸效应、宏观量子隧道效应等四大效应。

(4) 人体内含有 60 多种元素,其中维持其正常的生物功能所不可缺少的那些元素为必需元素,又称为生命元素。碳、氢、氧、氮约占总量的 96%,构成有机物质,其余 4% 的各元素总称为无机盐或矿物质。按元素在体内的含量不同,又分为常量元素和微量元素。常量元素有钙、磷、镁、钾、钠、硫、氯 7 种,目前已被公认的必需微量元素有 14 种,它们是铁、碘、锌、铜、钴、铬、锰、钼、硒、镍、锡、硅、氟和钒。由于各种食物所含的元素种类和数量不完全相同,平衡膳食是达到合理营养的手段。

氨基酸是蛋白质的基本组成单位,从蛋白质水解产物中分离出来的常见氨基酸有 20 种。一个氨基酸的羧基和另一个氨基酸的氨基脱水缩合而成的化合物叫肽,氨基酸之间脱水后形成的酰胺键叫肽键。蛋白质的基本结构是由氨基酸残基构成的多肽链,再由一条或一条以上的多肽链按一定的方式组合成具有特定结构的生物活性分子。蛋白质的结构有不同的层次。酶的两个最显著特性是极高的催化效率和高度的专一性。酶的高度专一性有锁与钥匙模型和诱导契合模型两个假说。

核酸由核苷酸组成,核苷酸又由碱基、戊糖和磷酸组成。依含有戊糖的类型不同,核酸可分为脱氧核糖核酸(DNA)和核糖核酸(RNA)。DNA 的二级结构模型为 DNA 双螺旋结构模型。DNA 的半保留复制对保持生物遗传的稳定具有非常重要的作用。基因表达是指遗传信息从 DNA 传递给 RNA,再从 RNA 传递给蛋白质的转录和翻译的过程。基因工程技术(DNA 重组技术)已广泛应用于医、农、林、牧、渔等产业。人类基因组计划是从整体上研究人类的基因组,分析人类基因组的全部序列,以获得人类基因所携带的全部遗传信息。功能基因的研究是后基因组时代的关键。

思 考 题

1. 我国能源消费结构与国际相比有何特点?
2. 什么是再生能源和非再生能源?举例说明。
3. 什么是洁净煤技术?具体包括哪些方面?
4. 石油炼制工业主要包括哪些过程?
5. 当前有实效而又有前景的新能源指哪些?各有何特点?
6. 什么是大气污染?请指出主要的大气污染物及其治理方法。
7. 什么是水体污染?指出主要的水体污染物及消除水体污染的方法。
8. 什么是本征半导体,N 型半导体,P 型半导体?
9. 什么是光导纤维?
10. 与晶态合金相比,非晶态合金有哪些独特的性能?
11. 什么是复合材料?复合材料具有哪些特性?
12. 储氢材料应该具备哪些特性?
13. 什么是超导电性?
14. 纳米材料有哪些效应?
15. 什么是生命元素?人体有多少种主要的生命元素?它们的功能是什么?
16. 什么是"锁与钥匙模型"?什么是"诱导契合模型"?
17. DNA 的双螺旋结构是怎样形成的?
18. 什么是基因表达?
19. 什么是基因工程?阐述基因工程的科学意义和应用价值。
20. 什么是人类基因组计划?主要任务是什么?有何重要意义?

下篇

化学实验

第9章　化学实验

一、概述

化学是一门实践性较强的学科。实验是学习化学不可缺少的重要环节。它的目的有以下几个方面。

(1) 使课堂中讲授的理论和概念得到验证、巩固和充实,并适当扩大知识面。

(2) 使学生掌握实验操作和基本技术,正确地使用常用仪器,从而获得准确的实验数据和结果。

(3) 培养学生独立思考和独立工作的能力,使其学会联系课堂讲授的知识,仔细观察和分析实验现象,从而得出科学的结论。

(4) 培养学生实事求是的态度,使其养成准确、细致、整洁等良好习惯,逐步地掌握科学研究的方法。

为了保证实验的正常进行,应当搞清楚实验的目的、内容、有关原理、操作方法及注意事项等,并初步估计每一反应的预期结果,根据不同的实验做好预习报告(若有需要,某些实验内容可到实验室并在教师的指导下进行预习)。

实验时应遵守实验室规则,接受教师指导,细心观察现象,如实记录实验现象和数据,分析产生现象的原因,科学地处理实验数据。

实验完毕后,应及时完成实验报告。实验报告要记载清楚,结论明确,文字简练,书写整洁。

二、有效数字及其运算

实验中,所使用仪器的精确度是有限的,因而能读出数字的位数也是有限的。例如,用最小刻度为 $1\ cm^3$ 的量筒测量出液体的体积为 $24.5\ cm^3$,其中 24 直接由量筒的刻度读出,而 0.5 则是用肉眼估计的,它不太准确,称为可疑值。可疑值并非臆造的,也是有效的,记录时应该保留。24.5 这三位数字就是有效数字。有效数字就是实际能测到的数字,它包括准确的几位数和最后不太准确的一位数。

在记录实验数据和有关的化学计算中要特别注意有效数字的运用,否则会使计算结果不准确。

(1) 加减运算。

在进行加减运算时,所得结果的有效数字位数与各原数中小数点后的位数最少者相同。例如：
$$0.254+21.2+1.33=22.7$$
21.2 是三个数中小数点后位数最少的，该数有 ± 0.1 的误差，因此运算结果只保留到小数点后第一位。这几个数相加的结果不是 22.684，而是 22.7。

(2) 乘除运算。

在进行乘除运算时，所得结果的有效数字位数应与原数中最少的有效数字位数相同，而与小数点的位置无关。例如：
$$2.3\times0.524=1.2$$
其中 2.3 的有效数字位数最少，因此，结果应保留二位有效数字。

(3) 对数运算。

对数值的有效数字位数仅由尾数的位数决定，首数只起定位作用，不是有效数字。对数运算时，对数尾数的位数应与相应的真数的有效数字的位数相同。例如，$c(H^+)=1.8\times10^{-5}$ mol·dm^{-3}，它有二位有效数字，所以，$pH=-\lg c(H^+)=4.74$，其中首数"4"不是有效数字，尾数 74 是二位有效数字，与 $c(H^+)$ 的有效数字位数相同。又如，由 pH 值计算 $c(H^+)$ 时，当 pH=2.72，则 $c(H^+)=1.9\times10^{-3}$ mol·dm^{-3}，不能写成 1.91×10^{-3} mol·dm^{-3}。

在取舍有效数字位数时，应注意以下几点。

(1) 化学计算中常会遇到表示分数或倍数的数字，例如，1 kg=1000 g，其中 1000 不是测量所得，可看做是任意位有效数字。

(2) 若某一数据的第一位有效数字大于或等于 8，则有效数字的位数可多取一位。例如，8.25 虽然只有三位有效数字，但可看做是四位有效数字。

(3) 在计算过程中，可以暂时多保留一位有效数字，待得到最后结果时，再根据四舍五入的原则弃去多余的数字。

(4) 误差一般只取一位有效数字，最多不超过二位。

实验一　标准物质的称量、配制与酸碱滴定

一、实验目的

(1) 了解天平的基本构造和性能，学会正确使用天平。

(2) 学习减量法称量操作。

(3) 学会容量瓶、移液管、滴定管的基本操作，了解一种标准溶液的配制方法。

(4) 学会酸碱滴定的基本操作。

(5) 了解有效数字的应用与计算。

二、实验原理

滴定分析是将一种已知准确浓度的标准溶液滴加到被测试样溶液中,直到反应完全为止,然后根据标准溶液的浓度和体积,求得被测试样中组分浓度的一种方法。酸碱滴定是一种利用酸碱中和反应的滴定分析法。将待测溶液由滴定管滴加到一定体积的酸或碱的标准溶液中(也可以反过来加),使它们刚好完全反应。按照化学反应方程式的计量关系,可以从所用的酸溶液和碱溶液的体积($V_{酸}$和$V_{碱}$)与酸溶液的浓度$c_{酸}$算出碱溶液的浓度$c_{碱}$。例如酸 A 和碱 B 发生以下中和反应:

$$a\text{A} + b\text{B} = c\text{C} + d\text{D}$$

则发生反应的 A 和 B 的物质的量 n_A 和 n_B 之间有如下关系:

$$n_A = \frac{a}{b} n_B \quad 或 \quad n_B = \frac{b}{a} n_A$$

所以

$$c_A V_A = \frac{a}{b} c_B V_B$$

$$c_B = \frac{b}{a} \cdot \frac{c_A V_A}{V_B}$$

反之,也可以从$c_{碱}$、$V_{碱}$和$V_{酸}$求出$c_{酸}$。

酸碱中和反应的终点,常用指示剂的变色来确定。酸碱滴定法中常用的指示剂是甲基橙和酚酞。甲基橙的 pH 变色范围是 3.1(红)~4.4(黄),pH=4.0 附近为橙色。用 NaOH 滴定酸性溶液时,终点颜色变化是由橙变黄;用 HCl 溶液滴定碱性溶液时,终点颜色变化是由黄变橙。酚酞的 pH 变色范围是 8.0(无)~9.6(红)。由于 NaOH、HCl 溶液不易直接配准,所以先配成近似浓度,然后用基准物质标定。常用的基准物质是无水碳酸钠和硼砂。本实验就是准确称取无水碳酸钠来标定 HCl 溶液。

三、仪器和药品

1. 仪器

台秤;电子分析天平;称量瓶;干燥器;酸式滴定管(25 cm^3)1 支;锥形瓶(250 cm^3)2 个;洗瓶;滴定管夹和铁架;小烧杯(10 cm^3)2 个;容量瓶(100 cm^3);移液管(20 cm^3)1 支;多用滴管 1 支;小玻璃棒 1 支。

2. 药品

无水 Na_2CO_3(将无水 Na_2CO_3 置于烘箱内,在 180 ℃下,干燥 2~3 h,然后放到干燥器内冷却备用);HCl 溶液(0.1 mol·dm^{-3});甲基橙(0.1%水溶液)。

四、实验内容

1. 标准物质的称量

在分析天平上,用减量法精确称取无水 Na_2CO_3 0.5~0.7 g,装入 10 cm^3 的小烧

2. 配制 Na_2CO_3 的标准溶液

在装有无水 Na_2CO_3 的小烧杯中,加入约 10 cm^3 蒸馏水,使 Na_2CO_3 完全溶解,将此溶液定量转移到 100 cm^3 容量瓶中,用少量蒸馏水洗涤小烧杯 3 次,洗涤液一并加入到容量瓶中,加入蒸馏水至刻度,摇匀。计算 Na_2CO_3 标准溶液的浓度,保留四位有效数字。

3. 标定 HCl 溶液

将已经洗净的酸式滴定管用少量待装溶液洗涤 2~3 次,然后加入 HCl 溶液至零刻度以上,排除滴定管下端的气泡,调节其液面为零刻度。

移取 20.00 cm^3 标准 Na_2CO_3 溶液置于锥形瓶中,加入 2 滴甲基橙指示剂,在不断摇动锥形瓶的情况下,用滴定管逐滴滴入 HCl 溶液。刚开始滴定时,可以适当快一些,但必须成滴而不是一股水流,当溶液的局部出现橙红色,并在摇动锥形瓶时,其橙红色消失较慢,表示已接近终点,这时应控制滴加速度。每加 1 滴 HCl 溶液,都应摇动锥形瓶,观察颜色是否消褪,再决定是否继续加入 HCl 溶液,直到溶液由黄色变为橙色,即到达了滴定终点,记下所消耗的 HCl 溶液体积。

另取一份 20.00 cm^3 Na_2CO_3 溶液,重复以上工作,要求两次滴定所消耗 HCl 溶液的体积之差小于 0.08 cm^3,若超过 0.08 cm^3,则应做第三份。

滴定过程中应注意以下几点。

(1) 滴定完毕后,滴定管下端尖嘴外不应挂有液滴,尖嘴内不应留有气泡。

(2) 滴定过程中,可能有 HCl 溶液溅到锥形瓶内壁的上部,最后半滴滴定液也是由锥形瓶内壁沾下来,因此,为了减少误差,快到终点时,应该用洗瓶吹取少量蒸馏水淋洗锥形瓶内壁。

五、数据处理

按表 9-1 的格式记录及整理实验数据。

表 9-1 酸碱滴定的数据处理表

项 目	第一次	第二次	第三次
Na_2CO_3 的质量/g			
Na_2CO_3 溶液的浓度/(mol·dm^{-3})			
Na_2CO_3 溶液的用量/cm^3			
HCl 溶液的用量/cm^3			
HCl 溶液的平均浓度/(mol·dm^{-3})			

六、思考题

(1) 为了保护天平,操作时应注意什么?以下操作是否允许?

① 急速地打开或关闭天平的玻璃门。
② 将化学药品直接放在称盘上。
(2) 下列情况对称量读数有无影响？
① 用手直接拿取称量物品。
② 未关天平门。
(3) 使用称量瓶应注意什么？从称量瓶向外倒样品时应怎样操作？为什么？
(4) 为什么移液管和滴定管必须用待装入的溶液洗涤？锥形瓶是否也要用待装溶液洗涤？

实验二　醋酸解离度和解离常数的测定

一、实验目的

(1) 学习测定醋酸解离度和解离常数的基本原理和方法。
(2) 学会正确使用酸度计。
(3) 进一步掌握滴定管、移液管的使用等定量分析的基本操作技能。

二、实验原理

醋酸是弱电解质，在水溶液中存在着解离平衡：

$$HAc + H_2O \rightleftharpoons H_3O^+ + Ac^-$$

其解离平衡常数表达式为

$$K_a^\ominus = \frac{[c(H_3O^+)/c^\ominus][c(Ac^-)/c^\ominus]}{c(HAc)/c^\ominus} \tag{1}$$

式中：$c(HAc)$、$c(H_3O^+)$、$c(Ac^-)$ 分别为 HAc、H_3O^+ 和 Ac^- 的平衡浓度；$c^\ominus$ 为标准浓度（其值为 $1.0\ mol \cdot dm^{-3}$）。在 HAc 的水溶液中，有 $c(H_3O^+) = c(Ac^-)$，若 HAc 的起始浓度为 c_0，则有 $c(HAc) = c_0 - c(H_3O^+)$，因此式(1)可以改写为

$$K_a^\ominus = \frac{[c(H_3O^+)/c^\ominus]^2}{[c_0 - c(H_3O^+)]/c^\ominus} \tag{2}$$

醋酸的解离度 α 可以表示为

$$\alpha = \frac{c(H^+)}{c_0} \tag{3}$$

利用酸碱滴定法，可以准确测定醋酸的起始浓度；用酸度计可以测定平衡时醋酸溶液的氢离子浓度。将这些数据代入式(2)、式(3)，计算得到醋酸的解离常数和解离度。

若将等浓度的醋酸和醋酸钠等体积混合，得到缓冲溶液，此缓冲溶液的 pH 值可

用下式计算：

$$\mathrm{pH} = \mathrm{p}K_\mathrm{a}^\ominus - \lg\frac{c(\mathrm{HAc})}{c(\mathrm{Ac}^-)} \tag{4}$$

由于 $c(\mathrm{HAc})=c(\mathrm{Ac}^-)$，所以测量上述缓冲溶液的 pH 值就可以得到醋酸的解离常数。

三、仪器和药品

1. 仪器

碱式滴定管 1 支；移液管（25 cm³）1 支；吸量管（5 cm³）2 支；锥形瓶（250 cm³）3 个；烧杯（10 cm³）4 个；比色管（10 cm³）3 支；酸度计。

2. 药品

待测醋酸（约 0.1 mol·dm⁻³）；标准 NaOH 溶液（约 0.1 mol·dm⁻³）；NaAc 溶液（0.10 mol·dm⁻³）；酚酞指示剂；标准缓冲溶液（pH=4.00）。

四、实验内容

1. 醋酸溶液浓度的测定

用移液管分别吸取 25.00 cm³ 待测醋酸溶液，放入 3 个 250 cm³ 锥形瓶中，加入酚酞指示剂 1～2 滴，用标准 NaOH 溶液滴定至溶液呈微红色并半分钟不褪色为止（注意每次滴定都从 0.00 cm³ 开始），将所用 NaOH 溶液的体积和相应数据记入表9-2中。

表 9-2　醋酸溶液浓度的测定

滴定序号		1	2	3
标准 NaOH 溶液浓度/(mol·dm⁻³)				
HAc 溶液的体积/cm³				
标准 NaOH 溶液的体积/cm³				
HAc 溶液的浓度/(mol·dm⁻³)	测定值			
	平均值			

2. 配制不同浓度的醋酸溶液

用 5 cm³ 吸量管分别取 1.00 cm³、2.50 cm³ 和 5.00 cm³ 待测 HAc 溶液，放入 3 支洗净干燥的 10 cm³ 比色管中，用蒸馏水稀释至刻度，摇匀，待用。

3. 测定醋酸溶液的 pH 值

将上面得到的三种醋酸溶液和一种未经稀释的待测醋酸溶液，分别装入 4 个干燥的 10 cm³ 烧杯中，按照酸度计的使用方法，用酸度计由稀到浓地测定它们的 pH 值，将实验数据和室温以及计算结果一并填入表 9-3 中。

表 9-3　醋酸解离度的测定　　　　　　　　　室温_____℃

编号	$c(HAc)$ /(mol·dm^{-3})	pH	$c(H^+)$ /(mol·dm^{-3})	α	$K_a^\ominus$ 测定值	平均值
1						
2						
3						
4						

4. 酸度计的使用方法（以 PHS-3C 型酸度计为例）

酸度计也称 pH 计，是测定溶液 pH 值最常用的仪器之一。它有一个指示电极（常用玻璃电极）和一个参比电极，如甘汞电极（现在常用复合电极代替这两种电极）。将电极插入待测溶液，组成一个原电池。玻璃电极的电极电势随待测溶液的 H^+ 浓度的改变而变化，测定原电池的电动势，即可求得溶液的 pH 值。

（1）开机，预热 30 min。

（2）插上电极，将选择开关置于 pH 挡。

（3）调节"温度"调节器至溶液的温度（通常是室温）。

（4）调节斜率旋钮至 100% 的位置（即顺时针到底）。

（5）用蒸馏水清洗电极，用滤纸吸干，将其插入到 pH＝6.86 的标准缓冲溶液中，待平衡后（约 20 s），调节定位旋钮使仪器显示的 pH 值与该缓冲溶液的 pH 值相一致。

（6）用蒸馏水清洗电极，用滤纸吸干，再将其插入到 pH＝4.00（或 pH＝9.18，当被测溶液为碱性溶液时选用）的标准缓冲溶液中，待平衡后（约 20 s），调节斜率旋钮使仪器显示的 pH 值与该缓冲溶液的 pH 值相一致。

仪器完成定位操作后，斜率旋钮和定位旋钮不应再有变动。

（7）用蒸馏水清洗电极，用滤纸吸干，插入待测溶液，待平衡后（约 20 s），在显示屏上读出溶液的 pH 值。

（8）测定完成后，断开电源，清洗并用蒸馏水浸泡电极，供下次使用。

5. 测定缓冲溶液的 pH 值

用 5 cm³ 吸量管取 5.00 cm³ 待测 HAc 溶液和 5.00 cm³ 的 0.10 mol·dm^{-3} NaAc 溶液于 10 cm³ 干燥的烧杯中，混合均匀，测量其 pH 值。记录实验数据，并计算醋酸解离常数。

五、思考题

（1）根据实验结果讨论 HAc 解离度和解离常数与其浓度的关系，如果改变温度，对 HAc 的解离度和解离常数有何影响？

(2) 烧杯是否必须烘干？还可以作怎样处理？做好本实验的操作关键是什么？

(3) "电离度越大，酸度就越大"这句话正确吗？为什么？

(4) 配制不同浓度的醋酸溶液有哪些注意事项？为什么？

实验三　电解质溶液

一、实验目的

(1) 实验弱电解质的解离平衡及其移动。

(2) 配制缓冲溶液并实验其性质。

(3) 观察电解质与水的酸碱反应及其平衡的移动。

(4) 实验沉淀的生成、溶解和相互转化条件，进一步掌握难溶电解质的多相离子平衡的溶度积规则。

二、实验原理

在弱电解质的溶液中加入含有共同离子的另一强电解质，可使弱电解质的解离度减小；在难溶电解质的饱和溶液中加入含有共同离子的其他强电解质时，其溶解度减小，这种效应称为同离子效应。

互为共轭酸碱对的物质 HA 和 A^- 所组成的混合溶液，具有缓冲作用，当外加少量强酸或少量强碱或稀释时，溶液的 pH 值变化不大，具有上述性质的溶液称为缓冲溶液。缓冲溶液的 pH 值计算公式为

$$pH = pK_a^{\ominus} - \lg \frac{c(HA)}{c(A^-)}$$

可见缓冲溶液的 pH 值主要取决于 $pK_a^{\ominus}$，且与 $\frac{c(HA)}{c(A^-)}$ 的大小有关。

根据上式，可以配制出所需要的缓冲溶液。

电解质在水中解离，产生的弱酸或弱碱可与水发生酸碱反应。电解质溶液的酸碱性取决于该电解质在水中解离后产生的是质子酸还是质子碱。若是质子酸，则溶液显弱酸性；若是质子碱，则溶液显弱碱性。该类反应是吸热反应，温度升高有利于反应的进行。如将固体 NaAc 或 NH_4Cl 溶入水，存在如下反应：

$$NaAc \longrightarrow Na^+ + Ac^-, \quad Ac^- + H_2O \rightleftharpoons HAc + OH^-$$

$$NH_4Cl \longrightarrow NH_4^+ + Cl^-, \quad NH_4^+ + H_2O \rightleftharpoons NH_3 + H_3O^+$$

有些电解质水溶液解离后的产物溶解度很小，生成沉淀，如 $SbCl_3$ 在水中的反应为

$$SbCl_3 + H_2O \rightleftharpoons SbOCl(s)\downarrow + 2HCl$$

产生的 SbOCl 白色沉淀是 Sb(OH)₂Cl 脱水后的产物,加入 HCl 则上述平衡向左移动。故实验室配制 SbCl₃ 溶液时,要先加入一定浓度的盐酸防止其水解。

两种电解质在水中解离后,分别生成质子酸和质子碱,当这两种溶液相混合时,彼此可以加剧各自与水的酸碱反应,如将 $Al_2(SO_4)_3$ 溶液和 Na_2CO_3 溶液混合。

$$2Al^{3+} + 3CO_3^{2-} + 3H_2O \Longrightarrow 2Al(OH)_3 \downarrow + 3CO_2 \uparrow$$

难溶电解质溶液的多相离子平衡有溶度积规则。在 Ag_2CrO_4 的饱和溶液中,存在如下的平衡:

$$Ag_2CrO_4 \Longrightarrow 2Ag^+ + CrO_4^{2-}$$

温度一定时,有 $K_{sp}^{\ominus}(Ag_2CrO_4) = [c(Ag^+)/c^{\ominus}]^2[c(CrO_4^{2-})/c^{\ominus}]$,即在难溶电解质的饱和溶液中,当温度一定时,难溶电解质离子浓度幂的乘积是一个常数,叫溶度积。根据溶度积可判断沉淀的生成和溶解,溶度积规则为

$Q_i > K_{sp}^{\ominus}$,有沉淀析出或溶液过饱和;

$Q_i = K_{sp}^{\ominus}$,饱和溶液;

$Q_i < K_{sp}^{\ominus}$,溶液未饱和,无沉淀析出或沉淀溶解。

如果溶液中同时含有数种离子,当逐步加入某种试剂,由于生成的几种难溶电解质的溶度积大小不同,而分步沉淀。其中若某种难溶电解质的离子积先达到其溶度积,这时该难溶电解质先沉淀,反之,后沉淀。

使一种难溶电解质转化为另一种难溶电解质的过程称为沉淀的转化。例如硫酸铜溶液和闪锌矿(ZnS)的反应,可使闪锌矿转化为蓝铜矿(CuS):

$$CuSO_4 + ZnS(s) \Longrightarrow CuS(s) + ZnSO_4$$

一般溶解度大的难溶电解质容易转化为溶解度小的难溶电解质。不同类型的难溶电解质不能直接用溶度积比较,而应换算为溶解度,溶解度越小则电解质越难溶。

三、仪器和药品

1. 仪器

9 孔井穴板;酒精灯;玻璃棒;牛角匙;量筒(10 cm³);洗瓶;小烧杯(10 cm³);试管 1 支;试管夹。

2. 药品

浓 HCl;HCl(0.1 mol·dm⁻³、0.2 mol·dm⁻³);HAc(0.1 mol·dm⁻³、0.2 mol·dm⁻³);NaOH(0.1 mol·dm⁻³、0.2 mol·dm⁻³);NH₃·H₂O(0.1 mol·dm⁻³、2 mol·dm⁻³);AgNO₃(0.1 mol·dm⁻³);饱和 Al₂(SO₄)₃ 溶液;CuSO₄(0.1 mol·dm⁻³);K₂CrO₄(0.1 mol·dm⁻³);MgCl₂(0.1 mol·dm⁻³);NaAc(0.2 mol·dm⁻³);NaCl(0.1 mol·dm⁻³);Na₂S(0.1 mol·dm⁻³);饱和 Na₂CO₃ 溶液;饱和 PbCl₂ 溶液;NH₄Cl(1 mol·dm⁻³);Pb(NO₃)₂(0.1 mol·dm⁻³);SbCl₃(0.1 mol·dm⁻³);Zn(NO₃)₂(0.1 mol·dm⁻³);精密 pH 试纸;酚酞(0.1%);甲基橙(0.1%)。

四、实验内容

1. 同离子效应

(1) 取几滴 $0.1\ mol\cdot dm^{-3}$ HAc,加 1 滴甲基橙,观察颜色,然后加少量 NaAc 固体,比较颜色变化,说明原因。

(2) 取几滴 $0.1\ mol\cdot dm^{-3}$ $NH_3\cdot H_2O$,加 1 滴酚酞,观察溶液颜色,然后加少量 NH_4Cl 固体,比较颜色变化,说明原因。

(3) 加几滴饱和 $PbCl_2$ 溶液于井穴板的一干燥孔中,然后再加入 1~2 滴浓 HCl,有何现象? 说明原因。

2. 缓冲溶液的配制和性质

(1) 配制 pH=4.1 的缓冲溶液 $10\ cm^3$。用 $0.2\ mol\cdot dm^{-3}$ HAc 和 $0.2\ mol\cdot dm^{-3}$ NaAc 溶液配制。配制好缓冲溶液后用 pH 试纸检验其 pH 值。保留该缓冲溶液备用。

(2) 将上述配制好的缓冲溶液分 3 份装入井穴板的 3 个孔中,分别加 $0.1\ mol\cdot dm^{-3}$ HCl、1 滴 $0.1\ mol\cdot dm^{-3}$ NaOH 和 10 滴去离子水搅拌,分别用精密 pH 试纸检验其 pH 值。然后将上述的缓冲溶液换成同样体积的去离子水,再各加 1 滴 $0.1\ mol\cdot dm^{-3}$ HCl、$0.1\ mol\cdot dm^{-3}$ NaOH、10 滴去离子水,分别用精密 pH 试纸检验,比较 pH 值的变化,解释原因。

3. 电解质溶液与水的酸碱反应

(1) 温度对电解质溶液与水的酸碱反应的影响。在试管中加 20 滴 $0.2\ mol\cdot dm^{-3}$ NaAc 和 1 滴酚酞指示剂,记录溶液的颜色,再将试管加热至近沸,观察其溶液颜色的变化。冷却后,再观察溶液颜色的变化,解释之,并写出 NaAc 与水发生反应的方程式。

(2) 浓度对电解质溶液与水的酸碱反应的影响。取 5 滴去离子水,加入 1 滴 $SbCl_3$($0.1\ mol\cdot dm^{-3}$),摇匀,有何现象? 再加入浓 HCl 至溶液变澄清为止,再加水稀释,又有何变化? 写出 $SbCl_3$ 水解反应式,并解释上述实验现象,说明在配 $SbCl_3$ 溶液时应注意什么。

(3) 两种电解质水溶液间的相互反应。用 pH 试纸测定饱和 $Al_2(SO_4)_3$ 和饱和 Na_2CO_3 溶液的酸碱性,然后分别取 3 滴饱和 $Al_2(SO_4)_3$ 和 6 滴饱和 Na_2CO_3 溶液于井穴板的一孔中,观察现象。写出两种电解质与水发生反应的反应式,并解释原因。

4. 溶度积规则的应用

(1) 沉淀的生成和溶解。

a. 分别取 3 滴 $0.1\ mol\cdot dm^{-3}$ $AgNO_3$ 溶液和 2 滴 $0.1\ mol\cdot dm^{-3}$ K_2CrO_4 溶液于井穴板的一孔中,观察现象,写出反应方程式。同上操作,用 $0.1\ mol\cdot dm^{-3}$ $Pb(NO_3)_2$ 代替 $AgNO_3$ 溶液,同上操作又有何现象? 用溶度积规则解释。

b. 在井穴板一孔中,加 $0.10\ mol\cdot dm^{-3}$ $MgCl_2$ 2 滴,逐滴加 $NH_3\cdot H_2O$

($2\ mol \cdot dm^{-3}$)至生成沉淀为止,记录沉淀颜色。再加入 NH_4Cl($1\ mol \cdot dm^{-3}$)数滴,观察沉淀是否溶解,解释上述现象。

c. 同上取 5 滴 $0.1\ mol \cdot dm^{-3}\ Zn(NO_3)_2$,加 1 滴 $0.1\ mol \cdot dm^{-3}\ Na_2S$,观察沉淀的生成和颜色,再加入 $2\ mol \cdot dm^{-3}\ HCl$ 数滴,观察沉淀是否溶解,试解释之。

(2) 分步沉淀。

取 1 滴 $AgNO_3$($0.1\ mol \cdot dm^{-3}$)和 3 滴 $Pb(NO_3)_2$ 于试管中,加 $3\ cm^3$ 去离子水稀释,摇匀,然后逐滴加 $0.1\ mol \cdot dm^{-3}\ K_2CrO_4$,并不断搅拌,观察沉淀的颜色。继续滴加 K_2CrO_4 溶液,沉淀颜色有何变化?根据沉淀颜色变化和溶度积计算,判断沉淀生成的先后次序。

(3) 沉淀转化。

a. 取 2 滴 $0.1\ mol \cdot dm^{-3}\ AgNO_3$,加 5 滴 $0.1\ mol \cdot dm^{-3}\ K_2CrO_4$,搅拌,观察沉淀的颜色。再加 $0.1\ mol \cdot dm^{-3}\ NaCl$ 5 滴,搅拌,观察沉淀的颜色变化,解释现象并写出反应方程式。

b. 取 $0.1\ mol \cdot dm^{-3}\ Zn(NO_3)_2$ 溶液 3 滴,加 $0.1\ mol \cdot dm^{-3}\ Na_2S$,观察沉淀的生成,然后逐滴加 $0.1\ mol \cdot dm^{-3}\ CuSO_4$ 溶液,并搅拌,观察沉淀颜色的变化,运用溶度积规则解释 ZnS 转化成 CuS 的原因,并写出反应方程式。

五、思考题

(1) 什么叫同离子效应?其对弱电解质解离度和难溶电解质溶解度各有什么影响?

(2) 什么叫缓冲溶液?如何配制及计算缓冲溶液的 pH 值?缓冲溶液有何性质?

(3) 实验室如何用固体 $SbCl_3$ 配制成所需浓度的溶液?

(4) 何谓溶度积?怎样用溶度积规则判断难溶电解质的生成和溶解?分步沉淀和沉淀转化有何区别?本实验是如何来验证的?

实验四 氧化还原反应与电化学

一、实验目的

(1) 了解测定电极电势的原理与方法。
(2) 掌握用酸度计测定原电池电动势的方法。
(3) 了解原电池、电解池的装置及其作用原理。
(4) 了解浓度对电极电势的影响,了解介质的 pH 值对氧化还原反应的影响。
(5) 判断氧化还原反应的方向,判断氧化剂、还原剂的相对强弱。

二、实验原理

测量某一电对的电极电势,是将该电对组成的电极与标准氢电极构成原电池,测量该原电池的电动势。原电池的电动势 E 与电极电势有如下关系:

$$E = E_+ - E_-$$

根据测量得到的电动势,可以求出该电对的电极电势,然后利用能斯特方程式

$$E = E^{\ominus} + \frac{0.059\ 2}{n} \lg \frac{c(氧化态)}{c(还原态)}$$

求得该电对的标准电极电势。

本实验用酸度计测量原电池的电动势。

在实际测量电极电势时,由于标准氢电极使用不太方便,因此常用甘汞电极(当 KCl 为饱和溶液,温度为 298 K 时,其电势值为 0.241 5 V)作为参比电极,以代替标准氢电极。

测定锌电极的电极电势时,可以将锌电极与甘汞电极组成原电池,测出该原电池的电动势 E,即能求出锌电极的电极电势。

$$E = E_+ - E_- = E_{甘汞} - E(Zn^{2+}/Zn)$$
$$E(Zn^{2+}/Zn) = E_{甘汞} - E = 0.241\ 5 - E$$

把两种不同金属分别浸入其盐溶液中,再用导线和盐桥依次将它们连接起来,就组成原电池。将原电池两极上的导线插入盛有电解质溶液(如 NaCl)的容器中,就组成了电解池。与原电池负极相连的极是电解池的阴极,与原电池正极相连的极是电解池的阳极。当电流通过电解池时,除电解质的离子可能放电外,水中的 H^+ 和 OH^- 也可能放电,如电极为一般金属,阳极金属会溶解。

三、仪器和药品

1. 仪器

烧杯(10 cm³)3 个;井穴板;试管;试管架;坩埚;表面皿;盐桥;导线(带 Zn 片和 Cu 片);砂纸;温度计;酸度计;甘汞电极;烧杯(10 cm³)4 个,(50 cm³)3 个;量筒(10 cm³)1 个,(100 cm³)1 个;培养皿(9 cm)。

2. 药品

盐酸(1.0 mol·dm⁻³);浓 H_2SO_4;H_2SO_4(1 mol·dm⁻³);$CuSO_4$(0.5 mol·dm⁻³、0.1 mol·dm⁻³、3%);$ZnSO_4$(0.5 mol·dm⁻³、0.1 mol·dm⁻³);铜试剂(0.1 mol·dm⁻³);酚酞(1%);$Pb(NO_3)_2$(1.0 mol·dm⁻³);Na_2S(0.1 mol·dm⁻³);H_2O_2(3%、12.3%);KI(0.1 mol·dm⁻³);$K_2Cr_2O_7$(0.1 mol·dm⁻³);KIO_3(1.0 mol·dm⁻³);$CH_2(COOH)_2$-$MnSO_4$-淀粉混合溶液;CCl_4;Br_2 水;I_2 水。

四、实验内容

1. Zn^{2+}/Zn 电极电势测定

取 2 个干燥的 10 cm³ 烧杯,在一个烧杯中加入 4 cm³ 0.1 mol·dm⁻³ $ZnSO_4$ 溶液,将锌电极插入到 $ZnSO_4$ 溶液中,另一个烧杯中加入 4 cm³ 饱和 KCl 溶液,插入饱和甘汞电极,用盐桥将两个烧杯中的溶液连通起来,组成原电池(装置见图 9-1)。

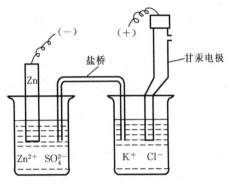

图 9-1 原电池装置图

将准备好的待测电池的两极分别与调试好的酸度计的两极连接,然后按酸度计电极电势测定法测量待测电池的电动势。根据测得的电动势,计算锌电极在 0.10 mol·dm⁻³ $ZnSO_4$ 溶液中的电极电势,并利用能斯特方程式推导出锌电极的标准电极电势。

$(-)Zn|ZnSO_4(0.10\ mol·dm^{-3})\|$ 饱和 $KCl, Hg_2Cl_2|Hg, Pt(+)$

2. 原电池和电解池(见图 9-2)

取 2 个 10 cm³ 烧杯分别注入约 4 cm³ 0.1 mol·dm⁻³ $CuSO_4$ 和 0.1 mol·dm⁻³ $ZnSO_4$ 溶液,然后按图 9-2 连接装置。在电解池中加入约 5 cm³ 0.5 mol·dm⁻³ NaCl 及 2 滴酚酞指示剂,待数分钟后观察电解池中电极附近有何现象。然后滴加铜试剂,观察有何现象。

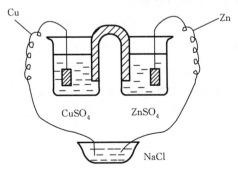

图 9-2 原电池和电解池

根据实验结果,试判断原电池的正负极和电解池的阴阳极。

3. 浓度对电极电势的影响

(1) 在 2 个 50 cm³ 的烧杯中分别加入 25 cm³ 0.10 mol·dm⁻³ $ZnSO_4$ 溶液和 0.10 mol·dm⁻³ $CuSO_4$ 溶液,将锌电极和铜电极分别插入 $ZnSO_4$ 和 $CuSO_4$ 溶液中,放入盐桥组成原电池,用酸度计测量原电池电动势 E。

(2) 取出盐桥和铜电极,在 $CuSO_4$ 溶液中滴加 6 mol·dm⁻³ $NH_3·H_2O$ 并不断搅拌,直至生成的浅蓝色沉淀全部消失,生成深蓝色溶液,放入盐桥和铜电极,测其电动势 E。

(3) 取出盐桥和锌电极,在 $ZnSO_4$ 溶液中滴加 6 mol·dm⁻³ $NH_3·H_2O$ 并不断搅拌至沉淀完全消失,形成透明溶液,放入盐桥和锌电极,测其电动势 E。从电动势的变化说明浓度对电极电势的影响。

4. 介质的 pH 值对氧化还原反应的影响

在试管中加入 5 滴 0.10 mol·dm⁻³ KI 溶液和 0.10 mol·dm⁻³ $K_2Cr_2O_7$ 溶液,混合均匀后,加入 1 cm³ 去离子水和 1 cm³ CCl_4,振荡,观察 CCl_4 层有何变化。再加入数滴 1 mol·dm⁻³ H_2SO_4 溶液,观察 CCl_4 层有何变化。写出反应方程式,并用能斯特公式解释上述实验现象。

5. 判断氧化还原反应的方向

用电极电势判断下列反应能否进行,并用实验加以证实。

(1) 在装有少量 PbS(用 1.0 mol·dm⁻³ $Pb(NO_3)_2$ 和数滴 0.1 mol·dm⁻³ Na_2S 制取,注意沉淀的颜色)的试管中加入 3% H_2O_2,观察不溶物质的颜色变化,写出反应方程式,说明 H_2O_2 在此反应中所起的作用。

(2) 在试管中加入 0.1 mol·dm⁻³ KI 溶液 2~3 滴,再加入数滴 1.0 mol·dm⁻³ H_2SO_4 溶液,摇匀后,滴加 3% H_2O_2,观察溶液颜色的变化,写出反应方程式,说明 H_2O_2 在此反应中所起的作用。

6. 判断氧化剂、还原剂的相对强弱

a. 根据下列药品设计实验方案,证明 I^- 的还原能力大于 Br^-。

KI(0.1 mol·dm⁻³);KBr(0.1 mol·dm⁻³);$FeCl_3$(0.1 mol·dm⁻³);$KMnO_4$(0.01 mol·dm⁻³);$SnCl_2$(0.1 mol·dm⁻³);H_2SO_4(0.1 mol·dm⁻³);CCl_4。

b. 利用下列药品设计实验方案,证明 Br_2 的氧化能力大于 I_2。

Br_2 水;I_2 水;$SnCl_2$(0.1 mol·dm⁻³);$FeSO_4$(0.1 mol·dm⁻³);CCl_4;H_2SO_4(0.1 mol·dm⁻³)。

7. 摇摆反应

在小烧杯中先加入 10 cm³ 12.3% H_2O_2 溶液,然后再同时加等体积的 0.2 mol·dm⁻³ 的酸性 KIO_3 溶液和丙二酸-$MnSO_4$-淀粉混合液(调至 22~23 ℃),观察溶液颜色的变化,说明 H_2O_2 在反应中的作用。

五、思考题

(1) 如何用酸度计测量原电池的电动势?
(2) 如果没有电表,你将如何用简便的方法辨认原电池的正负极?
(3) 介质的 pH 值、浓度对电极电势有何影响?
(4) 如何根据标准电极电势判断氧化还原反应的方向及程度,氧化剂、还原剂的相对强弱?

实验五　反应级数及活化能测定

一、实验目的

(1) 测定 $(NH_4)_2S_2O_8$(过二硫酸铵)与 KI 反应速率,学习用实验测定反应级数和活化能的方法与原理,加深对反应速率表达式和阿仑尼乌斯公式的理解。
(2) 学习用作图法处理实验数据,求反应级数和反应的活化能。
(3) 学习移液管和恒温水浴的使用。

二、实验原理

$(NH_4)_2S_2O_8$ 与 KI 在水溶液中的反应为

$$(NH_4)_2S_2O_8 + 3KI = (NH_4)_2SO_4 + K_2SO_4 + KI_3 \tag{1}$$

该反应平均反应速率与反应物浓度关系式表示如下:

$$\bar{v} \approx \frac{-\Delta c(S_2O_8^{2-})}{\Delta t} = k[c_0(S_2O_8^{2-})]^m [c_0(I^-)]^n$$

式中: $\bar{v}$ 为平均反应速率; $\Delta c(S_2O_8^{2-})$ 为 $S_2O_8^{2-}$ 在 Δt 时间内浓度改变值; $c_0(S_2O_8^{2-})$ 和 $c_0(I^-)$ 分别表示 $S_2O_8^{2-}$ 和 I^- 的初始浓度; k 为反应速率常数; m 和 n 为反应级数。

为了测出 Δt 时间内 $S_2O_8^{2-}$ 浓度改变值,在 $(NH_4)_2S_2O_8$ 与 KI 溶液混合的同时,加入一定体积已知浓度的 $Na_2S_2O_3$ 溶液以及作为指示剂的淀粉溶液,在发生反应(1)的同时还发生下列反应:

$$2S_2O_3^{2-} + I_3^- = S_4O_6^{2-} + 3I^- \tag{2}$$

由于反应(1)的速率较慢,而反应(2)几乎瞬间完成,反应(1)生成的 I_3^- 立即与 $S_2O_3^{2-}$ 反应,生成无色 $S_4O_6^{2-}$(连四硫酸根)和 I^-。因此,反应初期看不到 I_3^- 特征的蓝色,一旦 $S_2O_3^{2-}$ 消耗完全,反应(1)所生成微量的 I_3^- 就立即与淀粉作用,使溶液呈现蓝色。Δt 是反应开始到溶液显蓝色所需时间。

由上述反应(1)和(2)的化学计量关系可以看出，$S_2O_8^{2-}$ 消耗的量等于 $S_2O_3^{2-}$ 消耗量的一半，即

$$\Delta c(S_2O_8^{2-}) = \frac{\Delta c(S_2O_3^{2-})}{2}$$

因此，反应的平均反应速率 $\bar{v}$

$$\bar{v} = \frac{\Delta c(S_2O_8^{2-})}{\Delta t} = \frac{\Delta c(S_2O_3^{2-})}{2\Delta t} = \frac{c(S_2O_3^{2-})}{2\Delta t}$$

又 $\bar{v} \approx k[c_0(S_2O_8^{2-})]^m[c_0(I^-)]^n$，两边取对数得

$$\lg\bar{v} = \lg k + m\lg c_0(S_2O_8^{2-}) + n\lg c_0(I^-)$$

可见，当 $S_2O_8^{2-}$ 浓度不变时，以 $\lg\bar{v}$ 对 $\lg c_0(I^-)$ 作图，得一直线，斜率为 n；同理 I^- 的浓度固定时，以 $\lg\bar{v}$ 对 $\lg c_0(S_2O_8^{2-})$ 作图，可求得 m。

将 $\bar{v}$、m 和 n 代入反应的速率方程可以求得反应速率常数。

温度对反应速率的影响十分显著，一般有以下关系：

$$\lg k = \lg A - E_a/2.303RT$$

式中：E_a 为反应的活化能($J \cdot mol^{-1}$)；R 为气体常数($8.314\ J \cdot K^{-1} \cdot mol^{-1}$)；$T$ 为热力学温度(K)；A 为指前因子。

由实验测得不同 T 时的 k 值，再以 $\lg k$ 为纵坐标，$1/T$ 为横坐标作图，即可得一直线。由直线斜率可以得到反应的活化能。

三、仪器和药品

1. 仪器

移液管($2\ cm^3$) 5 支，($1\ cm^3$) 1 支；小试管；玻璃棒；秒表；温度计；恒温水浴；坐标纸 3 张；锥形瓶($25\ cm^3$) 7 个；玻璃气流烘干器。

2. 药品

KI($0.20\ mol \cdot dm^{-3}$)；淀粉(0.5%)；$Na_2S_2O_3$($0.010\ mol \cdot dm^{-3}$)；KNO_3($0.20\ mol \cdot dm^{-3}$)；$(NH_4)_2S_2O_8$($0.20\ mol \cdot dm^{-3}$)；$(NH_4)_2SO_4$($0.20\ mol \cdot dm^{-3}$)。

四、实验内容

1. 浓度对化学反应速率的影响

用专用移液管(每种试剂所用的移液管必须作标记)，按表 9-4 次序分别准确量取 KI、淀粉、$Na_2S_2O_3$、KNO_3 或 $(NH_4)_2SO_4$ 溶液，倒入锥形瓶中，摇匀。再用移液管准确量取 $(NH_4)_2S_2O_8$ 溶液，迅速加入上述锥形瓶中，立即按表计时，并不断摇动锥形瓶，注意观察，当溶液刚呈现蓝色时，立刻停止秒表，记录反应时间 Δt。

重复上述方法，按表 9-3 所示的各试剂的用量进行其他各组实验，最后计算各反应速率 $\bar{v}$ 和速率常数 k。

2. 温度对反应速率的影响

（1）记录室温 T/K，并将水浴温度调至比室温高 10 K。

（2）按表 9-4 编号 2 的用量，把 KI、$Na_2S_2O_3$ 和淀粉加入 100 cm^3 烧杯中，$(NH_4)_2S_2O_8$ 溶液加入大试管中，然后将小烧杯和大试管同时放在比室温高 10 K 的恒温水浴中[①]，恒温 5～10 min。再将$(NH_4)_2S_2O_8$与 KI 等体积混合，同时开动秒表计时，不断搅拌，当溶液刚出现蓝色时，立即停表，记录反应时间。

再将水浴温度调至高于室温 20 K，重复上述实验，记录反应温度和时间。

表 9-4 试剂用量

实验编号		1	2	3	4	5
试剂用量/cm^3	KI	2.0	1.0	0.5	2.0	2.0
	淀粉	0.2	0.2	0.2	0.2	0.2
	$Na_2S_2O_3$	1.2	1.2	1.2	1.2	1.2
	KNO_3			1.0	1.5	
	$(NH_4)_2SO_4$				0.8	1.2
	$(NH_4)_2S_2O_8$	1.6	1.6	1.6	0.8	0.4
	总体积			5.0		
试剂初始浓度 c_0 /(mol·dm^{-3})	KI					
	$(NH_4)_2S_2O_8$					
	$Na_2S_2O_3$					
Δc/(mol·dm^{-3})	$S_2O_8^{2-}$					
Δt/s						
$\bar{v}=c_0(S_2O_3^{2-})/(2\Delta t)$						
$\lg \bar{v}$						
$\lg c_0(I^-)$						
$\lg c_0(S_2O_3^{2-})$						
m						
n						
k						

注：为保持溶液中离子强度不变，故在不同实验编组中需补充不同量的电解质 KNO_3 或 $(NH_4)_2SO_4$。

---

① 也可将小烧杯（内插温度计）和大试管一起放入 400 cm^3 烧杯的简易水浴。

五、数据处理

(1) 反应级数的求算

$$\lg \bar{v} = \lg k + m\lg c_0(S_2O_8^{2-}) + m\lg c_0(I^-)$$

用表 9-4 编号 1、2 和 3 实验数据,以 $\lg \bar{v}$ 对 $\lg c_0(I^-)$ 作图,得一直线,其斜率即为 n。

用表 9-4 编号 1、4 和 5 实验数据以 $\lg \bar{v}$ 对 $\lg c_0(S_2O_8^{2-})$ 作图,得一直线,其斜率即为 m。

由 m 和 n 求得反应总级数。

(2) 计算反应速率常数

$$k = \frac{\bar{v}}{[c_0(S_2O_8^{2-})]^m [c_0(I^-)]^n}$$

将 $\bar{v}$、m 和 n 代入上式求 k。

(3) 活化能的计算

$$\lg k = \lg A - E_a/(2.303RT)$$

用表 9-5 的实验数据,以 $\lg k$ 为纵坐标,$1/T$ 为横坐标作图,得一直线,直线的斜率等于 $-E_a/(2.303R)$。由此求得反应的活化能 E_a。

表 9-5 实验数据

实 验 编 号	2	6	7
反应温度 T/K			
反应时间 $\Delta t/s$			
反应速率 $\bar{v}/(\text{mol} \cdot \text{dm}^{-3} \cdot \text{s}^{-1})$			
速率常数 $k/(\text{dm}^3 \cdot \text{mol}^{-1} \cdot \text{s}^{-1})$			
$\lg k$			
$\dfrac{1}{T}$			
反应活化能 $E_a/(\text{kJ} \cdot \text{mol}^{-1})$			

六、思考题

(1) 测定 $(NH_4)_2S_2O_8$ 与 KI 反应速率实验中,为什么可以由溶液出现蓝色的时间长短来计算反应速率?溶液出现蓝色后,反应是否就终止?说明加 $Na_2S_2O_3$ 和淀粉各起什么作用。

(2) 如何根据实验结果,求本实验反应速率、速率常数、反应级数和活化能?

(3) 本实验 $Na_2S_2O_3$ 的用量过多或过少,对实验结果有何影响?

实验六 磺基水杨酸铁(Ⅲ)配离子的组成和稳定常数的测定

一、实验目的

(1) 了解比色法测定配合物的组成和稳定常数的原理和方法。
(2) 学习分光光度计的使用及有关实验数据的处理方法。

二、实验原理

磺基水杨酸与 Fe^{3+} 可形成稳定的配合物。形成配合物时,其组成因 pH 值不同而不同:当 pH=2～3 时,生成紫红色螯合物(有 1 个配位体);当 pH=4～9 时,生成红色螯合物(有 2 个配位体);当 pH=9～11.5 时,生成黄色螯合物(有 3 个配位体);当 pH>12 时,有色螯合物被破坏而生成 $Fe(OH)_3$ 沉淀。

中心离子和配体分别以 M 和 L 表示,且在给定条件下反应,只生成一种有色配离子 ML_n(略去电荷符号),反应式如下:

$$M + nL =\!\!=\!\!= ML_n$$

若 M 和 L 都是无色的,而只有 ML_n 有色,则此溶液的吸光度 D 与有色配合物的浓度 c 成正比。在此前提条件下,本实验用等物质的量的连续变更法(也叫浓比递变法),即保持金属离子与配体总物质的量不变的前提下,改变金属离子和配体的相对量,配制一系列溶液。显然在此系列溶液中,有些溶液中的金属离子是过量的,而另一些溶液中配体是过量的。在这两部分溶液中,配合物的浓度都不可能达到最大值,只有当溶液中金属离子与配体的物质的量之比与配合物的组成一致时,配合物的浓度才能最大,因而吸光度最大,故可借测定系列溶液的吸光度,求该配合物的组成和稳定常数,测定方法如下。

配制一系列含有中心离子 M 和配体 L 的溶液,M 和 L 的总物质的量相等,但各自的物质的量分数连续变更。例如,使溶液中 L 的物质的量分数依次为 0,0.1,0.2,0.3,…,0.9,1.0,而 M 的物质的量依次作相应递减,然后在一定波长的单色光中,分别测定此系列溶液的吸光度。显然,有色配合物的浓度越大,溶液颜色越深,其吸光度越大。当 M 和 L 恰好全部形成配合物时(不考虑配合物的离解),ML_n 的浓度最大,吸光度也最大。

再以吸光度 D 为纵坐标,以配体的物质的量分数为横坐标作图,得一曲线(如图 9-3 所示),所得曲线出现一个高峰 B 点。将曲线两边的直线部分延长,相交于 A 点,A 点即为最大吸收处。由 A 点的横坐标算出配合物中心离子与配体物质的量之比,确定对应配位体的物质的量分数 T_L。

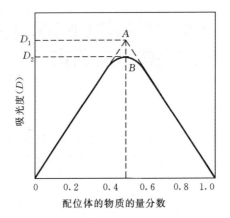

图 9-3 配位体物质的量分数-吸光度图

$$T_L = \frac{\text{配体物质的量}}{\text{总的物质的量}}$$

若 $T_L = 0.5$,则中心离子的物质的量分数为 $1.0-0.5=0.5$,所以

$$T_L = \frac{\text{配体物质的量}}{\text{中心离子物质的量}} = \frac{\text{配体物质的量分数}}{\text{中心离子物质的量分数}} = \frac{0.5}{0.5} = 1$$

由此可知,该配合物组成为 ML 型。

配合物的稳定常数也可根据图 9-3 求得。从图 9-3 可看出,对于 ML 型配合物,若它全部以 ML 形式存在,则其最大吸光度应在 A 处,即吸光度为 D_1,但由于配合物有一部分离解,其浓度要稍小些,所以,实测得的最大吸光度在 B 处,即吸光度 D_2。显然配合物离解度越大,则 D_1-D_2 差值越大,因此配合物的离解度 α 为

$$\alpha = \frac{D_1 - D_2}{D_1}$$

配离子(或配合物)的表观稳定常数 K 与离解度 α 的关系如下:

	ML	$\rightleftharpoons$	M	+	L
起始浓度/(mol·dm^{-3})	c		0		0
平衡浓度/(mol·dm^{-3})	$c-c\alpha$		$c\alpha$		$c\alpha$

$$K_{\text{稳}}(\text{表观})^{①} = \frac{[\text{ML}]}{[\text{M}][\text{L}]} = \frac{1-\alpha}{c\alpha^2}$$

式中:c 表示 B 点所对应配离子的浓度,也可看成溶液中金属离子的原始浓度。

本实验是在 pH 值为 2~3 的条件下,测定磺基水杨酸铁(Ⅲ)的组成和稳定常数,并用高氯酸来控制溶液的 pH 值,其优点主要是 ClO_4^- 不易与金属离子配合。

---

① $K_{\text{稳}}$(表观)是一个没有考虑溶液中 Fe^{3+} 的水解平衡和磺基水杨酸的解离平衡的常数,如果考虑磺基水杨酸的解离平衡,则对表观稳定常数要加以校正,校正公式为

$$\lg K_{\text{稳}} = \lg K_{\text{稳}}(\text{表观}) + \lg \alpha$$

在不同 pH 值条件下,不同电解质 lgα 值不同。在 pH＝2 时,磺基水杨酸的 lgα＝10.297,即

$$K_稳 = K_稳(表观) \cdot 10^{10.297}$$

三、仪器和药品

1. 仪器

比色管($10~cm^3$) 11 支;移液管($5~cm^3$) 2 支;容量瓶($50~cm^3$) 2 个;洗耳球;擦镜纸;滤纸片;坐标纸;7220 型分光光度计;滴管。

2. 药品

$HClO_4$($0.01~mol \cdot dm^{-3}$,将 $4.4~cm^3$ 70% $HClO_4$ 加到 $50~cm^3$ 水中,稀释到 $5~000~cm^3$);$(NH_4)Fe(SO_4)_2$($0.010~0~mol \cdot dm^{-3}$,将称准的分析纯硫酸高铁铵 $(NH_4)Fe(SO_4)_2 \cdot 12H_2O$ 结晶溶于 $0.01~mol \cdot dm^{-3}$ $HClO_4$ 中配制而成);磺基水杨酸($0.010~0~mol \cdot dm^{-3}$,将称准的分析纯磺基水杨酸溶于 $0.01~mol \cdot dm^{-3}$ $HClO_4$ 中配制而成)。

四、实验内容

1. 溶液的配制

(1) 配制 $0.001~00~mol \cdot dm^{-3}$ Fe^{3+} 溶液。用移液管吸取 $5.00~cm^3$ $0.010~0~mol \cdot dm^{-3}$ $(NH_4)Fe(SO_4)_2$ 溶液,注入 $50~cm^3$ 容量瓶中,用 $0.010~0~mol \cdot dm^{-3}$ $HClO_4$ 溶液稀释至刻度,摇匀备用。

(2) 配制 $0.001~00~mol \cdot dm^{-3}$ 磺基水杨酸溶液。用移液管准确吸取 $5.00~cm^3$ $0.010~0~mol \cdot dm^{-3}$ 磺基水杨酸溶液,注入 $50~cm^3$ 容量瓶中,用 $0.01~mol \cdot dm^{-3}$ $HClO_4$ 溶液稀释至刻度,摇匀备用。

2. 连续变更法测定有色配离子(或配合物)的吸光度

(1) 用 2 支 $5~cm^3$ 移液管按表 9-6 的数量取各溶液,分别放入已编号的洗净且干燥的 11 支 $10~cm^3$ 比色管中,用 $0.01~mol \cdot dm^{-3}$ 的 $HClO_4$ 稀释至刻度,使总体积为 $10~cm^3$,摇匀各溶液。

表 9-6 试剂用量

溶液编号	$0.001~00~mol \cdot dm^{-3}$ Fe^{3+} 的体积 V_M/cm^3	$0.001~00~mol \cdot dm^{-3}$ 磺基水杨酸的体积 V_L/cm^3	磺基水杨酸物质的量分数 $T_i = \dfrac{V_L}{V_M+V_L}$	吸光度 D
1	5.00	0.00		
2	4.50	0.50		

续表

溶液编号	0.001 00 mol·dm^{-3} Fe^{3+}的体积 V_M/cm³	0.001 00 mol·dm^{-3} 磺基水杨酸的体积 V_L/cm³	磺基水杨酸物质的量分数 $T_i = \dfrac{V_L}{V_M + V_L}$	吸光度 D
3	4.00	1.00		
4	3.50	1.50		
5	3.00	2.00		
6	2.50	2.50		
7	2.00	3.00		
8	1.50	3.50		
9	1.00	4.00		
10	0.50	4.50		
11	0.00	5.00		

（2）接通分光光度计电源,并调整好仪器,选定波长为 500 nm 的光源。

（3）取 4 只厚度为 1 cm 的比色皿,往其中一只中加入约为比色皿 3/4 体积的参比溶液(用 0.01 mol·dm^{-3} HClO$_4$ 溶液或表 9-6 中的 11 号溶液),放在比色架中的第一格内,其余 3 只依次分别加入各编号的待测溶液。分别测定各待测溶液的吸光度,并记录之。

五、数据处理

1. 作图

以配合物吸光度 D 为纵坐标,磺基水杨酸的物质的量分数或体积分数为横坐标作图(图 6-1)。从图中找出最大吸光度。

2. 计算

由配位体物质的量分数-吸光度图,找出最大吸收处,并算出磺基水杨酸铁(Ⅲ)配离子的组成和表观稳定常数。

六、思考题

（1）本实验测定配合物的组成及稳定常数的原理是什么？

（2）连续变更法的原理是什么？如何用作图法来计算配合物的组成和稳定常数？

（3）连续变更法测定配离子组成时,为什么说溶液中金属离子与配体物质的量之比恰好与配离子组成相同时,配离子的浓度最大？

(4) 使用比色皿时,操作上有哪些应注意的?

(5) 本实验为何选用 500 nm 波长的光源来测定溶液的吸光度?在使用分光光度计时应注意哪些事项?

实验七　水的净化与软化处理

一、实验目的

(1) 了解离子交换法净化水的原理与方法。
(2) 了解用配位滴定法测定水的硬度的基本原理和方法。
(3) 进一步练习滴定操作及离子交换树脂和电导率仪的使用方法。

二、实验原理

1. 水的硬度和水质的分类

通常将溶有微量或不含 Ca^{2+}、Mg^{2+} 等离子的水称为软水,而将溶有较多量 Ca^{2+}、Mg^{2+} 等离子的水称为硬水。水的硬度是指溶于水中的 Ca^{2+}、Mg^{2+} 等离子的含量。水中所含钙、镁的酸式碳酸盐经加热易分解而析出沉淀,由这类盐所形成的硬度称为暂时硬度。而由钙、镁的硫酸盐、氯化物、硝酸盐所形成的硬度称为永久硬度。暂时硬度和永久硬度的总和称为总硬度。

硬度有多种表示方法。例如,以水中所含 CaO 的浓度(以 $mmol \cdot dm^{-3}$ 为单位)表示,也有以水中含有 CaO 的量,即每立方分米水中所含 CaO 的质量(以 mg 为单位)表示。水质可按硬度的大小进行分类,如表 9-7 所示。

表 9-7　水质的分类

水　　质	水的总硬度	
	$CaO/(mg \cdot dm^{-3})$[1]	$CaO/(mmol \cdot dm^{-3})$
很软水	0～40	0～0.72
软水	40～80	0.72～1.4
中等硬水	80～160	1.4～2.9
硬水	160～300	2.9～5.4
很硬水	>300	>5.4

[1] 也有用度(°)表示硬度,即每立方分米水中含 10mgCaO 为 1 度。

2. 水的硬度的测定原理

水的硬度的测定方法甚多,最常用的是 EDTA 配合滴定法。EDTA 是乙二胺四乙酸根离子的简称,它的分子式为

$$\begin{bmatrix} ^{-}OOC-CH_2 & & & CH_2-COO^{-} \\ & N-CH_2-CH_2-N & \\ ^{-}OOC-CH_2 & & & CH_2-COO^{-} \end{bmatrix}$$

由于 EDTA 在水溶液中溶解度较小,实验室中通常用其二钠盐(Na_2H_2EDTA)配制溶液。

在测定过程中,控制适当的 pH 值,用少量铬黑 T(EBT)作指示剂,Mg^{2+}、Ca^{2+} 能与其反应,分别生成紫红色的配离子 $[Mg(EBT)]^{-}$ 和 $[Ca(EBT)]^{-}$,但其稳定性不及与 EDTA 所形成配离子 $[Mg(EDTA)]^{2-}$ 和 $[Ca(EDTA)]^{2-}$。上述各配离子的 $\lg K_f$ 值及颜色见表 9-8。

表 9-8　一些钙、镁配离子的 $\lg K_f$ 值及颜色

配离子	$[Ca(EDTA)]^{2-}$	$[Mg(EDTA)]^{2-}$	$[Mg(EBT)]^{-}$	$[Ca(EBT)]^{-}$
$\lg K_f$	11.0	8.46	7.0	5.4
颜色	无色	无色	紫红色	紫红色

滴定时,EDTA 先与溶液中未配合的 Ca^{2+}、Mg^{2+} 结合,然后与 $[Mg(EBT)]^{-}$、$[Ca(EBT)]^{-}$ 反应,从而游离出指示剂 EBT,使溶液颜色由紫红色变为蓝色,表明滴定达到终点。这一过程可用化学反应式表示(式中 Me^{2+} 表示 Ca^{2+} 或 Mg^{2+}):

$$HEBT^{2-}(aq) + Me^{2+}(aq) \xrightarrow{pH=10.0} [Me(EBT)]^{-} + H^{+}(aq)$$
　　蓝色　　　　　　　　　　　　　　　紫红色

$$[Me(EBT)]^{-} + H_2EDTA^{2-}(aq) + OH^{-}(aq) =\!=\!=$$
　紫红色　　　　　　无色

$$[Me(EDTA)]^{2-} + HEBT^{2-}(aq) + H_2O \qquad (1)$$
　　无色　　　　　　　蓝色

根据下式可算出水样的总硬度。

$$总硬度 = 1000\,c(EDTA) \cdot V(EDTA)/V(H_2O)$$

或

$$总硬度 = 1000\,c(EDTA) \cdot V(EDTA) \cdot M(CaO)/V(H_2O)$$

式中:$c(EDTA)$ 为标准 Na_2H_2EDTA 溶液的浓度,单位为 $mol \cdot dm^{-3}$;$V(EDTA)$ 为滴定中消耗的标准 Na_2H_2EDTA 溶液的体积,单位为 cm^3;$V(H_2O)$ 为所取待测水样的体积,单位为 cm^3;$M(CaO)$ 为 CaO 的摩尔质量,单位为 $g \cdot mol^{-1}$。

3. 水的软化和净化处理

硬水的软化和净化的方法很多,本实验采用离子交换法。使水样中的 Ca^{2+}、Mg^{2+} 等离子与阳离子交换树脂进行阳离子交换,交换后的水即为软化水(简称软水);若使水样中的阳、阴离子与阳、阴离子交换树脂进行离子交换,可除去水样中的杂质阳、阴离子而使水净化,所得的水称为去离子水。化学反应式可表示如下(以杂质离子 Mg^{2+} 和 Cl^{-} 为例):

$$2R\text{—}SO_3H(s) + Mg^{2+}(aq) \rightleftharpoons (R\text{—}SO_3)_2Mg(s) + 2H^+(aq)$$
$$2R\text{—}N(CH_3)_3OH(s) + 2Cl^-(aq) \rightleftharpoons 2R\text{—}N(CH_3)_3Cl(s) + 2OH^-(aq)$$
$$H^+(aq) + OH^-(aq) \rightleftharpoons H_2O(l)$$

4. 水的软化和净化检验

水中的微量 Ca^{2+}、Mg^{2+}，可用铬黑 T 指示剂进行检验。在 pH=8~11 的溶液中，铬黑 T 能与 Ca^{2+}、Mg^{2+} 作用生成紫红色的配离子。

纯水是一种极弱的电解质，水样中所含有的可溶性电解质（杂质）常使其导电能力增大。用电导率仪测定水样的电导率，可以确定去离子水的纯度。各种水样的电导率值大致范围见表 9-9。

表 9-9 各种水样的电导率

水　样	电导率/(S·m^{-1})
自来水	$5.3 \times 10^{-2} \sim 5.0 \times 10^{-1}$
一般实验室用水	$1.0 \times 10^{-4} \sim 5.0 \times 10^{-3}$
去离子水	$8.0 \times 10^{-5} \sim 4.0 \times 10^{-4}$
蒸馏水	$6.3 \times 10^{-6} \sim 2.8 \times 10^{-4}$
最纯水	$\sim 5.5 \times 10^{-6}$

三、仪器和药品

1. 仪器

微型离子交换柱(套)；烧杯(100 cm^3)2 只；锥形瓶(250 cm^3)2 只；铁台；螺丝夹；滴管；移液管(100 cm^3)；洗耳球；碱式滴定管(50 cm^3)；滴定管夹；白瓷板；量筒(10 cm^3)4 只；洗瓶(50 cm^3)；玻璃棒；滤纸(或滤纸片)；棉花；T 形管；乳胶管；6 孔井穴板；电导率仪(附铂黑电极和铂光亮电导电极)。

2. 药品

NH_3-NH_4Cl 缓冲溶液；水样(可用自来水或泉水)；标准 EDTA 溶液；铬黑 T 指示剂(0.5%)；三乙醇胺 $N(CH_2CH_2OH)_3$(3%)；强酸型阳离子交换树脂(001×7)；强碱型阴离子交换树脂(201×7)。

四、实验内容

1. 水的总硬度测定

用移液管吸取 100.00 cm^3 水样，置于 250 cm^3 锥形瓶中，首先加入 5 cm^3 三乙醇胺溶液和 5 cm^3 NH_3-NH_4Cl 缓冲溶液，摇匀后，加 2~3 滴铬黑 T 指示剂，摇匀。用标准 EDTA 溶液滴定至溶液颜色由紫红色变为蓝色，即达到滴定终点。记录所消耗的标准 EDTA 溶液体积。再测下一次（按分析要求，两次滴定误差不应大于 0.15 cm^3）。取两次数据的平均值，计算水样的总硬度(以 mmol·dm^{-3} 或 mg·dm^{-3} 表示)。

2. 硬水软化——离子交换法(微型离子交换柱的制作)

(1) 如图 9-4,取一支下端无磨口的交换柱,在底部垫上一些玻璃棉(或脱脂棉),装上 5 cm 长的细乳胶管,再用螺旋夹夹紧。注入蒸馏水,以铁支架和试管夹垂直固定交换柱。取阳、阴离子的混合交换树脂,置于 5 cm^3 井穴板中,加水浸泡过夜,使树脂溶胀。然后用一支口径稍大的玻璃滴管吸取树脂悬浊液,把树脂和水滴加到交换柱中。同时,放松螺旋夹使交换柱的水溶液缓缓流出,树脂即沉降到柱底。尽可能使树脂填装紧密,不留气泡。在装柱和实验过程中交换柱中液面应始终高于树脂柱面,树脂柱高 8~10 cm。

(2) 阴离子交换树脂柱的准备。

取强碱型阴离子交换树脂,以 1 mol·dm^{-3} NaOH 溶液浸泡过夜使其转变为 R—OH 树脂。吸出上层清液后,以少量去离子水多次洗涤树脂至中性,然后按实验(1)的方法装入一支两端都有磨口的交换柱中,阴离

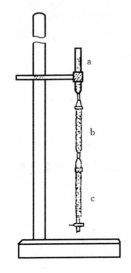

图 9-4 离子交换法制去离子水的装置
a—阳离子交换柱;
b—阴离子交换柱;
c—阴阳离子混合交换柱

子树脂柱高 8 cm,以去离子水洗至 pH=7,备用。

(3) 阳离子交换树脂柱的准备。

微型阳离子交换树脂柱,也按实验(1)的办法装柱,经再生处理并用去离子水洗到中性后备用。

3. 转型或再生

装入交换柱的树脂若是钠型树脂或是已经使用多次的树脂,则必须进行转型或再生处理,使树脂完全转变为氢型树脂,否则难以保证 Ca^{2+} 完全交换出 H^+,而导致实验结果偏低。

转型的操作如下:用多用滴管吸取 1 mol·dm^{-3} HCl 溶液,滴加 30 滴到交换柱中,松开螺旋夹,调节流出液以 6~8 滴/min 的速度流出。连续滴加 HCl 3 次(共 90~100 滴),待柱中 HCl 溶液液面降至接近树脂层表面时(不得低于表面!),滴加去离子水洗涤树脂,直到流出液呈中性(用 pH 试纸检验,约需 130 滴去离子水)。夹住螺旋夹,弃去流出液。(再生处理需用不含 Cl^- 的 1 mol·dm^{-3} HNO_3 代替 HCl,其余操作同转型处理。)

4. 水的净化

将上述 3 个微型离子交换柱按图 9-3 串联,就组成了离子交换法制去离子水的装置。柱间连接要紧密,不得有气泡。用多用滴管滴加自来水(用作原料水样),控制离子交换柱流速 12 滴/min,以干净的六孔井穴板承接流出液。当流出液充满 2 个穴

后,第 3、4 个孔穴承接的流出水是 1 号水样,第 5、6 个孔穴承接的流出水是 2 号水样。

5. 水的电导率的测定

用电导率仪分别测定 1 号和 2 号净化水样(在六孔井穴板中进行,用铂光亮电极)和自来水(3 号水样,用铂黑电极)的电导率。

6. Ca^{2+}、Mg^{2+} 的检验

分别取水样(或自来水)、已经软化的水(超纯水、市售瓶装各类水)各约 5 cm^3,各加入 1 滴铬黑 T 指示剂溶液,摇匀,观察并比较颜色,判断是否含有 Ca^{2+} 和 Mg^{2+},并对它们初步排序。

五、思考题

(1) 用 EDTA 配合滴定法测定水硬度的基本原理是什么?使用什么指示剂?滴定终点的颜色变化如何?

(2) 用离子交换法使硬水软化和净化的基本原理是什么?操作中有哪些应注意之处?

(3) 为什么通常可用电导率值的大小来估计水质的纯度?是否可以认为电导率值越小,水质的纯度越高?

实验八 常见阳离子的分离和检出

一、实验目的

(1) 了解硫化氢系统分析法的离子分组、组试剂和分组分离条件。
(2) 总结、比较常见阳离子的有关性质。
(3) 将 Cu^{2+}、Sn^{4+}、Cr^{3+}、Ni^{2+}、Ca^{2+} 等离子进行分离检出,并掌握其分离检出条件。

二、实验原理

在水溶液中,离子的分离与检出是以各离子对试剂的不同反应为依据的。这种反应常伴有特殊的现象,例如,沉淀的产生、特征颜色和气体产生等,各种离子对试剂作用的相似性和差异性就构成了离子分离和检出方法的基础,即离子本身的性质是分离检出的基础。

任何分离、检出反应都是在一定条件下进行的,选择适当的条件(如溶液的酸度、反应物浓度、温度等)可以使反应向预计的方向进行,因此在设计水溶液中混合阳离子分离检出实验方案时,除了必须熟悉各种离子的性质外,还要会运用离子平衡(酸碱、沉淀、氧化还原和配合平衡)的规律控制反应条件。这样既有利于熟悉离子性质，又有利于加深对各类离子平衡的理解。

对于组分较复杂试样的离子分离与检出，通常采用系统分析法。常用的经典系统分析法有两种：硫化氢系统分析法和两酸两碱系统分析法。由于硫化氢系统分析法应用较广泛，主要介绍硫化氢系统分析法。

在系统分析中，首先用几种组试剂将溶液中性质相似的离子分成若干组，然后在组内进行分离和检出。所谓"组试剂"是指能将几种离子同时沉淀出来而与其他离子分开的试剂。

硫化氢系统分析法是以硫化物溶解度的不同为基础，用 4 种组试剂把常见的阳离子分为 5 个组的系统分析法。常见阳离子的分组情况及所用组试剂列入表 9-10。

表 9-10　阳离子的硫化氢系统分组

分组根据的特性	硫化物不溶于水				硫化物溶于水	
	在稀酸中生成硫化物沉淀			在稀酸中不生成硫化物沉淀	碳酸盐不溶于水	碳酸盐溶于水
	氯化物不溶于水	氯化物溶于水				
		硫化物不溶于硫化钠	硫化物溶于硫化钠			
包括离子	Ag^+ Hg_2^{2+} (Pb^{2+})	Pb^{2+} Bi^{3+} Cu^{2+} Cd^{2+}	Hg^{2+} $As(Ⅲ,Ⅴ)$ $Sb(Ⅲ,Ⅴ)$ Sn^{4+}	Fe^{3+}　Fe^{2+} Al^{3+}　Mn^{2+} Cr^{3+}　Zn^{2+} 　　　Co^{2+} 　　　Ni^{2+}	Ba^{2+} Sr^{2+} Ca^{2+}	Mg^{2+} K^+ Na^+ NH_4^+
组名名称	Ⅰ组 银组 盐酸组	Ⅱ_A 组 Ⅱ组 铜锡组 硫化氢组	Ⅱ_B 组	Ⅲ组 铁组 硫化铵组	Ⅳ组 钙组 碳酸铵组	Ⅴ组 钠组 可溶组
组试剂	HCl	~0.3 mol·dm^{-3} HCl H_2S 或硫代乙酰胺		$NH_3 + NH_4Cl$ $(NH_4)_2S$ 或硫代乙酰胺	$NH_3 + NH_4Cl$ $(NH_4)_2CO_3$	—

硫化氢系统分析的过程如下。在含有阳离子的酸性溶液中加入 HCl，Ag^+、Pb^{2+}、Hg_2^{2+} 形成白色的氯化物沉淀，而与其他阳离子分离，这几种阳离子就构成了盐酸组。沉淀盐酸组时，HCl 的浓度不能太大，否则会因形成可溶性配合物而沉淀不完全。在分离沉淀后的清液中调节至 HCl 的浓度为 0.3 mol·dm^{-3}，通入 H_2S(或加硫代乙酰胺并加热)，Pb^{2+}、Bi^{3+}、Cu^{2+}、Cd^{2+}、Hg^{2+}、$As(Ⅲ,Ⅴ)$、$Sb(Ⅲ,Ⅴ)$、Sn^{4+} 等阳离子生成相应的硫化物沉淀，这些离子组成了硫化氢组。在分离沉淀后的清液中

加入氨水至碱性(NH_4Cl存在下),通入H_2S(或加入硫代乙酰胺并加热),Fe^{3+}、Co^{2+}、Ni^{2+}、Mn^{2+}、Zn^{2+}形成硫化物沉淀,而Al^{3+}、Cr^{3+}形成氢氧化物沉淀,这些离子统称为硫化铵组。在沉淀这一组离子时,溶液的酸度不能太高,否则本组离子不可能沉淀完全,溶液酸度也不能太低,否则另一组的Mg^{2+}可能部分生成$Mg(OH)_2$沉淀,并且$Al(OH)_3$呈两性也可能部分溶解,溶液中加入一定量的NH_4Cl以控制溶液的pH值,防止形成$Mg(OH)_2$沉淀和$Al(OH)_3$的部分溶解。在分离沉淀后的清液中加入$(NH_4)_2CO_3$,Sr^{2+}、Ba^{2+}和Ca^{2+}形成碳酸盐并析出沉淀,称为碳酸铵组。剩下的Mg^{2+}、K^+、Na^+、NH_4^+不被上述任何组试剂所沉淀,留在溶液中,称为可溶组。分成5个组后再利用组内离子性质的差异性,利用各种试剂和方法一一进行分离检出。

三、仪器和药品

1. 仪器
离心机;恒温水浴。

2. 药品
Cu^{2+}、Sn^{4+}、Cr^{3+}、Ni^{2+}、Ca^{2+}的混合液;NaOH溶液(2 mol·dm^{-3}、6 mol·dm^{-3});NaOH溶液(10%);氨水(0.5 mol·dm^{-3}、2 mol·dm^{-3}、6 mol·dm^{-3});浓氨水;HCl溶液(0.1 mol·dm^{-3}、1 mol·dm^{-3}、6 mol·dm^{-3});硫代乙酰胺溶液(5%);HNO_3溶液(6 mol·dm^{-3});$HgCl_2$溶液(0.2 mol·dm^{-3});NaAc溶液(1 mol·dm^{-3});$K_4Fe(CN)_6$溶液(0.25 mol·dm^{-3});H_2O_2(6%);丁二酮肟溶液(1%);$(NH_4)_2CO_3$溶液(1 mol·dm^{-3});HAc溶液(2 mol·dm^{-3}、6 mol·dm^{-3});Na_2CO_3溶液(10%);$CHCl_3$;NH_4Cl溶液(3 mol·dm^{-3});NH_4NO_3溶液(1%);$Pb(NO_3)_2$溶液(0.5 mol·dm^{-3});甲基紫指示剂(0.1%);乙二醛双缩(α-羟基苯胺)(简称GBHA)的乙醇溶液(1%);镁试剂Ⅰ(对硝基苯偶氮间苯二酚)(0.001%);百里酚蓝指示剂;Zn粉。

四、实验内容

1. Cu^{2+}、Sn^{4+}、Cr^{3+}、Ni^{2+}、Ca^{2+}混合液的定性分析

系统分析图如图9-5所示。

操作步骤如下。

(1) Cu^{2+}、Sn^{4+}与Cr^{3+}、Ni^{2+}、Ca^{2+}的分离以及Cu^{2+}、Sn^{4+}的检出。取20滴混合液于1支离心试管中,加入1滴0.1%甲基紫指示剂,用NH_3和HCl调至溶液为绿色,加入15滴5%硫代乙酰胺,加热,则析出CuS和SnS_2沉淀,离心分离(离心液按(2)处理),沉淀上加4~5滴6 mol·dm^{-3} HCl,充分搅拌,加热,使SnS_2充分溶解,离心分离,离心液为$SnCl_6^{2-}$,用少许Zn粉将其还原为$SnCl_4^{2-}$。取2~3滴上层清液,加入2~3滴0.2 mol·dm^{-3} $HgCl_2$,若生成白色沉淀,并逐渐变为黑色,证明有Sn^{4+}存在。在CuS沉淀上,加2滴6 mol·dm^{-3} HNO_3,加热溶解,若有低价氮的氧

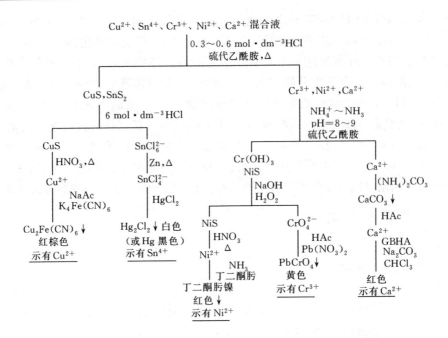

图 9-5 Cu^{2+}、Sn^{4+}、Cr^{3+}、Ni^{2+}、Ca^{2+} 混合液的系统分离、检出图

化物沉淀生成,离心分离,弃去低价氮的氧化物沉淀,溶液加 1 mol·dm^{-3} NaAc 和 0.25 mol·dm^{-3} K$_4$Fe(CN)$_6$ 溶液各数滴,生成红棕色沉淀,证明有 Cu^{2+} 存在。

(2) Cr^{3+}、Ni^{2+} 与 Ca^{2+} 的分离和 Cr^{3+}、Ni^{2+} 的鉴定。在(1)的离心液中,加入 5 滴 3 mol·dm^{-3} NH$_4$Cl 溶液及 1 滴百里酚蓝指示剂,再用 15 mol·dm^{-3} NH$_3$ 水及 0.5 mol·dm^{-3} NH$_3$ 水调至溶液显黄棕色(先用浓氨水,后用稀氨水调节),加 10 滴 5% 硫代乙酰胺,在水浴中加热,离心分离,离心液按(3)处理。沉淀用 1% NH$_4$NO$_3$ 溶液洗涤。弃去溶液,沉淀加 3 滴 6 mol·dm^{-3} NaOH 和 3 滴 6% H$_2$O$_2$,加热,使 Cr(OH)$_3$ 溶解,生成黄色的 CrO$_4^{2-}$,离心分离,离心液加 HAc 酸化,加 1 滴 Pb^{2+} 溶液,若生成黄色沉淀,示有 Cr^{3+}。

NiS 沉淀用 1% NH$_4$NO$_3$ 溶液洗涤,弃去溶液,沉淀加 2 滴 6 mol·dm^{-3} HNO$_3$,加热溶解,分离出生成的硫黄沉淀,清液中加入 6 mol·dm^{-3} NH$_3$ 水,使之呈碱性,加 1 滴 1% 丁二酮肟,若生成红色沉淀,证明有 Ni^{2+} 存在。

(3) Ca^{2+} 的鉴定。在(2)的离心液中,加 3 滴 1 mol·dm^{-3} (NH$_4$)$_2$CO$_3$,生成白色沉淀,离心分离,弃去离心液,沉淀用水洗 1 次,加 2 滴 2 mol·dm^{-3} HAc 溶解,取此溶液 1 滴,加 4 滴 1% GBHA 的乙醇溶液、1 滴 10% NaOH 溶液、1 滴 10% Na$_2$CO$_3$ 溶液和 3～4 滴 CHCl$_3$,再加数滴水,摇动试管,若 CHCl$_3$ 层显红色示有 Ca^{2+} 存在。

五、思考题

(1) 根据本实验的内容,总结常见离子的检出方法,写出反应条件、现象及反应方程式。

（2）拟订下列两组阳离子的分离检出的实验方案。

① NH_4^+、Cu^{2+}、Ag^+、Hg^{2+}、Ba^{2+}；

② Na^+、Ni^{2+}、Pb^{2+}、Cr^{2+}、Ca^{2+}。

（3）请选用一种试剂区别下列 5 种溶液。

KCl、$Cd(NO_3)_2$、$AgNO_3$、$ZnSO_4$、$CrCl_3$

（4）各用一种试剂分离下列各组离子。

① Zn^{2+} 和 Al^{3+}；

② Cu^{2+} 和 Hg^{2+}；

③ Zn^{2+} 和 Cd^{2+}。

实验九　铁矿石中铁含量的测定

一、实验目的

（1）了解测定铁矿石中铁含量的标准方法和基本原理。

（2）学习矿样的分解、样品的预处理等操作方法。

（3）初步了解测定矿物中某组分含量的基本过程以及相应的实验数据的处理方法。

二、实验原理

含铁的矿物种类很多，其中有工业价值可以作为炼铁原料的铁矿石主要有：磁铁矿（Fe_3O_4）、赤铁矿（Fe_2O_3）、褐铁矿（$Fe_2O_3 \cdot nH_2O$）和菱铁矿（$FeCO_3$）等。测定铁矿石中铁的含量最常用的方法是重铬酸钾法。经典的重铬酸钾法（即氯化亚锡-氯化汞-重铬酸钾法），方法准确、简便，但所用氯化汞是剧毒物质，会严重污染环境，为了减少环境污染，现在较多采用无汞分析法。

本实验采用改进的重铬酸钾法，即三氯化钛-重铬酸钾法。其基本原理如下。粉碎到一定粒度的铁矿石用热的盐酸分解。

$$Fe_2O_3 + 6H^+ = 2Fe^{3+} + 3H_2O$$

试样分解完全后，趁热加入 $SnCl_2$ 将大部分 Fe^{3+} 还原为 Fe^{2+}，使溶液由红棕色变为浅黄色，然后再以 Na_2WO_4 为指示剂，用 $TiCl_3$ 将剩余的 Fe^{3+} 全部还原成 Fe^{2+}，当 Fe^{3+} 全部还原为 Fe^{2+} 之后，过量 1～2 滴 $TiCl_3$ 溶液，即可使溶液中的 Na_2WO_4 还原为蓝色的五价钨化合物，俗称"钨蓝"，再往溶液中滴入少量 $K_2Cr_2O_7$，使过量的 $TiCl_3$ 氧化，"钨蓝"刚好褪色即可。在无汞测定铁的方法中，常采用 $SnCl_2$-$TiCl_3$，联合还原，其反应方程式为

$$2Fe^{3+} + Sn^{2+} = Sn^{4+} + 2Fe^{2+}$$

$$Fe^{3+} + Ti^{3+} + H_2O \rightleftharpoons Fe^{2+} + TiO^{2+} + 2H^+$$

此时样品溶液中的 Fe^{3+} 已被全部还原为 Fe^{2+}，加入硫磷混酸和二苯胺磺酸钠指示剂，用标准重铬酸钾溶液滴定至溶液呈稳定的紫色即为终点，在酸性溶液中，$Cr_2O_7^{2-}$ 滴定 Fe^{2+} 的反应式如下：

$$Cr_2O_7^{2-} + 6Fe^{2+} + 14H^+ \rightleftharpoons 6Fe^{3+} + 2Cr^{3+} + 7H_2O$$
$$\text{黄色} \qquad \text{绿色}$$

在滴定过程中，不断产生的 Fe^{3+}（黄色）对终点的观察有干扰，通常用加入磷酸的方法，使 Fe^{3+} 与磷酸形成无色的 $Fe(HPO_4)_2^-$ 配合物，消除 Fe^{3+}（黄色）的颜色干扰，便于观察终点。同时由于生成了 $Fe(HPO_4)_2^-$，Fe^{3+} 的浓度大量下降，避免了二苯胺磺酸钠指示剂被 Fe^{3+} 氧化而过早地改变颜色，使滴定终点提前到达的现象，提高了滴定分析的准确性。

由滴定消耗的 $K_2Cr_2O_7$ 溶液的体积（V），可以计算得到试样中铁的含量，其计算式为

$$w(Fe) = \frac{c\left(\frac{1}{6}K_2Cr_2O_7\right) \cdot V(K_2Cr_2O_7) \times 55.85}{m \times 1\,000} \times 100\%$$

式中：$c\left(\frac{1}{6}K_2Cr_2O_7\right)$ 为 $K_2Cr_2O_7$ 标准溶液的物质的量浓度，单位为 $mol \cdot dm^{-3}$；m 为试样的质量，单位为 g；55.85 为铁的摩尔质量，单位为 $g \cdot mol^{-1}$。

三、仪器和药品

1. 仪器

分析天平；酸式滴定管；锥形瓶（$250\,cm^3$）；电热板或电炉。

2. 药品

$K_2Cr_2O_7$ 标准溶液（$0.1\,mol \cdot dm^{-3}$）；HCl 溶液（1+1）；$SnCl_2$ 溶液（10%，称取 100 g $SnCl_2 \cdot 2H_2O$，溶于 $500\,cm^3$ 盐酸中，加热至澄清，然后加水稀释至 $1\,dm^3$）；Na_2WO_4 溶液（10%，称取 100 g Na_2WO_4，溶于约 $400\,cm^3$ 蒸馏水中，若混浊则进行过滤，然后加入 $50\,cm^3$ H_3PO_4，用蒸馏水稀释至 $1\,dm^3$）；$TiCl_3$ 溶液（1+9，将 $100\,cm^3$ $TiCl_3$ 试剂（15%~20%）与 HCl 溶液（1+1）$200\,cm^3$ 及 $700\,cm^3$ 水相混合，转于棕色细口瓶中，加入 10 粒无砷锌，放置过夜）；硫磷混酸（在搅拌下将 $200\,cm^3$ H_2SO_4 缓缓加到 $500\,cm^3$ 水中，冷却后再加 $300\,cm^3$ H_3PO_4 混匀）；$KMnO_4$ 溶液（1%）；二苯胺磺酸钠溶液（0.5%）。

四、实验内容

1. 试样的分解

用分析天平准确称取 0.2 g 铁矿石试样 3 份，分别置于 3 个 $250\,cm^3$ 锥形瓶中，

用少量蒸馏水润湿,加入 20 cm³ HCl 溶液,盖上表面皿,小火加热至近沸,待铁矿石大部分溶解后,缓缓煮沸 1~2 min,使铁矿石分解完全(即无黑色颗粒状物质存在)[①],这时溶液呈红棕色。用少量蒸馏水吹洗瓶壁和表面皿,加热至沸。

试样分解完全后,样品可以放置。用 $SnCl_2$ 还原 Fe^{3+} 至 Fe^{2+} 时,应特别强调,要预处理一份就立即滴定,而不能同时预处理几份并放置,然后再一份一份地滴定。

2. Fe^{3+} 的还原

趁热滴加 10% $SnCl_2$ 溶液,边加边摇动,直到溶液由红棕色变为浅黄色,若 $SnCl_2$ 过量,溶液的黄色完全消失呈无色,则应加入少量 $KMnO_4$ 溶液使溶液呈浅黄色。加入 50 cm³ 蒸馏水及 10 滴 10% Na_2WO_4 溶液,边摇边滴加 $TiCl_3$ 溶液至出现稳定的蓝色(即 30 秒内不褪色),再过量 1 滴。用自来水冷却至室温,小心滴加 $K_2Cr_2O_7$ 溶液至蓝色刚刚消失(呈浅绿色或接近无色)。

3. 滴定

将试液再加入 50 cm³ 蒸馏水、10 cm³ 硫磷混酸及 2 滴二苯胺磺酸钠指示剂,立即用 $K_2Cr_2O_7$ 标准溶液滴定至溶液呈稳定的紫色为终点,记下所消耗的 $K_2Cr_2O_7$ 标准溶液的体积。按照上述步骤测定另 2 份样品。

4. 计算结果

根据所耗 $K_2Cr_2O_7$ 标准溶液的体积,按公式计算铁矿石中铁的含量(%)。3 次平行测定结果的极差应不大于 0.4%,以其平均值为最后结果。

五、思考题

(1) 简述 $TiCl_3$-$K_2Cr_2O_7$ 法测定铁含量的原理,写出相应的反应方程式。
(2) 滴定前为什么要加入硫磷混酸?
(3) 还原 Fe^{3+} 时,为什么要使用两种还原剂,只使用其中的一种有何不妥?
(4) 试样分解完,加入硫磷混酸和指示剂后为什么必须立即滴定?

---

① 试样分解完时,如仍有黑色残渣存在,可加入少量 $SnCl_2$ 溶液助溶,对于难溶或含硅量较高的试样,可加入少量 NaF,以促进试样的溶解。

附　录

附录 A　一些基本物理常数

物　理　量	符　号	数　值
真空中的光速	c	$2.997\,924\,58 \times 10^8 \text{ m} \cdot \text{s}^{-1}$
基本电荷	e	$1.602\,189 \times 10^{-19} \text{ C}$
质子静止质量	m_p	$1.672\,649 \times 10^{-27} \text{ kg}$
电子静止质量	m_e	$9.109\,53 \times 10^{-31} \text{ kg}$
摩尔气体常数	R	$8.314\,510 \text{ J} \cdot \text{mol}^{-1} \cdot \text{K}^{-1}$
阿伏伽德罗(Avogadro)常数	N_A, L	$6.022\,045 \times 10^{23} \text{ mol}^{-1}$
里德伯(Rydberg)常数	R_∞	$1.097\,373\,18 \times 10^7 \text{ m}^{-1}$
普朗克(Planck)常数	h	$6.626\,176 \times 10^{-34} \text{ J} \cdot \text{s}$
法拉第(Faraday)常数	F	$9.648\,456 \times 10^4 \text{ C} \cdot \text{mol}^{-1}$
玻耳兹曼(Boltzmann)常数	k	$1.380\,662 \times 10^{-23} \text{ J} \cdot \text{K}^{-1}$
真空介电常数	ε_0	$8.854\,188 \times 10^{-12} \text{ F} \cdot \text{m}^{-1}$
玻尔磁子	μ_B	$9.274\,015 \times 10^{-24} \text{ A} \cdot \text{m}^2$

附录 B 某些物质的标准摩尔生成焓、标准摩尔生成吉布斯函数和标准摩尔熵(298.15K)

(标准态压力 $p^{\ominus}=100$ kPa)

物　　质	$\dfrac{\Delta_f H_m^{\ominus}}{kJ \cdot mol^{-1}}$	$\dfrac{\Delta_f G_m^{\ominus}}{kJ \cdot mol^{-1}}$	$\dfrac{S_m^{\ominus}}{J \cdot K^{-1} \cdot mol^{-1}}$
Ag(s)	0	0	42.6
AgCl(s)	−127.07	−109.78	96.3
AgBr(s)	−100.4	−96.9	107.1
AgI(s)	−61.8	−66.2	115.5
Ag_2O(s)	−31.1	−11.2	121.3
$AgNO_3$(s)	−124.4	−33.4	140.9
Al(s)	0	0	28.3
Al_2O_3(α,刚玉)	−1 675.7	−1 582.3	50.9
Au(s)	0	0	47.4
B(s)	0	0	5.9
Ba(s)	0	0	62.8
Br_2(l)	0	0	152.21
Br_2(g)	30.91	3.11	245.46
HBr(g)	−36.3	−53.45	198.70
C(石墨)	0	0	5.740
C(金刚石)	1.897	2.900	2.38
CO(g)	−110.53	−137.16	197.66
CO_2(g)	−393.51	−394.39	213.79
CS_2(l)	89.0	64.6	151.3
CS_2(g)	117.7	67.1	237.8
CCl_4(l)	−128.2	−62.6	216.2
CCl_4(g)	−95.7	−53.60	309.9
HCN(l)	108.9	125.0	112.8
HCN(g)	135.1	124.7	201.8
Ca(s)	0	0	41.6
CaC_2(s)	−59.8	−64.9	69.96
$CaCO_3$(方解石)	−1 207.6	−1 129.1	91.7
CaO(s)	−634.92	−603.3	38.1

续表

物　　质	$\dfrac{\Delta_f H_m^\ominus}{kJ \cdot mol^{-1}}$	$\dfrac{\Delta_f G_m^\ominus}{kJ \cdot mol^{-1}}$	$\dfrac{S_m^\ominus}{J \cdot K^{-1} \cdot mol^{-1}}$
$Ca(OH)_2(s)$	−985.2	−897.5	83.4
$Cl_2(g)$	0	0	223.1
$HCl(g)$	−92.3	−95.3	186.9
$Cu(s)$	0	0	33.2
$CuO(s)$	−157.3	−129.7	42.6
$Cu_2O(s)$	−168.6	−146.0	93.1
$CuS(s)$	−53.1	−53.6	66.5
$CuSO_4(s)$	−771.4	−662.2	109.2
$F_2(g)$	0	0	202.8
$HF(g)$	−273.3	−275.4	173.8
$Fe(s)$	0	0	27.3
$FeCl_2(s)$	−341.8	−302.3	118.0
$FeCl_3(s)$	−399.5	−334.0	142.3
$FeO(s)$	−272.0	−251.4	60.75
Fe_2O_3(赤铁矿)	−824.2	−742.2	87.40
Fe_3O_4(磁铁矿)	−1 118.4	−1 015.4	146.4
$FeSO_4(s)$	−928.4	−820.8	107.5
$H_2(g)$	0	0	130.7
$H(g)$	217.97	203.3	114.71
$H_2O(l)$	−285.830	−237.14	69.95
$H_2O(g)$	−241.826	−228.61	188.835
$I_2(s)$	0	0	116.14
$I_2(g)$	62.43	19.37	260.69
$I(g)$	106.76	70.2	180.8
$HI(g)$	26.5	1.7	206.59
$Mg(s)$	0	0	32.67
$MgCl_2(s)$	−641.3	−591.8	89.63
$MgO(s)$	−601.6	−569.3	26.95
$Mg(OH)_2(s)$	−924.7	−833.7	63.24
$MgSO_4(s)$	−1 284.9	−1 170.6	91.6
$Na(s)$	0	0	51.3
$Na_2CO_3(s)$	−1 130.7	−1 044.4	135.0

续表

物 质	$\dfrac{\Delta_f H_m^{\ominus}}{kJ \cdot mol^{-1}}$	$\dfrac{\Delta_f G_m^{\ominus}}{kJ \cdot mol^{-1}}$	$\dfrac{S_m^{\ominus}}{J \cdot K^{-1} \cdot mol^{-1}}$
$NaHCO_3(s)$	−950.81	−851.0	101.7
$NaCl(s)$	−411.2	−384.1	72.1
$NaNO_3(s)$	−467.85	−367.06	116.52
$Na_2O(s)$	−414.2	−375.5	75.04
$NaOH(s)$	−425.6	−379.4	64.4
$Na_2SO_4(s)$	−1 387.1	−1 270.2	145.9
$N_2(g)$	0	0	191.61
$NH_3(g)$	−45.9	−16.4	192.8
$N_2H_4(l)$	50.63	149.3	121.2
$NO(g)$	91.29	87.6	210.76
$NO_2(g)$	33.2	51.3	240.1
$N_2O(g)$	82.1	104.2	219.9
$N_2O_3(g)$	83.7	139.5	312.3
$N_2O_4(g)$	9.2	97.9	304.3
$N_2O_5(g)$	11.3	115.1	355.7
$HNO_3(g)$	−135.1	−74.7	266.4
$HNO_3(l)$	−174.1	−80.7	155.6
$NH_4HCO_3(s)$	−849.4	−665.9	120.9
$O_2(g)$	0	0	205.2
$O(g)$	249.2	231.7	161.1
$O_3(g)$	142.7	163.2	238.9
P(a,白磷)	0	0	41.1
P(红磷,三斜)	−17.6	−12.46	22.8
$P_4(g)$	58.9	24.4	280.0
$PCl_3(g)$	−287.0	−267.8	311.8
$PCl_5(g)$	374.9	−305.0	364.6
$H_3PO_4(s)$	−1 284.4	−1 124.3	110.5
$H_3PO_4(l)$	−1 271.7	−1 123.6	150.8
$Pb(s)$	0	0	64.8
$PbO_2(s)$	−277.4	−217.3	68.6
$PbS(s)$	−100.4	−98.7	91.2
$PbSO_4(s)$	−920.0	−813.0	148.5

续表

物　　质	$\dfrac{\Delta_f H_m^\ominus}{kJ \cdot mol^{-1}}$	$\dfrac{\Delta_f G_m^\ominus}{kJ \cdot mol^{-1}}$	$\dfrac{S_m^\ominus}{J \cdot K^{-1} \cdot mol^{-1}}$
S(正交)	0	0	32.1
S(单斜)	0.36	−0.07	33.03
S(g)	277.2	236.7	167.8
S_8(g)	101.3	49.2	430.2
H_2S(g)	−20.6	−33.4	205.8
SO_2(g)	−296.8	−300.1	248.2
SO_3(g)	−395.7	−371.1	256.8
H_2SO_4(l)	−814.0	−690.0	156.9
Si(s)	0	0	18.8
$SiCl_4$(l)	−687.0	−619.8	239.7
$SiCl_4$(g)	−657.0	−617.0	330.7
SiH_4(g)	34.4	56.90	204.6
SiO_2(α-石英)	−910.7	−856.3	41.5
SiO_2(方石英)	−905.5	−853.6	50.1
Zn(s)	0	0	41.6
$ZnCO_3$(s)	−812.8	−731.52	82.4
$ZnCl_2$(s)	−415.1	−369.4	111.5
ZnO(s)	−350.5	−320.5	43.7
ZnS(s)(闪锌矿)	−206.0	−201.3	57.7
CH_4(g)　　甲烷	−74.4	−50.3	186.3
C_2H_6(g)　　乙烷	−83.8	−31.9	229.6
C_3H_8(g)　　丙烷	−103.8	−23.4	270.2
C_4H_{10}(g)　　正丁烷	−125.6	−17.2	310.1
C_2H_4(g)　　乙烯	52.5	68.4	219.6
C_3H_6(g)　　丙烯	20.0	62.8	266.6
C_4H_8(g)　　1-丁烯	0.1	71.3	305.6
C_2H_2(g)　　乙炔	228.2	210.7	200.9
C_6H_6(l)　　苯	49.0	124.4	173.4
C_6H_6(g)　　苯	82.6	129.7	269.2
$C_6H_5CH_3$(l)　　甲苯	12.4	113.8	221.0
$C_6H_5CH_3$(g)　　甲苯	50.4	122.0	320.7
CH_3OH(l)　　甲醇	−239.1	−166.6	126.8

续表

物 质		$\dfrac{\Delta_f H_m^\ominus}{kJ \cdot mol^{-1}}$	$\dfrac{\Delta_f G_m^\ominus}{kJ \cdot mol^{-1}}$	$\dfrac{S_m^\ominus}{J \cdot K^{-1} \cdot mol^{-1}}$
$CH_3OH(g)$	甲醇	−201.0	−162.3	239.9
$C_2H_5OH(l)$	乙醇	−277.6	−174.8	161.0
$C_2H_5OH(g)$	乙醇	−235.1	−168.5	282.7
$C_4H_9OH(l)$	正丁醇	−327.3	−163.0	225.8
$C_4H_9OH(g)$	正丁醇	−274.7	−151.0	363.7
$(CH_3)_2O(g)$	二甲醚	−184.1	−112.6	266.4
$HCHO(g)$	甲醛	−108.6	−102.5	218.8
$CH_3CHO(l)$	乙醛	−191.8	−127.6	160.2
$CH_3CHO(g)$	乙醛	−166.2	−132.8	263.7
$(CH_3)_2CO(l)$	丙酮	−248.4	−152.7	198.8
$(CH_3)_2CO(g)$	丙酮	−217.1	−152.7	295.3
$HCOOH(l)$	甲酸	−424.7	−361.4	129.0
$CH_3COOH(l)$	乙酸	−484.5	−389.9	159.8
$CH_3COOH(g)$	乙酸	−432.8	−374.5	282.5
$CH_3NH_2(l)$	甲胺	−47.3	35.7	150.2
$CH_3NH_2(g)$	甲胺	−22.5	32.7	242.9
$(NH_2)_2CO(s)$	尿素	−333.1	−196.8	104.6

附录 C 某些物质的标准摩尔燃烧焓(298.15K)

物　　质	$-\dfrac{\Delta_c H_m^\ominus}{\text{kJ} \cdot \text{mol}^{-1}}$	物　　质	$-\dfrac{\Delta_c H_m^\ominus}{\text{kJ} \cdot \text{mol}^{-1}}$
$C(s)$ 碳	393.5	$(CH_3)_2CO(l)$ 丙酮	1 790.4
$CO(g)$ 一氧化碳	283.0	$HCOOH(l)$ 甲酸	254.06
$CH_4(g)$ 甲烷	890.8	$CH_3COOH(l)$ 乙酸	874.2
$C_2H_6(g)$ 乙烷	1 560.7	$C_2H_5COOH(l)$ 丙酸	1 527.3
$C_3H_8(g)$ 丙烷	2 219.2	$CH_2CHCOOH(l)$ 丙烯酸	1 368.4
$C_4H_{10}(g)$ 丁烷	2 877.6	$C_3H_7COOH(l)$ 正丁酸	2 183.6
$C_5H_{12}(g)$ 正戊烷	3 535.6	$(CH_3CO)_2O(l)$ 乙酸酐	1 807.1
$C_3H_6(g)$ 环丙烷	2 091.3	$HCOOCH_3(l)$ 甲酸甲酯	972.6
$C_4H_8(l)$ 环丁烷	2 721.1	$C_6H_6(l)$ 苯	3 267.6
$C_5H_{10}(l)$ 环戊烷	3 291.6	$C_{10}H_8(s)$ 萘	5 156.3
$C_6H_{12}(l)$ 环己烷	3 919.6	$C_6H_5OH(s)$ 苯酚	3 053.5
$C_6H_{14}(l)$ 正己烷	4 194.5	$C_6H_5NO_2(l)$ 硝基苯	3 088.1
$C_2H_4(g)$ 乙烯	1 411.2	$C_6H_5CHO(l)$ 苯甲醛	3 525.1
$C_2H_2(g)$ 乙炔	1 201.1	$C_6H_5COCH_3(l)$ 苯乙酮	4 148.9
$HCHO(g)$ 甲醛	570.7	$C_6H_5COOH(s)$ 苯甲酸	3 226.9
$CH_3CHO(l)$ 乙醛	1 166.9	$C_6H_4(COOH)_2(s)$ 邻苯二甲酸	3 874.9
$C_2H_5CHO(l)$ 丙醛	1 822.7	$C_6H_5COOCH_3(l)$ 苯甲酸甲酯	3 947.9
$CH_3OH(l)$ 甲醇	726.1	$C_{12}H_{22}O_{11}(s)$ 蔗糖	5 640.9
$C_2H_5OH(l)$ 乙醇	1 366.8	$CH_3NH_2(l)$ 甲胺	1 060.8
$C_3H_7OH(l)$ 正丙醇	2 021.3	$C_2H_5NH_2(l)$ 乙胺	1 713.5
$C_4H_9OH(l)$ 正丁醇	2 675.9	$(NH_2)_2CO(s)$ 尿素	631.6
$(C_2H_5)_2O(l)$ 乙醚	2 723.9	$C_5H_5N(l)$ 吡啶	2 782.3

附录 D 一些弱电解质在水溶液中的解离常数(298.15K)

酸		解离常数 $K_a^\ominus$		
		一级	二级	三级
硼酸	H_3BO_3	5.78×10^{-10}		
碳酸	H_2CO_3	4.36×10^{-7}	4.68×10^{-11}	
氢氰酸	HCN	6.17×10^{-10}		
氟化氢	HF	6.61×10^{-4}		
次溴酸	HBrO	2.82×10^{-9}		
次氯酸	HClO	2.90×10^{-8}		
次碘酸	HIO	3.16×10^{-11}		
亚硝酸	HNO_2	7.24×10^{-4}		
磷酸	H_3PO_4	6.92×10^{-3}	6.10×10^{-8}	4.79×10^{-13}
硅酸	H_4SiO_4	2.51×10^{-10}	1.55×10^{-12}	
亚硫酸	H_2SO_3	1.29×10^{-2}	6.16×10^{-8}	
硫化氢	H_2S	1.07×10^{-7}	1.26×10^{-13}	
甲酸	HCOOH	1.77×10^{-4}		
醋酸	CH_3COOH	1.75×10^{-5}		
草酸	$H_2C_2O_4$	5.37×10^{-2}	5.37×10^{-5}	
酒石酸	$C_4H_6O_6$	6.76×10^{-4}	1.23×10^{-5}	
柠檬酸	$C_6H_8O_7$	7.41×10^{-4}	1.74×10^{-5}	3.98×10^{-7}
乙二胺四乙酸	EDTA	1.02×10^{-2}	2.14×10^{-3}	$K_3^\ominus=6.92\times10^{-7}$
邻苯二甲酸	$C_6H_4(COOH)_2$	1.29×10^{-3}	2.88×10^{-6}	$K_4^\ominus=5.50\times10^{-11}$
碱		解离常数 $K_b^\ominus$		
氨水	$NH_3\cdot H_2O$	1.74×10^{-5}		
羟胺	NH_2OH	9.12×10^{-9}		
苯胺	$C_6H_5NH_2$	4.47×10^{-10}		
乙二胺	$H_2NCH_2CH_2NH_2$	$K_1^\ominus=8.5\times10^{-5}$, $K_2^\ominus=7.05\times10^{-8}$		
六次甲基四胺	$(CH_2)_6N$	1.35×10^{-9}		

附录 E 一些配离子的稳定常数(298.15K)

配 离 子	$K_{稳}^{\ominus}$	$\lg K_{稳}^{\ominus}$	配 离 子	$K_{稳}^{\ominus}$	$\lg K_{稳}^{\ominus}$
$[AgBr_2]^-$	2.14×10^7	7.33	$[Fe(CN)_6]^{4-}$	1.0×10^{35}	35.0
$[Ag(CN)_2]^-$	1.3×10^{21}	21.1	$[Fe(CN)_6]^{3-}$	1.0×10^{42}	42.0
$[Ag(SCN)_2]^-$	3.7×10^7	7.57	FeF_3	1.13×10^{12}	12.05
$[AgCl_2]^-$	1.1×10^5	5.04	$[HgCl_4]^{2-}$	1.2×10^{15}	15.08
$[AgI_2]^-$	5.5×10^{11}	11.74	$[HgBr_4]^{2-}$	1×10^{21}	21.0
$[Ag(NH_3)_2]^+$	1.12×10^7	7.05	$[Hg(CN)_4]^{2-}$	2.51×10^{41}	41.4
$[Ag(S_2O_3)_2]^{3-}$	2.89×10^{13}	13.46	$[HgCl_4]^{2-}$	1.17×10^{15}	15.07
$[Cd(CN)_4]^{2-}$	6.0×10^{18}	18.78	$[HgI_4]^{2-}$	6.76×10^{29}	29.83
$[Cd(NH_3)_4]^{2+}$	1.3×10^7	7.11	$[Hg(NH_3)_4]^{2+}$	1.9×10^{19}	19.28
$[Co(CN)_6]^{2-}$	1.23×10^{19}	19.09	$[Ni(CN)_4]^{2-}$	2×10^{31}	31.3
$[Co(NH_3)_6]^{2+}$	1.3×10^5	5.11	$[Ni(NH_3)_4]^{2+}$	9.1×10^7	7.96
$[Co(NH_3)_6]^{3+}$	2.0×10^{35}	35.3	$[Ni(en)_3]^{2+}$	1.14×10^{18}	18.06
$[Cu(CN)_2]^-$	1.0×10^{24}	24.0	$[Zn(CN)_4]^{2-}$	5.0×10^{16}	16.7
$[Cu(NH_3)_2]^+$	7.24×10^{10}	10.86	$[Zn(C_2O_4)_2]^{2-}$	4.0×10^7	7.60
$[Cu(NH_3)_4]^{2+}$	2.09×10^{13}	13.32	$[Zn(OH)_4]^{2-}$	4.6×10^{17}	17.66
$[Cu(P_2O_7)_2]^{6-}$	1.0×10^9	9.0	$[Zn(NH_3)_4]^{2+}$	2.87×10^9	9.46
$[Cu(SCN)_2]^-$	1.52×10^5	5.18	$[Zn(en)_2]^{2+}$	6.76×10^{10}	10.83

附录 F 一些物质的溶度积(298.15K)

难溶物质	化学式	溶度积	难溶物质	化学式	溶度积
溴化银	$AgBr$	5.35×10^{-13}	硫化亚铜	Cu_2S	2.5×10^{-48}
氯化银	$AgCl$	1.77×10^{-10}	氢氧化亚铁	$Fe(OH)_2$	4.87×10^{-17}
铬酸银	Ag_2CrO_4	1.12×10^{-12}	氢氧化铁	$Fe(OH)_3$	2.79×10^{-39}
重铬酸银	$Ag_2Cr_2O_7$	2×10^{-7}	硫化亚铁	FeS	6.3×10^{-18}
碘化银	AgI	8.52×10^{-17}	硫化汞(黑)	HgS	1.6×10^{-52}
硫化银	Ag_2S	6.3×10^{-50}	硫化汞(红)	HgS	4×10^{-53}
硫酸银	Ag_2SO_4	1.2×10^{-5}	碳酸镁	$MgCO_3$	6.8×10^{-6}
氟化钡	BaF_2	1.84×10^{-7}	氢氧化镁	$Mg(OH)_2$	5.61×10^{-12}
碳酸钡	$BaCO_3$	2.58×10^{-9}	氢氧化锰	$Mn(OH)_2$	1.9×10^{-13}
铬酸钡	$BaCrO_4$	1.17×10^{-10}	硫化亚锰	MnS	2.5×10^{-13}
硫酸钡	$BaSO_4$	1.08×10^{-10}	α-硫化镍	α-NiS	3.2×10^{-19}
碳酸钙	$CaCO_3$	3.36×10^{-9}	β-硫化镍	β-NiS	1.0×10^{-24}
氟化钙	CaF_2	5.3×10^{-9}	γ-硫化镍	γ-NiS	2.0×10^{-26}
氢氧化铜	$Cu(OH)_2$	2.2×10^{-20}	碳酸铅	$PbCO_3$	7.4×10^{-14}
氢氧化亚铜	$CuOH$	1.0×10^{-14}	二氯化铅	$PbCl_2$	1.7×10^{-5}
磷酸钙	$Ca_3(PO_4)_2$	2.07×10^{-29}	碘化铅	PbI_2	9.8×10^{-9}
硫酸钙	$CaSO_4$	4.9×10^{-5}	硫化铅	PbS	8.0×10^{-28}
硫化镉	CdS	8.0×10^{-27}	铬酸铅	$PbCrO_4$	2.8×10^{-13}
氢氧化镉	$Cd(OH)_2$	7.2×10^{-15}	α-硫化锌	α-ZnS	1.6×10^{-24}
硫化铜	CuS	6.3×10^{-36}	β-硫化锌	β-ZnS	2.5×10^{-22}

附录 G 一些电极反应的标准电极电势(298.15K)

电对 (氧化态/还原态)	电极反应 (氧化态 + ne^- ⇌ 还原态)	标准电极电势 $E^\ominus/V$
Li^+/Li	$Li^+(aq) + e^- \rightleftharpoons Li(s)$	-3.0401
K^+/K	$K^+(aq) + e^- \rightleftharpoons K(s)$	-2.931
Ca^{2+}/Ca	$Ca^{2+}(aq) + 2e^- \rightleftharpoons Ca(s)$	-2.868
Na^+/Na	$Na^+(aq) + e^- \rightleftharpoons Na(s)$	-2.71
$Mg(OH)_2/Mg$	$Mg(OH)_2(s) + 2e^- \rightleftharpoons Mg(s) + 2OH^-(aq)$	-2.690
Mg^{2+}/Mg	$Mg^{2+}(aq) + 2e^- \rightleftharpoons Mg(s)$	-2.372
$Al(OH)_3/Al$	$Al(OH)_3(s) + 3e^- \rightleftharpoons Al(s) + 3OH^-(aq)$	-2.328
Al^{3+}/Al	$Al^{3+}(aq) + 3e^- \rightleftharpoons Al(s)$	-1.662
$Mn(OH)_2/Mn$	$Mn(OH)_2(s) + 2e^- \rightleftharpoons Mn(s) + 2OH^-(aq)$	-1.56
$Zn(OH)_2/Zn$	$Zn(OH)_2(s) + 2e^- \rightleftharpoons Zn(s) + 2OH^-(aq)$	-1.249
ZnO_2^{2-}/Zn	$ZnO_2^{2-}(aq) + 2H_2O + 2e^- \rightleftharpoons Zn(s) + 4OH^-(aq)$	-1.215
CrO_2^-/Cr	$CrO_2^-(aq) + 2H_2O + 3e^- \rightleftharpoons Cr(s) + 4OH^-(aq)$	-1.2
Mn^{2+}/Mn	$Mn^{2+}(aq) + 2e^- \rightleftharpoons Mn(s)$	-1.185
Cr^{2+}/Cr	$Cr^{2+}(aq) + 2e^- \rightleftharpoons Cr(s)$	-0.913
H_2O/H_2	$2H_2O + 2e^- \rightleftharpoons H_2(g) + 2OH^-(aq)$	-0.8277
$Cd(OH)_2/Cd(Hg)$	$Cd(OH)_2(s) + 2e^- \rightleftharpoons Cd(Hg) + 2OH^-(aq)$	-0.809
$Zn^{2+}/Zn(Hg)$	$Zn^{2+}(aq) + 2e^- \rightleftharpoons Zn(Hg)$	-0.7628
Zn^{2+}/Zn	$Zn^{2+}(aq) + 2e^- \rightleftharpoons Zn(s)$	-0.7618
$Ni(OH)_2/Ni$	$Ni(OH)_2(s) + 2e^- \rightleftharpoons Ni(s) + 2OH^-(aq)$	-0.72
Fe^{2+}/Fe	$Fe^{2+}(aq) + 2e^- \rightleftharpoons Fe(s)$	-0.447
Cd^{2+}/Cd	$Cd^{2+}(aq) + 2e^- \rightleftharpoons Cd(s)$	-0.4030
Co^{2+}/Co	$Co^{2+}(aq) + 2e^- \rightleftharpoons Co(s)$	-0.28
$PbCl_2/Pb$	$PbCl_2(s) + 2e^- \rightleftharpoons Pb(s) + 2Cl^-$	-0.2675
Ni^{2+}/Ni	$Ni^{2+}(aq) + 2e^- \rightleftharpoons Ni(s)$	-0.257
$Cu(OH)_2/Cu$	$Cu(OH)_2(s) + 2e^- \rightleftharpoons Cu(s) + 2OH^-(aq)$	-0.222
O_2/H_2O_2	$O_2(g) + 2H_2O + 2e^- \rightleftharpoons H_2O_2(aq) + 2OH^-(aq)$	-0.146
Sn^{2+}/Sn	$Sn^{2+}(aq) + 2e^- \rightleftharpoons Sn(s)$	-0.1375
Pb^{2+}/Pb	$Pb^{2+}(aq) + 2e^- \rightleftharpoons Pb(s)$	-0.1262
H^+/H_2	$2H^+(aq) + 2e^- \rightleftharpoons H_2(g)$	0.0000

续表

电对 (氧化态/还原态)	电极反应 (氧化态 + ne^- ⇌ 还原态)	标准电极电势 $E^\ominus/V$
$S_4O_6^{2-}/S_2O_3^{2-}$	$S_4O_6^{2-}(aq) + 2e^- \rightleftharpoons 2S_2O_3^{2-}(aq)$	0.08
S/H_2S	$S(s) + 2H^+(aq) + 2e^- \rightleftharpoons H_2S(aq)$	+0.142
Sn^{4+}/Sn^{2+}	$Sn^{4+}(aq) + 2e^- \rightleftharpoons Sn^{2+}(aq)$	+0.151
SO_4^{2-}/H_2SO_3	$SO_4^{2-}(aq) + 4H^+(aq) + 2e^- \rightleftharpoons H_2SO_3(aq) + H_2O$	+0.172
$AgCl/Ag$	$AgCl(s) + e^- \rightleftharpoons Ag(s) + Cl^-(aq)$	+0.2223
Hg_2Cl_2/Hg	$Hg_2Cl_2(s) + 2e^- \rightleftharpoons 2Hg(l) + 2Cl^-(aq)$	+0.2680
Cu^{2+}/Cu	$Cu^{2+}(aq) + 2e^- \rightleftharpoons Cu(s)$	+0.3419
O_2/OH^-	$O_2(g) + 2H_2O + 4e^- \rightleftharpoons 4OH^-(aq)$	+0.401
Cu^+/Cu	$Cu^+(aq) + e^- \rightleftharpoons Cu(s)$	+0.521
I_2/I^-	$I_2(s) + 2e^- \rightleftharpoons 2I^-(aq)$	+0.5355
O_2/H_2O_2	$O_2(g) + 2H^+(aq) + 2e^- \rightleftharpoons H_2O_2(aq)$	+0.695
Fe^{3+}/Fe^{2+}	$Fe^{3+}(aq) + e^- \rightleftharpoons Fe^{2+}(aq)$	+0.771
Hg_2^{2+}/Hg	$Hg_2^{2+}(aq) + 2e^- \rightleftharpoons 2Hg(l)$	+0.7973
Ag^+/Ag	$Ag^+(aq) + e^- \rightleftharpoons Ag(s)$	+0.7996
Hg^{2+}/Hg	$Hg^{2+}(aq) + 2e^- \rightleftharpoons Hg(l)$	+0.851
NO_3^-/NO	$NO_3^-(aq) + 4H^+(aq) + 3e^- \rightleftharpoons NO(g) + 2H_2O$	+0.957
HNO_2/NO	$HNO_2(aq) + H^+(aq) + e^- \rightleftharpoons NO(g) + H_2O$	+0.983
Br_2/Br^-	$Br_2(l) + 2e^- \rightleftharpoons 2Br^-(aq)$	+1.066
MnO_2/Mn^{2+}	$MnO_2(s) + 4H^+(aq) + 2e^- \rightleftharpoons Mn^{2+}(aq) + 2H_2O$	+1.224
O_2/H_2O	$O_2(g) + 4H^+(aq) + 4e^- \rightleftharpoons 2H_2O$	+1.229
$Cr_2O_7^{2-}/Cr^{3+}$	$Cr_2O_7^{2-}(aq) + 14H^+(aq) + 6e^- \rightleftharpoons 2Cr^{3+}(aq) + 7H_2O$	+1.232
Cl_2/Cl^-	$Cl_2(g) + 2e^- \rightleftharpoons 2Cl^-(aq)$	+1.35827
MnO_4^-/Mn^{2+}	$MnO_4^-(aq) + 8H^+(aq) + 5e^- \rightleftharpoons Mn^{2+}(aq) + 4H_2O$	+1.507
H_2O_2/H_2O	$H_2O_2(aq) + 2H^+(aq) + 2e^- \rightleftharpoons 2H_2O$	+1.776
Co^{3+}/Co^{2+}	$Co^{3+} + e^- \rightleftharpoons Co^{2+}$	+1.92
$S_2O_8^{2-}/SO_4^{2-}$	$S_2O_8^{2-}(aq) + 2e^- \rightleftharpoons 2SO_4^{2-}(aq)$	+2.010
F_2/F^-	$F_2(g) + 2e^- \rightleftharpoons 2F^-(aq)$	+2.866

参 考 答 案

第 1 章

一、选择题

1. B 2. A 3. B 4. A 5. D 6. B

二、计算题

1. $\rho = \dfrac{pM}{RT} = 0.705 \text{ kg} \cdot \text{m}^{-3}$

2. $\overline{M} = x(\text{N}_2)M(\text{N}_2) + x(\text{O}_2)M(\text{O}_2) + x(\text{CO}_2)M(\text{CO}_2) = 29 \text{ g} \cdot \text{mol}^{-1}$

3. $M = \dfrac{\rho RT}{p} = 32 \text{ g} \cdot \text{mol}^{-1}$

4. $p = 24.8 \text{ kPa}, p(\text{N}_2) = 6.20 \text{ kPa}, p(\text{H}_2) = 18.6 \text{ kPa}$

5. (1) $p(\text{N}_2) = 3.8 \times 10^6 \text{ Pa}, p(\text{H}_2) = 1.14 \times 10^7 \text{ Pa}$;
   (2) $p(\text{N}_2) = 3.64 \times 10^6 \text{ Pa}, p(\text{H}_2) = 1.09 \times 10^7 \text{ Pa}$

6. $V_{\text{干}} = \dfrac{n(\text{H}_2)RT}{p} = 1.95 \times 10^{-3} \text{ m}^3$

7. $p = \dfrac{n(\text{总})RT}{V} = 1.017 \times 10^6 \text{ Pa}$

8. 理想气体计算: $p = 6.84 \times 10^6 \text{ Pa}$
   范德华方程 $p = \dfrac{RT}{V_m - b} - \dfrac{a}{V_m^2} = 5.18 \times 10^6 \text{ Pa}$

9. $x = 0.014\ 2, b = 0.802\ 7 \text{ mol} \cdot \text{kg}^{-1}, c = 0.782\ 6 \text{ mol} \cdot \text{dm}^{-3}$

10. $M_B = 194.57 \text{ g} \cdot \text{mol}^{-1}$

11. $m = 0.014\ 25 \text{ g}$

12. 100.033 ℃

13. 乙醇中 $M_B = 0.125 \text{ kg} \cdot \text{mol}^{-1}$, 苯中 $M_B = 0.244 \text{ kg} \cdot \text{mol}^{-1}$

14. 质量分数: $w_B = 0.050, \Pi = 752.7 \text{ kPa}$

第 2 章

一、选择题

1. B 2. A 3. B 4. D 5. B 6. C 7. C

二、填空题

1. $-4\ 816, -4\ 826$ 2. $>,>,<,>$ 3. 不   4. 0,0

三、计算题

1. $\Delta U = Q + W = Q - p\Delta V = 750$ J

2. -28.73 kJ, 28.73 kJ, 0

3. -57.05 kJ, 57.05 kJ, 0, 0

4. $-4\,958$ J·mol^{-1}, 0

5. (1) 0.078019 mol; (2) $-5\,154.1$ kJ·mol^{-1}

6. 44.025 kJ·mol^{-1}

7. (1) 40 kJ·mol^{-1}; (2) 80 kJ·mol^{-1}; (3) 20 kJ·mol^{-1}

8. (1) -562.03 kJ·mol^{-1}; (2) -128.57 kJ·mol^{-1}

9. -75.40 kJ·mol^{-1}

10. $-1\,196$ kJ, -35 kJ·mol^{-1}

11. 205.70 kJ·mol^{-1}

12. 168.04 J·K^{-1}·mol^{-1}

13. 237.13 kJ·mol^{-1}，不能自发进行

14. (1) 会腐蚀; (2) 5.11%

16. (1) 2.20×10^{-3}; (2) 455

17. (1) 向左; (2) 向右

18. (1) 0.111; (2) 77.72 kPa

19. (1) $c(CO) = 0.04$ mol·dm^{-3}, $c(CO_2) = 0.02$ mol·dm^{-3}; (2) 20%; (3) 无影响

20. -166.41 kJ·mol^{-1}

21. (1) 7.03; (2) $c(Br_2) = 0.012\,5$ mol·dm^{-3}, $c(Cl_2) = 0.002\,5$ mol·dm^{-3}, $c(BrCl) = 0.015$ mol·dm^{-3}; (3) 右移

22. (1) 1.34×10^{48}; (2) -248.5 kJ·mol^{-1}, 9.16×10^{25};
(3) 该反应为放热反应，温度升高，平衡常数值降低，对反应不利

第 3 章

一、选择题

1. B 2. C 3. D 4. A 5. A 6. A 7. B 8. C

二、计算题

3. (1) $v = k[c(NO)]^2 c(Cl_2)$, 三级反应; (2) $\dfrac{1}{8}v$; (3) $9v$

4. $t = 34.8$ min

5. (1) $t = 30$ min; (2) $k = 5.4\times 10^{-2}$ min^{-1}

6. 9.97

7. (1) 6.25%; (2) 14.3%; (3) 0.0%

8. 二级反应, $k = 0.065$ dm^3·mol^{-1}·s^{-1}

9. $E_a = 29.1$ kJ·mol^{-1}

10. $k = 1.39$ min^{-1}, $t_{1/2} = 0.498$ min

11. 1.9×10^3 倍, 5.6×10^8 倍

12. 1.8 倍

第 4 章

一、填空题

1. 2.5×10^{-6} mol·dm^{-3}, 1.0×10^{-4} mol·dm^{-3}

二、选择题

1. C 2. B 3. A 4. C

三、综合题

1. (1) CN^-, $H_2AsO_4^-$, NO_2^-, F^-, $H_2PO_4^-$, IO_3^-, $[Al(OH)_2(H_2O)]^+$, $[Zn(OH)(H_2O)_5]^+$
   (2) $HCOOH$, $HClO$, HS^-, HCO_3^-, H_2SO_3, $HP_2O_7^{3-}$, $HC_2O_4^-$

2. 6.15×10^{-10}

3. (1) 2.51%; (2) 1.3%

4. 4.0×10^{-4}

5. 1.9×10^{-3} mol·dm^{-3}

6. 150 cm^3

7. 0.62 mol·dm^{-3}

8. 1.5×10^{-20} mol·dm^{-3}

9. (1) 6.25×10^{-12} mol·dm^{-3}; (2) 10^{-13} mol·dm^{-3}

10. 49 g, 200 cm^3

11. 4.3×10^{-4}

12. 1.2×10^{-7}

13. 1.5×10^{-16}

14. (1) 有; (2) 有

15. 2.9×10^{-9} mol·dm^{-3}

16. $c(Cl^-) = 3.5 \times 10^{-9}$ mol·dm^{-3}, $c(Ag^+) = 0.05$ mol·dm^{-3},
    $c(NO_3^-) = 0.1$ mol·dm^{-3}, $c(H^+) = 0.05$ mol·dm^{-3}

17. pH = 1.5

18. 2.4×10^{-5} mol·dm^{-3}

19. 沉淀完全

20. 4.5×10^{-3} mol·dm^{-3} ≤ $c(H^+)$ < 9.0 mol·dm^{-3}, $c(Zn^{2+}) = 2.5 \times 10^{-8}$ mol·dm^{-3}

21. 6.53×10^{-12} mol·dm^{-3} ≤ $c(OH^-)$ < 7.49×10^{-6} mol·dm^{-3}

22. 需要加固体 NH_4Cl 0.67 mol

26. 有沉淀

27. 1.86×10^{-7} mol·dm^{-3}

28. (1) 1.8×10^{-12} mol·dm^{-3}; (2) 无

29. $c(Cu^{2+})_1 = 1.7 \times 10^{-20}$ mol·dm^{-3}, $c(Cu^{2+})_2 = 6.25 \times 10^{-20}$ mol·dm^{-3}, $[CuY]^{2+}$ 比 $[Cu(en)_2]^{2+}$ 稳定

30. 1.24 mol·dm^{-3}

31. (1) 有; (2) 无

参考答案

第 5 章

一、选择题

1. A 2. C 3. B 4. C 5. D

二、填空题

1. $<0, =0$

2. $0.158\ 4$ V

3. $(3)>(1)>(2)$

4. H_2O_2, H_2O_2, H_2O_2, H_2O

三、综合题

1. (a) 酸性介质中：

   (1) $ClO_3^- + 6Fe^{2+} + 6H^+ = 6Fe^{3+} + Cl^- + 3H_2O$

   (2) $3H_2O_2 + Cr_2O_7^{2-} + 8H^+ = 2Cr^{3+} + 3O_2 + 7H_2O$

   (3) $3MnO_4^{2-} + 4H^+ = MnO_2 + 2MnO_4^- + 2H_2O$

   (b) 碱性介质中：

   (1) $8Al + 3NO_3^- + 18H_2O = 8Al(OH)_3 + 3NH_3 + 3OH^-$

   (2) $ClO_3^- + 3MnO_2 + 6OH^- = Cl^- + 3MnO_4^{2-} + 3H_2O$

   (3) $2Fe(OH)_2 + H_2O_2 = 2Fe(OH)_3$

5. (1) $Pt(s)\ |\ I_2(s)\ |\ I^-(aq)\ ||\ Fe^{3+}(aq), Fe^{2+}(aq)\ |\ Pt(s)$

   (2) $E^\ominus = E^\ominus(Fe^{3+}/Fe^{2+}) - E^\ominus(I_2/I^-) = 0.235\ 5$ V

   (3) $K^\ominus = 9.15 \times 10^7$

   (4) $E = 0.058\ 2$ V

7. (1) $E = -0.386$ V<0, 不能自动向右进行; (2) $E = -0.230$ V<0, 不能自动向右进行

9. $E^\ominus = -0.134$ V<0, 故在标准状态下不能进行; $E = 0.057\ 6$ V>0, 能; $E^\ominus = 0.148\ 7$ V>0, 能

10. $E^\ominus = E^\ominus(AgCl/Ag) = 0.223$ V$>E_+ = E^\ominus(H^+/H_2)$

    $E^\ominus = E^\ominus(AgI/Ag) = -0.151$ V$<E_+ = E^\ominus(H^+/H_2)$

11. (1) $0.088\ 7$ V; (2) -0.588 V

12. (1) $E^\ominus = 1.016\ 4$ V, $\Delta_r G_m^\ominus = -98.07$ kJ·mol^{-1}, 该反应正向进行;

    (2) $E = -0.429$ V, $\Delta_r G_m = 82.78$ kJ·mol^{-1}, 该反应正向不能进行

13. $\lg K^\ominus = \dfrac{zE^\ominus}{0.059\ 16\ V}$ $K_{sp}^\ominus = \dfrac{1}{K^\ominus} = 1.74 \times 10^{-10}$

14. $E^\ominus([Cu(CN)_2]^-/Cu) = E^\ominus - 0.059\ 2\lg K_{稳}^\ominus([Cu(CN)_2]^-)$

    $K_{稳}^\ominus([Cu(CN)_2]^-) = 8.63 \times 10^{23}$

15. $E^\ominus([Ag(NH_3)_2]^+/Ag) = 0.382\ 6$ V

    $E^\ominus([Ag(S_2O_3)_2]^{3-}/Ag) = 0.003\ 2$ V

16. $E^\ominus(PbCl_2/Pb) = -0.267$ V

17. $E^\ominus(IO^-/I_2) = 0.58$ V, I_2 不能歧化成 IO^- 和 I^-

18. $\lg K^\ominus = \dfrac{zE^\ominus}{0.059\ 16V} = 39.67$, $K^\ominus = 4.66 \times 10^{39}$

19. $pH = 3.75$

第 6 章

一、选择题

1. B 2. C 3. B 4. D 5. B 6. D

二、填空题

1. [Ar]3d⁵4s²,洪特规则,5,4,0,0,±1/2,−2,−1,0,1,2,+1/2 或 −1/2
2. 3d³4s²,d,23,[Ar]3d²,不饱和或 9~17
3. 饱和性和方向性的,σ 键,π 键,呈圆柱形对称
4. +2,八面体形,C 原子,6,$(t_{2g})^6(e_g)^0$,d^2sp^3,内轨型或低自旋,反磁性

三、综合题

1. 因为 $c = 3.0 \times 10^8$ m·s⁻¹,所以

    $\nu_1 = 3.0 \times 10^8/(656.5 \times 10^{-9})$ s⁻¹ $= 4.6 \times 10^{14}$ s⁻¹

    $\nu_2 = 3.0 \times 10^8/(486.1 \times 10^{-9})$ s⁻¹ $= 6.2 \times 10^{14}$ s⁻¹

    $\nu_3 = 3.0 \times 10^8/(434.1 \times 10^{-9})$ s⁻¹ $= 6.9 \times 10^{14}$ s⁻¹

    $\nu_4 = 3.0 \times 10^8/(410.2 \times 10^{-9})$ s⁻¹ $= 7.3 \times 10^{14}$ s⁻¹

2. 由德布罗意假设有

    $$\lambda = \frac{h}{mv} = \frac{6.625 \times 10^{-34}}{9.11 \times 10^{-31} \times 7 \times 10^5} \text{m} = 1.04 \times 10^{-9} \text{ m} = 1.04 \text{ nm}$$

3. (1) 基态氢原子的电离能为 2.18×10^{-18} J;

    (2) 电离能 $E = 2.18 \times 10^{-18} \times 6.02 \times 10^{23} = 1\,312.8$ kJ·mol⁻¹

4. (3)、(4) 为合理的,符合量子数的取值规则;

    (1) 不合理,l 的取值应小于主量子数;

    (2) 不合理,l 的取值应小于主量子数;

    (5) 不合理,m 只能取 0 值;

    (6) 不合理,l 的取值应小于主量子数

5. (1) 非许可状态,m_s 只能取 ±1/2;

    (2) 非许可状态,l 的取值应小于主量子数;

    (3) 许可状态,符合量子数的取值规则;

    (4) 非许可状态,m 只能取 0 值;

    (5) 非许可状态,l 不能取负值;

    (6) 非许可状态,m_s 只能取 ±1/2,m 只能取 0 值。

6. | | | | | |
   |---|---|---|---|---|
   | ¹⁰Ne: | [He]2s²2p⁶ | 第二周期、ⅧA | p 区 | 0 |
   | ¹⁷Cl: | [Ne]3s²3p⁵ | 第三周期、ⅦA | p 区 | 1 |
   | ²⁴Cr: | [Ar]3d⁵4s¹ | 第四周期、ⅥB | d 区 | 5 |
   | ⁵⁶Ba: | [Xe]6s² | 第六周期、ⅡA | s 区 | 0 |
   | ⁸⁰Hg: | [Xe]4f¹⁴5d¹⁰6s² | 第六周期、ⅡB | ds 区 | 0 |

7. (1) Zn 元素,属于 ds 区,第四周期、ⅡB 族;

    (2) 位于ⅢA 族、p 区、价层电子构型为 ns^2np^1 的元素

8. (1) 激发态; (2) 基态; (3) 激发态;

    (4) 不正确; (5) 不正确; (6) 基态

9. (1) 该元素的原子序数是 32；
   (2) 该元素属第四周期、第ⅣA族,是主族元素(Ge)

10.

原子序数	价层电子构型	周期	族	区	金属性
15	$3s^2 3p^3$	3	ⅤA	p	非金属
20	$4s^2$	4	ⅡA	s	金属
27	$3d^7 4s^2$	4	ⅧB	d	金属
48	$4d^{10} 5s^2$	5	ⅡB	ds	金属
58	$4f^1 5d^1 6s^2$	6	ⅢB	f	金属

11. As^{3-}　　$[Ar]3d^{10} 4s^2 4p^6$　　0个
    Cr^{3+}　　$[Ar]3d^3$　　3个
    Bi^{3+}　　$[Xe]4f^{14} 5d^{10} 6s^2$　　0个
    Cu^{2+}　　$[Ar]3d^9$　　1个
    Fe^{2+}　　$[Ar]3d^6$　　4个

12. (1) 同一周期元素的原子,从左到右第一电离能依次增加;N在周期表中的位置在O原子的左边,电离能应该小于O原子。但是N原子为半充满的稳定结构,失去一个电子需要较多的能量,而O原子失去一个电子变为半充满的稳定结构,较容易失去一个电子,所需的电离能相对较小,所以N的第一电离能大于O的第一电离能
    (2) 由于镧系收缩的影响,使得铪的原子半径与锆的原子半径相差很小,所以它们的化学性质非常相似。

13. Al^{3+}：$1s^2 2s^2 2p^6$,8电子构型；　Fe^{2+}：$[Ar]3d^6$,9～17电子构型；
    Bi^{3+}：$[Xe]4f^{14} 5d^{10} 6s^2$,18+2电子构型；Cd^{2+}：$[Kr]4d^{10}$,18电子构型；
    Mn^{2+}：$[Ar]3d^5$,9～17电子构型；　Sn^{2+}：$[Kr]4d^{10} 5s^2$,18+2电子构型。

14. (1)Ag^+ 较大；　(2)Li^+ 较大；　(3)Cu^{2+} 较大；　(4)Ti^{4+} 较大

15. 由于 Ag^+ 属18电子构型,极化力和变形性都大,随负离子 F^-、Cl^-、Br^-、I^- 半径逐渐增大,变形性也依次增大,相互极化作用也增强,离子核间距进一步缩短,使离子键减弱,共价成分增加,所以有溶解度依次减小的事实。

16. PCl_3 采用不等性 sp^3 杂化成键,而 $SiCl_4$ 采取等性 sp^3 杂化成键。

17.

物　质	杂化类型	分子形状	有否极性
PH_3	不等性 sp^3 杂化	三角锥形	有极性
CH_4	等性 sp^3 杂化	正四面体	无极性
NF_3	不等性 sp^3 杂化	三角锥形	有极性
BBr_3	等性 sp^2 杂化	平面三角形	无极性
SiH_4	等性 sp^3 杂化	正四面体	无极性

18. N 原子的价电子层的结构为 $2s^22p^3$，在外层无价层 d 轨道，只能采取不等性 sp^3 杂化，形成 NF_3 分子。而 P 原子的价电子层的结构为 $3s^23p^3$，在外层还有可供成键的 3d 轨道，除了可以与 N 原子相似，以不等性 sp^3 杂化成键，形成 PF_3 分子外，一个 3s 电子还可以被激发到 3d 轨道上，以 sp^3d 杂化成键，形成 PF_5 分子。

19. He_2^+ : $(\sigma_{1s})^2(\sigma_{1s}^*)^1$ 键级为 0.5

    Cl_2 : $[KKLL(\sigma_{3p_x})^2(\pi_{3p_y})^2(\pi_{3p_z})^2(\pi_{3p_y}^*)^2(\pi_{3p_z}^*)^2]$ 键级为 1

    Be_2 : $KK(\sigma_{2s})^2(\sigma_{2s}^*)^2$ 键级为 0

    B_2 : $KK(\sigma_{2s})^2(\sigma_{2s}^*)^2(\pi_{2p_y})^1(\pi_{2p_z})^1$ 键级为 1

    N_2^+ : $KK(\sigma_{2s})^2(\sigma_{2s}^*)^2(\pi_{2p_y})^2(\pi_{2p_z})^2(\sigma_{2p_x})^1$ 键级为 2.5

20. O_2 : $(\sigma_{1s})^2(\sigma_{1s}^*)^2(\sigma_{2s})^2(\sigma_{2s}^*)^2(\sigma_{2p_x})^2(\pi_{2p_y})^2(\pi_{2p_z})^2(\pi_{2p_y}^*)^1(\pi_{2p_z}^*)^1$ 键级为 2；2 个单电子

    O_2^- : $(\sigma_{1s})^2(\sigma_{1s}^*)^2(\sigma_{2s})^2(\sigma_{2s}^*)^2(\sigma_{2p_x})^2(\pi_{2p_y})^2(\pi_{2p_z})^2(\pi_{2p_y}^*)^2(\pi_{2p_z}^*)^1$ 键级为 1.5；1 个单电子

    O_2^{2-} : $(\sigma_{1s})^2(\sigma_{1s}^*)^2(\sigma_{2s})^2(\sigma_{2s}^*)^2(\sigma_{2p_x})^2(\pi_{2p_y})^2(\pi_{2p_z})^2(\pi_{2p_y}^*)^2(\pi_{2p_z}^*)^2$ 键级为 1；无单电子

    O_2^+ : $(\sigma_{1s})^2(\sigma_{1s}^*)^2(\sigma_{2s})^2(\sigma_{2s}^*)^2(\sigma_{2p_x})^2(\pi_{2p_y})^2(\pi_{2p_z})^2(\pi_{2p_y}^*)^1$ 键级为 2.5；1 个单电子

    稳定性高低顺序：$O_2^{2-}<O_2^-<O_2<O_2^+$

    磁性高低顺序：$O_2^{2-}(\mu=0)<O_2^-\sim O_2^+(\mu=1.73)<O_2(\mu=2.83)$

21. 非极性分子：Ne Br_2 CS_2 CCl_4 BF_3

    极性分子：   HF   NO H_2S $CHCl_3$ NF_3

22. (1) H_2S 分子间：取向力、诱导力、色散力；

    (2) CH_4 分子间：色散力；

    (3) 氯仿分子间：取向力、诱导力、色散力；

    (4) 氨分子与水分子间：取向力、诱导力、色散力、氢键；

    (5) 溴与水分子间：色散力、诱导力。

23. $C_2H_5OC_2H_5$：不能形成氢键；   HF：分子间氢键； H_2O：分子间氢键；

    H_3BO_3：分子间氢键；   HBr：无氢键； CH_3OH：分子间氢键；

    邻-硝基苯酚：分子内氢键

24. (1) $SiF_4<SiCl_4<SiBr_4<SiI_4$，均为分子晶体，其熔点由分子间力决定，依 SiF_4、$SiCl_4$、$SiBr_4$、SiI_4 的顺序，分子体积增加，分子间的色散力增大，所以熔点依次增大。

    (2) $PF_3<PCl_3<PBr_3<PI_3$，均为分子晶体，其熔点由分子间力决定，依 PF_3、PCl_3、PBr_3、PI_3 的顺序，分子体积增加，分子间的色散力增大，所以熔点依次增大。

25. 中心原子 Ni^{2+} 的价层电子构型为 d^8。

    CN^- 的配位原子是 C，它电负性较小，容易给出孤对电子，对中心原子价层 d 电子排布影响较大，会强制 d 电子配对，空出 1 个价层 d 轨道采取 dsp^2 杂化，生成反磁性的正方形配离子 $[Ni(CN)_4]^{2-}$，为稳定性较大的内轨型配合物。

    Cl^- 电负性值较大，不易给出孤对电子，对中心原子价层 d 电子排布影响较小，只能用最外层的 s 和 p 轨道采取 sp^3 杂化，生成顺磁性的四面体形配离子 $[NiCl_4]^{2-}$，为稳定性较小的外轨型配合物。

26.

配离子	μ/(B.M.)	单电子数	中心离子的价电子构型	杂化类型	空间构型	内、外轨类型
$[Cr(C_2O_4)_3]^{3-}$	3.38	3	$3d^3$	d^2sp^3	正八面体	内
$[Co(NH_3)_6]^{2+}$	4.26	3	$3d^7$	sp^3d^2	正八面体	外
$[Mn(CN)_6]^{4-}$	2.00	1	$3d^5$	d^2sp^3	正八面体	内
$[Fe(edta)]^{2-}$	0.00	0	$3d^6$	d^2sp^3	正八面体	内

27.

配离子	μ/(B.M.)	单电子数	中心离子的价电子构型	电子排布	高、低自旋
$[CoF_6]^{3-}$	5.3	4	$3d^6$	$(t_{2g})^4(e_g)^2$	高自旋
$[Co(CN)_6]^{3-}$	0.0	0	$3d^6$	$(t_{2g})^6(e_g)^0$	低自旋

28. $[Co(NH_3)_6]^{2+}$,其中 $Co^{2+}(3d^7)$。由于 $P>\Delta_o$,在八面体构型配合物中的 d 电子分布为 $t_{2g}^5 e_g^2$,所以

$$CFSE = [5\times(-0.4\Delta_o)+2\times 0.6\Delta_o] = -0.8\Delta_o$$
$$= -0.8\times 116.0 \text{ kJ}\cdot\text{mol}^{-1} = -92.8 \text{ kJ}\cdot\text{mol}^{-1}$$

$[Co(NH_3)_6]^{3+}$,其中 $Co^{3+}(3d^6)$。由于 $\Delta_o>P$,在八面体构型配合物中的 d 电子分布为 $t_{2g}^6 e_g^0$,所以

$$CFSE = [6\times(-0.4\Delta_o)+0\times 0.6\Delta_o] = -2.4\Delta_o$$
$$= (-2.4\times 275.1+0) \text{ kJ}\cdot\text{mol}^{-1} = -660.24 \text{ kJ}\cdot\text{mol}^{-1}$$

$[Fe(H_2O)_6]^{2+}$,其中 $Fe^{2+}(3d^6)$。由于 $P>\Delta_o$,在八面体构型配合物中的 d 电子分布为 $t_{2g}^4 e_g^2$,所以

$$CFSE = [4\times(-0.4\Delta_o)+2\times 0.6\Delta_o] = -0.4\Delta_o$$
$$= -0.4\times 124.4 \text{ kJ}\cdot\text{mol}^{-1} = -49.8 \text{ kJ}\cdot\text{mol}^{-1}$$

29. NH_3 是较强的配体,从 $[Cr(H_2O)_6]^{3+}$ 到 $[Cr(NH_3)_6]^{3+}$ 氨配位体的数量增加,配合物的晶体场强增大,分裂能增加,发生 d-d 跃迁所需的能量增大,因而需要吸收更短波长的光,而反射波长较长的光,所以有题给配离子的颜色变化。

主要参考文献

[1] 周光召,朱光亚.共同走向科学:百名院士科技系列报告集[M].北京:新华出版社,1997.

[2] 徐光宪,王祥云.物质结构[M].第2版.北京:高等教育出版社,1987.

[3] 唐有祺,王夔.化学与社会[M].北京:高等教育出版社,1997.

[4] 申泮文.近代化学导论[M].北京:高等教育出版社,2005.

[5] 周公度,段连运.结构化学基础[M].第3版.北京:北京大学出版社,2002.

[6] 傅献彩,沈文霞,姚天扬,等.物理化学[M].第5版.北京:高等教育出版社,2005.

[7] 傅献彩.大学化学[M].北京:高等教育出版社,1999.

[8] 朱裕贞,顾达,黑恩成.现代基础化学[M].第2版,北京:化学工业出版社,2004.

[9] 华彤文,陈景祖.普通化学原理[M].第3版,北京:北京大学出版社,2005.

[10] 宋天佑,程鹏,王杏乔,等.无机化学[M].北京:高等教育出版社,2004.

[11] 胡忠鲠.现代化学基础[M].第2版,北京:高等教育出版社,2000.

[12] 金继红.大学化学[M].北京:化学工业出版社,2007.

[13] 大连理工大学.无机化学[M].第4版.北京:高等教育出版社,2001.

[14] 浙江大学普通化学教研组.普通化学[M].第5版.北京:高等教育出版社,2002.

[15] 周公度.结构和物性[M].第2版.北京:高等教育出版社,2000.

[16] 曹阳.结构与材料[M].北京:高等教育出版社,2003.

[17] 《大学化学》编辑部.今日化学(2006年版)[M].北京:高等教育出版社,2006.

[18] [美]R.布里斯罗.化学的今天和明天[M].华彤文等译.北京:科学出版社,1998.

[19] 实用化学手册编写组.实用化学手册[M].北京:科学出版社,2001.

[20] (美)J.A.迪安.兰氏化学手册(原书第15版)[M].魏俊发等译.北京:科学出版社,2003.

[21] David R. Lide. CRC Handbook of Chemistry and Physics. 85th ed. CRC Press,2004.

> **图书在版编目(CIP)数据**
>
> 工科化学与实验/金继红,夏华主编. —武汉:华中科技大学出版社,2009.3
> ISBN 978-7-5609-5131-7
>
> Ⅰ.①工… Ⅱ.①金… ②夏… Ⅲ.①化学实验-高等学校-教材 Ⅳ.①O6-3
>
> 中国版本图书馆 CIP 数据核字(2009)第 015163 号

工科化学与实验　　　　　　　　　　　金继红　夏　华　主编

策划编辑:周芬娜
责任编辑:程　芳　　　　　　　　　　　　　　　　　　封面设计:潘　群
责任校对:刘　竣　　　　　　　　　　　　　　　　　　责任监印:周治超

出版发行:华中科技大学出版社(中国·武汉)　　电话:(027)81321913
　　　　　武汉市东湖新技术开发区华工科技园　　邮编:430223

录　排:华中科技大学惠友文印中心
印　刷:武汉洪林印务有限公司

开本:710mm×1000mm　1/16　　印张:22.25　插页:1　　字数:420 000
版次:2009 年 3 月第 1 版　　　　印次:2018 年 8 月第 7 次印刷　　定价:54.00 元
ISBN 978-7-5609-5131-7/O·483

(本书若有印装质量问题,请向出版社发行部调换)